第Ⅰ部　微地形と自然環境

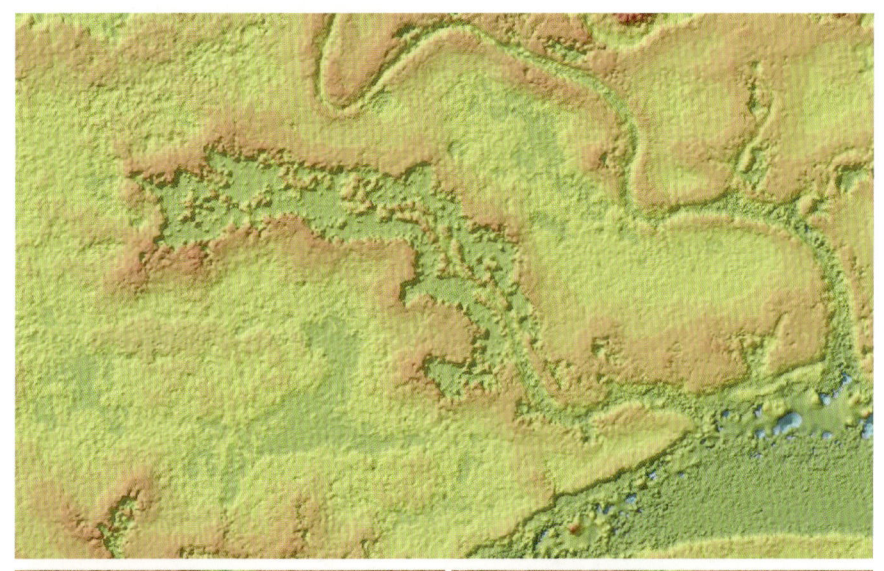
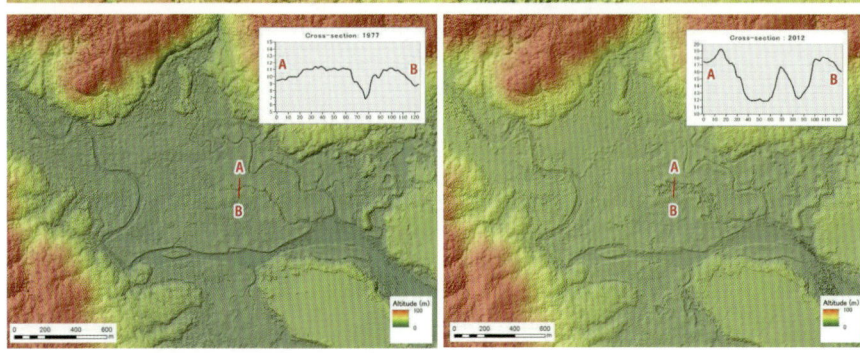

総説 3- 図 9　画像データの SfM 処理で見出された西表島仲間川河口部マングローブ林における大規模な風倒現象　Uchiyama and Miyagi（2014）.

総説 3- 写真 2　ポンペイ島サンゴ礁型マングローブ林の表層付近のマングローブ泥炭
2012 年藤本撮影.

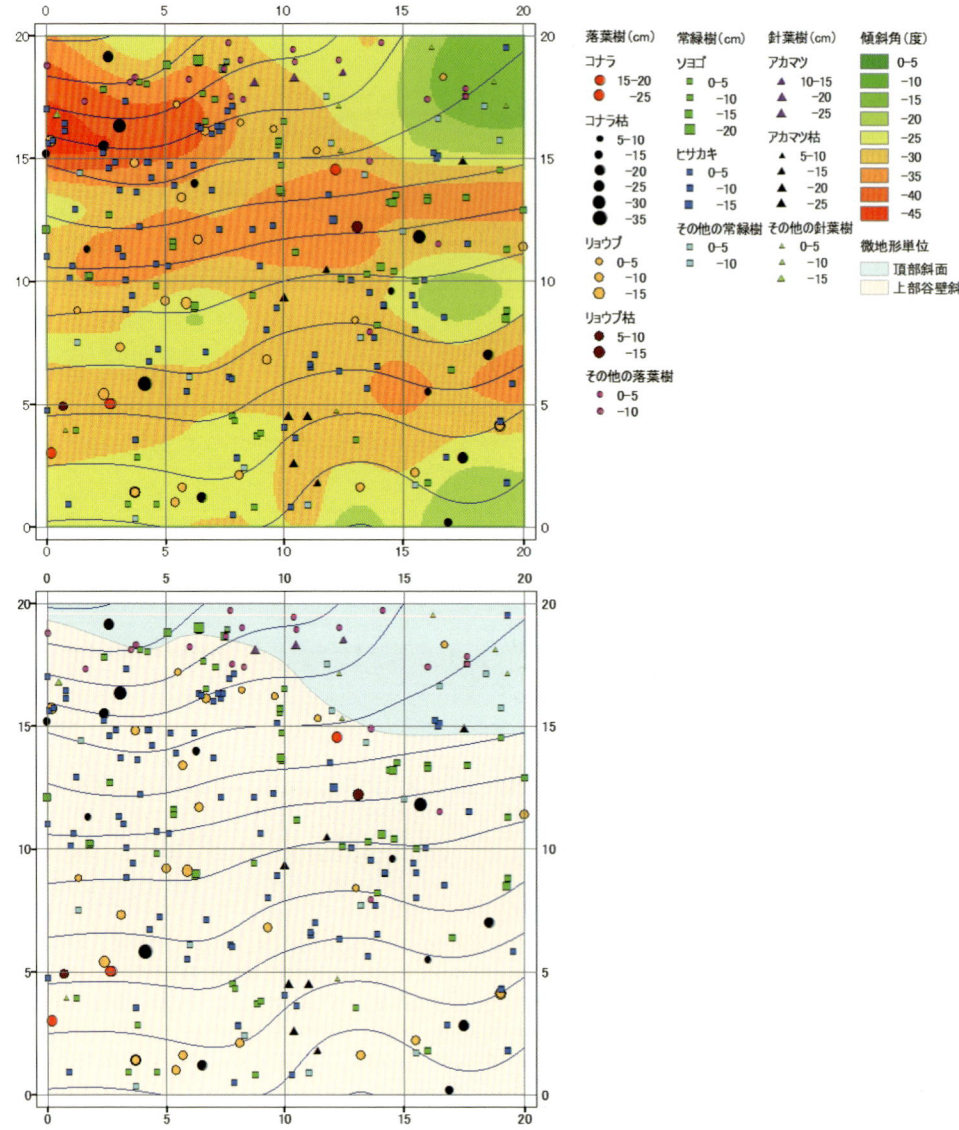

論説1-図3　KP1（20m × 20m）の地形（上：傾斜角，下：微地形単位）と樹種別樹木分布図

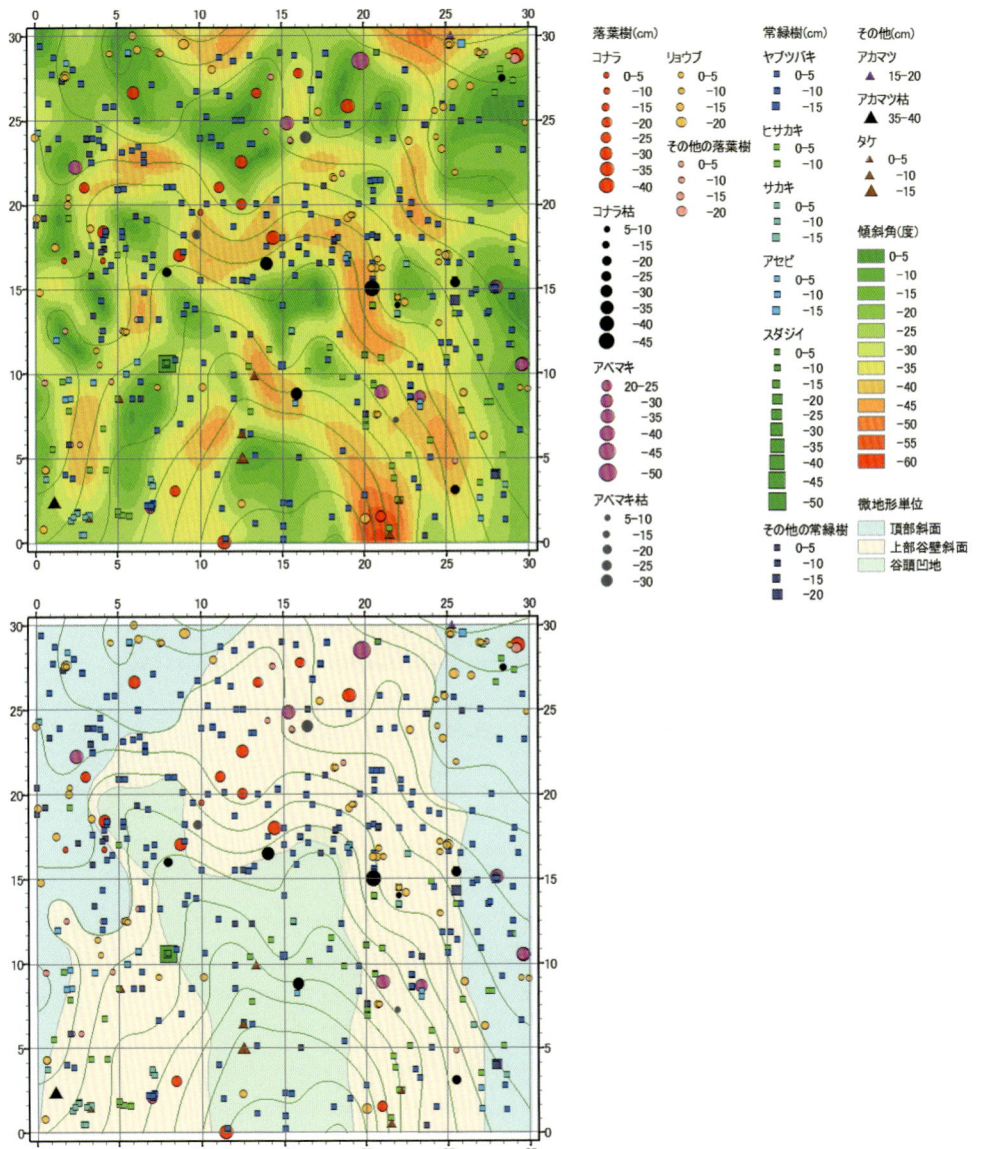

論説 1- 図 4　KP2（30m × 30m）の地形（上：傾斜角，下：微地形単位）と樹種別樹木分布図

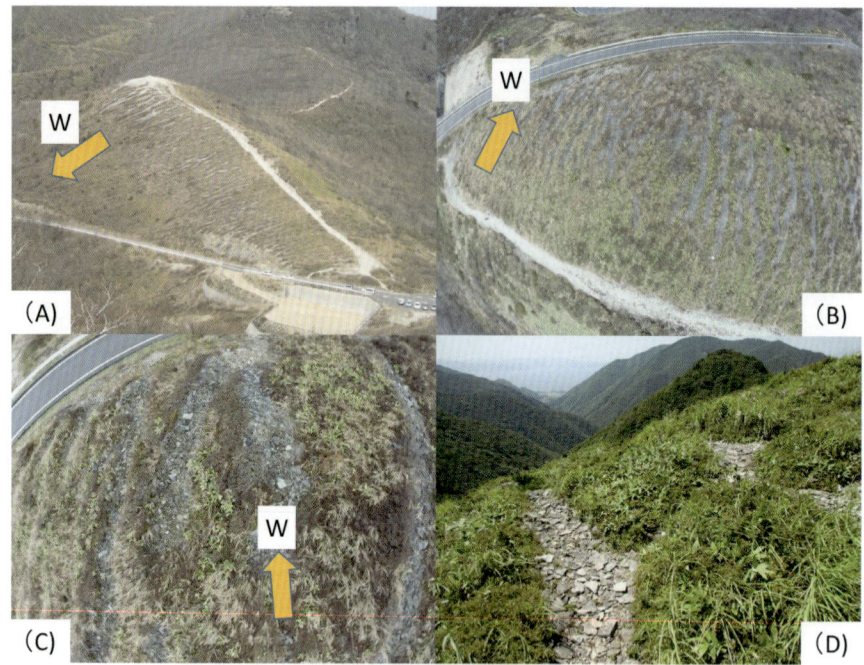

論説 3- 写真 1　植被階状礫縞分布地　瀬戸撮影.
A：全体写真（西側斜面（風衝斜面））に植被階状礫縞が分布している.
B：写真右が斜面上方, 左が斜面下方であり, 同時に写真上部の林道へ向かっても傾斜している. 礫縞が合流・分岐している様子が見える.
C, D：拡大写真. 平面的には縞状であり, 立体的には階段状を呈する.

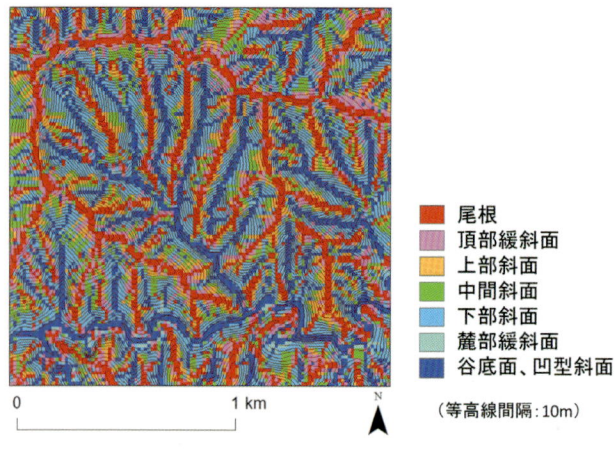

凡例:
- 尾根
- 頂部緩斜面
- 上部斜面
- 中間斜面
- 下部斜面
- 麓部緩斜面
- 谷底面、凹型斜面

（等高線間隔：10m）

トピック1- 図1　15-m DEM を用いた山地斜面の区分例（四万十川中流部の小流域）

第Ⅱ部　微地形と自然災害

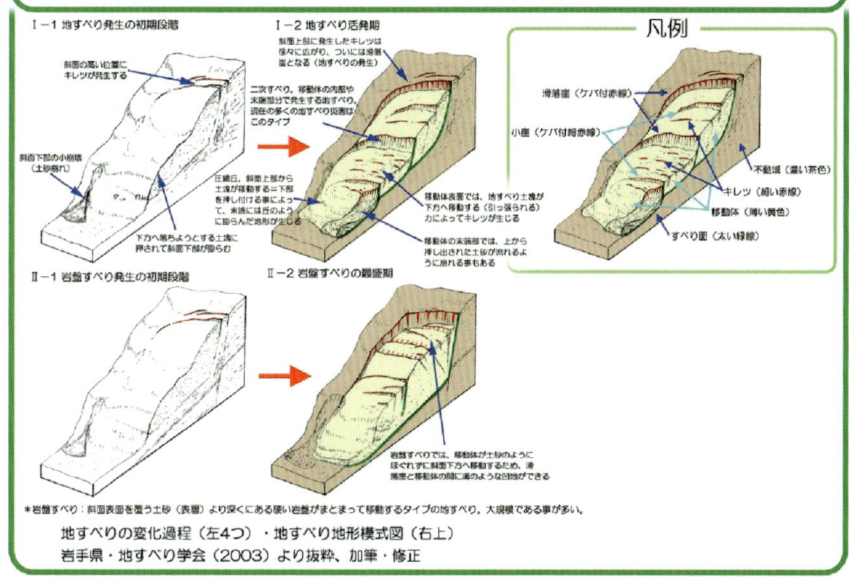

総説 4- 図 8　初生的な地すべり破壊の 2 つの系統（I, II）がたどる変化系列を単純化して示した例　宮城（2009）．

総説 6- 写真 2　タイ南部ナコンシタマラート付近の海岸侵食
浜が後退し，浜堤の外洋に面した部分が侵食されている．

論説 5-図 3　砂嘴上に発達する微地形
2008 年 12 月撮影．写真の撮影位置・方向は図 5 に示す．
　A：ウォッシュオーバーファン
　B：ストームリッジ
　C：白色および灰色を呈するサンゴ礫

第Ⅲ部　微地形と人間活動

トピック 4- 写真 1　ドンダイ漁を行う住居兼用の船　2010 年藤本撮影．

トピック 4- 写真 2　ドンダイ漁で網を仕掛けた様子　2010 年藤本撮影．

トピック 4- 写真 3　ザンロイ漁を行う漁民夫婦　2010 年藤本撮影．

トピック 4- 写真 4　ディテ漁に使用される船　2014 年藤本撮影．

トピック 4- 写真 5　オオハナグモリ（Chem chep）を採取する漁師　2010 年井上撮影.

トピック 4- 写真 6　集約型エビ養殖池　2007 年藤本撮影.

トピック 4- 写真 7　粗放型エビ養殖池　2007 年藤本撮影.

トピック 4- 写真 8　マングローブクラブ（ノコギリガザミ）の養殖池　2010 年井上撮影.

トピック 4- 写真 9　カキ養殖　2010 年井上撮影.

トピック 4- 写真 10　浜堤の後背湿地に造成された塩田　2005 年藤本撮影.

論説7-写真5 黄河結氷状況（2011年2月）

論説7-写真6 取排水口における結氷期解氷期の状況

取排水口の位置は図5に図示した．取排水口の河川水位は結氷期に約1mの上昇がみられる．左：2011年2月，右：2010年9月．

論説7-写真7 新堤防から望む黄河流路側の氾濫原

夏季はヒマワリ栽培用の農地が広がるが，冬季は上昇した河川水が農地を覆った状態で結氷している．左：2008年9月，右：2011年2月．

論説7-写真8 取排水口付近から望む結氷した堤間農地（2011年2月）

微 地 形 学
―人と自然をつなぐ鍵―

藤本　潔・宮城　豊彦
西城　潔・竹内裕希子
編著

古今書院

Micro-Landforms:
The Key to Connect Humans and Nature

Kiyoshi FUJIMOTO, Toyohiko MIYAGI,
Kiyoshi SAIJO, Yukiko TAKEUCHI (eds.)

Kokon-Shoin Publisher, Tokyo, 2016

はじめに
──なぜいま微地形か？──

　地形学辞典（二宮書店，1981）によると，「微地形」とは「5万分の1～2.5万分の1の地形図には表現されないような地表面の微細な凹凸」と定義されています．実際には，例えば平野上では，自然堤防，後背湿地，旧河道，浜堤列など，丘陵地では，谷頭凹地，頂部斜面，上部谷壁斜面，下部谷壁斜面などが微地形単位と認識されており，貝塚爽平先生が『発達史地形学』（東京大学出版会，1998）の中で分類したように，空間スケールとしては10^1mオーダー，時間スケールとしては10^3～10^1年オーダーで形成された地形を「微地形」として捉えることが一般的のようです．

　地表付近での様々な自然環境（例えば，植生，土壌，水環境，微気候など）は「微地形」と密接なかかわりをもちます．その自然環境に左右され，あるいは利用してきたのが人間です．そのため，「微地形」を分類し，その分布や形成プロセスを理解すること，さらにはこれらを踏まえた上で「微地形」と人間活動のかかわりを考察することは，地理学の重要な研究テーマのひとつとなってきました．

　しかし，例えば丘陵地における大規模開発は「微地形」の消失とそれに伴う生物多様性の喪失を招き，平野上での「微地形」を無視した人間活動の無秩序な拡大は，災害の多発の一因ともなってきました．その一方で，現在の大学での地理学教育において，「微地形」を捉えるための基礎となる「微地形分類」の手法やその応用について果たしてどの程度の教育がなされているのでしょうか？

　本書は，このような背景の下，微地形を認識して行動することの重要性を再確認するとともに，微地形スケールで環境を捉えようとする視点や微地形分類の技術を教育・普及させるための方策と研究の方向性について，隣接諸分野や人間行動への応用を意識しつつ，議論するきっかけを提供することを目的としています．

　本書は，まず序章で日本の地形学とその関連分野における「微地形」の認識と

研究史について概説します．本論は，第Ⅰ部「微地形と自然環境」，第Ⅱ部「微地形と自然災害」，第Ⅲ部「微地形と人間活動」の3部構成となっています．各部は主として関連分野の既存研究をレビューした「総説」，著者のオリジナルデータに基づいた「論説」から構成され，読み物的な事例紹介である「トピック」も掲載しました．第Ⅰ部では，様々な気候環境下における植生と微地形との関係，また，両者を繋ぐ土壌特性との関係等について議論します．第Ⅱ部では，傾斜地や平野で起こる様々な自然災害と微地形との関係を議論します．第Ⅲ部では，様々な自然環境下における生態系利用や土地利用と微地形との関係について，人文地理学的視点も取り入れながら考察します．最後に，これらの議論を踏まえ，今後の微地形研究の可能性と方向性，さらには微地形教育の在り方について提起します．

序章，および各総説と論説には，文頭にこの文章を読めば何がわかり，何の役に立つのか，といった「ねらい」を数行程度でわかりやすく記載しています．読み始めの参考にしていただければ幸いです．

「微地形」を見る目は様々な自然環境の理解を深めると共に，災害から自らの身を守るために，また，将来における人間活動の在り方を考える上で欠くことのできないものといえるでしょう．本書が「微地形」を見る目の重要性を，現在地理学を学んでいる，またはこれから学ぼうとしている学生諸君，土地利用や自然利用などの研究に携わっている人文地理学者の皆さん，環境保全や防災などの現場で行政や研究に携わっている隣接諸分野（例えば，生態学，工学，考古学など）の皆さまと共有するきっかけとなれば幸いです．

本書は2014年日本地理学会春季学術大会（於国士舘大学）において開催されたシンポジウム「微地形と地理学－その応用と展開－」の発表内容を中心として取りまとめたものです．このシンポジウムは丘陵地の微地形研究で大きな功績を挙げられた田村俊和先生の定年退職を記念して企画されたものです．田村先生の長きに渡る教育と研究の現場でのご活躍に対し，その労をねぎらうと共に，先生のご指導への謝意を込めて，また，今後の益々のご健勝を祈念して，緒言とさせていただきます．

2016年3月　編者一同

目　次

はじめに ―なぜいま微地形か？― ……………………………………………… i

序　章　日本の地形学とその関連分野における微地形の認識
　　　　―主として湿潤温帯流域を構成する微地形をめぐって―
　　　　………………………………………………………………田村俊和　1
　　序章の序／若干の用語整理／微地形という地形学用語の初出と当時の用法／沖積低地の微地形に関する知見の集積と普及／扇状地や山間谷底を構成する微地形から読み取れるプロセスとイベント／崩壊発生位置や土壌との関係でみた斜面の微地形／微地形を通した地すべり運動のタイプ・履歴の解析／丘陵斜面とくに谷頭部をつくる微地形の分類・図示／谷頭部の微地形の形成と維持にかかわるプロセス／谷頭部の微地形の形成史から斜面の編年そして流域全体の地形発達史へ／序章の結び ―微地形研究の双方向的展開をめざして

第Ⅰ部　微地形と自然環境

総説 1　植生研究における微地形の重要性 ………………………若松伸彦　32
　　植生と地形／植生の捉え方と地形／微地形と植生／丘陵地と山地の地形の違いによる問題点／まとめ

総説 2　微地形分類に基づいた森林土壌の物理特性の推定と類型化
　　　　………………………………………………………………大貫靖浩　50
　　はじめに／微地形に対応する森林の土壌物理特性／微地形をみて地下を推定する（微地形と土層厚の対応関係）／微地形の視点を森林土壌研究に生かす／おわりに

総説3　マングローブ林の植生配列と微地形との関係およびその応用可能性
　　　　　　　　……………………………………………藤本　潔・宮城豊彦　80
　　　はじめに／マングローブ生態系における地形環境の多様性と植生配列／マングローブ域での微地形の把握方法／マングローブ域での微地形研究の応用と展開

論説1　中部日本太平洋岸の里山植生の現状と微地形
　　　　—ナラ枯れ被害を受けた愛知県「海上の森」の事例—
　　　　　　　　……………………………………………藤本　潔・小南陽亮　105
　　　はじめに／調査地域と調査方法／調査結果／まとめ

論説2　仙台近郊の丘陵地における谷壁斜面スケールでみた里山植生と微地形
　　　　　　　　…………………………………………………………松林　武　122
　　　はじめに／調査地／方法／結果および考察／まとめ

論説3　階段状微地形の成因　—奥羽山脈南部御霊櫃峠の事例—　瀬戸真之　132
　　　はじめに／調査地の概要／植被階状礫縞の概要／植被階状礫縞の形成プロセス

トピック1　数値標高モデルを用いた地形解析と景観生態学研究への応用
　　　　　　　　…………………………………………………………松浦俊也　142
　　　はじめに／山地・丘陵地の地形分類／山地の植生分布と地形解析／山菜採りと微地形／おわりに

トピック2　地形分類の手法による屏風ヶ浦海食崖の景観分析とその見せ方
　　　　　　　　………………………………八木令子・吉村光敏・小田島高之　148
　　　はじめに／調査地域概要／屏風ヶ浦海食崖の景観分析／景観の見せ方—展望地点の設定／おわりに

第II部　微地形と自然災害

総説4　地すべり地形の危険度評価と微地形
　　　　—地すべり地形判読を通して斜面をみる技術を創る工夫を振り返る—
　　　　　　　　……………………………………………宮城豊彦・濱崎英作　160
　　　はじめに／地すべり地形を解析的に研究する前提／東北地方における空中写真の導入と地すべり地形の認定／地すべり地形の認定と地図化／地すべり地形を構成する微地形

をみて危険度評価を行うことへ／危険度評価の発想とそれを技術化する努力／微地形は地すべりの物質と動きをどれほどに表現しているか／まとめ

総説5　考古遺跡からみた平野・盆地の微地形と自然災害　………小野映介　182
はじめに／微地形研究小史／平野・盆地の微地形の構造／考古遺跡からみた自然災害—洪水は災害か？賜物か？／おわりに—微地形は誰のもの？

総説6　海岸平野の微地形と自然災害　………………………………海津正倫　208
はじめに／海岸平野の微地形／海岸平野の自然災害と微地形／おわりに

論説4　堤内外の微地形に基づく自然災害分析　………………………黒木貴一　223
福岡平野の河川と流域と地形／氾濫時の微地形形成／流速からみた越流を導く河川条件／越流を導く堤外微地形の特徴／まとめにかえて

論説5　微地形分布から考察する津波で消滅した砂嘴の再生過程
　　　—タイ南西部パカラン岬の事例—
　　　……………………………小岩直人・髙橋未央・杉澤修平・伊藤晶文　239
はじめに／調査地域の概観／パカラン岬の砂嘴上にみられる微地形／調査方法／砂嘴上の微地形の分布（2013年）／考察／おわりに

論説6　中米・エルサルバドル共和国南部海岸低地における砂州の形成時期と巨大噴火の影響　………………………………………………北村　繁　251
はじめに／研究対象地域の概要／研究方法／空中写真判読の結果／現地調査の結果／地形発達史／まとめにかえて

トピック3　防災・減災まち歩き　—微細な高低差を認識するために—
　　　………………………………………………………………竹内裕希子　267
はじめに／逃げる場所を確認するためのハザードマップ／防災・減災まち歩き／おわりに

第Ⅲ部　微地形と人間活動

総説7　世界の様々な気候帯における人間活動と微地形利用
　　　　—狩猟，採集，農耕，家畜飼育からみた枠組み—　………池谷和信　276
　微地形利用の地域性／熱帯の平坦地の事例—現在の人々の暮らしをささえる微地形／温帯の山地環境—消えつつある微地形利用とその知識（在来知）／冷寒帯のツンドラでの利用—生存のために不可欠な微地形／地域間を比較する—微地形利用の環境史に向けて

論説7　乾燥－半乾燥地域の地形変化と農業的土地利用　………大月義徳　300
　はじめに／中央ケニアの半乾燥地域，熱帯高地域の地形変化と土地利用／内モンゴル自治区乾燥地域の地形変化と土地利用／まとめにかえて

論説8　微地形と里山利用　—伝統的炭焼きを例に—　………西城　潔　311
　はじめに／伝統的炭焼きにみる微地形利用／微地形としての炭窯跡と野外での認定／おわりに

論説9　岩手県久慈地域にみられる近世の砂鉄鉱層採掘に伴う人工改変地形
　　　　………………………………………………………………吉木岳哉　323
　たたら製鉄と砂鉄鉱層「ドバ」／ドバ採掘跡に残る微地形／微地形からみたドバの採掘・運搬方法／まとめ

トピック4　マングローブ生態系における人間活動と微地形利用
　　　　—ベトナム南部カンザー地区の事例—　………………藤本　潔　336

おわりに　—微地形を見る目の重要性—
　　　　………………………藤本　潔・宮城豊彦・西城　潔・竹内裕希子　341

索　　引　344
編者紹介　353
分担執筆者紹介　354

序章

日本の地形学とその関連分野における微地形の認識
―主として湿潤温帯流域を構成する微地形をめぐって―

田村俊和

> 微地形は，そこに同時に展開している土壌や植生等と一緒に，等身大の観察で捉えやすいという特徴をもっています．そこで微地形は，多種の自然環境構成要素がかかわる環境保全・防災等の調査研究に，空間的な鍵として活用されてきました．今後もこの利点を大いに伸ばし，観察・観測・解析手法を工夫して，土地自然環境の総合的理解や賢明な利用の研究に微地形を生かすことが期待されます．同時に，そこで得られる微地形の形成に関する知見を集積して，微地形学自体の方法の系統的な整備を進めることも必要です．

1 序章の序

　どのような分野・テーマでも，それについての研究成果が次々と出てくる状況になると，なぜそのような研究が始められたのかということは気にしなくてもある程度仕事が進められ，それなりに，その時点でのその分野の知見・手法の拡充に貢献することもある．「微地形」に関する研究がそのような成熟した（?）段階に達しているのかどうか，いろいろな見解があろう．ここでは，「序章」の役割を多少意識して，日本の地形学とその関連分野で微地形がどのように認識され，関連する研究がどのような流れで進められてきたかを，いささか自己流にたどってみる．あわせて，私自身がそのごく一端にどのようにかかわってきて，何をめざそうとしているか，簡単に述べておきたい．したがって，先人の業績の取り上げ方や，最近の研究成果の取り入れ方には，不満や批判があり得るし，本書所収の他の論考と重複する話題や異なる見解があるかもしれない．また，議論の流れが途切れるのを避けるためと，私の視野の限界から，湿潤温帯にふつうにみられる，斜面を含む広義の河成地形を中心とした話題にしぼる．微地形についての知見の集積が比較的進んでいると思われる，氷河・周氷河地形，サンゴ礁地形，カルスト地形等には言及しない．

2 若干の用語整理

　どのようなものを微地形と呼ぶか，今ここで特に統一見解が求められているとは思われないが，陸域の地形に関する研究の中ででき上がってきているとみられるある程度の共通了解に基づき，少数の例を用いて簡単に記しておく．

　まず，微地形とは，生物－微生物という対照での「微」のように「地形一般（これがどのようなものを指すかは各人の経験や識見による）より微小のもの」という意味よりも，大地形－中地形－小地形－微地形という階層構造に位置づけられる微地形スケールのユニットという意味合いで用いるほうが多いということを指摘しておきたい．もちろん，地形分類名称[1]を特に示さずに微地形スケールの何らかの特徴を記述することもある．ここで地形のスケールとは，サイズを表す連続量のある値で機械的に区切るのではなく[2]，形成過程を反映した地形の特徴の複合の度合いによって識別されるもので，上位の階層（あるいは高次）の地形は下位の階層（低次）の地形の空間的集合からなる[3]．概して高次の地形ほど，より複合的な形成過程を有し，より長い時間を費やして形成される（田村 1980, Tamura 1980）．同じ名称に分類される地形がひとまとまりの連続的空間[4]を作っていれば，地名を付した地形区[5]として区分できる．

　関東平野を例に取ると，多摩丘陵，武蔵野台地，多摩川低地などは，いずれも関東平野という大地形区に含まれる中地形区である．その他多数の丘陵地，台地，低地で関東平野が構成される．丘陵地ではどこでも，稜線をなす丘頂部の緩斜面に加えて谷がたくさんあり，谷には両側の斜面と底部の平坦面があって，小さな段丘面がついていることも少なくない．これら丘陵（という中地形）を構成する丘頂部の緩斜面，丘腹部の斜面，（小）段丘面や谷底面などはいずれも小地形であり，そのうち段丘面や谷底面は，それぞれ隣接する台地（という中地形）を構成する（ふつう複数の）段丘面，および低地（という中地形）の大部分を構成するさまざまの小地形に対比（同時代に形成されたものと認定）できる（Tamura 1980, 田村 1990a, 2001）．

　例えば，武蔵野台地（という中地形区）を構成する段丘群のうち立川段丘（という小地形区）には，後期更新世のある時期に形成された段丘面と，より若い段

丘崖があり，段丘面から刻み込まれた開析谷の谷壁斜面と狭い谷底面もある．多摩川低地（という中地形区）の下流域を構成する氾濫平野やデルタ（という小地形）にも，自然堤防，後背湿地，旧河道，砂州などが識別される．これらの微地形に相応する（必ずしも「対比される」という意味ではない）ものが，丘陵地の小地形を構成するパーツとして存在するはずである（田村 1990b）．また，微地形と認識された地形を構成する，さらに微細な地形があり得る．

　丘陵地，特にその谷頭部を構成する微地形の種類とそれが認識された経緯，それがもつ意味等については，本章 8，9，10 に述べる．山地の例は，6，7，10 などで触れる．それら斜面の地形の記載にしばしば用いられる傾斜変換線とは，地表面の傾斜が不連続に変化する境界線を指し，そこより下方で傾斜が急になる遷急線と，その逆の遷緩線がある．このような形態の不連続に着目することが，微地形を識別する出発点になる．なお，ここで大地形としたものよりさらに高次の地形（例えば，島弧の構成単位，弧－海溝系，大陸や大洋底等々）には，触れない．

3　微地形という地形学用語の初出と当時の用法

　微地形という語を日本でおそらく初めて地形学の著書・論文等のタイトルに用いたのは東木（1930a〜f，1931a，1932 など）であろう．そこでは，微地形（microtopography と称している）を，一般にサイズが小さく，原型地形（prototopography）[6] を保持しているものと捉えている．微地形の多くの要素は平野に分布しているとも述べているが，これは上述の原型地形という意味からか，後述のような当時の地形認識手段の制約によるものか，よくわからない．

　微地形研究の方法については，「デーヴィス（W. M. Davis），ペンク（A. Penck[7]）等の先学の流れを汲むものであるけれども，多少の変更を試みた」とあり，W. Penck による山麓階の議論の一種のアナロジーで河成段丘の発達を論じようとしているとも読める記述がある（東木 1930b，1932）．一方，「微地形は，…地形変化といふことについて，デーヴィス及びペンク等の考えて居た…地形に輪廻があるという考とは多少異なって居る」と述べながら（東木 1931a），「此の考はデーヴィスの考と衝突するものではなく」とも記している（東木 1932）．そこに

は，両ペンクの所説への若干の誤解が疑われるほか，いわゆるデーヴィス－（W.）ペンク論争が一大関心事であった当時の日本の地形学の状況下で，そこで主に扱われていたものとはかなり異なる時間・空間スケールの議論を展開するにあたっての，混乱ないし苦心がうかがえるようでもある．

　それよりもむしろ，この時代に，準平原論などの対象となるものより一段と微細な地形に着目して，ある空間的範囲に同時に存在する一連の地形の中から成因や形成時期を互いに異にする地形面を識別し，各地形面の分布を具体的に図示して，その発達過程を考察しようとしたことを積極的に評価すべきであろう．そのような研究が進んだ背景には，5万分の1地形図が1925年にほぼ全国で完成し，要塞地帯を除き利用可能になったという状況もあった．したがって，そこから読図可能な，現在の用法（本章2）では小地形に近いものを微地形と呼び，「同位面」「順位面」「地形面の置き換え現象」など段丘地形発達史の方法に連なる議論を展開している．自然堤防，後背湿地などへの言及は，まだない．

　なお，彼は微地形の違いが土地利用を考えるのに重要であることを再三示唆し，書名にもそれをうかがわせるものがあって（東木1931b），これは戦後の地形分類，土地分類の考えの萌芽となるものとも思われるが，河川堤防の様式と地形的立地との関係（東木1930a）を除けば，あまり具体的な議論の展開はない．

4　沖積低地の微地形に関する知見の集積と普及

　東木の一連の著作から十数年の間に，構成物質・形成順序による台地の区分や沖積低地の微地形についての一般的知見は，在来の土地利用との関係も含め，少なくとも地形学関係者の間では共有されるようになったと思われ，その一端は渡辺（1942）掲載の図などからもうかがえる．敗戦直前の1945年5月末ころ，東京近辺に在住の地形学者が，陸軍参謀本部が設けた兵要地理調査研究会に提出するため，特に新たな現地調査を行わず既存の資料・知見および読図結果をまとめて執筆したという「飛行場並ビニ航空基地設定可能地分布」の手稿（20万分の1分布図の凡例）には，扇状地，洪積台地（ローム及火山灰台地，河岸段丘，海岸段丘に細分），火山裾野，三角州，其他各種（沖積原，砂浜等）の地表形態と地表構成物質の特徴が記され，飛行場・航空基地への適否が階級区分されている（佐

藤 2009，久武 2009）．そこに示された知見は，5 万分の 1 地形図を活用した現地踏査があたりまえになってから，東木（1930b ほか）が提示した視点も生かして急速に蓄積され，地形学関係者の間では，わざわざ論文にするほどのことではない常識になっていたものと推測される（田村 2011a）．

　その約 2 年後，1947 年 9 月のカスリーン台風による関東平野中央部での氾濫状況の調査報告（地理調査所 1947）では，自然堤防，後背湿地，旧河道等，沖積低地の微地形に関する知見が十分に活用されている．それにかかわる氾濫時の水・土砂の移動・停滞（すなわちこれら微地形の形成過程）が，この調査を通してよりダイナミックに認識された．その調査経験が，折から利用可能になった（当初は米軍撮影の）空中写真の判読と相まって，氾濫の繰り返しで形成された沖積低地を構成する各種微地形に関する知見の体系化（例えば小谷 1950，中野 1952などに試行的に取り入れられている）に寄与したことは疑いない．同じころ，各地の沖積低地での遺跡発掘調査に地形学者も参加するようになり，人間居住における微地形資源の使い分けについての合理的説明が進むと同時に，微地形の形成年代についての情報を得る一つの道が開かれた（例えば井関 1952，中野 1956 など）．

　これらの知見を，当時全国的に深刻な問題であった河川氾濫・高潮等による水害に備え，農用地等の開発計画にも活用する目的で，国土調査土地分類基本調査の地形分類図（縮尺 5 万分の 1，当初は経済審議庁（間もなく経済企画庁）1954年～，後に国土庁および各都道府県から刊行）や水害地形分類図（2.5 万分の 1，5 万分の 1，資源調査会など 1956 ～ 1961 年）などに，沖積低地の微地形が分類・図示されることになった．微地形と表層地質・土壌分布との対応も認識され，5 万分の 1 地形図幅ごとに地形分類図・表層地質図・土壌図をセットで作成する土地分類基本調査においては地形調査が先行する慣例ができた．

　沖積低地の微地形の分類・図示は，その後，洪水地形分類図（2.5 万分の 1，5 万分の 1，国土地理院 1960 ～ 62 年，後に各地の河川事務所など刊行），土地条件図（2.5 万分の 1 ～ 1 万分の 1，国土地理院 1963 年～），農林水産技術会議土地利用調査研究協議会（1958 ～ 1963 年）の土地利用区分（農林水産技術会議事務局 1964），沿岸海域土地条件図（2.5 万分の 1，国土地理院 1972 年～），治水地形分類図（2.5 万分の 1，国土地理院 1977 年～）などに受け継がれ，地図の種類

によっては細分あるいは簡略化されながら，現在に至っている（式 1960，門村 1977，大矢 1983，田村 2011a など）．ただし，これらの地形分類図類では，6 に示す土地条件図の一部を除き，沖積低地以外については微地形スケールの分類・図示がほとんど行われていない．例えば土地分類基本調査の地形分類図では，低地には上述のように成因による微地形分類が取り入れられている一方，台地では段丘面という形成時期（むしろ順序）による区分が，丘陵地・山地の斜面では起伏量，谷密度などの地形計測値による区分が行われるというように，同一図幅内に視点やスケールの不統一な分類が混在している（田村 2011a）．

　低地の微地形の位置・形状，そして何よりもそれらの形成過程は，水害の被害防止・軽減に直接有効な知見となる．それに加え，各種微地形の構成物質に関する情報は，建造物の基礎地盤を知るためにも活用できる．沖積低地の微地形を介した地盤型分布の把握（式 1962）は，都市地盤調査（建設省計画局 1962 〜 70 年）に取り入れられ，さらに地形発達史の考察に裏づけられた空中写真判読による地盤解析の体系化が行われた（例えば門村 1966）．こうして，1960 年代末には，沖積低地を構成する微地形に関する知見は，少なくとも地形学とその周辺ではかなり一般化し，大方の認識では，微地形と言えば低地の微地形を指すという状況になっていた（例えば小池 1970）．

　ただし，例えば現・旧河道に沿う微高地をすべて自然堤防としてよいか（例えば若生 1968）というような，地形分類名称の妥当性の問題が折に触れて指摘されている．これは，公的機関が事業として刊行する地形分類図類はそれぞれ応用目的をもち，その目的を妨げない範囲で，図示の便宜を重視した妥協が図られることがある（例えば金窪 1982）からでもある[8]．このほか，マングローブが生育する低地の微地形については，人為の影響がほとんどない沖積低地での地形と植生との対応をみる目的の調査を西表島の仲間川デルタで始めて（菊池ほか 1978）以来，知見が集積されてきている（菊池 2001，宮城ほか 2003，藤本・宮城 2016 など）．

5　扇状地や山間谷底を構成する微地形から読み取れるプロセスとイベント

　扇状地, とくに掃流扇状地の大半は, 中地形としての沖積低地のうち, 自然堤防,

後背低地，蛇行旧流路などの微地形が繰り返し出現するいわゆる氾濫平野（自然堤防帯，中間地帯とも呼ばれる）の上流側に位置する小地形である．それを構成する微地形については，より下流側の氾濫平野やデルタ（三角州）を構成するものと同様の手順で認定・図示が可能と思われるが，研究の展開はやや遅れた．一方で，扇状地区間の河道における洪水時の砂礫堆の移動など，微地形スケールの地形変化の動態が詳しく観察されていた（例えば木下 1957）．そのような知見も視野に入れ，門村（1971）は，空中写真判読，地盤・土壌資料との照合，現地観察に基づいて，静岡県下のいくつかの緩勾配扇状地の現河床が中州（砂礫堆，ときに高低に二分），網状分流路，低水路からなり，平時は完全に離水しているがまだ段丘化していない扇状地面はこれらが放棄されたもので構成されているとみて，それら微地形の分布パターンから各扇状地の形成過程が復元できることを示した．

より急勾配の土石流扇状地では，それを構成する凸状・凹状の微地形と土石流の動きとの対応関係はよりわかりやすい（例えば中山・高木 1983）．長さ数十 m の細長い舌状の微地形（土石流ローブ）について，その外形だけでなく内部のさらに微細な形態・構造を詳しく観察することで，土石流の流動・堆積過程を動的に解析できるようになった（例えば今村 1977）．したがって，新旧の土石流ローブ，さらにはより小規模な微地形の配列を，スケール・階層の違いに留意して識別・図示することで，土石流の反復による各微地形の形成過程・形成史が読み取れる．これは，上流の山地斜面での崩壊発生史と関連づけられる（今村 1977；井上ほか 1984 など）．図らずもこれと類似の視点からの土石流関連微地形の解析が，渓谷底での植生の立地や遷移の解明に役立った（例えば牧田ほか 1976；菊池 2001；Sakio et al. 2008）．

6 崩壊発生位置や土壌との関係でみた斜面の微地形

本章 4 の後半に述べたように，山地・丘陵地斜面については，地形形成過程も考慮した系統的な分類・図示が低地にくらべて遅れていた．とはいえ，1950 年代に多田，式，市瀬，吉田らが水平断面形による斜面の分類・図示を試み，上部にある凸斜面を下方から凹斜面が蚕食することに着目して，表層崩壊発生など表

面物質の不安定性と斜面形および傾斜変換線との関係に言及している（森林保全研究会 1953，1957；多田 1958；式 1960）．また，農牧林業の自然立地単位を区分するための地形分類の検討（農林水産技術会議事務局 1964）では，山地・丘陵地・山麓地の（微地形ではなく）小地形として，断面形[9]の凹凸と傾斜で分類された斜面が，崖錐，麓屑面，谷頭コルビウム等と並んで取り上げられた．

これらの経験も底流として，それまで沖積低地での氾濫を主な対象に考えていた洪水地形分類図を拡充し，市街地周辺でも問題になり始めてきた斜面災害等も含めて対処することを意図した土地条件図では，その始まりとなる阪神地区の図（1963～64 年）に，斜面を傾斜と横断面形の組み合わせで 9 類型に分類する方式が取り入れられた．そこに至る経緯は金窪（1979）などに述べられている．この方式は，その後，関東地方や中京地区などでの土地条件図作成・改訂（1968～78 年）に適用されたが，仙台・仙台北部地区（1971～72 年）など以降，近年作成の数値地図 25000（土地条件）も含め，用いられなくなった．

林野土壌のタイプとの関係でも斜面の地形が注目されていた．例えば褐色森林土を細分した土壌型には，現行の分類体系の整備（土じょう部 1976）以前から，土壌断面形態で定義され生成環境の乾湿を表す名称が用いられているが，これは大政（1951）によるブナ林土壌の分類を継承したもので，斜面上の相対的位置や斜面形との関係で各型の断面形態が形成され，分布範囲が規定されているとの認識，つまり，明らかにカテナ（catena）（Milne 1935）の視点に立っている．さらに竹下・中島（1960）は，土壌断面形態の成熟状態を斜面の長期的安定の指標とし，斜面の切り合いに基づいてその新旧を判定することにより，傾斜変換線で境された斜面の微地形が，発達史的裏づけをもって分類・図示できることを示した．その方法も用いて，竹下（1971 ほか）は，崩壊の予知にも応用される，微地形スケールに踏み込んだ斜面地形の系統的分類・図示を行った．

一方守屋（1972a，b）は，中部地方のある山地流域での網羅的な調査から，崩壊の発生順序と発生位置および崩壊形態との関係を整理した．そしてそれを，更新世末から完新世初頭の気候変化に伴い，山地斜面で卓越するプロセスがソリフラクションから崩壊へと変化したためと解釈することで，斜面を位置・形態とプロセスおよび年代で意味のある単位に細かく分類・図示できることを指摘した[10]．それ以前から遷急線付近での斜面崩壊発生に注目していた羽田野（1971 など）

は，この指摘を重視して（羽田野 1974a, b），後に後氷期開析前線の考えをまとめ（羽田野 1979 など），その線より下方の渓岸急峻面を図示する必要性を主張した（羽田野 1986a など）．2.5 万分の 1 程度の縮尺で図示すると一見錯雑にみえる土地条件図の 9 類型斜面分類に代わり，崩壊と関係が深い地形指標としてこれを用いる意図もあったと思われる．

そのころから，呉（1972 年），長崎（1973 年），鹿児島（1974 年）（以上 1 万分の 1），小豆島（1982 年，2.5 万分の 1）などの土地条件図，1978 年伊豆大島近海地震や 1984 年長野県西部地震の災害状況土地条件図などには遷急線が図示され，それと斜面崩壊発生位置との対応関係が検討された（鈴木 1982, 熊木ほか 1986）．また，札幌の土地条件図（1977 年，1.5 万分の 1）では，平滑斜面（卓越）地域と，その下方にしばしば遷急線をもって接する開析斜面地域とを，異なる色の等高線で区別して示している[11]．崩壊による地形発達に基づく斜面の分類案は江川（1979a, 1982a）も提示した．

上述の諸成果も参考に，5 の後半で紹介した微地形からの土石流動態・土石流史解明，その他自身や周囲の関係者による山地斜面とその周辺の地形の写真判読・現地調査経験（大石・皆川 1961 など）に基づいて，大石（1985）の書が編まれた．これは，書名に微地形の語を用いている点ではおそらく東木（1932）以来であり，斜面の微地形を正面から取り上げた成書としては日本でほとんど初めての例である．そこでは，傾斜変換線を含む，斜面における微地形スケールの特徴を中心に，注意深い空中写真判読で認定できる現象を追求し，それらの形成過程（地形発達史を含む）を考えることで，次の崩壊発生の空間的予知が可能なことを説得的に示している．ただしこの書には，何を微地形とみなすかということや，例えば今村（1977）で論じられているようなより高次・低次の地形との関係については，明確な言及がない．

斜面の地形分類・図示については，このほかにも，必ずしもすべてが微地形スケールまで踏み込んではいないが，小泉（1977），丸山（1978），熊木・鈴木（1982），熊木・羽田野（1982）などで検討され，また，1985 年から 87 年にかけて東北地理学会の 3 回のシンポジウムで議論された（阿子島・田村 1986, 1987；田村・阿子島 1986）．遷急線の意義については 10 で改めて触れる．

7 微地形を通した地すべり運動のタイプ・履歴の解析

　5の後半や6で例示した土石流・山くずれと並び，地すべりも，その運動を地形からよくたどることができ，それが作る地形は，通常の流水による侵食・堆積形から区別しやすい特徴をもっている．土地分類基本調査の地形分類図にも，模式化した付加記号としてではあるが，当初（1950年代半ば）から地すべりが，調査者により精粗があるものの，図示されていた．しかし，地すべり移動体内部や主滑落崖周辺の微地形スケールの特徴を詳しく識別し，そこから地すべり運動の様式と履歴をたどって次の運動の予測につなげるという視点が広まったのは，1960年代後半からと思われる（例えば羽田野1970；羽田野ほか1974；国土地理院1976；大八木1976；八木$_{浩}$1981，1996；古谷1996など）．

　ダム建設の地盤調査において，点的なボーリングに頼った結果，基岩が細かく破砕されずに大きく割れて動いた地すべり移動体を不動地と誤認する例が続出したことを背景に，地すべり地の範囲の抽出やその運動傾向の把握に空中写真による地形判読が有効である（例えば江川1979b，1982a）という認識が広まった（例えば東北地建河川計画課1982）．1982年に刊行が開始され2014年までに全国を網羅した防災科学技術研究センター（現：防災科学技術研究所）の地すべり地形分布図には，5万分の1という縮尺の制約から多くは主滑落崖と移動体の外形だけが図示されているが，調査の過程で移動体内部の副次的な崖や凹地，滑落崖背後の亀裂等，いくつかの地すべり微地形が認識され，大規模な地すべり地のうちにはそれら微地形の一部が図示されているものがある．

　これら空中写真判読を重ね現地調査に裏づけられた，過去・現在・近未来の地すべり活動に関する地形学的知見は，江川（1982b），羽田野・大八木（1986），宮城・清水（1992），Miyagi et al.（2004），大八木（2007）などに集約され，6で挙げた大石（1985）にも一部取り入れられている．また，いろいろな様式・規模の地表物質移動の結果である地形の変状を個別に識別することを超えて，微地形の分類単位を認定し，その空間的集合状態から地すべり地の範囲の画定およびそこで発生してきた運動の種類・履歴等の解明を系統的に進める視点は，1980年代に入ったころからとくに明確になってきた（例えば木全・宮城1985；中村・檜垣

1992；八木㓛1996, 2003)．これは，小地形－微地形という階層構造を意識して地すべりの地形発達史解明と予測につなげる試みとして注目される．これらの経緯の一端は宮城・濱崎（2016）からうかがわれる．

8　丘陵斜面とくに谷頭部をつくる微地形の分類・図示

　日本の丘陵地の多くは，新第三紀～前期更新世の半固結堆積岩類，ところによっては同時期の火山岩やより古期の堆積岩，風化した深成岩等を基岩に，中期（まれに後期）更新世の堆積物を載せている部分もある高さのよくそろった丘頂部，複雑な斜面，そして谷底など，数種類の小地形からなる（田村 1977；Tamura 1981；田村 1990a, 2001)．しかし，1950 年ころから全国的に広まった段丘面対比による地形発達史研究で対象となったのは，丘頂部のうち固有の堆積物をもつ部分[12]に限られていた（例えば貝塚ほか 1963)．丘陵の大半を占める斜面は，段丘発達史の論文中の地形学図ではふつう空白のまま残され，土地分類基本調査の地形分類図等では，4 で指摘したように，初歩的な地形計測値により大まかに区分されるだけであった．その状況を超え，丘陵地形の特徴である複合性の議論に踏み込むには，斜面の合理的分類が不可欠である．それを行うことで，4 の末尾近くに記したような微地形についての大方の認識も拡充できる．

　一般に斜面の形態的特徴は，最大傾斜方向と傾斜度，水平断面の曲率，それらの縦・横断方向の変化などで表現され，それぞれの形態的特徴をもった斜面単位の配列状況で，より広域の斜面の形態的特徴が記述できる．例えば欧州大陸諸国で 1950 年代後半から作られている詳細地形学図（田村 2011a）には，2.5 万分の 1～5 万分の 1 程度の縮尺であっても，斜面形や谷型を分類・図示し，気候地形学的解釈でその形成年代も識別してあるものが多い（例えば，少し後でまとめたものであるが，Demek 1972)．日本でこれを取り入れた方式は，6 で触れた土地条件図「札幌」で試みられている．しかし，森林に覆われていることが多い日本の丘陵斜面を対象に，通常入手できる地形図・空中写真から，この段落の冒頭に記した操作を細かく行うのははなはだ困難であり，林内で測量を行うにも現実的な限界があった[13]．そこで私は，個人レベルで使える手法として，英国で中・高校生の野外観察の際に地表形態を簡便に記録するために考案されたという

morphological mapping（Waters 1958）を用いてみた（Tamura 1969）．

　実際には，ニュージーランド北島の一小流域にあるすべての地形が9種類の地形ユニットで構成され，各ユニットの位置・形態・地表物質の特徴から，その形成過程および現在の地表面での物質移動傾向を記述できたという Dalrymple et al. (1968) の論文を通して，morphological mapping という手法の存在を知り，それを Curtis et al. (1965) や Savigear (1965) などを頼りに独習しつつ，かれらが英国やナイジェリア等で斜面の地形の記載に用いたよりも一段階細かく，仙台付近の丘陵地谷頭部の微地形に適用してみた．

　丘陵地の地形を，背面をもとに復元される原形から現在みられる複雑な斜面の集合に変えていったのは，主として水流およびそれに制約された諸作用なので，それが始まる谷頭部で，丘陵地の地形形成にかかわる諸々の過程が集約して観察できると考えた．1968年十勝沖地震により八戸西方の丘陵地で発生した斜面崩壊の調査（堀田ほか 1968）で，新たに作り出された谷型斜面の上端付近での微細な地形配列の規則性に気づいたことも，谷頭部に注目する契機の一つとなった．また，Nakamura (1968) が，丘陵地を開析するV字型の横断面をもつ谷の上流側に浅い谷があることを強調し，Wako (1966) はそれら上流部にある浅い谷の堆積物が，下流部の谷底を作る流水-湿地成のものとは異なることを指摘していたので，それらについてもう少し細かく検討してみたいという考えもあった．

　さらに，丘陵地の谷の最奥部で，斜面上の位置による植生の明瞭な差異（後に三浦・菊池 1978 その他 菊池 2001 にまとめられた）をみせられ，その地形的背景を菊池から尋ねられたことも，強い動機づけとなった．これは，一見一連にみえる斜面で位置・形態の違いに対応して土壌・植生が異なることへの着目であり，後で気づいたのであるがカテナの概念（Milne 1935）に遡ることができる．

　選んだ谷頭ごとに，現場（多くは森林下）でのごく簡易な計測も交えた観察で，斜面の向き・傾斜度とそれらの空間的変化傾向（横断，縦断，水平方向の凹凸），および傾斜変換線の位置をそれぞれシンボルで記した見取り図（morphological map）を100分の1～200分の1程度の縮尺で作り，地表形態・位置の特徴に，土壌断面形態から読みとれる表層物質移動傾向も考え合わせて，6種類の微地形単位（micro-landform units）を認定した．各単位は，大きさや傾斜度には多様性

があるが，どの谷頭部にも一定の配列傾向で出現し，それぞれ特有の形成・維持プロセスに対応していると考えた（Tamura 1969）．

　ある程度以上の降雨があったときに地表の水が集まって流れる場(すなわち川)の上流側に，大雨時でも地表には水がほとんど現れないが，明白に谷型を呈する斜面が必ずあるということは，当時の私にとっては発見であった．それを拙い英文で報告（Tamura 1969）してから，斜面での浸透水の動きに関係しそうな文献を探し始め，Bunting（1961），奥西（1963），塚本（1966），Kirkby and Chorley（1967），Dunne and Black（1970a, b），Jones（1971）など，多くは相互に意識せずに進められたであろう研究に次々と遭遇した．

　それらを介して，Horton（1945）が考えたような overland flow が streamflow の発生を導くというモデルは森林下には適用できないという考えが広まりつつあること，throughflow のモデルはできつつあったが，それを具体的な地形場およびその形成と結びつけた議論は少ないこと，などを知った．塚本（1973）による 0 次谷の議論は，谷型斜面，浸透水，崩壊の相互関係について，十勝沖地震による崩壊地形の調査（堀田ほか 1968）で気づき Tamura（1969）で提示した考えを，より確信させるものであった[14]．Leopold et al.（1964）に引用されていた Hack and Goodlett（1960）の原文に接するのは，少し後になった．観察範囲を広げ，微地形単位の再分類・一部統合と，各単位を特徴づける形態および水・表層物質移動傾向の特徴を整理して，田村（1974a, b）にまとめた．

　さらに，各微地形単位の形成史，およびそこで現在働いているプロセスの種類と強度・頻度（地形変化の規模と可能性）を考え，羽田野（1979 ほか）が唱えた後氷期開析前線などを参考に微修正を重ねた（Tamura and Takeuchi 1980，田村 1987，田村 1990b など）．今は，頂部斜面（Crest slope，特に平坦な場合は頂部平坦面 Crest flat），上部谷壁斜面（Upper sideslope），谷頭斜面（Headmost slope，とくに急傾斜の場合は谷頭急斜面 Headmost wall），谷頭凹地（Head hollow），下部谷壁斜面（Lower sideslope），麓部斜面（Colluvial footslope），谷底面（Bottomland），そして水路（Channelway）にまとめ，頂部斜面と谷頭斜面・上部谷壁斜面とを境する高位遷急線（Upper convex break of slope），および上部谷壁斜面・谷頭凹地と下部谷壁斜面とを境する低位遷急線（Lower convex break of slope）を重要な微地形界線とみなしている（田村 1996a，2001；Tamura 2008）．

これは，谷頭部の地形を微細にみて，それを構成しそれぞれ特徴的な形成過程と現在の機能をもった空間的単位を，位置と形態から景観的に識別し，土壌断面と水文状況の観察で裏づけたものであるが，これだけで丘陵地形全体をカバーするには無理がある．下流方向には頂部斜面と谷底面が細長く続き，両者の間の上部・下部谷壁斜面が占める部分が広い．その部分にはもちろん支谷の谷頭部が形成されているが，そこまでには至らない小さな凹凸がたくさんある．それらも含め，より広く小流域を対象にした微地形分類案が，吉永・武内（1986）などを経て吉永により 1992 年ころ考案され，田村（1996b）ではこれを用いた．

9　谷頭部の微地形の形成と維持にかかわるプロセス

　例えば田村（2001）の図 7.2.7，表 7.2.1 にまとめたように，上部谷壁斜面や谷頭凹地は，斜面プロセス，特に平時にはゆっくりしたソイルクリープ（土壌匍行）などが卓越する領域である．そこに水流プロセスが卓越する領域が拡大していく最先端（水路頭）では，大雨のたびに，谷頭凹地を移動してきた浸透水が集中して地表の水流に転化する．湿潤温帯陸域の侵食・堆積地形形成の主役となる河川が，まさにここで始まるのである．谷頭凹地下端に始まる水路を下流側にたどると，両側に急傾斜の下部谷壁斜面が出現する．水路頭から下部谷壁斜面の上端を連ねたものが低位遷急線である．水流の侵食が活発になると，水路の伸長（谷頭凹地への水路頭のさらなる侵入）や下部谷壁斜面の不安定化が起こり，低位遷急線付近ではしばしば表層崩壊が発生する．

　これら谷頭部で発現するプロセスに関して，微地形スケールに近い地形・土壌条件を視野に入れた研究が，地形学，水文学，砂防学等の分野で，日本でも欧米でも 1960 年ころから盛んになったように思われる（例えば，8 で引用した Bunting 1961 〜塚本 1973 に加え，羽田野・安仁屋 1976；Kirkby 1978；新藤 1983，1984；Dietrich et al. 1987；Montgomery and Dietrich 1992；山田 1995 など）．これらのプロセスの発現を促すと同時に，その繰り返しで発達してきた各微地形は，それぞれ土壌，植生等に特徴ある立地を提供し，人類を含む動物の活動域としても評価されるので，土壌学，生態学，景観計画，傾斜地での人間行動等の研究においても注目されるようになった．その一端は，松井ほか(1990)，菊池(2001)，

さらに本書所収の多くの論考にみられる．それらを通して集積された環境の各要素と微地形との関係についての知見が，微地形それ自体の認識を深化させていることはいうまでもない．ここでは，8に提示した微地形分類を意識して進めた，微地形の形成と維持およびその水文地形学的機能にかかわる，私が関与した少数の研究例を紹介する．

　大雨のとき，透水性を異にする各土層中の側方浸透流が谷頭凹地の下流端に順次到達し，地表の水流に転化するようすは，谷頭凹地に食い込んだ水路頭で捉えられる．森林下で一般的な土層構成をもつ仙台市青葉山丘陵の一谷頭では，降り始めからの雨量が2mm程度に達するとO層（A_0層）・A層から供給されるわずかな流出があり，さらに数mm/hの降雨が2～3時間継続するとBC層基底にあるパイプからの流出が始まって，まもなくそれがO層+A層からの流出を大幅に上回るようになった．流出量は，一連の降雨中に段階的に増大した．これは，浸透水を貯留する谷頭凹地内で，降雨の継続に伴って水路頭での流出に関与する範囲が段階的に拡大し，浸透水移動経路が変化し増強されたためと解釈できる（田村ほか2002）．

　水路頭での土壌層位別流出とあわせて谷頭凹地での土層中の水位や圧力水頭の時間変化も観測すると，降雨の継続すなわち土壌水分の増加に伴い，浸透水の主要経路が段階的に変化するようすがわかる．仙台市佐保山丘陵の一谷頭においては，一連の降雨で1時間単位の先行降雨指数が15～25mmになると，谷頭凹地中・上部（上流部）のAB層から同下部（下流部）のAB層に浸透水が直接移動し始めるが，やがてこれに，谷頭凹地中・上部の厚いBC層（ほとんどが匍行成のB層と残積成のC層とが一見識別困難で一括されている）で増えた貯留水から谷頭凹地下部のAB層に供給される成分が加わる．さらに基岩（中新統の半固結砂泥岩）最上部の亀裂の多い層位での貯留およびそこでの側方流動が増え，その層位から大径パイプを通って水路への流出が増大する．大雨が継続すると，寄与域の拡大およびより大容量の地中水経路への一種の乗り換えが段階的に進行するのであろう．最終的に主役となった大径パイプから水路頭への流出が，降雨終了後も減衰しつつある期間継続する（古田ほか2007）．こうして，より下流まで続く水流が発生し，維持されている．

　これら微地形的位置により異なる土壌水分の増減に応答した，崩壊発生に至る

前の各土層の挙動を探るため，ソイルクリープを計測する装置を工夫し，仙台付近の森林に覆われた丘陵地2カ所の頂部斜面－谷頭凹地で観測した．その結果，傾斜が20°内外から30°を超える上部谷壁斜面で，厚さ各15～30cmのB層，BC層，C1層などが，層界で区切られたブロック単位で，年に十数回程度の土壌水分急増（大雨）時に，場所により1回で最大数mmほど斜面下方にスライドすることがわかった．これとは別に，厚さ10cm程度以下のA層では，上部ほど移動量が大きい流動的な動きがあり，移動量が年間累計で数mmから50mmほどに達した（松林・田村 2005, 2006）．こうして徐々に，しかし微細にみれば間欠的に移動した土壌物質が，斜面上の遷緩線（しばしば不明瞭で一連の凹型斜面にもみえる）から下方，次の遷急線付近までの区間に蓄積される．この観測地以外における微地形各部分での土壌断面観察結果（Tamura 1969；田村 1974a, b；Tamura and Takeuchi 1980；田村 1987；田村ほか 2002 など）もこの解析・解釈を支持する．

　このようなプロセス（に加え，レートが問題であるが，原位置風化や風成堆積）で遷急線付近の区間に蓄積された土層が，より頻度の低い大雨時に崩壊する．1986年8月の仙台北郊富谷丘陵での表層崩壊は，その3年前の山火事以来観察を続けていた地域で集中発生したもので（田村・宮城 1987），約10km^{2}の範囲で約2000件に上る崩壊の大半は低位遷急線付近で発生した．厳密に言えば，崩壊の頭部は，遷急線直下で上方に土層の厚い谷頭凹地をもつ，つまり斜面下端部横断長あたりの貯水可能容積が傾斜方向に急減するところに多かった．すべての崩壊頭部の位置を低位遷急線より下方（すべて下部谷壁斜面）と上方（上部谷壁斜面と谷頭凹地）に分け，単位面積あたりの数（空間的頻度）を算出すると，前者では後者での約10倍に達することがわかった（田村ほか 2002；Tamura et al. 2002）．

10　谷頭部の微地形の形成史から斜面の編年そして流域全体の地形発達史へ

　上述のように遷急線付近で表層崩壊が多発するのは，その線を境に下方では土層厚が急減するので，大雨時に斜面上方の厚い土層中から移動してきた浸透水が飽和に達しやすく，かつ急傾斜で土層が不安定であるからと解釈できる．一方，

そこに遷急線が位置するのは，より下方で崩壊が繰り返し，崩壊発生位置が上方に移動してきた結果でもある．富谷丘陵の，1986年の大雨では崩壊しなかった谷頭部や隣接小流域の谷底面での崩積成土層に挟まれた何層かの腐植土層の^{14}C年代から，低位遷急線より下方（下部谷壁斜面）では，より上方（上部谷壁斜面および谷頭斜面）の数倍～10倍の時間的頻度で（300～400年に1回程度）崩壊が発生していることがうかがわれた（Tamura et al. 2002）．

8で述べたように，下部谷壁斜面の上端を限る低位遷急線は，羽田野（1979 ほか）が提唱した後氷期開析前線にほぼ相当することが多いから，上述の富谷丘陵の例や，6で紹介した土地条件図を用いた多数の検証例は，後氷期に多雨になった環境で，水路の下刻・側刻の進行と連動した下部谷壁斜面の発達・更新により，上部谷壁斜面や谷頭凹地が縮小してきたという見方を支持する．柳井（1989），吉木（1993, 2000），清水ほか（1995）など，微地形・遷急線を意識した斜面のテフロクロノロジー（Tamura 1989）研究も，上部谷壁斜面や谷頭凹地は最終氷期が終わるころまでにできあがり，後氷期にはその下部から順に崩壊により下部谷壁斜面に置き換えられ，同時に水路が上流に伸長しているという，守屋（1972a, b）の，したがって羽田野（1979 ほか）の見解を裏づける．

しかし，個別の崩壊発生事例をみれば，この傾向から外れているものも少なくない．例えば1994年9月の大雨で仙台南郊高舘丘陵に集中発生した表層崩壊（数十 km^2 の範囲に1000件以上）は，その過半が低位遷急線より上方（谷頭急斜面や上部谷壁斜面）から始まるものであった（Tamura et al. 2002）．遷急線の形成要因はいろいろあり（羽田野 1986b），表層崩壊ではなく深部に起因する地すべりや巨大崩壊（の前兆としての岩盤クリープなど）に関連したものも少なくない（例えば菅沼 1995，千木良 2007）．また，1つの縦断面にはふつう複数の遷急線が認められ（例えば羽田野 1974b；吉木 2000），そのうち，多くの場合低い位置にあるものが後氷期開析前線に相当する可能性は大きいが，吉永（1992）の指摘や上述の高舘丘陵の例のように，最近起きた（および次に起きる）崩壊が必ずしも後氷期開析前線に制約されるとは限らない．表層崩壊発生にかかわる地形的条件は，羽田野（1974b）や沖村（1983）がそれぞれ数値的指標化を試みているように，傾斜，土層厚，集水条件等をパラメータとするのがメカニズムから考えても無理がなく，そこに斜面の発達史が関与するとすれば，これらのパラメータに制約さ

れたプロセスを介してということになろう．

　斜面での土層の形成は，9で示したソイルクリープなどにより徐々に進行している．土層が崩壊し得る厚さに達するまでの時間と大雨の再現期間とのタイミングで崩壊が発生するというモデルを飯田（1996）が提示した．大雨の頻度が観測時代を超えて不変であれば，そのモデルから崩壊再発期間を検討できる（Iida 1999）．単独の崩壊発生だけでなく各微地形の発達や形成停止も考え，気候変化を考慮に入れると，どのような考察ができるであろうか．

　9で紹介した観測を行った佐保山丘陵の一谷頭では，谷頭凹地の最下流部に周囲より数十cm凹んだ，しかし地表には水路の形態が認められない部分があり，そこでは大雨時に地表流の発生が観察された（古田ほか 2007）．その部分は，BC層に削り込まれた溝がA層・AB層により埋められたものである．それと類似する，谷頭凹地下端部に位置し軟質土層で埋められた浅い溝状小凹地は，富谷丘陵のいくつかの谷頭でも認められ，そのうちの一カ所では埋積物質層の下部（現地表面下80cm）から688-673 cal BP，ごく隣接地でその下位にあたる埋没A層の腐植から927-787 cal BPという^{14}C年代値が得られて，かつての水路が1000年足らず前に埋積されたものと考えられた（古市 2015）．

　埼玉県東松山市岩殿丘陵の一谷頭凹地には，そのような浅い溝状小凹地が現在の水路頭から上流に分岐して存在し，周囲の谷頭凹地プロパーや上部谷壁斜面から移動してきたとみられる物質で埋められていて，側方浸透流を水路頭に集める経路となっている（田村ほか 2007）．分岐した各溝状部における埋積物質を層序的に整理することで，これら谷頭凹地にある浅い埋没溝状小凹地（Subhollow）は，地表水流の下刻による水路の上流側への伸長と，側方からのマスムーブメントで埋積されることによる水路の短縮とが繰り返されて，形成されたと解釈された（佐藤ほか 2011）[15]．

　この谷頭ではこの間に分水界の移動や土層構成の顕著な変化はあり得ないから，そこでの水路の伸長・短縮は，地表の水流を発生させるに足る量の側方浸透流が集中するのに必要な寄与域の面積が縮小・拡大したことを表す．これは大雨の強度・頻度や降雨の時間的パターン等の変化に対応したものと考えられる．かなり長い再現期間を持つ大雨に対応していると解釈することも可能であるが，おそらく1000年程度に達する時間スケールからみて，完新世の気候変化との関連

を検討してよかろう（Tamura et al. 2011）．

　さらに一段階大きな気候変化に谷頭部の浸透水集中・地表流出発生システムが応答した結果が，今谷頭凹地に食い込みつつある水路とそれに連なる低位遷急線に表れているという考えは，吉木（1993）が北上山地北縁部でテフラ層序から明らかにした事実などで裏づけられる．もちろん，更新世末～完新世初頭の気候変化を温暖多雨化と捉えるだけでなく，降水の季節変動や大雨の頻度，それに対する植生の応答等も考慮する必要があることは，吉永・小岩（1996）が指摘するとおりである．さらに，より古い時代の気候変化に応答した地表プロセスの痕跡が斜面上部の微地形に，あるいはそれを構成する地表物質の層序に残っていてよい（例えば宮城 1979；檜垣 1987；吉木 1996）．

　後氷期開析前線というアイディアは，斜面崩壊という現在の（あるいは超時代的）プロセスと環境変遷の中での地形発達史とを結びつける点で魅力がある．この景観的指標を斜面不安定期の概念（Tamura 1989；田村 2004）とうまく組み合わせ，過度の一般化を避けて適用すれば，斜面の地形を段丘面等に一応対比し，流域を構成するすべての地形について，各々の形成時期を明らかにする見通しがもてる．もちろん手頃なテフラで確かめられればそれに越したことはない．これは，流域単位での長期的土砂収支や包括的地形発達史を考察するには不可欠の操作である．どのような精度で議論できるかは，使える材料・手法による．

　一見一様にみえる地形も，微細にみれば細分でき，すでにできあがったとみえた地形の上で，後に，さらに微小の変化が起こることもふつうにあって，それらは，微細な地形・堆積物に記録される．上に挙げた谷頭凹地にある Subhollow がそうであるし，上部谷壁斜面で新規に発生する崩壊も，段丘面上の浅い谷での一時的洪水も，その目で捉えてよい．地形は，視点に応じて，空間的にも時間的にも multiscale に（Tamura 1980）捉えられ，微地形もその中に位置づけられる．ここではあえて触れないが，谷頭凹地そのものの形成・維持（田村 1974a，2009；宮城 1979 など）についても，この線に沿って議論できよう．

11　序章の結び ─微地形研究の双方向的展開をめざして

　例えば甌穴や茸状岩など一見珍奇な微地形を単体として論じたものは別にし

て，多少とも系統的な微地形の認識は，低地においても山地・丘陵斜面においても，各種自然災害の危険度との関連で深まってきた側面が強い．低地においては，土地利用適性との関係も古くから意識されていた．このような認識に立ち，公的機関が事業として刊行する地形分類図類に早くから低地を中心に一部の微地形が分類・図示されている．注目されるのがやや遅れた斜面の微地形については，地すべり・崩壊そして土壌との関係が比較的早くから知られ，自然・半自然の植生との対応も広く認識されるようになってきた[16]．このほか，本章では言及しきれなかった微気候，岩質，活構造等と関係した微地形があり，さらに人工の微地形もある．また，平板測量による等高線図から，空中写真，LIDER, RPAS（UAV），そしてGISやDEM，一方で密な植生下での地上測量の工夫やmorphological mappingなど地形情報取得・処理・表現手段の進歩，およびデータロガーの革新に導かれた野外観測の簡便化が，微地形についての新たな認識や表現を可能にしてきた．

このように微地形に関しては，自然災害も含む諸事象の空間的展開状況を捉え，それを地図に表現する際の，可視的指標としての有用性が広く認識されている．その指標性の一端は，地形学の専門家以外にも経験的に知られていて，諸事象の観察・解析に活用されてきた．これは，そこで問題とする諸事象と微地形との空間的対応関係が，いわば等身大の現地観察で認識しやすいからにほかならない．この利点を大いに伸ばし，観察・観測手法をさらに工夫して，事例の収集と，それらの関係の地図（空間情報）化を進めることが重要である[17]．そうすることで，身近な土地を含むさまざまな環境の特性を知り，その使い分けや保全策を考える際の空間的指標として，微地形を生かす方向性がより明確になる．

同時に，それらの関係について検討する中で，微地形自体の形成に関する認識が深化することを再確認しておきたい．そのようにして微地形そのものの性質，形成過程，形成史等についての知見が拡充されることで，微地形と他事象との空間的対応関係がプロセスを介してより強固に裏づけられる．この方向性もさらに意識的に追求すべきであろう．そして，各種微地形の形成が，より高次あるいは上位階層の地形形成とどのように関わり，より広域的な地形発達史，環境変遷史，そして近未来への適正な環境マネージメントとどのように結びついていくか，という視点からの研究も着実に進めておくことが望まれる．いわゆる基礎研究と応

用との関係は，別の例で指摘したのと同様（田村 2011a），微地形研究において
も双方向的である．

注
1) 地形分類単位（地形単位），あるいは鈴木（1990）の地形種，の名称としてもよい．
2) これは，スケール区分の目安となる経験的数量値が，地形の種別や地域ごとに設定
　できることを否定するものではない．
3) 同一名称（同じ特徴）の微地形が，異なる小地形に出現し得る．
4) そこには，当然，下位の階層（低次）の地形が包含されている．
5) 地形域（鈴木 1990）あるいは地形地域と称してもよい．地形（分類）単位あるいは
　地形種（鈴木 1990）と混同しないようにしたい（田村 1993）．
6) 形成当初の状態をうかがわせる地形的特徴，あるいは開析・修飾の程度がきわめて
　低い地形，というような意味であろうか．
7) なぜか W ではなく A と明記されている．
8) 地形分類とは，地形学において，その研究対象を科学的に認識し系統的に分類する
　最も基本的な操作であるはずなのに，少なくとも日本では，各種応用目的をもった地
　形分類図類の作成の際に ad hoc に論じられるだけで，地形形成過程・発達史の研究
　で蓄積されてきた知見を十分に取り込んだ地形分類体系の構築，およびそれに立脚し
　た基礎地形学図の作成が，進んでいない（Tamura 1980；田村 1980, 2011a）．
9) 明らかに縦断面形をさしているが，水平断面形による分類も排除していないように
　読める（農林水産技術会議事務局 1964: 215）．
10) 最近，松沢ほか（2015）は，最終氷期に周氷河環境を経験しなかった地域でも，発
　達史的裏づけをもつ遷急線で区分される（言わば微地形スケールの）斜面ごとの土層
　構造や傾斜の違いが，崩壊のメカニズムを介して，現在発生する崩壊の規模・頻度の
　違いに表れることを示した．
11) しかし，これらのうち小豆島以外の図幅は一般頒布されていない．
12) より正確には，それを連ねた堆積面起源の背面が議論の対象であった．固有の堆積
　物を欠く削剥性の背面については，丘陵地形全体の形成史を論じる上で重要な問題
　であるが，微地形スケールに留まらない議論になるので（Tamura 1981；田村 2001,
　2011b），ここでは立ち入らない．
13) 概して見通しや足場の悪い斜面で微地形スケールの特徴を記録するには，当初は眼
　鏡つきアリダードを用いた平板測量に頼らざるを得なかったが（堀田ほか 1968，牧
　田ほか 1976，三浦・菊池 1978 など），1970 年代後半に，藪の中での取り扱いや細か
　い傾斜変化の現場での認定が容易な斜面測量器が考案され（原田 1977；羽田野ほか
　1977），レーザー測距や GPS 測位が普及するまで広く用いられた（例えば武内 1988
　など）．いずれの場合も現場でのスケッチが欠かせない．
14) ただし，0 を序数詞に用いるのは，少なくとも日本語としては違和感がある．

15) 水路の伸長は水路頭での小崩壊をともないイベント的・間欠的に発生する一方，水路の埋積は，堆積物の層相から，松林・田村（2005, 2006）が報告したソイルクリープのような，より継続的で緩慢なプロセスによることが多いと考えているが，なお検討の余地がある．
16) それらの知見の大半は，公私諸機関による個別の報告書類に収録されているだけで，その一端が論文・著書等の形で公刊されている例はあまり多くなく，経験の効果的継承を図るべき段階にあると思われる．
17) 微地形を鍵に，その土地のハザード（発災要因）への曝露の程度（危険性）をランクづけするにあたり，現象のスケールに無頓着な適用や，機械的なグリッド化のせいで，微地形が本来持っている情報が十分に生かされず，誤解された例もあることが，例えば 2011 年東北地方太平洋沖地震である地域に発生した液状化被害に関して指摘され，それを回避する方策が提案されている（例えば中埜ほか 2015；宇根ほか 2015）．

文　献

阿子島　功・田村俊和（オーガナイザー）1986．シンポジウム「山地の地形分類図」〈要旨〉．東北地理 38: 73-91.
阿子島　功・田村俊和（オーガナイザー）1987．シンポジウム「山地・丘陵地の地形分類図―試作図による提案」〈要旨〉．東北地理 39: 222-240.
飯田智之 1996．土層深の頻度分布からみた崩壊確率．地形 17: 69-88.
井関弘太郎 1952．平野の形成に関する若干の問題．名古屋大学文学部研究論集 2: 304-308.
井上公夫・大石道夫・内山昭吾・五十嵐弘和 1984．地形発達史からみた大谷川流域の土砂移動の特性（1）〈要旨〉．昭和 59 年度砂防学会研究発表会講演集：140-143.
今村遼平 1977．静的地形・地質情報からの土木地質に必要な動的地質情報の把握に関する研究（II）―沖積段丘から読みかえられる現象―．応用地質 18: 89-106.
宇根　寛・青山雅史・小山拓志・長谷川智則 2015．我孫子市の液状化被害とそれを教訓としたハザードマップの改訂．地学雑誌 124: 287-296.
江川良武 1979a．崩壊の分類および各崩壊型の地形発達上の意義．新砂防 32(1): 10-18.
江川良武 1979b．ダムサイトにおける地すべり地形―風化作用としての地すべり―．東北地理 31: 46-57.
江川良武 1982a．山地における地盤調査と地形分類．国土地理院時報 56: 39-47.
江川良武 1982b．地すべり地形について．国土地理院時報 56: 48-56.
大石道夫 1985．『目でみる山地防災のための微地形判読』鹿島出版会．
大石道夫・皆川　真 1961 砂防調査における地形解析について（第 2 報）―とくに微地形について―．新砂防 14(2): 13-21.
大政正隆 1951．『ブナ林土壌の研究（特に東北地方のブナ林土壌について）』林野土壌

調査報告 1.
大矢雅彦編 1983．『地形分類の手法と展開』古今書院．
大八木規夫 1976．地すべり構造論．小島丈児先生還暦記念論文集：130-135．
大八木規夫 2007．『地すべり地形の判読法―空中写真をどう読み解くか―』近未来社．
沖村　孝 1983．地形要因からみた山腹斜面崩壊発生危険度評価の位置手法．新砂防 35(3): 1-8．
奥西一夫 1963．山地試験地における降雨流出の観測．京都大学防災研究所年報 6: 156-166．
貝塚爽平・町田　貞・太田陽子・阪口　豊・杉村　新・吉川虎雄 1963．丘陵．貝塚爽平・町田　貞・太田陽子・阪口　豊・杉村　新・吉川虎雄『日本地形論（上）』57-71．地学団体研究会．
門村　浩 1966．空中写真による軟弱地盤の体系的解析．地理学評論 41:19-30．
門村　浩 1971．扇状地の微地形とその形成―東海道地域の緩勾配扇状地を中心に―．矢沢大二・戸谷　洋・貝塚爽平編『扇状地』5-96．古今書院．
門村　浩 1977．地形分類．日本第四紀学会編『日本の第四紀研究』321-331．東京大学出版会．
金窪敏知 1979．土地条件図作成の経緯とその考え方について．土地条件図図式 W.G. 勉強会（昭和 54 年 11 月 20 日）より編集，国土地理院技術資料 D・1―No.241（1983）に収録．
金窪敏知 1982．地形分類の現状と展望．国土地理院時報 56: 5-6．
菊池多賀夫 2001．『地形植生誌』東京大学出版会．
菊池多賀夫・田村俊和・牧田　肇・宮城豊彦 1978．西表島仲間川下流の沖積平野にみられる植物群落の配列とこれにかかわる地形 I. マングローブ林．東北地理 30: 71-81．
木下良作 1957．河床における砂礫堆の形成について―蛇行の実態の一観察―．土木学会論文集 42: 1-21．
木全令子・宮城豊彦 1985．地すべりを構成する基本単位地形．地すべり 21(4):1-9．
熊木洋太・鈴木美和子 1982．山地地域の地形分類に関する一試案．地図 20(2): 9-17．
熊木洋太・羽田野誠一 1982．地形分類と地形地域区分．国土地理時報 56: 7-13．
熊木洋太・鈴木美和子・丹羽俊二 1986．表層崩壊と傾斜変換線〈要旨〉．東北地理 38: 261-262．
小池一之 1970．微地形．地学団体研究会地学事典編集委員会編『地学事典』901．平凡社．
小泉武栄 1977．山地における地形分類の最近の動向と課題．地学雑誌 86: 111-120．
国土地理院 1976．『航空写真による崩壊地調査法』
小谷　昌 1950．空中写真による低地地形の調査．地理調査所時報 10: 4-5．
佐藤　久 2009．終戦前後の地図と空中写真，見聞談．小林　茂編『近代日本の地図作製とアジア太平洋地域―「外邦図」へのアプローチ―』326-351．大阪大学出版会．
佐藤佑輔・町田尚久・田村俊和 2011．関東平野西縁丘陵の谷頭部における水流発

生条件の空間的・時間的変化〈要旨〉．日本地球惑星科学連合 2010 年大会予稿集 H-GM021-04.
式　正英 1960．応用地理学の最近の動向―地形分類の発展―．地理 5(1): 35-45.
式　正英 1962．浅層地質学と微地形学の応用．建築雑誌 77: 688-693.
清水　収・長山孝彦・斉籐政美 1995．北海道山地小流域における過去 8000 年間の崩壊発生域と崩壊発生頻度．地形 16: 115-136.
新藤静夫編 1983．『谷頭部斜面に発生する崩壊と地中水の挙動』（文部省科学研究費補助金自然災害特別研究報告書）．
新藤静夫編 1984．『谷頭部斜面に発生する崩壊と地中水の挙動（第 2 報）』（文部省科学研究費補助金自然災害特別研究（I）報告書）．
森林保全研究会 1953．『森林保全に関する多摩川水系調査報告書』
森林保全研究会 1957．『森林保全に関する野呂川水系調査報告書』
菅沼　健 1996．「遷急線」に注目した斜面災害の解析手法―土木地形学的立場からの提案―．中村三郎編『地すべり研究の発展と未来』74-89．大明堂．
鈴木隆介 1990．実体論的地形学の課題．地形 11:191-205.
鈴木美和子 1982．斜面の地形と崩壊の発生について―小豆島を例に―．国土地理院時報 56: 32-38.
武内和彦 1988．ミクロな環境管理にアピールする地図．地理 33(6): 20-26.
竹下敬司 1971．『北九州市門司・小倉地区における山地崩壊の予知とその立地解析』（福岡県林業試験場治山調査報告 1）．
竹下敬司・中島康博 1960．斜面の微地形と土壌に関する 2，3 の考察．ペドロジスト 4: 68-77.
多田文男 1958．応用地形学の展望．地理 3(1): 78-86.
田村俊和 1974a．谷頭部の微地形構成．東北地理 26: 189-199.
田村俊和 1974b．地形と土壌（最近の地形学 5）．土と基礎 22(5): 89-94.
田村俊和 1977．山・丘陵―丘陵地の地形とその利用・改変の歴史を中心に―．土木工学大系編集委員会編『土木工学大系 19 地域開発論（I）地形と国土利用』1-73．彰国社．
田村俊和 1980．地形分類の方法について．西村嘉助先生退官記念地理学論文集 : 82-88.
田村俊和 1987．湿潤温帯丘陵地の地形と土壌．ペドロジスト 31: 135-146.
田村俊和 1990a．丘陵地とは．松井　健・田村俊和・武内和彦編『丘陵地の自然環境―その特性と保全―』1-4．古今書院．
田村俊和 1990b．微地形．松井　健・田村俊和・武内和彦編『丘陵地の自然環境―その特性と保全―』47-55．古今書院．
田村俊和 1993．地形研究を通してみた自然地理学．地理学評論 66A: 763-770.
田村俊和 1996a．斜面の分類と編年をめぐる研究の展開．藤原健蔵編『地形学のフロンティア』71-93．大明堂．
田村俊和 1996b．微地形分類と地形発達．恩田裕一・飯田智之・奥西一夫・辻村真貴編『水

文地形学―山地の水循環と地形変化の相互作用―』177-189. 古今書院.
田村俊和 2001. 丘陵地形. 米倉伸之・野上道男・貝塚爽平・鎮西清高編『日本の地形1 総説』210-222. 東京大学出版会.
田村俊和 2004. 気候地形発達史研究における「斜面不安定期」の概念. 季刊地理学 56: 67-80.
田村俊和 2009. 谷頭凹地はいつ掘られていつ埋められたか〈要旨〉. 季刊地理学 61: 186-187.
田村俊和 2011a. 土地環境資源調査のための地形調査と地形学研究―地形分類図を中心に―. 地球環境研究 13: 115-128.
田村俊和 2011b. 定高性のある稜線の形成と維持およびその地形発達史上の意義について〈要旨〉. 地形 32: 339.
田村俊和・阿子島　功（オーガナイザー）1986. シンポジウム「傾斜地の環境動態とその図化」〈要旨〉. 東北地理 38: 255-269.
田村俊和・宮城豊彦 1987. 富谷丘陵東部・利府林野火災跡地における斜面崩壊. 飯泉茂編『林野火災の生態』331-340. 日産科学振興財団助成研究報告集.
田村俊和・加藤仁美・松林　武・古田智弘・デボスリ チャタリジ・李　穎 2002. 降水量増大にともなうパイプ流出量・湧出位置の段階的変化と崩壊発生：仙台付近の丘陵地での観測・観察から. 地形 23：675-694.
田村俊和・古田智弘・古市剛久・李　穎・宮下香織. 2007. 多重構造をもつ谷頭凹地の発達過程と水文地形学的機能〈要旨〉. 日本地球惑星科学連合 2007 年大会予稿集：Z164-002.
千木良雅弘 2007.『崩壊の場所―大規模崩壊の場所予測―』近未来社.
地理調査所 1947.『昭和 22 年 9 月洪水 利根川及荒川の洪水調査報告』地理調査所時報・特報.
塚本良則 1966. 山地流域内に起こる水文現象の解析. 東京農工大学演習林報告 6: 1-79.
塚本良則 1973. 侵食谷の発達様式に関する研究（I）―豪雨型山崩れと谷の成長との関連についての一つの考え方―. 新砂防 87: 4-13.
東木龍七 1930a. 堤防の微地形学的研究（第 1 報）. 地理学評論 6: 423-426.
東木龍七 1930b. 微地形の研究方針. 地理学評論 6: 460-468.
東木龍七 1930c. 関東平野の微地形学的研究（一）. 地理学評論 6: 1385-142.
東木龍七 1930d. 関東平野の微地形学的研究（二）. 地理学評論 6: 1501-1535.
東木龍七 1930e. 多摩丘陵の微地形学的研究（一）. 地学雑誌 42: 388-399.
東木龍七 1930f. 多摩丘陵の微地形学的研究（其二）. 地学雑誌 42: 462-474.
東木龍七 1931a. 微地形に就いて〈要旨〉. 地質学雑誌 38: 291-292.
東木龍七 1931b.『初等経済地形学』古今書院.
東木龍七 1932.『微地形論』岩波講座 地理学（自然関係諸論）. 岩波書店.
東北地方建設局河川部河川計画課 1982.『ダムサイト適地選定調査の手法と地すべり地

形の意義』河川技術資料．
土じょう部 1976．林野土壌の分類（1975）．林業試験場研究報告 280: 1-28．
中野尊正 1952．Land form type の考え―高知平野を例として―．地理学評論 25: 127-133．
中野尊正 1956．『日本の平野―沖積平野の研究―』古今書院．
中埜貴元・小荒井　衛・宇根　寛 2015．地形分類情報を用いた液状化ハザード評価基準の再考．地学雑誌 124: 259-271．
中村三郎・檜垣大助 1992．地すべり地形の生成と変化．平成 3 年度地すべり学会シンポジウム「地すべり災害斜面のうつりかわりと地下水排除・効果」論文集：1-9．
中山正民・高木勇夫 1987．微地形分析よりみた甲府盆地における扇状地の形成過程．東北地理 39: 98-112．
農林水産技術会議事務局編 1964．『土地利用区分の手順と方法』農林統計協会．
羽田野誠一 1970．地すべり調査における空中写真の利用について．第 23 回建設省技術研究会報：144-147．
羽田野誠一 1971．山地における地形分類と土地分類（2）〈要旨〉．地理学評論 44: 404．
羽田野誠一 1974a．崩壊性地形（その 1），最近の地形学 8．土と基礎 22(9): 77-84．
羽田野誠一 1974b．崩壊性地形（その 2），最近の地形学 8．土と基礎 22(10): 85-93．
羽田野誠一 1979．後氷期開析地形分類図の作成と地くずれ発生箇所の予察法〈要旨〉．昭和 54 年度砂防学会研究発表会講演概要集：16-17．
羽田野誠一 1986a．山地の地形分類の考え方と可能性〈要旨〉．東北地理 38: 87-89．
羽田野誠一 1986b．地形分類図と傾斜変換線―「地形学＝地表形の時空系科学」の立場から―〈要旨〉．東北地理 38: 264-266．
羽田野誠一・安仁屋政武 1976．斜面微地形の計測と解析（2）―矢作川右支吾妻川源流の小流域での事例―〈要旨〉．日本地理学会予稿集 10: 9-10．
羽田野誠一・大八木規夫 1986．地形的位置．高橋　博・大八木規夫・大滝俊夫・安江朝光編『斜面災害の予知と防災』95-155．白亜書房．
羽田野誠一・阿部文武・渡辺征子・古川俊太郎 1974．北松地域において過去に形成された大規模地すべり地形の一覧表．防災科学技術総合研究報告 32: 7-43．
羽田野誠一・大八木規夫・編集子 1977．地くずれと危険斜面の調べ方．地理 22(5): 56-71．
原田　実 1977．微小流域を構成する斜面形について〈要旨〉．日本地理学会予稿集 13: 180-181．
檜垣大助 1987．北上山地中部の斜面物質移動期と斜面形成．第四紀研究 26: 27-45．
久武哲也 2009．「兵要地理調査研究会」について．小林　茂編『近代日本の地図作製とアジア太平洋地域―「外邦図」へのアプローチ―』388-402．大阪大学出版会．
藤本　潔・宮城豊彦 2016．マングローブ林の植生配列と微地形との関係およびその応用可能性．藤本　潔・宮城豊彦・西城　潔・竹内裕希子編著『微地形学―人と自然を

つなぐ鍵─』80-104．古今書院．
古市剛久 2015．微地形と表層土構造から見た富谷丘陵谷頭部での多スケールの斜面崩壊による斜面発達．地形 36: 231-251．
古田智弘・後藤光亀・田村俊和 2007．丘陵地谷頭部における微地形，土層構成と降雨-浸透-流出過程．季刊地理学 59: 123-139．
古谷尊彦 1996．『ランドスライド─地すべりの諸相─』古今書院．
堀田報誠・三浦　修・田村俊和 1968．十勝沖地震による青森県南東部の斜面崩壊．東北地理 20:195-201．
牧田　肇・菊池多賀夫・三浦　修・菅原　啓 1976．丘陵地河辺のハンノキ林・ハルニレ林とその立地にかかわる地形．東北地理 28: 83-93．
松井　健・武内和彦・田村俊和編 1990．『丘陵地の自然環境─その特性と保全─』古今書院．
松澤　真・木下篤彦・高原晃宙・石塚忠範 2015．花崗岩地域における土層構造と表層崩壊形状に与える山地の開析程度の影響．地形 36: 23-48．
松林　武・田村俊和 2005．土壌層位別にみたソイルクリープ様式─その観測方法の検討と丘陵斜面での継続観測結果─．地学雑誌 114: 751-766．
松林　武・田村俊和 2006．斜面上の位置および土壌層位別にみたソイルクリープ様式─仙台南方，高舘丘陵の森林斜面での観測結果─〈要旨〉．日本地理学会発表要旨集 69: 226．
丸山裕一 1978．山地における地形分類とその応用．地図 16(3): 32-39．
三浦　修・菊池多賀夫 1978．植生に対する立地としての地形─丘陵地谷頭を例とする予察的研究．吉岡邦二博士追悼 植物生態論集：466-477．
宮城豊彦 1979．仙台周辺の丘陵地における谷の発達過程．地理学評論 52: 219-232．
宮城豊彦・清水文健 1992．地すべり地形の判読手順と判読例．地すべり学会東北支部編『東北の地すべり・地すべり地形─分布図と技術者のための活用マニュアル─』4-126．地すべり学会東北支部．
宮城豊彦・濱崎英作 2016．地すべり地形の危険度評価と微地形─地すべり地形判読を通して斜面をみる技術を創る工夫を振り返る─．藤本　潔・宮城豊彦・西城　潔・竹内裕希子編著『微地形学─人と自然をつなぐ鍵─』160-181．古今書院．
宮城豊彦・安食和宏・藤本　潔 2003．『マングローブ─なりたち・人びと・みらい─』（日本地理学会海外地域研究叢書 1）古今書院．
守屋以智雄 1972a．治山計画に必要な奥地山岳地帯の地形・地質の解析．流域管理と治山に関する調査報告書（名古屋営林局岐阜営林署）水利科学研究所：1-142．
守屋以智雄 1972b．崩壊地形を単位とした山地斜面の地形分類と斜面発達〈要旨〉．日本地理学会予稿集 2: 168-169．
八木浩司 1981．山地にみられる小崖地形の分布とその成因．地理学評論 54: 173-185．
八木浩司 1996．地すべりの前兆現象としての二重山稜・多重山稜・小崖地形と変動様式．

中村三郎編『地すべり研究の発展と未来』1-25. 大明堂.

八木令子 1996. 地すべり地の微地形構成の把握. 中村三郎編『地すべり研究の発展と未来』42-56. 大明堂.

八木令子 2003. 地すべり移動体の微地形構成とその配列パターン―地すべり地形の発達過程解析手法としての地形分類の意義―. 地形 24: 261-294.

柳井清治 1989. テフロクロノロジーによる北海道中央部山地斜面の年代解析. 地形 10: 1-12.

山田周二 1995. 北海道, 札幌近郊の0次谷における土層構造から推定した土砂移動の発生場所と地形条件との関係. 地形 16: 349-360.

吉木岳哉 1993. 北上山地北縁の丘陵地における斜面の形態と発達過程. 季刊地理学 45: 238-253.

吉木岳哉 1996. 栃木県喜連川丘陵の谷壁斜面を刻む最終氷期後半の化石ガリーとその埋積過程. 第四紀研究 35: 359-371.

吉木岳哉 2000. 栃木県喜連川丘陵における遷急線に基づく谷壁斜面の分類と編年. 地理学評論 73: 637-659.

吉永秀一郎 1992. 羽田野誠一の後氷期開析前線. TAGS（筑波応用地学談話会誌）4: 57-68.

吉永秀一郎・小岩直人 1996. 森林山地における更新世末期から完新世初頭にかけての斜面変化. 地形 17: 285-307.

吉永秀一郎・武内和彦 1986. 多摩丘陵西部小流域の地質条件と斜面地形. 東北地理 38: 1-15.

若生達夫 1968. 自然堤防についての疑問. 東北地理 20: 53.

渡辺 光 1942. 東海地方東部沿岸地帯の地形誌. 日本地誌学 1:201-231.

Bunting, B. T. 1961. The role of seepage moisture in soil formation, slope development and stream initiation. *American Journal of Science* 259: 503-518.

Curtis, L. F., Doornkamp, J. C., and Gregory, K. J. 1965. The description of relief in the field studies of soils. *Journal of Soil Science* 16: 16-30.

Dalrymple, J. B., Blong, R. J., and Conacher, A. J. 1968. An hypothetical nine unit landsurface model. *Zeitschrift für Geomorphologie, N.F.* 12: 60-76.

Demek, J. D. ed.（Embelton, C., Gellert, J. F., Verstappen, H. Th. co-ed.）1972. *Manual of detailed geomorphological mapping*. Academia, Prague.

Dietrich, W. E., Reneau, S. L., and Wilson, C. J. 1987. Overview: "zero-order basins" and problems of drainage density, sediment transport and hillslope morphology. Erosion and Sedimentation in the Pacific Rim, *Proceedings of the Corvallis Symposium, IASH Publications* 165: 27-37.

Dunne, T. and Black, R. D. 1970a. An experimental investigation of run-off production in permeable soils. *Water Resources Research* 6: 478-490.

Dunne, T. and Black, R. D. 1970b. Partial area contributions to storm run-off in a small New England watershed. *Water Resources Research* 6: 1296-1311.

Hack, J. T. and Goodlett, J. C. 1960. *Geomorphology and forest ecology of a mountain region in the Central Appalachians*. Unites States Geological Survey Professional Paper 347.

Horton, R. E. 1945. Erosional development of streams and their drainage basins. *Bulletin, Geological Society of America* 56: 275-370.

Iida, T. 1999. Stochastic hydro-geomorphological model for shallow landsliding due to rainstorm. *Catena* 34: 293-313.

Jones, A. 1971. Soil piping and stream channel initiation. *Water Resources Research* 7: 602-610.

Kirkby, M. J. ed.1978. *Hillslope hydrology*. John Wiley & Sons.

Kirkby, M. J. and Chorley, R. J. 1967. Infiltration, throughflow and overlandflow. *Bulletin, International Association of Scientific Hydrology* 12(3): 5-21.

Leopold, L. B., Wolman, M. G., and Miller, J. P. 1964. *Fluvial processes in geomorphology*. W.H.Freeman.

Milne, G. 1935. Some suggested units of classification and mapping particularly for East African soils. *Soil Research* 4: 183-198.

Miyagi, T., Gyawali, B. P., Tanavud, C., Potichan, A., and Hamasaki, E. 2004. Landslide risk evaluation and mapping―Manual of aerial photo interpretation for landslide topography and risk management―. *Report, National Research Institute for Earth Science and Disaster Prevention* 66: 75-137.

Montgomery, D. R. and Dietrich, W. E. 1992. Channel initiation and problem of landscape scale. *Science* 255: 826-830.

Nakamura, Y. 1968. Dissection features in the hills near Sendai, viewed from the valley forms. *Science Reports, Tohoku Univ., 7th Ser. (Geography)* 17:19-30.

Sakio, H., Kubo, M., Shimano, K., and Ohno, K. 2008. Coexistence mechanism of three riparian species in the upper basin with respect to their life history, ecophysiology, and distribution regimes. Sakio, H. and Tamura, T. eds. *Ecology of Riparian Forests in Japan: Disturbance, life history, and regeneration*. Springer: 75-90.

Savigear, R. A. G. 1965. A technique of morphological mapping. *Annals, Association of American Geographers* 55: 514-538.

Tamura, T. 1969. A series of micro-landform units composing valley-heads in the hills near Sendai. *Science Reports, Tohoku Univ., 7th Ser. (Geography)* 19: 111-127.

Tamura, T. 1980. Multiscale landform classification study in the hills of Japan: Part I Device of a multiscale landform classification system. *Science Reports, Tohoku Univ., 7th Ser. (Geography)* 30: 1-19.

Tamura, T. 1981. Multiscale landform classification study in the hills of Japan: Part II: Application of the multiscale landform classification system to pure geomorphological studies

of the hills of Japan. *Science Reports, Tohoku Univ., 7th Ser. (Geography)* 31: 85-154.
Tamura, T. 1989. Hillslope tephrochronology in Japan: A chronological review. *Science Reports, Tohoku Univ., 7th Ser. (Geography)* 39: 138-150.
Tamura, T. 2008. Occurrence of hillslope processes affecting riparian vegetation in upstream watersheds of Japan. Sakio, H. and Tamura, T. eds. *Ecology of Riparian Forests in Japan: Disturbance, life history, and regeneration.* Springer: 15-30.
Tamura, T. and Takeuchi, K. 1980. Land characteristics of the hills and their modification by man —With special reference to a few cases in the Tama Hills, west of Tokyo. *Geographical Reports, Tokyo Metropolitan Univ.* 14/15: 49-94.
Tamura, T., Li, Y., Chatterjee, D., Yoshiki, T., and Matsubayashi, T. 2002. Differential occurrence of rapid and slow mass-movements on segmented hillslopes and its implication in late Quaternary paleohydrology in Northeastern Japan. *Catena* 48: 89-105.
Tamura, T., Sato, Y., and Furuichi, T. 2011. Valley-head microlandform evolution in changing Holocene environment. *Abstract, the 8th International Workshop on Present Earth Surface Processes and Long-term Environmental Changes in East Asia*: 12-13.
Wako, T. 1966. Chronological study on gentle slope formation in Northeast Japan. *Science Reports, Tohoku Univ., 7th Ser. (Geography)* 15: 55-94.
Waters, R. S. 1958. Morphological mapping. *Geography* 43: 10-17.

Introductory chapter

Cognition of micro-landforms in geomorphological sciences in Japan: with reference to form, process, mapping, and environmental studies particularly in humid temperate watersheds

TAMURA Toshikazu

第Ⅰ部

微地形と自然環境

総説 1
植生研究における微地形の重要性

若松伸彦

> 植物は自ら移動することができないため，種子が発芽した場所の地形環境によってその後の運命が決まります．丘陵地の植生分布は，崩壊や堆積などの地形プロセスを考慮した「田村の微地形分類」で多くのことを説明できます．一方，長大でより複雑な微地形配列をもつ山地斜面における植生－地形研究はこれからの課題です．

1 植生と地形
1.1 植物は歩けない

　われわれ人間を含めた動物は何かしらの移動手段をもっている．そのスピードは動物の種類により当然違いはあるが，一見すると全く動きそうにないイソギンチャクや貝類でさえ積極的に移動することが知られている．そのため，動物はもし棲んでいた環境が不適当になった場合，よりよい場所へと自ら移動することが可能である．それに対し，植物は生えている環境が不適当であるからといって移動することはできない．タケ類などの一部の種は，地下茎などを伸ばすことで種の生息範囲を広げることも可能であるが，植物個体自身の移動は不可能である．

　唯一，植物が種としての勢力を拡大することが可能な生育段階は種子の時である．そのため，種の存続をかけて風や水，動物などの助けを借りて種子を各所へと散布する．こうして散布された種子は，いったん地表面や他の植物上に着地後は，移動することなくその場で成長し，一生同じ場所で過ごすこととなるが，種子の着地点がその植物種にとって成長困難であった場合，その植物は死を待つ運命となる．そのため，一部の植物種は埋土種子となって，土の中で数十年間，発芽・成長のチャンスを待つこともある．

　このように多くの植物にとって，種子の着地点の環境が生存に大きくかかわっていることは理解できよう．この場合の環境とは具体的には水分環境，栄養条件，光環境，温度環境などであるが，その多くは地表面に生じている地表面の起伏形

態，つまりは地形が存在することで生じている．例えば，周囲よりも窪んだ場所には地下水や地表水が集合しやすく，周囲よりもウエットな環境になりやすく，さらに栄養塩の集積も起こりやすい傾向にある．

　一方で，「地形は変化する」というのは地形学では常識であろうが，生物学ではしばしば考慮されない事象である．「動かざること山の如し」という言葉があるが，実際のところ地形は未来永劫変化しないものではなく，様々に変化しており，また過去に変化した結果でもある．そのため，木本種の一部種は数百年間も同所に生育することを考えれば，このような地形変化は決して無視できない事象である．地形変化は，クリープ（匍行）現象のように緩慢で継続的な移動現象もあれば，1000年に一度の大規模地すべりもあり，変化の様式や頻度は多様である．地形変化のパターンつまりは地形形成営力を捉えることは，植物の生育環境を明らかにする上では重要なポイントの一つである．

1.2　植生と地形の2つの関係

　ある環境内で一定のまとまりを保った植物集団を植生という言葉で表現する．植生と地形との関係について，菊池（2001）が形態的規制経路と攪乱規制経路の2つに分けて整理している（図1）．形態的形成経路は，地形の影響が気候や土壌などの特性を制御する形で現れるものである．一方，攪乱的規制経路は，地形の形成営力である地表攪乱が直接の規制要因となっているものである．

　この2つの経路のうち，形態的規制経路は直接的にその場の環境を計測し，地表面の形態との関係を検討することで表すことが可能である．例えば，比較的容易に数値化できる斜面の傾斜や斜面方位，凹凸度などと，土壌水分量や栄養塩量の関係を検討し，その上で，植生との関係を議論するような研究方法である．形態的規制経路の多くは地形量という形で地形を扱うことができるため，たとえ地形学への理解が薄くても，植生－地形の関係性を十分に捉えることが可能である．このような事情から生態学における植生－地形の関係を議論する研究では形態的規制経路からのアプローチが主流となっている．

　一方で，攪乱規制経路は地形側のパラメーターの直接観測や数値化が極めて困難なため，十分な検討が行われてきたとは言い難い．継続的で小規模な土砂移動であれば，斜面の下方の地面に小さな箱を埋め込み，箱の中に流入した土砂量や

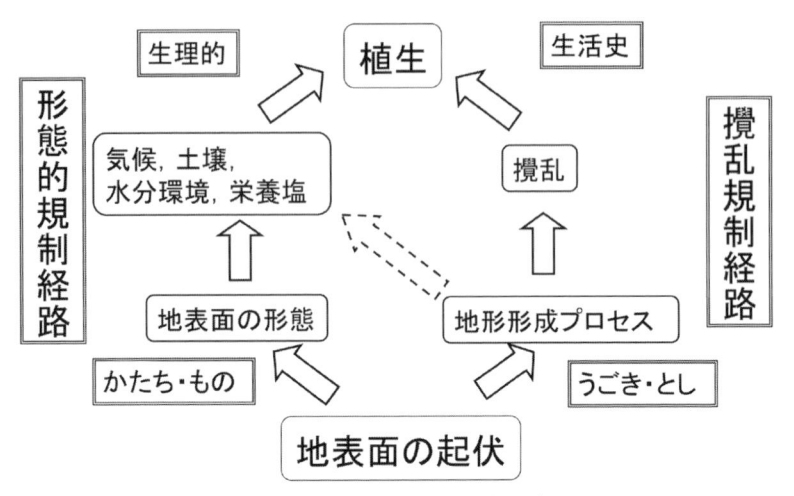

図1 植生と地形の2つの関係経路
菊池（2001）を改編.

その粒径を計測することで地形変化量を定量的に示すことは可能である．しかし，大規模かつ数百年間隔で起こる崩壊を，正確に計測し植生との関係性を議論することは難しい．このような様々なスケールの地形変化現象を捉えるスキルは地形学が得意とするところであるが，その成果を生態学では共有できていないのが現状であろう．特に木本種の多くは百年を超えて，同じ場所に生活し続けるため，攪乱規制経路は決して無視できない植生－地形の関係といえよう．

2 植生の捉え方と地形
2.1 植生の階層性
　一言で地形といっても大陸スケールの大きな地形から，数cm程度の斜面の窪み程度の小さな地形まで大小様々であり，規模の異なる地形種の間では，小規模な地形が大規模な地形に内含されるという階層的な関係がある（鈴木 1997）．
　地形同様に植生にも階層性があるという考え方もある．植物社会学という学問分野は植生の体系分類を積極的に行っており，大きいスケールから順にクラス，オーダー，群団，群集と整理される（佐々木 1973）．この体系の中で，基本単位である群集は微地形との対応関係が良いとされ，とくにその傾向は森林植物群落

で顕著である．これは大半の森林の木本優占種が微地形によって分布が分かれているためであり，微地形の理解は植生を理解する上では重要なポイントとなる．

なお，植物社会学における群集は普遍的なものであり，命名規定などが整っている．それに対し，「群落」には命名規定などはなく，自由に使用可能である．例えば，チシマザサ-ブナ群集という名前の植物群集名は植物組成に基づいて普遍的に使われるものであるが，ブナ群落という名前は相観などによって誰でも自由に使用することができる．一方で，植物社会学以外の生態学における「植物群集」は，植物の集団を広く指すものであり植物社会学の「群集」とは意味合いが異なるため，しばしば異分野で混乱が生じている．そのような事情から，詳細な植生調査を行っていない場合などは，植物種の組成が不明確な理由から，「植物群落」という，より汎用性の高い名称を使用するほうがベターである．

2.2　植生は連続的か

植生研究において，群落名をつけて研究を進めるということは，ある一定の空間が均一な植生であるという考えに基づいていることになる．そのため，必ず群落には切れ目があり，群落と群落の境目である移行帯（エコトーン）の存在を認めていない．その一方で，植生を群落に区分することは不可能であるとする考え方も存在する．これは各植物種が各種の環境に個々に反応しており，そのためどの種の分布パターンも全く同じとならないため，均一な植生など存在しえないという考え方であり，植生連続説と呼ばれる．植生連続説では，個々の種の分布パターンを明らかにすることこそが植生構造の解明を行える唯一の方法と考えている．このように植生の認識には様々な立場が存在するものの，先に述べたように多くの森林では木本優占種が微地形によって分布が分かれており，植生研究において植生－微地形の関係解明の重要性は共通認識である．

3　微地形と植生

植生研究における，植生－地形の関係解明にとって微地形スケールで地形を捉えることは最も重要とされ，数多くの研究が行われてきた．その研究の多くは，Tamura and Takeuchi（1980）が記載した微地形単位，いわゆる「田村の微地形分類」を引用し，適応している．この微地形分類は関東地方と東北地方の丘陵地に

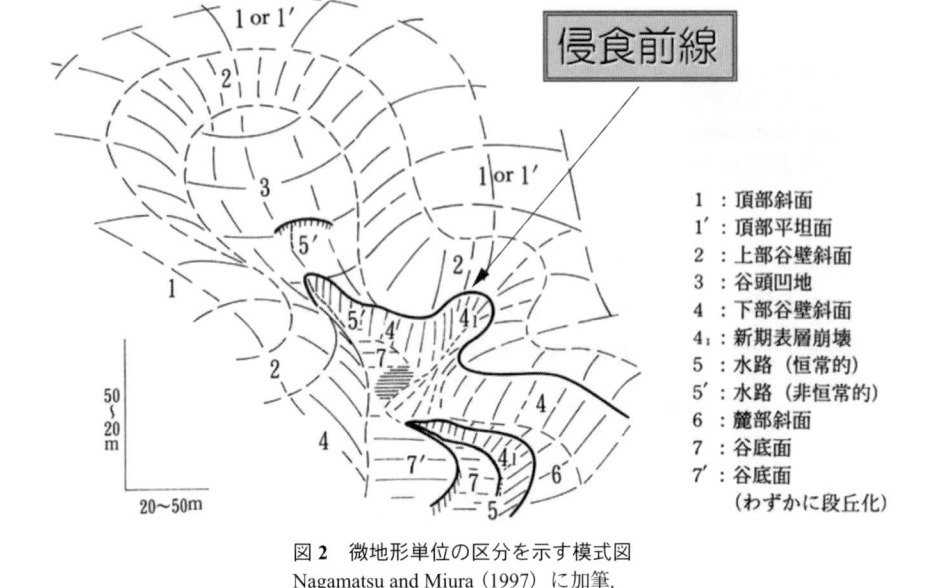

図2 微地形単位の区分を示す模式図
Nagamatsu and Miura (1997) に加筆.

1：頂部斜面
1'：頂部平坦面
2：上部谷壁斜面
3：谷頭凹地
4：下部谷壁斜面
4₁：新期表層崩壊
5：水路（恒常的）
5'：水路（非恒常的）
6：麓部斜面
7：谷底面
7'：谷底面（わずかに段丘化）

おいて谷頭部を形態的特徴より地形分類を行ったものであり，その後に何度かの変更が加えられてはいるが，構成の大要は変わっていない（図2，詳細は序章）．この微地形分類のうち，下部谷壁斜面よりも下部では後氷期に侵食作用が進んでいるのに対し，上部谷壁斜面や谷頭凹地などはそれ以前の地形面が未開析の状態で残っており，表層崩壊などにより下方より現在進行形で開析が進行している．そのため，上部谷壁斜面と下部谷壁斜面の境界部分は後氷期開析前線にあたるとされ（羽田野1986），明瞭な遷急線が認められる．「田村の微地形分類」は，植生の分布を説明する上で有効な地形分類であるとされており，とくに侵食前線（後氷期解析前線）の上下では，植物群落の組成が劇的に変化する（菊池2001）．侵食前線の上下では，土砂移動の多少が大きく変化するため，生理的な要因以外にも植物の生活様式を通じて植生分布の規定要因となっているためである．このように植生－地形の解明を目的とした研究のうち，いわゆる攪乱規制経路を説明する有効な手法として「田村の微地形分類」は様々な地域で応用されている．

3.1 木本種分布と微地形の関係

　実際には植生−地形のメカニズムを明らかにするためには，様々な要因を同時に検討する必要があるため複雑である．とくに個体サイズが大きく寿命の長い木本種は，発芽直後の実生や稚樹の段階ではその生育は微細なものから大きなものまで様々な現象の影響を受けるが，成長するにしたがって，より低頻度で空間スケールの大きな現象に影響されるようになる．生活史のどの段階かによってその生育規制要因が異なるため，ある樹木種の分布要因を理解するためには，その立地がもつ環境要因をスケールごとに整理して理解しなければならない．さらに，対象種の種子散布や受粉制限など，植物の空間分布そのものが種の分布の規定要因となっているケースもあり，問題を複雑にしている．しかし，現在の樹木個体分布と「田村の微地形分類」を重ね合わせることで，ある程度の関係性をうかがい知ることができるため，木本種の分布と微地形の関係を対象とする研究例は多い．

　Hara et al.（1996）は，奄美大島の原生林において尾根から谷との間に調査区を設置し，樹木サイズと微地形の関係を検討した．その結果，サイズの小さな樹木個体は満遍なく調査区内にみられるのに対し，大きなサイズの樹木個体は侵食前線を境にして上部に分布が集中していた（図3）．また，タイミンタチバナ，イヌマキやアデクは上部の斜面に，イスノキ，ミヤマハシカンボクやモクタチバナは下部の斜面にそれぞれ分布が偏っていた（図4）．これに対し，優占種であるオキナワジイは調査区内に広く分布しているが侵食前線よりも下方には大きな個体が存在しない．このように侵食前線を境にして種の分布傾向が異なっている．

　Nagamatsu and Miura（1997）は，仙台近郊の丘陵地において微地形を7つに分類し，その上で微地形ごとの土壌攪乱と植生との関係を検討した．調査対象にした121地点の全植物種の組成をTWINSPANにより分類を行った結果，植生は大きくAタイプとBタイプに分かれ，さらにそれぞれが2つのグループA-Ⅰ，A-Ⅱ，B-Ⅰ，B-Ⅱに区分された（図5）．A-Ⅰはアカマツ，アオハダ，アカシデなど，A-Ⅱはコナラ，シラキ，イタヤカエデなどが含まれていた．B-Ⅰはイイギリ，イヌブナ，メグスリノキなどが，B-Ⅱはイヌシデ，アワブキ，オオモミジなどが含まれていた．A-Ⅰは頂部斜面を中心に，A-Ⅱは上部谷壁斜面と谷頭凹地を中心に，侵食前線よりも斜面上方に出現していた．一方，B-Ⅰ，B-Ⅱは下部谷壁斜面

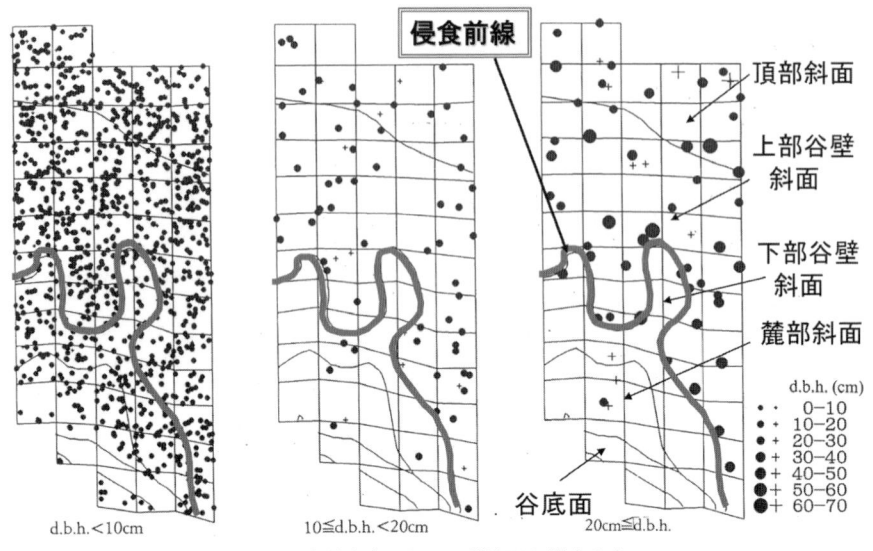

図3 奄美大島における微地形と樹木分布
Hara et al.（1996）を改編．＋は枯死個体を示す．

よりも斜面下方に出現しており，侵食前線の上下では種組成が大きく異なっていた（図5）．

A-ⅠとA-Ⅱが出現する侵食前線よりも上方では土壌攪乱がほとんど見られなかったのに対し，B-ⅠとB-Ⅱが出現した地点では，微地形単位の違いにかかわらず土壌攪乱はみられなかった．さらに土壌攪乱を堆積的な攪乱と削剥的な攪乱とに区別して検討しており，下部谷壁斜面では削剥的な攪乱が，麓部斜面と段丘面では堆積的な攪乱が卓越していることを示した．しかし，このような土壌攪乱の性質とBの2グループの分布傾向に関係性はみられず，Bグループの群落は削剥・堆積を区別しない土壌攪乱と対応しているとしている．

3.2 下部谷壁斜面に成立するフサザクラの生活史

このように侵食前線よりも下方の斜面の下部谷壁斜面では土壌攪乱が多く発生するため，一部の種の侵入・定着が難しいものとなっている．一方で，高頻度の土壌攪乱に適応可能な樹種も存在する．その代表的な樹種がフサザクラである（酒井 2000）．フサザクラは本州から九州に分布する日本固有種である．サクラとい

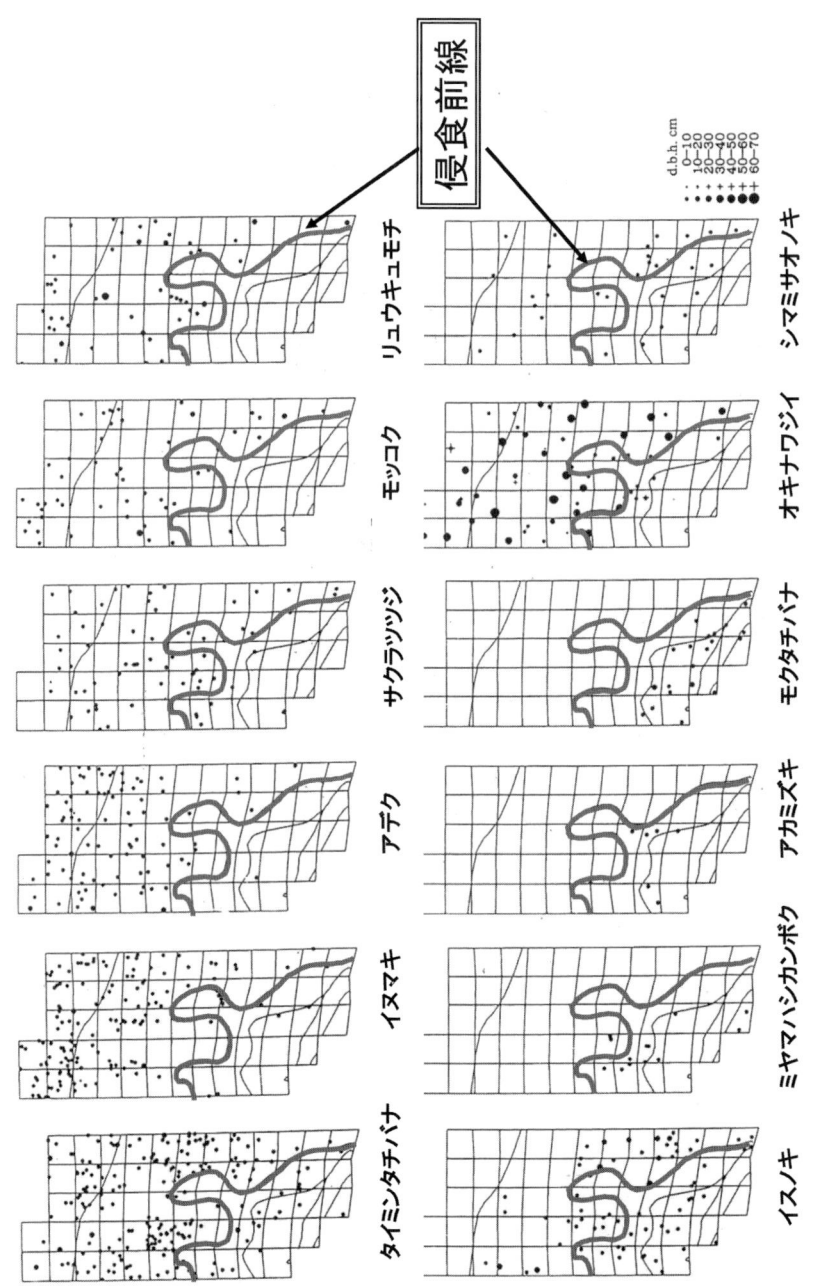

総説1　植生研究における微地形の重要性　　　39

図4　奄美大島における微地形と各木本種の分布
Hara et al. (1996) を改編．＋は枯死個体を示す．

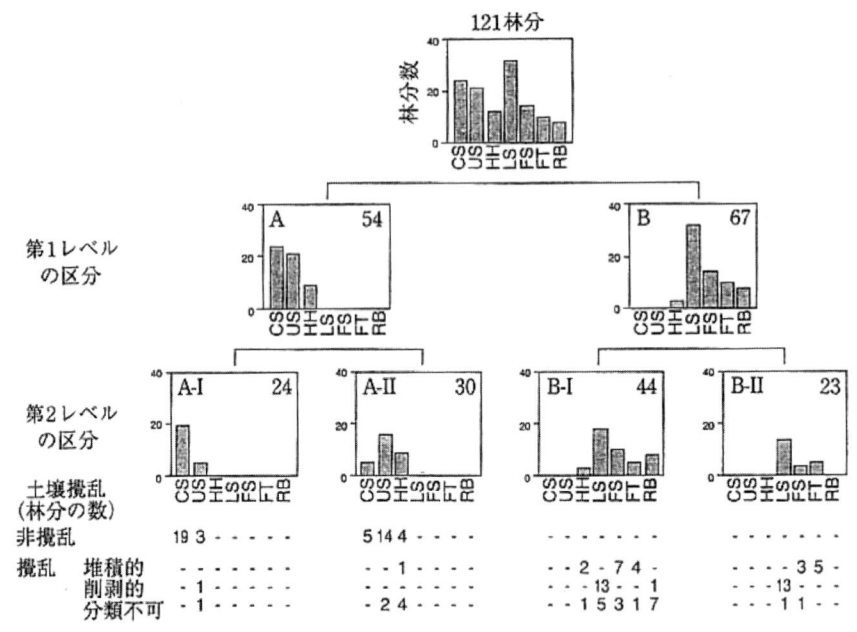

図5 宮城県谷山におけるTWINSPANによる林分の分類と微地形
Nagamatsu and Miura（1997）．
CS：頂部斜面　US：上部谷壁斜面　HH：谷頭凹地　LS：下部谷壁斜面
FS：麓部斜面　FT：段丘面　RB：谷底面

う名前がついているが，花弁も萼片がない暗紅色の房状の花を展葉前に咲かし，サクラの仲間ではない．樹皮の皮目がサクラに似ているところと花が房状に垂れ下がる様子からフサザクラの名がついたとされる．フサザクラは山地の谷沿いや明るい急斜面に多く生え，しばしば群生しているのがみられる．地表攪乱が高頻度で発生する侵食前線よりも下方に出現する代表的な樹種の1つである．

フサザクラの地表攪乱に対する適応について，Sakai et al. (1995) はフサザクラが多数の萌芽をもつことに着目して明らかにしている．フサザクラは若い時から萌芽幹を出現させ，幹直径が10cmに達するとほぼ全ての個体が萌芽をもっていた（図6）．一方，開花結実は幹直径が10cm程度から開始し，成長に伴って徐々に増加し20cmに達する頃に割合は80％に達する．つまり，葉などで生産した物質を，開花結実へ投資するよりも先に萌芽幹を出すことに投資していることに

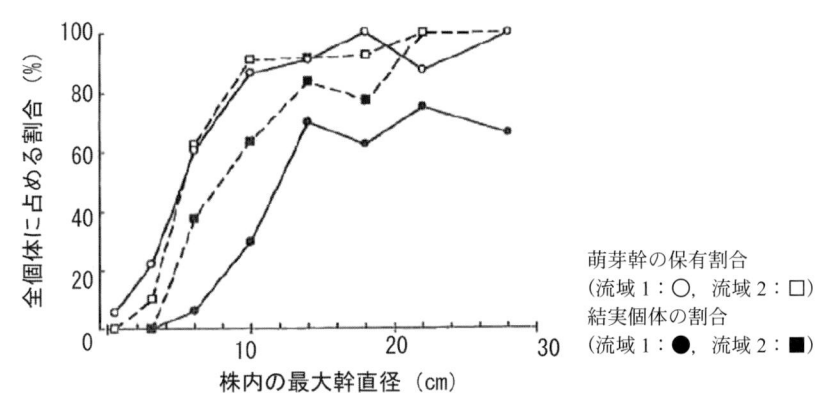

図6 フサザクラの萌芽幹の保有割合および結実個体の割合
Sakai et al.（1995）に加筆．

萌芽幹の保有割合
（流域1：○，流域2：□）
結実個体の割合
（流域1：●，流域2：■）

なる．

　また，多くのフサザクラの株には寝返りの形跡が認められた．一般に高木性樹木において，寝返りは枯死に結びつきやすいので，この割合の高さは異様である．幹は成長に伴って次第に傾き，幹直径が20cmに達する頃には多くの幹が斜面に沿うような角度に達していた．フサザクラが生育している侵食前線の下方では急峻かつ表層物質の移動が頻繁なため，成長の途中で自分の重みや斜面の表層崩壊の巻き添えになっているためである（酒井2000）．

　このように大きな幹が斜面に水平方向に傾くことで，株の上空が開き，光環境が改善し，新たに出現した萌芽幹がその空間を埋める形で成長する（図7）．このようなフサザクラの生活史は，不安定な斜面での個体群維持に優れており，下部谷壁斜面での分布が可能となっているのである．フサザクラ同様に下部谷壁斜面に出現するチドリノキ，アブラチャンなども多くの萌芽幹を保有しており，萌芽幹は不安定な斜面において個体群を維持するための優れた戦略といえる．

3.3　草本種の分布と微地形の関係

　生活環が短く個体サイズの小さな草本種の分布と地形の関係を議論する場合は，時空間スケールはよりコンパクトになる．そのため，その植生の組成やそこに含まれている植物の性質を見極める必要がある．生活環の短い草本種は，木本種のような成長段階の違いによる時空間スケールの変化を考える必要がないた

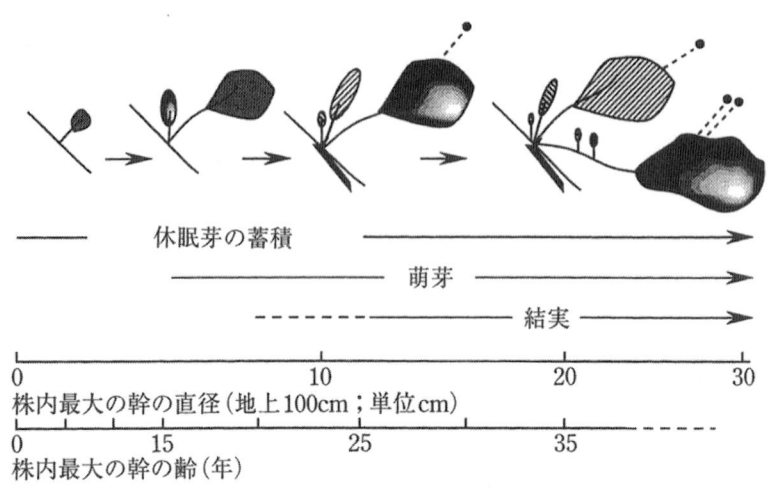

図7　フサザクラの生活史の模式図
Sakai et al.（1995）.

め，一見すると単純化して議論できるようにみえる．しかし草本種の場合，木本種のように個体ベースで分布認識を行うことは労力の面で難しく，ある地点における植物組成や被度，ないしは植物種の在不在で検討しないといけない．つまり，点で得た植物組成を植生図という形で内挿的に面に展開するか，点のままで地形との関係性を議論することになる．植生側のデータが草本種の場合，取り扱いが難しいことに加えて木本種でもいえることだが，同所的に生育している種の分布規定要因は全て同じである可能性は低い．そのため，微地形分類のように，地形側の様々な要因を包括的に扱うことは，草本種の分布と地形との関係を説明するツールとして有効なアプローチともいえる．

　図8は東京の西端にある三頭山の長さ約130mの斜面で地形分類を行ったものである．この地形分類は，傾斜変換線を抽出し，「田村の微地形分類」を参考に区分を行ったものであり，①尾根部，②斜面上部，③谷頭凹地，④水路頭，⑤斜面中部，⑥斜面下部，⑦段丘面，⑧デブリ，⑨谷底面の9つの地形に区分された．なお，この場合のデブリとは斜面上方の水路頭付近から押し出された土石が沖積錐状に堆積している場所である．④水路頭と⑥斜面下部の上部境界に明瞭な遷急線が認められ，さらに斜面上部の③谷頭凹地と⑤斜面中部の上部境界にも断続的

総説 1　植生研究における微地形の重要性　　　　　　　　　　　43

①：尾根部　　②：斜面上部
③：谷頭凹地　④：水路頭
⑤：斜面中部　⑥：斜面下部
⑦：段丘面　　⑧：デブリ
⑨：谷底面

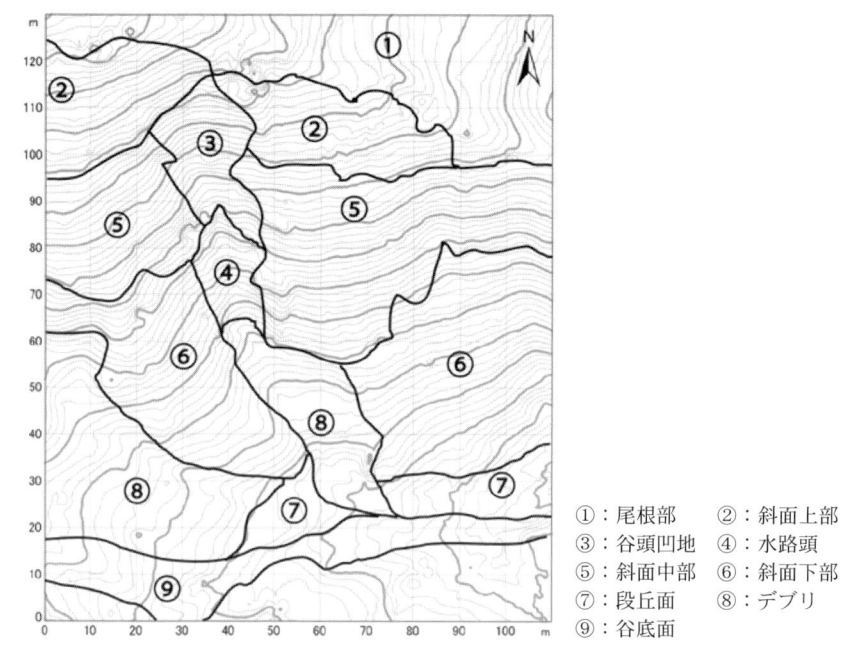

図 8　三頭山の斜面における微地形分類

な遷急線が存在する．また④水路頭は新規の表層崩壊跡がみられた．なお後述するが，この斜面は山地域にあたり，「田村の微地形分類」をそのまま当てはめることは難しいため，独自の微地形分類を行っている．

　斜面を 10m のメッシュに区切り，その交点が含まれる場所（2m × 2m）の草本層（200cm 以下）に出現した全植物種を記載した．植被率，草本出現種数と草本種の占める割合は，尾根部と斜面上部で低く，斜面中部や下部など斜面の下方になるに従って高い傾向にあった．斜面上方では木本種が，斜面下方では草本種の出現が多く，草本層全体の種多様性は斜面下方のほうが高い傾向にあった（図9）．

　水路頭では草本層の植被率が高く，草本種の出現種数が少ない傾向にあった．一方，デブリでは草本層の植被率はあまり高くはなかったが，草本種の出現種数と草本種の占める割合は高かった．どちらも表層物質の移動が多く，高頻度で攪乱が発生する場所であるが，水路頭は削剥作用が，デブリでは堆積作用が卓越す

表1 主要草本種の各微地形単位における出現頻度

地形区分			尾根部	斜面上部	斜面中部	斜面下部	谷底・段丘面	水路頭	デブリ
調査地点数			5	13	20	26	21	4	9
出現種	休眠型	地下器官型							
ススタケ	N	R1–2	20%	38%	50%**	12%	.	.	.
ナガバノスミレサイシン	H	R3	40%	38%	70%**	46%	10%	.	22%
チゴユリ	G	R2–3	.	8%	35%*	8%	5%	.	.
ヤマタイミンガサ	Th(v)	R3	.	.	55%**	50%**	.	.	22%
エイザンスミレ	H	R3(v)	.	8%	60%**	54%**	5%	75%**	33%
ハンショウヅル	M	R5	.	.	40%**	42%**	.	.	.
カメバヒキオコシ	H	R3	.	.	10%	73%**	76%**	100%**	89%*
テバコモミジガサ	Th(v)	R3	.	.	20%	54%*	71%***	.	33%
シロヨメナ	Ch	R3	.	.	5%	42%**	14%	.	78%***
アカショウマ	H	R3	.	.	15%	50%***	24%	.	33%
フタリシズカ	G	R3	.	.	25%	35%*	.	.	22%
ムカゴイラクサ	H	R5(r)	.	.	5%	15%	76%***	50%	56%*
ギンバイソウ	H	R3	.	.	.	15%	52%***	25%	67%**
ミヤマタニソバ	Th	R4	.	.	.	19%	38%**	25%	33%*
モミジガサ	Th(v)	R3	.	.	5%	27%	38%***	.	22%
ウワバミソウ	H	R3	.	.	.	4%	33%***	.	.
キヨタキシダ	H	R3	.	.	.	4%	33%***	.	.
コガネネコノメソウ	H	R4	.	.	.	4%	24%**	.	11%
ジュウモンジシダ	H, Ch	R3	.	.	.	4%	29%**	.	.
イワネコノメソウ	H	R4	.	.	.	.	24%**	.	.
サワハコベ	H	R5	.	.	.	.	24%***	.	.
ヒヨドリバナ	G	R3	.	.	20%	15%	.	50%*	.

※生活史については日本野草・樹木生態図鑑（1990）を参照した。

R1：最も広い範囲に連絡体
R2：やや広い範囲に連絡体
R3：狭い範囲に連絡体
R3(v)：根、茎が地下に垂直に伸びる
R4：地表に匍茎
R5：単立
R5(r)：塊根があり球芽でふえる

*：0.01＜p＜0.05
**：0.001＜p＜0.01
***：p=0.000

Th：一年生植物
Ch：地表植物
H：半地中植物
G：地中植物
Th(v)：栄養繁殖越年草
N：休眠芽が地表面0.3m〜2mにある
M：休眠芽が地表面2m〜8mにある

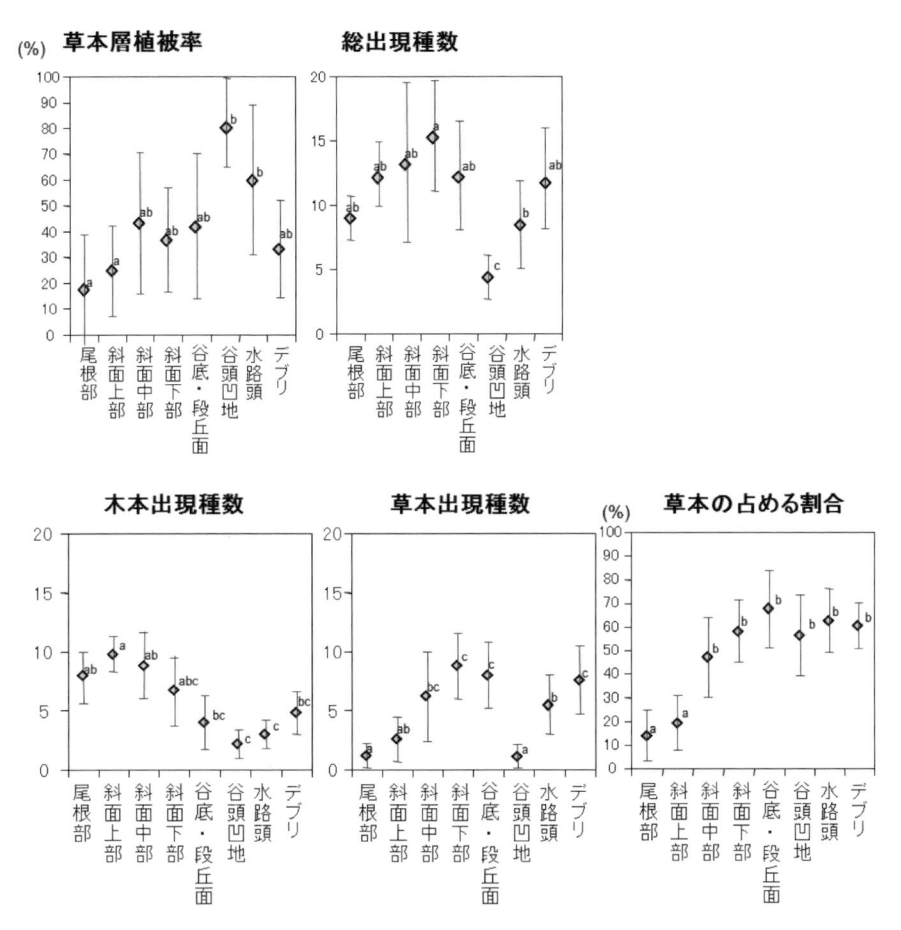

図9 各微地形単位における草本層の被度および草本種の出現割合
9つの微地形単位のうち，谷底面と段丘面は地点数が少なく違いが少ないため統合し示した．異なる文字間で有意差（Turkey's test p < 0.05）が認められたことを示す．

ると推測される．草本種は木本種の場合とは異なり，土壌攪乱の性質が種の多様性や被度に影響を与えていることが示された．

表1は，各微地形単位の調査区のうち，各草本種が出現した頻度をパーセンテージで示したものである．斜面最上部の尾根部と斜面上部で特徴的に出現する種は少なかった．斜面中部ではスズタケ，チゴユリなどのやや広い範囲に地下の連絡

体を伸ばす植物とナガバノスミレサイシンが特徴的に出現した．また地下の連絡体を狭い範囲にしか伸ばさないヤマタイミンガサ，アカショウマやエイザンスミレ，単立するハンショウヅルは斜面中部に加え，斜面下部にも共通して出現していた．半地中植物で地下器官をほとんど伸ばさないムカゴイラクサ，ギンバイソウは転石の多い谷底・段丘面とデブリに多くみられた．匍匐茎を伸ばすミヤマタニソバ，コガネネコノメソウなどは谷底・段丘面に多く，半地中植物のカメバヒキオコシは斜面下方の斜面下部，谷底・段丘面，デブリと水路頭に特徴的に出現した．

このように草本植物の出現は微地形単位と生活型を通して結びついており，木本種以上にミクロなスケールで棲み分けがなされていた．特に，斜面の下部では草本種の種類が豊富になっていると同時に，地下器官に特徴を持つ草本種が多く出現していた．木本種は，侵食前線の上下という比較的大きなスケールで分布が分かれていたが，草本種は，特に表層攪乱が多い斜面下方では微地形毎に出現傾向が異なっていることが明らかとなった．

3.4　非森林における草本植生と微地形の関係

一方で，高山植物群落や湿原など，低木樹種と草本種のみで構成される植生の

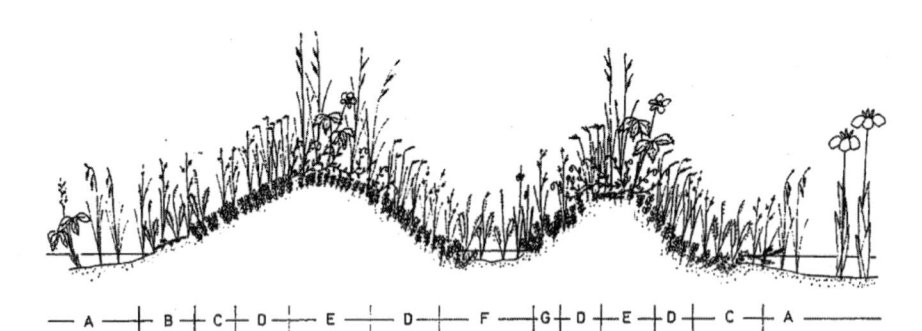

図10　上サロベツ湿原の地形断面と植生分布
橘・伊藤（1980）を改編．
A：ヤチスゲ群落　B：ミカヅキグサーナガバノモウセンゴケ群落
C：ミカヅキグサーウツクシミズゴケ群落　D：ミカヅキグサーイボミズゴケ群落
E：ツルコケモモーホロムイスゲ群落　F：ホロムイソウーミカヅキグサ群落
G：ミカヅキグサーサンカクミズゴケ群落

分布は，微地形よりもミクロな地形と対応がある．サロベツ湿原の高層湿原では，時計皿状の地形が発達している（図10）．この泥炭表面の凹地にできた深い池塘ではヤチスゲ群落が，浅い池塘ではホロムイソウーミカヅキグサ群落が，さらに小さな凹地はミカヅキグサーサンカクミズゴケ群落とミカヅキグサーウツクシミズゴケ群落が優占していた．池塘周辺の小隆起部にはイボミズゴケ群落が，やや高い隆起部にはチャミズゴケ群落とツルコケモモーホロムイスゲ群落が占めていた．高層湿原におけるこのようなミクロスケールの地形に対応した群落配置は，停滞水位の高さに対応したものであり，主として湿原形成の主役であるミズゴケ類の水分，養分要求度や耐乾性の差異による結果である（橘・伊藤 1980）．

4　丘陵地と山地の地形の違いによる問題点

　これまで紹介してきた研究は丘陵地で展開されてきたものがほとんどである．一方で，起伏量のより大きい山地の斜面でも「田村の微地形分類」を使用している研究成果を目にする．これらの多くは，斜面での位置関係だけで「田村の微地形分類」を当てはめ，本来「田村の微地形分類」の基本である傾斜変換線の有無などについては言及していないケースが大半である．例えば，山地域の尾根から谷の間の長大な斜面を単純に距離だけで三等分して，上部から，頂部斜面，上部谷壁斜面，下部谷壁斜面と微地形分類を行っているケースなどである．「田村の微地形分類」の基本は傾斜変換線の認定にあり，これら研究は根本的に誤った解釈，手法であることは明白であるが，より根本的な問題も存在する．

　そもそも山地斜面は丘陵地と比べて急峻で長大であるため，丘陵地の斜面とは根本的に地形の中身や種類が異なっており，「田村の微地形分類」を適応すること自体に問題がある可能性が高い．当然，斜面上部の微地形ほど安定状態にある点などは共通する法則性であろうが，山地斜面上には丘陵地とは比較できないほどの多数の遷急線が断続的に入り乱れて存在している．そのため丘陵地よりも複雑な微地形分類が必要であることは想像に難くない．

　山地斜面では各種のマスムーブメントが様々な強度・頻度で発生し，それがより下方や下流の地形の維持や更新にも影響している．また山域によって地形の成因や形成年代が異なり，地形の更新に影響する標高や気候などもばらばらである．

山地域で普遍的な植生－微地形の関係を明らかにするためには，今一度丘陵地の微地形分類の考え方を見直して，山地域において事例研究の蓄積を行うことが必要不可欠であろう．

5 まとめ

このように丘陵地では微地形－植生の関係を明らかにすることに一定の成果を挙げてきた．攪乱規制経路である斜面の安定性を評価する意味で，「田村の微地形分類」は有効な手法である．一方で，GISなどの発達もあって，微地形－植生の関係はただ単純な重ね合わせの議論となりやすい．これでは，対応関係は明らかになっても，なぜその植生がその微地形に成立しているのかという核心部分に迫ることはできない．その点では，Sakai et al. (1995)が行ったフサザクラの不安定な斜面における生存戦略の解明は，植生－微地形の核心部に迫った研究と言える．現状，地形学を理解した上での植物側の反応を見た研究成果は圧倒的に不足しており，フサザクラで行われた研究を他種や他の地域で地道に行うことが必要であろう．これは，山地域の微地形分類と合わせて大きな課題の一つとなっている．

それには，まずは生態学者が地形学への認識を高める必要がある．生態学では，地形は面として広がっているという意識が乏しい．地形を面として扱っていくことの重要性を説いていくしかない．その一方で，斜面傾斜や凹凸度などと同じように，何かしらの方法で斜面の地表変動攪乱を発生頻度や移動量などにより定量化することも必要であろう．もしこれが実現すれば，生態学における本来の地形への理解が深まると同時に，異なる地域間の立地の安定性を定量的に比較可能となり，事例研究よりも一般性を追求する生態学研究においても十分に応用がしやすくなるはずである．

文 献

菊池多賀夫 2001.『地形植生誌』東京大学出版会．
酒井曉子 2000. 萌芽をだしながら急斜面に生きるフサザクラ．菊沢喜八郎・甲山隆司編『森の自然史—複雑系の生態学』75-95. 北海道大学図書刊行会．
佐々木好之編 1973.『植物社会学』(生態学講座 4) 共立出版株式会社．

鈴木隆介 1997.『建設技術者のための地形図読図入門第 1 巻　読図の基礎』古今書院.
橘ヒサ子・伊藤浩司 1980. サロベツ湿原の植物生態学的研究. 環境科学（北海道大学大学院環境科学研究科紀要）3(1): 73-134.
羽田野誠一 1986. 山地の地形分類の考え方と可能性. 東北地理 38: 87-89.
Hara, M., Hirata, K., Fujihara, M. and Oono, K. 1996. Vegetation structure in relation to micro-landform in an evergreen broad-leaved forest on Amami Ohshima Island, S-W. Japan. *Ecological Research* 11: 325-337.
Nagamatsu, D. and Miura, O. 1997. Soil disturbance regime in relation to micro-scale landforms and its effects on vegetation structure in a hilly area Japan. *Plant Ecology* 133: 191-200.
Sakai, A., Ohsawa, T., and Ohsawa, M. 1995. Adaptive significance of sprouting of Euptelea polyandra, a deciduous tree growing on steep slopes with shallow soil. *Journal of Plant Research* 108: 377-386.
Tamura, T. and Takeuchi, K. 1980. Land characteristics of the hills and their modification by man - with special reference to a few cases in the Tama Hills, west of Tokyo. *Geographical Reports of Tokyo Metropolitan University* 14/15: 49-94.

Review 1

Importance of micro-landforms in the vegetation science

WAKAMATSU Nobuhiko

総説 2

微地形分類に基づいた森林土壌の物理特性の推定と類型化

大貫靖浩

> 土壌と微地形の間には密接な関係があります．本稿では，その研究史を概説すると共に，筆者が 25 年以上の長きに渡って取り組んできた森林土壌，特にその物理特性と微地形の関係について，火山灰が堆積する湿潤温帯気候下の低山帯と，火山灰のない亜熱帯気候下の丘陵地を事例に解説します．

1 はじめに

　土壌の様々な特性と地形には密接な関係があることが，古くから指摘されている．特に Milne (1936, 1947) は，東アフリカのビクトリア湖やタンガニーカ湖周辺の半乾燥地域において，地形の変化に伴って土壌が連続的に変化する事象を現地調査から明らかにし，一連の土壌の移り変わり（パターン）を「カテナ (catena)」と定義した．catena はラテン語で鎖（英語で chain）の意味である．カテナの概念については松井 (1988) により詳細に解説されており，同一母岩から構成され地形に左右されて異なった土壌が配列する地理的分布型と，地形とともに母岩にも左右されて異なった土壌が配列する分布型の 2 通りがあり，それぞれについて数多くの研究が現在までなされてきている．

　しかしながらこれらの研究は，斜面の上部→下部（侵食・堆積（・再堆積））の土壌の連続的な変化や，地形による水分の停滞や中間流出による土壌生成の違い（ハイドロカテナ）を主なターゲットにする，いわゆる二次元的な研究がほとんどで，三次元的な広がりにも着目した研究は多くない．

　日本に目を向けてみると，カテナの視点から地形と土壌の関係について議論した研究は非常に少なく，河田 (1989) が『森林土壌学概論』の中で地形と出現土壌型との関係について，斜面の模式図を用いて水湿条件の違いを基に説明したほか，成岡・小野寺 (2001) が花崗岩山地の崩壊斜面において，小流域スケールで

地下水流動系に沿った土壌カテナの存在とその特徴を議論し，地下水涵養域における土壌酸性化および塩基溶出，流出域での還元状態における塩基吸着を確認しているに過ぎない．日本のような湿潤変動帯においては，土壌自体が不安定なため，明確なカテナが出現しづらいものと考えられる．

カテナ以外の視点での地形と土壌の関係については，古くは竹下・中島（1960），竹下・中島（1961）が，等高線方向と流線縦断形方向の地形の凹凸に着目して，両者の凹凸を総合的に評価して「谷型斜面」と「尾根型斜面」に区分し，谷型斜面では相対的にA層が厚く置換酸度（土壌の酸性度の指標の一つ）が低いことを明らかにした．また，谷型斜面が尾根型斜面に比較して相対的に生成年代が新しく，その中に堆積面の分布が多いのに対し，尾根型斜面は古い抵抗性の地形で侵食面としての性格が強く，両者の間にはかなり明瞭な区分線が引かれるのではないか，と述べている．

また小林ほか（1981）は，凹型斜面がプラス，平行斜面が0，凸型斜面がマイナスの値を示す「起伏指数」を用いる斜面の地形分類手法を提案し，屋久島のスギ天然林において，起伏指数と斜面傾斜角を組み合わせることにより4つの林床型（植生タイプ）の立地が明瞭に説明できることや，起伏指数とA_0（落葉）層厚や土壌層厚の間に強い対応関係があることを指摘している．

これらの地形分類手法と比較して，田村（1996）の提唱した微地形分類手法は，主な適用範囲が谷頭部斜面という制約はあるものの，三次元的な広がりをイメージしやすく，それぞれの微地形単位がどのようなプロセスで生成された土壌からなるか，明確な説明が可能である．この微地形分類手法を用いた研究には，微地形単位と平水時の水文現象の関係（田村ほか1990），微地形単位と土壌および表層崩壊との関係（田村1987），テフロクロノロジーを用いた微地形単位形成時期・形成環境（吉木1993）等を検討した例があるが，微地形単位に対応して分布する土壌の諸特性（堅さ，厚さ，乾湿，粘り気ほか）について，実測値を基に議論した研究はほとんどない．

筆者は現在まで，様々な地形・地質・気候条件下における森林土壌を観察する機会を得てきた．森林土壌が斜面のどの位置でどのくらいの厚さを有し，どのような物理的性質（例えば容積重，孔隙率，レキ量）をもつかについては，森林土壌学の分野では系統だった研究は行われてきていないが，微地形分類を切り口に

すると定量的な評価が可能であることがわかってきた．本稿では微地形分類に基づく森林土壌の物理特性に関する研究成果について，北関東（茨城・桂試験地）と沖縄（南明治山試験地）で行った実例を中心に紹介したい．

なお，これらの成果の出典は，桂試験地が大貫（2003），大貫ほか（2014），南明治山試験地が大貫ほか（1994），Ohnuki et al.（1997），Ohnuki et al.（2002），Ohnuki et al.（2004）である．

2 微地形に対応する森林の土壌物理特性
2.1 火山灰の影響の大きな温帯の低山帯小流域（茨城・桂試験地）
2.1.1 試験地の概要

調査地（桂試験地）は，茨城・栃木県境に連なる八溝山地南部に位置する，茨城森林管理署管内北山国有林内（茨城県東茨城郡城里町（旧桂村）），皇都川支流の約 2.3ha の北向きの流域である（図 1-A）．調査地付近の年平均気温は 12.5℃，年平均降水量は 1,338.5mm である（野口ほか 2009）．量水堰が 2000 年に設置され，降水量・流出量が継続して観測されている．流域内の標高は 212〜272m（標高差 60m）で，主谷に南西側から 0 次谷が合流し，量水堰直上で東側から 0 次谷が合流する．植生は流域の尾根部にはコナラ・クヌギ等の落葉広葉樹やマツが，中腹〜谷部にはスギ・ヒノキが生育している（図 1-B）．土壌は尾根部には乾性褐色森林土（B_B 型）が，中腹〜谷部には適潤性褐色森林土（B_D 型）および同偏乾亜型（$B_D(d)$ 型）が，流路沿いには弱湿性褐色森林土（B_E 型）が分布している．土壌型の分類は土じょう部（1976）に拠った．地質は中古生層の頁岩・チャート等の上に関東ローム層が堆積している (端山 1986)．2002 年 3 月に尾根部と谷部で 1 本ずつボーリング調査が行われ（図 1-B），尾根部の No.1 地点では深さ 1.8m まで，谷部の No.2 地点では深さ 3.8m まで土壌層が確認された．No.1 地点の B 層最下部は 15cm 厚の軽石層と接しており，No.2 地点の深さ 2m 以深は土壌中にレキが多く含まれていた．

2.1.2 斜面の微地形分類

詳細な地形測量データ（測点数：682 地点）を基に，田村（1996）を一部改変する形で微地形分類を行った（図 2）．分類された微地形単位は，尾根から谷へ

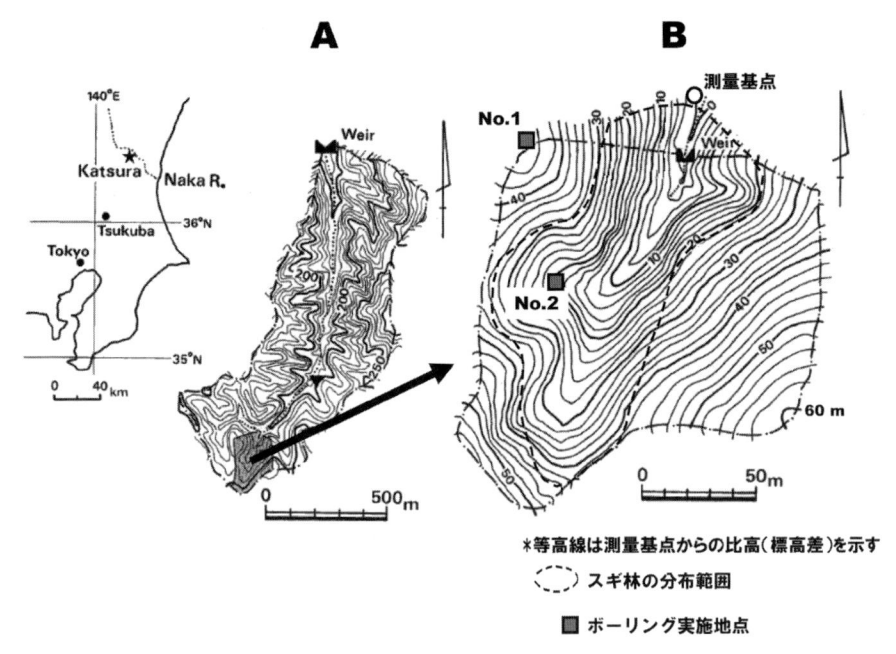

図1 桂試験地の位置および地形図
大貫ほか (2014). Aの網掛けの範囲がBにあたる.

と順に頂部斜面・痩せ尾根頂部斜面・上部谷壁斜面・上部谷壁凸斜面・上部谷壁凹斜面・谷頭斜面・谷頭急斜面・谷頭凹地・下部谷壁斜面・下部谷壁凹斜面・麓部斜面・小段丘面・谷底面の13ユニットである.このうち痩せ尾根頂部斜面と上部谷壁凸斜面は,田村 (1996) の分類の頂部斜面と上部谷壁斜面をそれぞれ細分したものである.頂部斜面・痩せ尾根頂部斜面・上部谷壁斜面・上部谷壁凸斜面・上部谷壁凹斜面の下部を通る形で,遷急線(傾斜変換線)が分布する.流域の右岸側斜面と左岸側斜面で斜面の幅や谷の入り方が異なり,右岸側斜面では遷急線が直線状で0次谷が1本しか入っておらず,上部谷壁斜面(一部上部谷壁凹斜面)が広く分布しているのに対し,左岸側斜面では0次谷が4本も入ることによって上部谷壁凸斜面が遷急線上側に形成され,そのうち2つの谷頭は流域の分水界近くまで達し,痩せ尾根頂部斜面を形成している.このように,流域内の斜面が多くの微地形単位に区分でき,かつ過去の侵食営力の作用が右岸側と左岸側

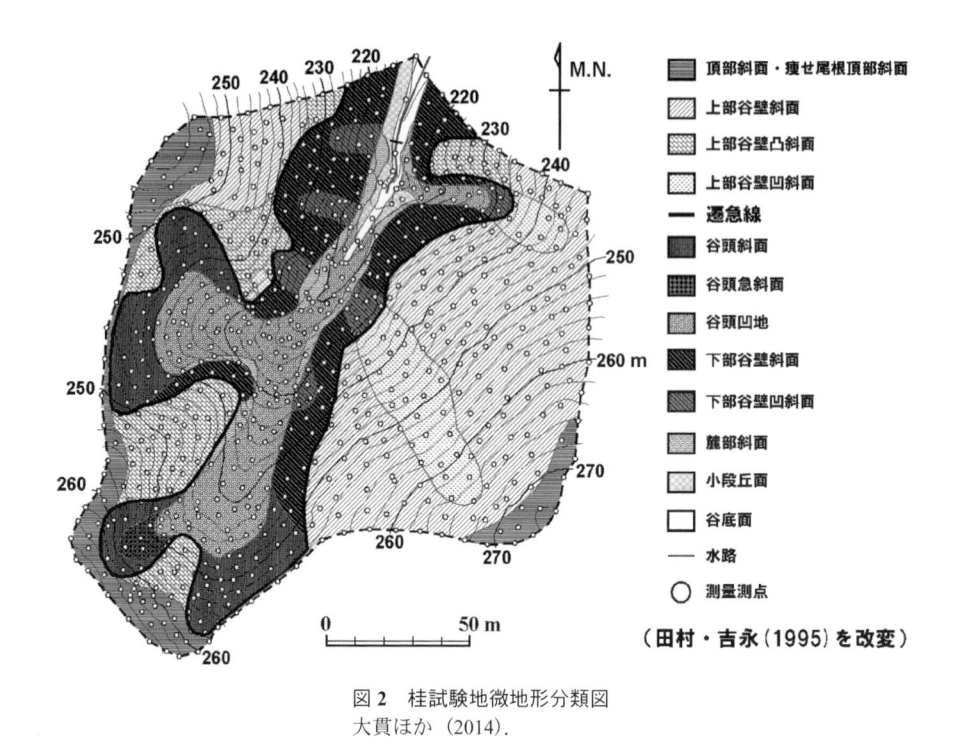

図2 桂試験地微地形分類図
大貫ほか（2014）.

で大幅に異なっていることが本試験地の特徴である.

2.1.3 土壌型の分布

調査地内に分布する褐色森林土は，前述のように乾性・適潤性・弱湿性の3タイプに分かれる．それぞれの微地形単位との対応関係は，B_B型（残積～匍行）：頂部斜面・痩せ尾根頂部斜面・上部谷壁凸斜面，$B_D(d)$型（残積～匍行）：上部谷壁斜面・上部谷壁凸斜面，B_D型（崩積～匍行）：上部谷壁凹斜面，B_D型（崩積）：谷頭斜面・谷頭急斜面・谷頭凹地・下部谷壁斜面・下部谷壁凹斜面・麓部斜面・小段丘面，B_E型（崩積）：谷頭凹地・小段丘面・谷底面，である．遷急線の上側にはB_B型（残積～匍行），$B_D(d)$型（残積～匍行），B_D型（崩積～匍行），下側にはB_D型（崩積），B_E型（崩積）が分布する（図3）．同じB_D型でも，遷急線より上側の崩積～匍行タイプは表層土壌中にレキをほとんど含まないのに対し，遷急線より下側の崩積タイプはかなりの量のレキを含むのが特徴である．

図3 桂試験地土壌図
大貫ほか (2014).

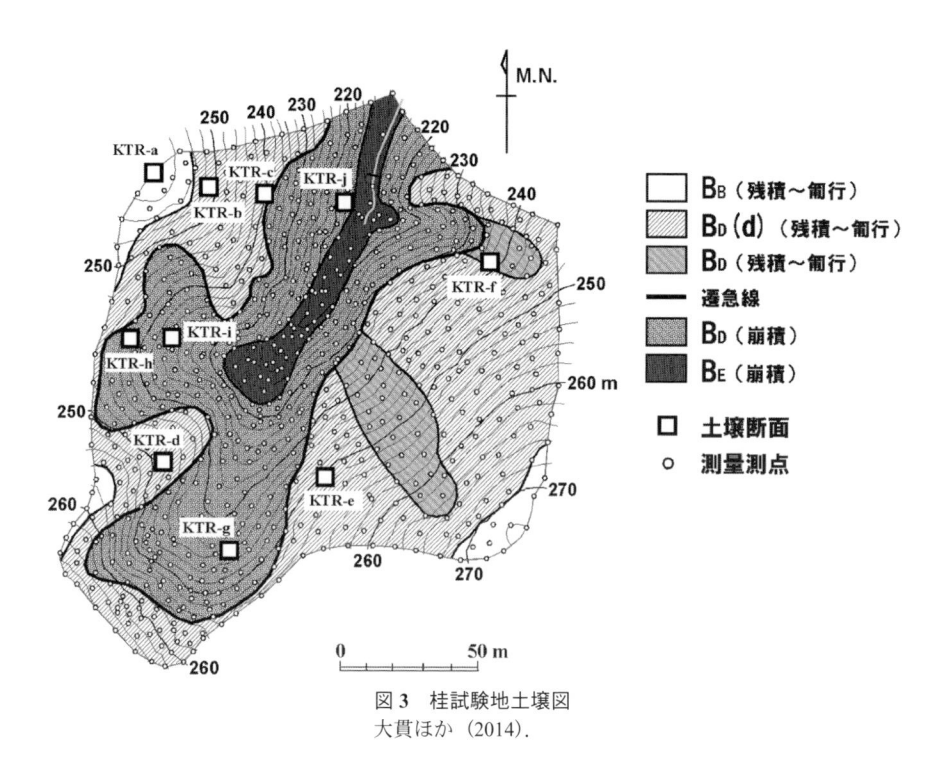

　図中の KTR-a 〜 KTR-j の 10 地点において土壌断面調査を実施した．図 4 に土壌断面図を示す．遷急線より上側の B_B 型・B_D(d) 型・B_D 型は（KTR-a 〜 KTR-f），上部谷壁凸斜面に分布する土壌の薄い KTR-d 断面（有効土壌深 :70cm）を除きレキがほとんど認められなかった．また，KTR-b 断面と KTR-e 断面（共に上部谷壁斜面に分布）の深度 100cm 付近に，一次堆積と思われるテフラ層が確認できた．一方, 遷急線より下側の B_D 型は（KTR-g 〜 KTR-j), 谷頭斜面（KTR-g, -h）・谷頭凹地（KTR-i）で，全層にわたってレキが多く含まれていたのに対し，麓部斜面（KTR-j）ではレキは少なく，下層に二次堆積と思われるテフラが 2 層位（B_2, B_3）連続して認められた．KTR-j 断面は KTR-b 断面の斜面下方にあたり，色調から B_2 層のテフラが KTR-b 断面の C(V) 層に対応すると考えられる．B_3 層のテフラは赤褐色の色調を呈しているのが特徴で，北関東におけるテフラの分布から今市軽石層に，B_2 層のテフラはその上位の七本桜軽石層にそれぞれ該当すると思われる（図 5, 町田・新井 1992）．

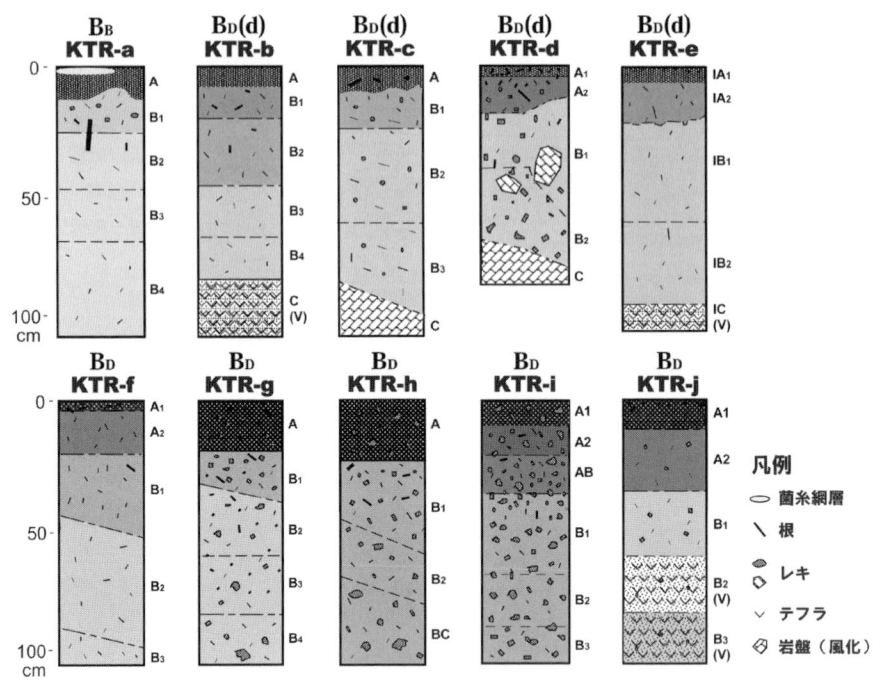

図4 桂試験地土壌断面図
大貫ほか（2014）．土壌断面番号は図3のKTR-a〜KTR-jに対応．

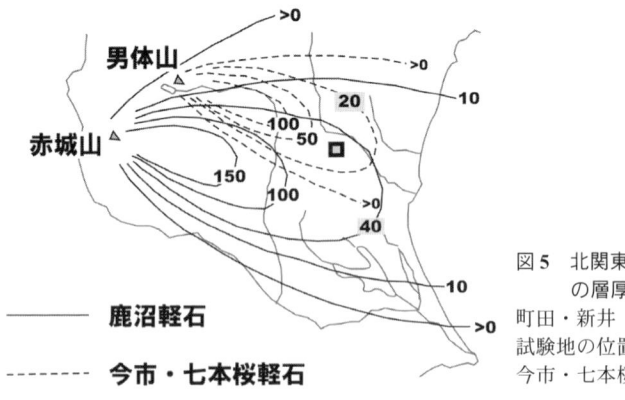

図5 北関東における代表的なテフラの層厚図
町田・新井（1992）を改変．■が桂試験地の位置．鹿沼軽石が40cm以上，今市・七本桜軽石が20cm以上堆積．

2.1.4 微地形単位別土壌物理特性

表1に10地点の土壌断面（図3: KTR-a ～ KTR-J）より採取した円筒試料より得られた一般物理性および透水性の測定結果を示す．一般物理性の測定項目は，容積重・全孔隙率・最大容水量・現場含水率・レキ量で，透水性は飽和透水係数（ms-1）で表示した．一般物理性と透水性については，河田・小島（1976）および土壌標準分析測定法委員会（1986）に準拠して測定した．

容積重（仮比重とも呼ばれる）は，谷頭斜面に位置する KTR-g, KTR-h 地点を除き，A 層で 0.39 ～ 0.53Mgm^{-3} と低い値を示した．B 層は上部谷壁斜面と上部谷壁凹斜面に位置する KTR-b, KTR-e, KTR-f 地点で 0.49 ～ 0.60Mgm^{-3} と低い値を示すのに対し，上部谷壁凸斜面・谷頭斜面・谷頭凹地では 0.67 ～ 1.07Mgm^{-3} と比較的高い値を示した．テフラを含む上部谷壁斜面に位置する KTR-e 地点の IC(V) 層と，麓部斜面に位置する KTR-J 地点の B$_3$(V) 層は，それぞれ直上の層位よりも容積重が小さかった．

容積重と逆比例関係にある全孔隙率（全空隙率とも呼ばれる）は，谷頭斜面に位置する KTR-g, KTR-h 地点で全層にわたり 0.7m^{3}m^{-3} 以下の低い値を示し，上部谷壁凸斜面に位置する KTR-d 地点の B 層も 0.6m^{3}m^{-3} 以下の値を示した．これに対し，頂部斜面・上部谷壁斜面・上部谷壁凹斜面に位置する KTR-a, KTR-b, KTR-c, KTR-e, KTR-f 地点では，全層にわたり 0.7m^{3}m^{-3} 以上であった．最大容水量の値は，全孔隙率とほぼ同じ傾向であったが，上部谷壁凹斜面に位置する KTR-f 地点の HA-A$_1$ 層で全孔隙率よりも 0.16m^{3}m^{-3} 低い値を示した．HA-A$_1$ 層にみられた撥水性（土壌の水のはじきやすさ）の影響であると思われる．

現場含水率は，全孔隙率によって上限（最大容水量）が異なってくるため，絶対値による単純比較はできないが，全孔隙率が 0.8m^{3}m^{-3} を超える KTR-a 地点（頂部斜面に位置）や KTR-f 地点（上部谷壁凹斜面に位置）の最表層で，それぞれ 0.24 m^{3}m^{-3}，0.22 m^{3}m^{-3} と低い値を示し，次表層と比較しても乾燥が進んでいた．これに対し，遷急線の下側の谷頭斜面・谷頭凹地・麓部斜面に位置する KTR-g, KTR-h, KTR-i, KTR-j 地点の最表層は 0.30 ～ 0.51m^{3}m^{-3} の値を示し，とくに谷頭凹地に位置する KTR-i 地点では最表層の現場含水率が最も高かった．

レキ量は，遷急線の上下で明瞭な違いがみられた．遷急線の上側では，土壌の薄い上部谷壁凸斜面に位置する KTR-d 地点を除き，全層位にわたってレキがほ

表 1 桂試験地一般物理性および透水性

No.	土壌型 微地形単位 Soil type Microtopographical unit	層位 Horizon	容積重 Bulk density Mgm^{-3}	全孔隙率 Total porosity m^{3}m^{-3}	最大容水量 M.M.H.C. m^{3}m^{-3}	現場含水率 S.W.C. in situ m^{3}m^{-3}	レキ量 Gravel content m^{3}m^{-3}	飽和透水係数 S.H.C. ms^{-1}
KTR-a	B$_B$ 頂部斜面	A	0.44	0.80	0.72	0.24	0.01	2.98 × 10^{-4}
		B$_2$	0.63	0.78	0.76	0.41	0.00	2.77 × 10^{-4}
		B$_3$	0.55	0.81	0.76	0.45	0.00	2.25 × 10^{-4}
		B$_4$	0.71	0.73	0.68	0.50	0.02	7.19 × 10^{-4}
KTR-b	B$_D$(d) 上部谷壁斜面	A$_1$	0.44	0.80	0.72	0.28	0.02	2.04 × 10^{-4}
		B$_1$	0.54	0.77	0.77	0.31	0.01	3.58 × 10^{-4}
		B$_2$	0.60	0.77	0.72	0.35	0.02	2.99 × 10^{-4}
		B$_3$	0.59	0.78	0.69	0.36	0.01	3.01 × 10^{-4}
		B$_4$	0.53	0.80	0.73	0.48	0.00	1.55 × 10^{-4}
KTR-c	B$_D$(d) 上部谷壁斜面	A	0.53	0.81	0.79	0.33	0.01	4.65 × 10^{-4}
		B$_2$	0.66	0.75	0.74	0.36	0.03	1.49 × 10^{-4}
		B$_3$	0.54	0.76	0.72	0.39	0.02	1.64 × 10^{-4}
		C	0.50	0.82	0.77	0.40	0.01	3.07 × 10^{-4}
KTR-d	B$_D$(d) 上部谷凸斜面	A$_1$-A$_2$	0.43	0.76	0.75	0.33	0.07	1.76 × 10^{-4}
		B$_1$	0.84	0.57	0.59	0.32	0.18	2.78 × 10^{-4}
		B$_2$	0.76	0.56	0.55	0.31	0.22	4.49 × 10^{-4}
KTR-e	B$_D$(d) 上部谷壁斜面	IA$_1$	0.39	0.82	0.78	0.29	0.00	1.16 × 10^{-3}
		IA$_2$	0.53	0.80	0.74	0.37	0.00	4.03 × 10^{-4}
		IB$_1$	0.49	0.82	0.76	0.39	0.00	3.51 × 10^{-4}
		IB$_2$	0.52	0.79	0.72	0.38	0.00	1.78 × 10^{-4}
		IC(V)	0.43	0.84	0.78	0.51	0.00	1.40 × 10^{-4}
		IIA	0.56	0.80	0.74	0.54	0.00	4.37 × 10^{-5}

表1 桂試験地一般物理および透水性（続き）

No.	土壌型 微地形単位 Soil type Microtopographical unit	層位 Horizon	容積重 Bulk density Mgm^{-3}	全孔隙率 Total porosity m^{3}m^{-3}	最大容水量 M.M.H.C. m^{3}m^{-3}	現場含水率 S.W.C. in situ m^{3}m^{-3}	レキ量 Gravel content m^{3}m^{-3}	飽和透水係数 S.H.C. ms^{-1}
KTR-f	B$_D$ 上部谷壁凹斜面	HA-A$_1$	0.46	0.81	0.65	0.22	0.00	1.01 × 10^{-4}
		A$_2$	0.53	0.80	0.76	0.37	0.00	4.74 × 10^{-4}
		B$_1$	0.52	0.81	0.77	0.40	0.00	6.87 × 10^{-4}
		B$_2$	0.50	0.82	0.78	0.45	0.00	3.64 × 10^{-4}
		B$_3$	0.53	0.81	0.75	0.45	0.00	3.10 × 10^{-4}
KTR-g	B$_D$ 谷頭斜面	A	0.72	0.65	0.64	0.37	0.09	4.64 × 10^{-4}
		B$_1$	1.07	0.54	0.63	0.41	0.11	1.97 × 10^{-4}
		B$_2$	0.95	0.55	0.58	0.37	0.15	1.92 × 10^{-4}
		B$_3$	0.93	0.63	0.59	0.41	0.05	1.88 × 10^{-4}
		B$_4$	0.78	0.68	0.67	0.52	0.05	9.75 × 10^{-5}
KTR-h	B$_D$ 谷頭斜面	A	0.83	0.62	0.64	0.30	0.25	3.15 × 10^{-4}
		B$_1$	0.67	0.52	0.54	0.32	0.22	8.00 × 10^{-4}
		B$_2$	0.72	0.53	0.55	0.28	0.26	8.59 × 10^{-4}
		B$_C$	0.70	0.55	0.53	0.29	0.21	4.63 × 10^{-4}
KTR-i	B$_D$ 谷頭凹地	A$_1$	0.38	0.75	0.75	0.51	0.02	1.15 × 10^{-4}
		A$_2$	0.62	0.66	0.66	0.44	0.13	4.79 × 10^{-4}
		AB	0.77	0.57	0.57	0.39	0.19	2.92 × 10^{-4}
		B$_1$	0.72	0.60	0.56	0.37	0.18	2.16 × 10^{-4}
		B$_2$	0.74	0.63	0.59	0.39	0.13	2.99 × 10^{-4}
KTR-j	B$_D$ 麓部斜面	A$_1$	0.49	0.78	0.76	0.41	0.03	4.86 × 10^{-5}
		A$_2$	0.59	0.75	0.74	0.41	0.03	4.96 × 10^{-4}
		B$_1$	0.74	0.72	0.70	0.44	0.02	2.66 × 10^{-4}
		B$_3$(V)	0.69	0.74	0.71	0.51	0.01	2.42 × 10^{-4}

大貫ほか（2014）．

とんど含まれていなかった．これに対し，遷急線の下側では，谷頭斜面・谷頭凹地に位置する KTR-g, KTR-h, KTR-i 地点でレキ量が多く，とくに KTR-h 地点では全層位で2割以上の体積をレキが占めていた．

飽和透水係数は，上部谷壁斜面に位置する KTR-e 地点の IIA 層，谷頭斜面に位置する KTR-g 地点の B_4 層，麓部斜面に位置する KTR-j 地点の A_1 層で $10^{-5} \mathrm{ms}^{-1}$ オーダーである他は，$10^{-3} \sim 10^{-4} \mathrm{ms}^{-1}$ オーダーの値を示した．微地形や容積重・レキ含量の差異を問わず，透水性は比較的良好であった．

このように，一般物理性には微地形単位ごとに明瞭な差異が認められ，遷急線上下の斜面のレキ量の違いが影響を及ぼしていると推察された．これに対し，飽和透水係数は微地形や一般土壌物理性の違いによらず，比較的大きい値を示した．

土壌の保水性に関しては，$4 \sim 32 \mathrm{cmH_2O}$ 相当は砂柱法を，$32 \sim 1,585 \mathrm{cmH_2O}$ 相当は加圧板法を用いて測定した（土壌標準分析測定法委員会 1986）．図6に模式的土壌水分特性曲線を，図7に土壌水分特性曲線を示す．横軸は体積含水率 θ ($\mathrm{m^3 m^{-3}}$)，縦軸は水分張力 h ($\mathrm{cmH_2O}$) である．このうち体積含水率について，SI単位に換算すると，$4 \mathrm{cmH_2O}$ は $0.39 \mathrm{kPa}$ に，$50 \mathrm{cmH_2O}$ は $4.91 \mathrm{kPa}$ に，$500 \mathrm{cmH_2O}$ は $49.15 \mathrm{kPa}$ にそれぞれ相当する．水分張力 $1 \sim 4 \mathrm{cmH_2O}$ ($\Delta\theta_{1-4}$) に相当するのを大孔隙率，$4 \sim 50 \mathrm{cmH_2O}$ ($\Delta\theta_{4-50}$) に相当するのを中孔隙率，$50 \sim 500 \mathrm{cmH_2O}$ に相当するのを小孔隙率（大貫・吉永 1995）と呼ぶ．小孔隙率は，土壌の保水性に寄与する狭義の有効孔隙率とも呼ばれる．図7の網掛けの部分は有効孔隙率である．

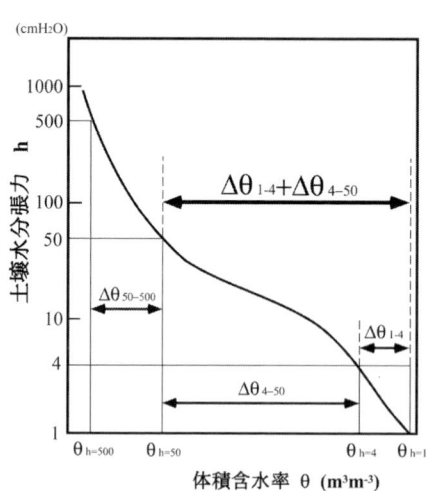

土壌水分特性曲線を遷急線より上方のもの (KTR-a ～ KTR-f) と遷急線より下方のもの (KTR-g ～ KTR-j) に分けて概観すると，遷急線より下方の谷頭斜面に位置する KTR-h 地点の全層位にわたり，水分張力 $50 \sim$

図6　模式的土壌水分特性曲線
Ohnuki et al. (1997) を改変．

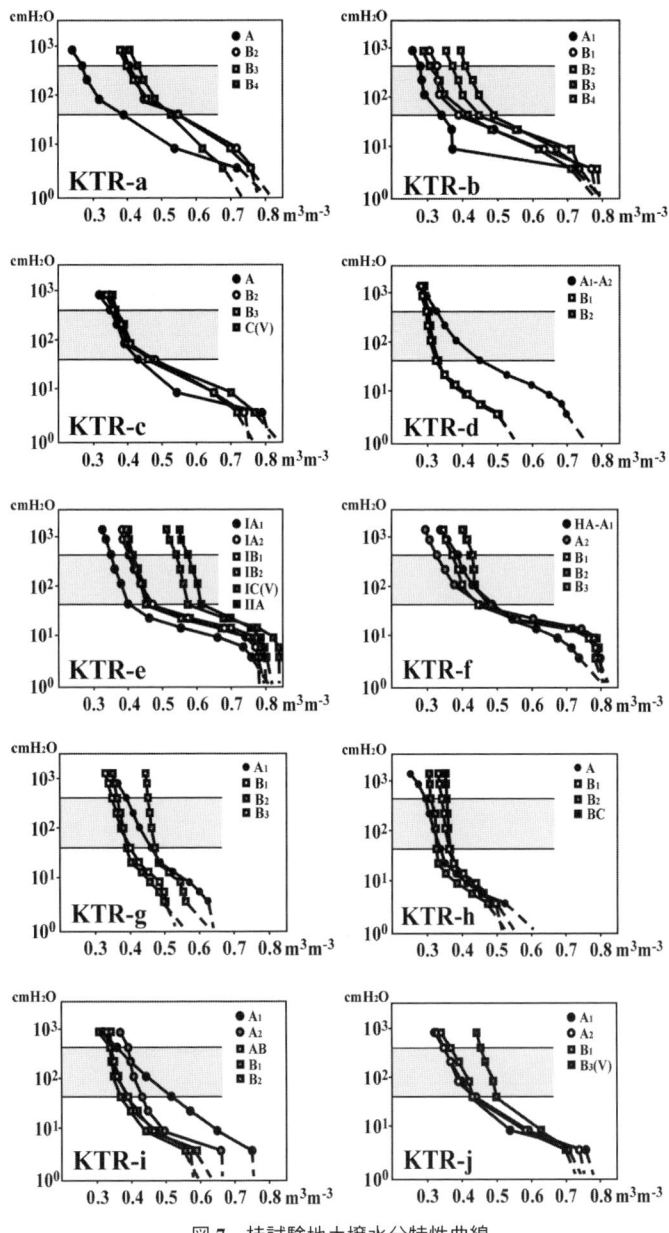

図 7 桂試験地土壌水分特性曲線
大貫ほか（2014）.

表 2 桂試験地微地形単位別一般物理性・透水性・保水性

微地形単位	層位	容積重* Mgm^{-3}	全孔隙率* m^{3}m^{-3}	最大容水量* m^{3}m^{-3}	現場含水率* m^{3}m^{-3}	レキ量* m^{3}m^{-3}	飽和透水係数* ms^{-1}	有効孔隙率* (θ_{50-500}) m^{3}m^{-3}
遷急線上部								
頂部斜面	A	0.44	0.80	0.72	0.24	0.01	2.98 × 10^{-4}	0.12
	B	0.63	0.77	0.73	0.45	0.01	4.07 × 10^{-4}	0.13
上部谷壁斜面	A	0.47	0.81	0.76	0.32	0.01	5.58 × 10^{-4}	0.07
	B	0.54	0.79	0.74	0.41	0.01	2.58 × 10^{-4}	0.07
上部谷壁凸斜面	A	0.43	0.76	0.75	0.33	0.07	1.76 × 10^{-4}	0.12
	B	0.80	0.57	0.57	0.32	0.20	3.63 × 10^{-4}	0.03
上部谷壁凹斜面	A	0.50	0.81	0.71	0.30	0.00	2.88 × 10^{-4}	0.11
	B	0.52	0.81	0.77	0.43	0.00	4.54 × 10^{-4}	0.06
遷急線下部								
谷頭斜面	A	0.78	0.64	0.64	0.34	0.17	3.90 × 10^{-4}	0.07
	B	0.83	0.57	0.58	0.37	0.15	4.00 × 10^{-4}	0.02
谷頭凹地	A	0.50	0.71	0.71	0.48	0.08	2.97 × 10^{-4}	0.10
	B	0.73	0.62	0.58	0.38	0.16	2.58 × 10^{-4}	0.05
麓部斜面	A	0.54	0.77	0.75	0.41	0.03	2.72 × 10^{-4}	0.08
	B	0.72	0.73	0.71	0.48	0.02	2.54 × 10^{-4}	0.05

*の項目は各層位の平均値を示す.

大貫ほか (2014).

500cmH$_2$O の範囲で曲線がほぼ直立している（0.00 〜 0.05m^{3}m^{-3}）．この傾向は同じく谷頭斜面に位置する KTR-g 地点にも当てはまり，全孔隙率が流域内で際だって低い（表 1）．両地点では，有効孔隙率も非常に低いことが明らかになった．遷急線より下方に位置する残り 2 地点（KTR-i，KTR-j）においても，B 層の有効孔隙率はともに 0.05m^{3}m^{-3} と低い値を示した．これに対して遷急線より上方に位置する 6 地点では，上部谷壁凸斜面に位置し全孔隙率が低い KTR-d 地点の B 層（0.03m^{3}m^{-3}）を除き有効孔隙率が比較的高く，特に頂部斜面に位置する KTR-a 地点では全層にわたって有効孔隙率が 0.10 m^{3}m^{-3} 以上の高い値を示した．

以上，一般物理性・透水性・保水性の測定結果を微地形単位別にまとめたものを表 2 に示す．

2.2 火山灰の影響のない亜熱帯の丘陵地小流域（沖縄・南明治山試験地）

2.2.1 試験地の概要

沖縄本島名護市南部に位置する沖縄県森林資源研究センター（当時沖縄県林業試験場）南明治山試験地において，隣接する 2 つの流域を試験地とした（図 8，面積 1.0ha）．標高は 65 〜 110m で，標高 105m 付近と 92m 付近に海成段丘由来の平坦面が分布する．植生は，イタジイ（スダジイ）を中心とする常緑広葉樹の二次林が広がる．なお西側の試験流域は 1991 年 5 月に伐採され，イヌマキが植林されている．試験地付近の地質は，古第三系嘉陽層の固結した砂岩・頁岩・チャートの互層より成り，局所的にその上部に不整合で更新統の国頭礫層，および大陸起源のレスが堆積している．調査当時の試験地付近（名護市）の年平均気温は 21.5℃，年平均降水量は 2,378.6 mm であった．なお，この試験地は米海兵隊キャンプシュワーブの演習地内にあり，現在立ち入り禁止となっている．

2.2.2 斜面の微地形分類と土壌型の分布

試験地内の 130 地点を測点として地形測量を行い，斜面上の遷急線の位置を把握し，田村（1996）に従い微地形区分を行った．試験地内の微地形は，頂部平坦面・頂部斜面・上部谷壁斜面・谷頭凹地・下部谷壁斜面・谷底面（段丘化）・谷底面の 7 つの微地形単位に分けられる（図 9）．主な測点で簡易土壌調査を行い，土壌型を判定し土壌図を作成した（図 10）．頂部平坦面および頂部斜面の一部に

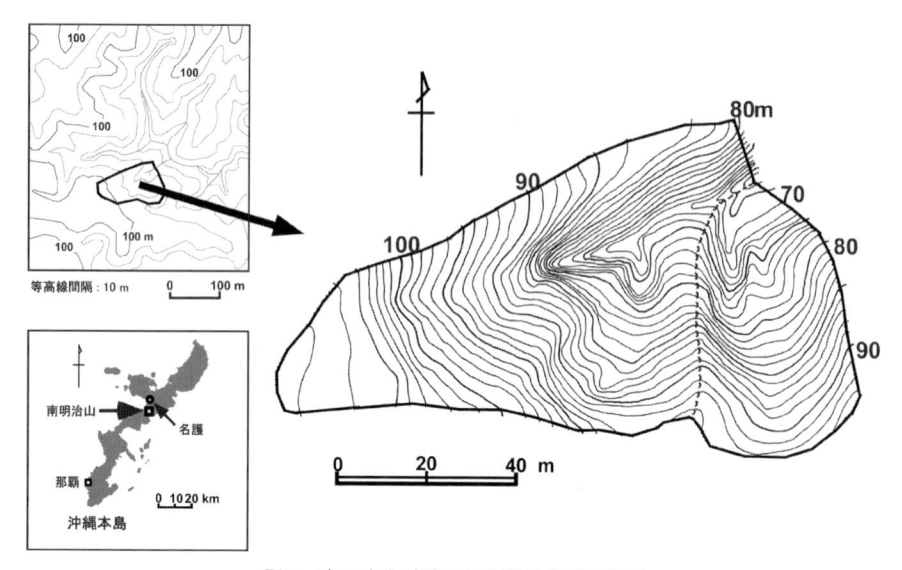

図8 南明治山試験地の位置および地形図
面積は東西の流域あわせて1ha.

乾性赤色土（R_B型）が分布する．地方名で「フェイチシャ」と呼ばれる表層グライ系赤黄色土亜群の土壌（gRY_I，$gRYb_I$および$gRYb_{II}$型）は，頂部斜面や谷頭凹地に断片的に分布する．黄色土亜群の土壌は頂部斜面・上部谷壁斜面・谷頭凹地・谷底面（段丘化）に広く分布し，下流側から上流側に向かって$Y_D(d)$型からY_C型，Y_B型と乾性化する傾向がある．下部谷壁斜面および谷底面には，未熟土群の土壌（Er型・Im型）が分布する．各土壌型の分布域で代表断面調査を実施し（図11），土壌物理性測定試料を層位ごとに採取した．

2.2.3 微地形単位別土壌物理性と受食特性・保水機能

【頂部平坦面】 赤色土（R_B型）と，表層グライ系赤黄色土（$gRYb_I$型・$gRYb_{II}$型）が主に分布する．粒径分布は，赤色土（M4地点）・表層グライ系赤黄色土（M6地点）ともに地表面に近いところで粘土画分が少ないのが特徴である．また，粗砂画分は深度方向への変化はほとんど認められない．分散率は地表面に近いところで大きいほか，表層グライ系赤黄色土のB_2層で大きな値を示す．しかし，両土壌型の分布域は傾斜が非常に緩いため，人工的に地形改変を受けない限り，土

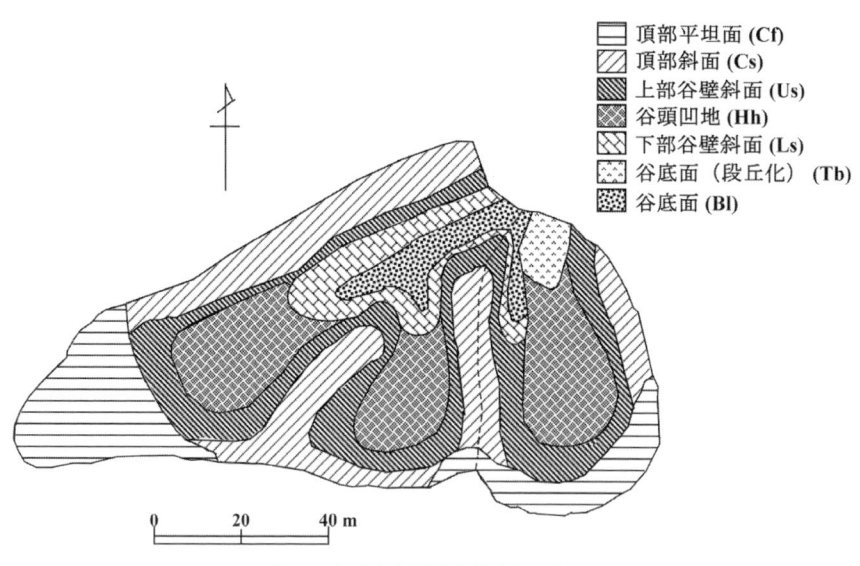

総説 2　微地形分類に基づいた森林土壌の物理特性の推定と類型化　　　65

凡例:
- 頂部平坦面 (Cf)
- 頂部斜面 (Cs)
- 上部谷壁斜面 (Us)
- 谷頭凹地 (Hh)
- 下部谷壁斜面 (Ls)
- 谷底面（段丘化）(Tb)
- 谷底面 (Bl)

図 9　南明治山試験地微地形分類図
Ohnuki et al.（1997）を改変.

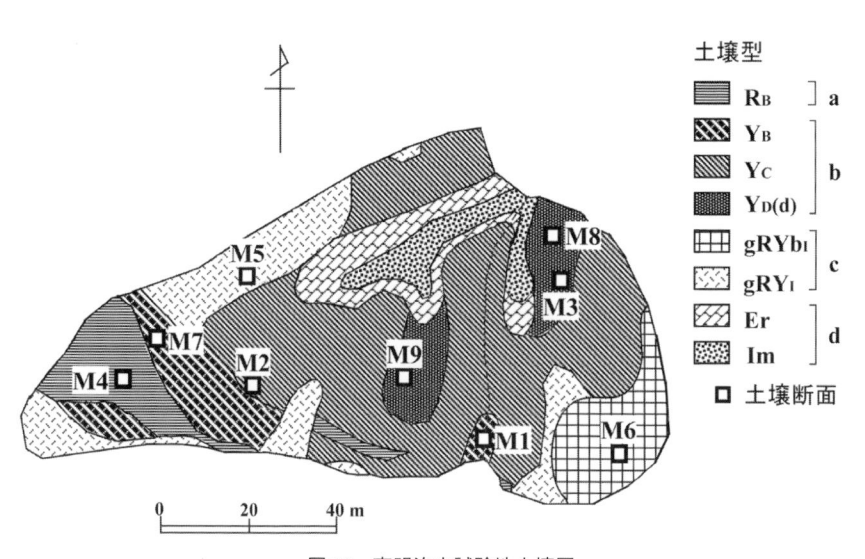

土壌型:
- R_B] a
- Y_B
- Y_C] b
- $Y_{D(d)}$
- gRYb_I
- gRY_I] c
- Er
- Im] d
- □ 土壌断面

図 10　南明治山試験地土壌図
Ohnuki et al.（1997）を改変.

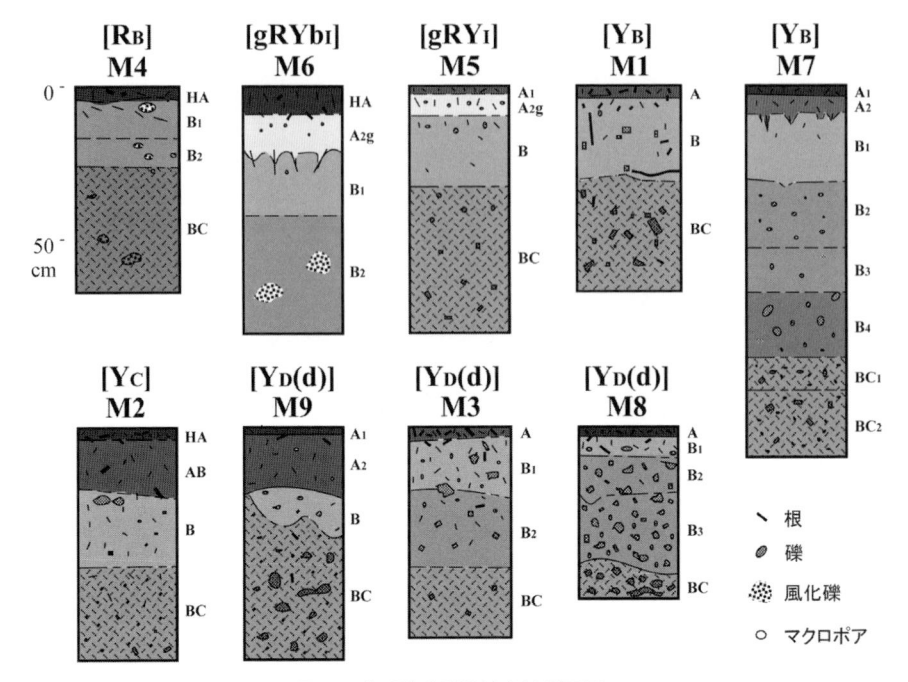

図11 南明治山試験地土壌断面図
　　　土壌断面番号は図10のM1〜M9に対応.

壊侵食はほとんど進まないものと推察される．土壌水分特性は，最表層のHA層を除けば，赤色土の孔隙が多い．表層グライ系赤黄色土のA₀層以下では，全測定範囲の孔隙率が0.06〜0.14m³m⁻³程度しかなく，水分特性曲線が直立する傾向にあり，表層グライ系赤黄色土の分布域の保水機能は非常に小さいものと考えられる．赤色土のB₁層以下は大孔隙・中孔隙には乏しいものの，小孔隙は0.10〜0.17m³m⁻³程度あり，赤色土の分布域ではある程度の保水機能を有すると考えられる．

【頂部斜面】　黄色土（Y_B型，Y_C型）と，表層グライ系赤黄色土（gRY_I型）が分布する．粒径分布は，表層グライ系赤黄色土（M5地点）で粘土画分はA層で12〜13%であるのに対し，B層・BC層では27〜29%と両者に明らかな違いが認められる．またBC層は，それ以上の層位の2倍程度の粗砂画分を有するのが

特徴的である．M5 地点の分散率は，頂部平坦面に分布する M4 地点や M6 地点と比較すると低いが，A 層の方が B 層・BC 層よりも大きな値を示す傾向がある．表層グライ系赤黄色土の分布域で，傾斜が比較的急なところでは表層部の土壌侵食が起きやすいものと推察される．土壌水分特性は，黄色土（M1 地点）と表層グライ系赤黄色土（M5 地点）とで，似た形態の水分特性曲線をとる．両地点の A 層・AB 層では，大孔隙・中孔隙が $0.07 \sim 0.15 m^3 m^{-3}$ 程度と比較的多く，小孔隙も $0.10 \sim 0.17 m^3 m^{-3}$ と多いので，直線状の水分特性曲線を呈する．これに対し，B 層・BC 層では大孔隙・中孔隙に乏しく，小孔隙も $0.05 \sim 0.10 m^3 m^{-3}$ 程度と少ない．黄色土（Y_B 型）と表層グライ系赤黄色土（gRY_I 型）の分布する，頂部斜面の保水機能は小さいと考えられる．

【上部谷壁斜面】 黄色土（Y_B 型）が分布する．粒径分布は，Y_B 型（M7 地点）で粘土画分が 13 〜 37% と，層位が深くなるほど増加する傾向にある．M7 地点の分散率は，最も粘土画分の少ない B_1 層で 28% と高く，表層グライ系赤黄色土（gRY_I 型）の A_{2g} 層と同程度である．A 層が削剥されると，土壌侵食が進行する可能性がある．土壌水分特性は，最表層の A-B_1 層で大孔隙・中孔隙が $0.21 m^3 m^{-3}$，小孔隙が $0.09 m^3 m^{-3}$ 存在し，孔隙率が高い．しかしながらそれ以下の層位では大孔隙・中孔隙が $0.07 m^3 m^{-3}$ 以下，小孔隙が $0.05 m^3 m^{-3}$ 以下と孔隙率が低く，上部谷壁斜面の保水機能は比較的小さいと考えられる．

【谷頭凹地】 黄色土（Y_B 型・Y_C 型・$Y_D(d)$ 型）と，表層グライ系赤黄色土（gRY_I 型・$gRYb_I$ 型・$gRYb_{II}$）が分布する．粒径分布は，黄色土の Y_C 型（M2 地点）で粘土画分が 24 〜 28% と層位ごとの変化が少ないのが特徴である．M2 地点の分散率は，全層位で 10% 以下と低い値を示す．土粒子中の粘土画分が多いことと分散率が低いことから，M2 地点では斜面上に位置するものの土壌侵食が起きにくいと推察される．土壌水分特性は，Y_C 型（M2 地点）と $Y_D(d)$ 型（M3・M9 地点）とで形態が異なる．谷頭凹地上部に分布する M2 地点では，HA 層を除いて大孔隙・中孔隙がほとんど存在せず，曲線が直立するのに対し，谷頭凹地下部に分布する M3・M9 地点では，大孔隙・中孔隙が $0.07 \sim 0.20 m^3 m^{-3}$ 存在する．とくに M3 地点の B_1 層は大孔隙・中孔隙の合計が $0.19 m^3 m^{-3}$ と，他地点の B 層と比較して孔

表 3 南明治山試験地微地形単位別土壌物理特性

微地形単位	土壌断面番号 土壌型	層位	容積重 (Mgm^{-3})	全孔隙率 (m^3m^{-3})	固相	三相組成 液相	気相	飽和透水係数 (ms^{-1})	最大容水量 (m^3m^{-3})
頂部平坦面 (Cf)	M4 R_B	$HA-B_1$ B_1 B_2 BC	0.85 1.35 1.45 1.33	0.60 0.46 0.42 0.49	0.40 0.54 0.58 0.51	0.25 0.26 0.30 0.35	0.35 0.20 0.12 0.14	2.18×10^{-4} 1.56×10^{-4}	0.56 0.43 0.40 0.46
	M6 $gRYb_1$	HA Ag B_1 B_2	0.15 1.56 1.77 1.40	0.87 0.39 0.32 0.46	0.13 0.61 0.68 0.54	0.21 0.30 0.24 0.24	0.66 0.09 0.08 0.22	1.97×10^{-5} 2.93×10^{-6}	0.79 0.39 0.31 0.37
頂部斜面 (Cs)	M1 Y_B	AB B BC_1 BC_2	0.90 1.42 1.37 1.45	0.63 0.44 0.45 0.45	0.37 0.56 0.55 0.55	0.24 0.24 0.20 0.25	0.39 0.20 0.25 0.20	4.06×10^{-5} 9.12×10^{-6}	0.54 0.42 0.39 0.39
	M5 gRY_1	A_1 A_2g B BC	1.20 1.40 1.52 1.53	0.52 0.43 0.39 0.42	0.48 0.57 0.61 0.58	0.22 0.24 0.29 0.34	0.30 0.19 0.10 0.08	1.86×10^{-6} 2.67×10^{-6}	0.45 0.41 0.40 0.42
上部谷壁斜面 (Us)	M7 Y_B	$A-B_1$ B_1 B_2 B_3 BC_1 BC_2	0.77 1.45 1.42 1.38 1.36 1.37	0.66 0.45 0.47 0.49 0.49 0.40	0.34 0.55 0.53 0.51 0.51 0.60	0.19 0.28 0.27 0.33 0.31 0.26	0.47 0.17 0.20 0.16 0.18 0.14	5.05×10^{-5} 1.60×10^{-5}	0.62 0.42 0.40 0.43 0.40 0.36
谷頭凹地 (Hh)	M2 Y_C	HA AB B BC	0.81 1.24 1.29 1.50	0.65 0.50 0.45 0.43	0.35 0.50 0.55 0.57	0.25 0.34 0.31 0.33	0.40 0.16 0.14 0.10	1.75×10^{-5} 2.87×10^{-6}	0.61 0.46 0.42 0.40
	M3 $Y_D(d)$	$A-B_1$ B_1 B_2 BC	0.74 0.97 1.31 1.35	0.67 0.53 0.51 0.48	0.33 0.47 0.49 0.52	0.67 0.53 0.51 0.48		1.29×10^{-4} 4.16×10^{-4}	0.52 0.53 0.51 0.46
	M9 $Y_D(d)$	A_1-A_2 B_1 BC	1.21 1.43 1.36	0.53 0.44 0.48	0.47 0.56 0.52	0.25 0.26 0.30	0.28 0.18 0.18	7.24×10^{-5} 7.10×10^{-5}	0.48 0.40 0.42
谷底面(段丘化) (Tb)	M8 $Y_D(d)$	$A-B_1$ B_2 B_3 BC	0.88 0.56 1.25 1.32	0.64 0.52 0.52 0.45	0.36 0.48 0.48 0.55	0.30 0.23 0.39 0.35	0.34 0.29 0.13 0.10	4.47×10^{-4} 4.05×10^{-4}	0.58 0.48 0.47 0.45

Ohnuki et al. (1997) を改変．

隙率が高い．小孔隙は M2 地点で $0.08 \sim 0.15 \mathrm{m^3 m^{-3}}$, M3 地点で $0.05 \sim 0.12 \mathrm{m^3 m^{-3}}$ と，谷頭凹地上部に分布する M2 地点で孔隙率が高い．これらのデータから，谷頭凹地の保水機能は大きいと考えられる．

【谷底面（段丘化）】 黄色土（$Y_D(d)$ 型）が分布する．粒径分布は，$Y_D(d)$ 型（M8 地点）で粘土画分が $38 \sim 52\%$ と非常に高い値を示す．M8 地点の分散率は，$8 \sim 17\%$ と低い値を示し，谷頭凹地と同様に土壌侵食が起きにくいと考えられる．土壌水分特性は，表層付近の A-B_1 層・B_2 層で大孔隙・中孔隙が $0.18 \sim 0.20 \mathrm{m^3 m^{-3}}$，小孔隙が $0.07 \sim 0.09 \mathrm{m^3 m^{-3}}$ 存在し，孔隙率が高い．B_3 層・BC 層では大・中・小孔隙ともに低いものの，段丘化した谷底面の保水機能は比較的大きいと推察される．

以上の土壌物理特性を微地形単位別にまとめたものを，表3に示す．

3 微地形をみて地下を推定する（微地形と土層厚の対応関係）

両試験地において，地形測量測点の大部分で土研式簡易貫入試験（大貫・吉永 1995, 吉永・大貫 1995, Ohnuki et al. 1999）を行い，貫入抵抗値（Nc 値）に基づいて各地点の表層土層厚と風化層厚を算出した．柔らかい土壌が分布する桂試験地では，貫入抵抗値が 5 以下を表層土層，$5 \sim 40$ を風化層とした（吉永・大貫 1995）．一方，堅い土壌が分布する南明治山試験地では，土壌断面調査結果を踏まえ，貫入抵抗値が 8 以下を表層土層，$8 \sim 40$ を風化層とした．貫入抵抗値が断続的に Nc=5 もしくは 8 を超えた場合，貫入試験機先端のコーンが打撃中に石レキを破壊したものと判断して，その部分を表層土層に含めた．

3.1 桂試験地

表層土層厚（図 12-A）は，微地形単位に対応して分布しており，遷急線の上側では右岸側の上部谷壁斜面・上部谷壁凹斜面や左岸側の上部谷壁斜面において，4m を超える厚い土層が広い範囲に分布し，とくに上部谷壁凹斜面では緩い谷地形の中心線に沿って 6m を超える地点が線状に認められた．現在みられる上部谷壁凹斜面は，かなり深い谷地形を厚い表層土層が埋める形で形成されたと考えられる．一方遷急線の下側では，谷頭凹地の上流側〜谷頭斜面において 3m を超え

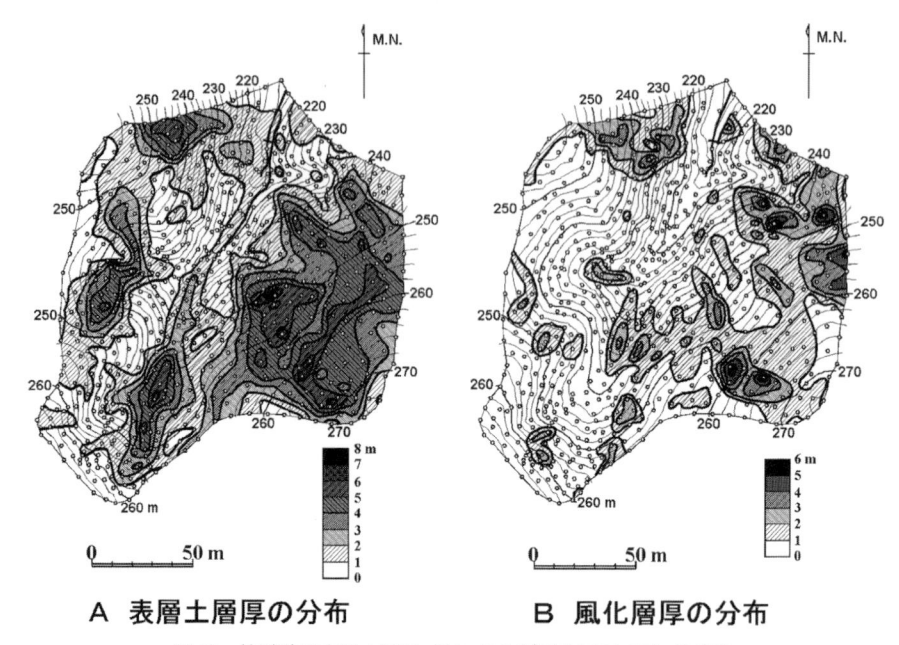

A 表層土層厚の分布　　　**B 風化層厚の分布**

図 12　桂試験地表層土層厚（A）および風化層厚（B）の分布
大貫ほか（2014）.

る厚い土層が谷を埋める形で線状に分布している（図 2: 微地形分類図参照）．これに対し，遷急線の上側の左岸側の頂部斜面・上部谷壁凸斜面，遷急線の下側の谷頭急斜面・下部谷壁斜面・下部谷壁凹斜面においては，表層土層が 1m 以下の地点が広く分布している．

　風化層厚（図 12-B）は，遷急線の下側に 1m 以下の地点が広く分布しているが，谷頭凹地・谷頭斜面・下部谷壁斜面・下部谷壁凹斜面の一部で，2m を超える比較的厚い風化層が断片的に分布している．表層土層が厚い地点との対応関係は認められない．遷急線の上側では，右岸側の上部谷壁斜面・上部谷壁凹斜面や左岸側の上部谷壁斜面で 3 ～ 6m の層厚を有する風化層が認められ，とくに上部谷壁凹斜面では表層土層同様，緩い谷地形の中心線に沿って線状に厚い風化層が分布している．上部谷壁凸斜面の一部では，2m を超える比較的厚い風化層が認められた．

　土壌型の分布（図 3）と土層厚分布（図 12）の対応関係を微地形単位別に検討

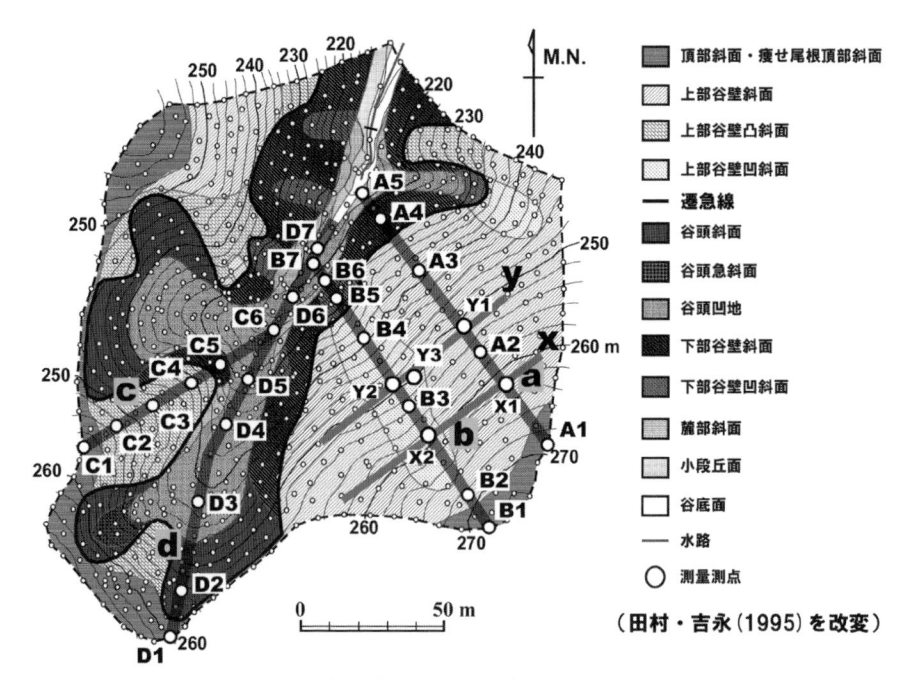

図13 桂試験地縦断面形・横断面形の位置
大貫ほか（2014）.

すると，頂部斜面に分布する乾性褐色森林土（B_B型：残積〜匍行）で表層土層が比較的薄く，上部谷壁凹斜面に分布する適潤性褐色森林土（B_D型：残積〜匍行）で，表層土層・風化層ともに厚い傾向がみられた．谷頭斜面と谷頭凹地に分布する適潤性褐色森林土（B_D型：崩積）では，表層土層が中央部に厚く分布しているが，下流側に分布する弱湿性褐色森林土（B_E型：崩積）では表層土層・風化層ともに薄かった．このように，一部の微地形単位においては，土壌型と土層厚分布に対応関係が認められた．

試験流域内で斜面の縦断方向に4本の断面を取り，土層厚分布の特徴を比較した（図13，図14-a〜d）．a断面とb断面は縦断形が共に凸型で大きな違いはみられないものの，等高線方向の横断形はa断面が直線状であるのに対し，b断面は緩やかな凹地状を呈する．a断面は4つの微地形単位に，b断面は6つの微地形単位にそれぞれ区分され，それぞれ最も長い区間を占める遷急線直上の上部谷

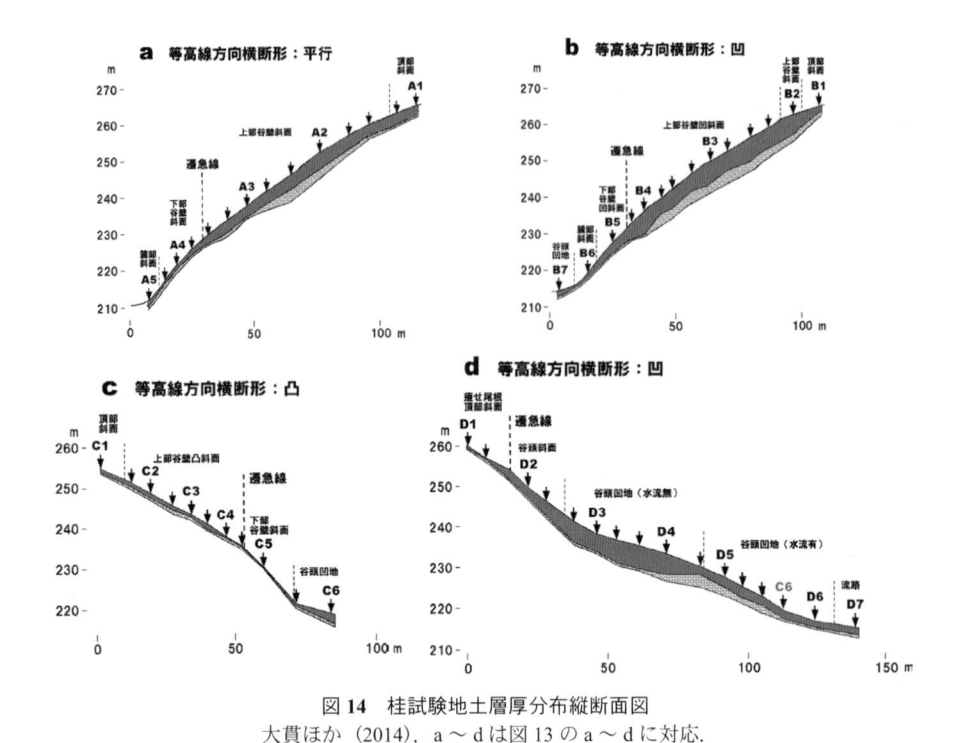

図14 桂試験地土層厚分布縦断面図
大貫ほか（2014）．a〜dは図13のa〜dに対応．

壁斜面と上部谷壁凹斜面で最も表層土層・風化層ともに厚く，頂部斜面で比較的表層土層・風化層が薄い．またa断面では，遷急線より下方の下部谷壁斜面・麓部斜面で表層土層が1m以下と薄いのに対し，b断面では遷急線直下の下部谷壁凹斜面で表層土層厚が2〜3mと比較的厚いのが特徴である．

これに対し，等高線方向の横断形がはっきりとした凸型を呈するc断面では，谷頭凹地の下部を除き全体的に表層土層・風化層ともに非常に薄く，特に遷急線直上の上部谷壁凸斜面でa断面・b断面の上部谷壁斜面と上部谷壁凹斜面と際だった違いがみられ，侵食がかなり進行しているものと推察される．

縦断形，横断形ともに明瞭な凹型を呈するd断面では，遷急線が痩せ尾根状の頂部斜面直下に分布し，遷急線下方に連続する谷頭斜面・谷頭凹地では厚い表層土層が確認できる．谷頭凹地は常時水流がみられない上流側と，降雨時に水流が発生する下流側とに分かれ，その境界付近では厚さ3mを超える風化層がみられ，

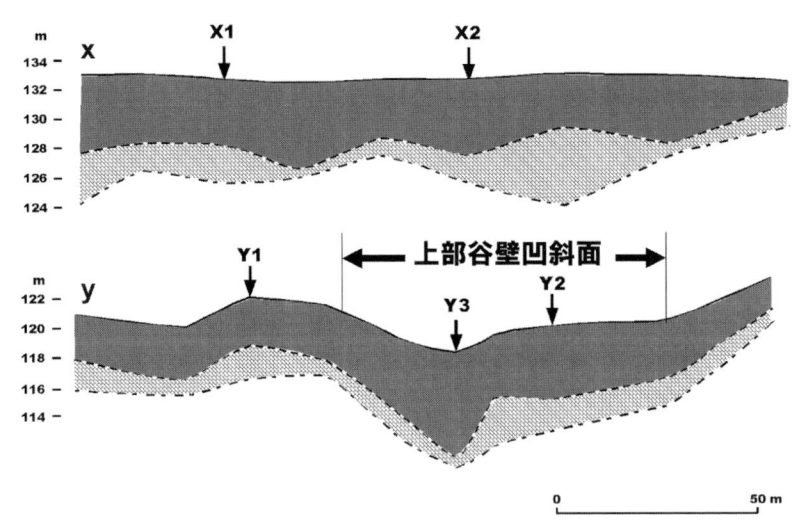

図15 桂試験地等高線方向土層厚分布横断面図
大貫ほか（2014）．x, y は図 13 の x, y に対応．

下流側では表層土層は 2m 程度と比較的薄いのが特徴である．
　右岸側の広い尾根部で，縦断面 a と b にまたがるように等高線方向に上下 2 本の横断面 x, y を取り，土層厚分布の特徴を比較した（図 13，図 15）．斜面上部の横断面 x では，上部谷壁斜面と上部谷壁凹斜面の境界が不明瞭であり，表層土層厚は 4 ～ 5m と変化が少なく，風化層厚は上部谷壁凹斜面の一部で厚い．これに対し斜面下部の横断面 y では，上部谷壁凹斜面の範囲が明瞭となり，表層土層厚が 5 ～ 6m と上部谷壁斜面の 3 ～ 4m を大きく上回る．表層土層および風化層の基底面は，上部谷壁凹斜面が上部谷壁斜面よりも最大で 4m 低く，明瞭な谷地形を形成している．横断面 y 上で地表面，基底面ともに最も低い Y3 地点の貫入抵抗値は，深度 4.1m までは N_c 値が小さな値で安定しているが，それ以深は N_c 値が断続的に 5 を超え，石レキを多く含む谷埋め堆積物が主体になっていると考えられる．
　以上のように，微地形と土層厚分布の対応関係を詳細に検討するとともに，簡易貫入試験による貫入抵抗値の深度方向への変化を追うことによって，表層土層と風化層の境界（N_c=5）の認定以外に，土層中のレキ量の多寡の推定やテフラ層

表 4 桂試験地微地形単位別土層厚・テフラの分布

微地形単位	等高線方向横断形	平均土層厚 (m)	平均表層土層厚 (m)	平均風化層厚 (m)	レキ量 (表層)	テフラの分布
遷急線上部						
頂部斜面	平行〜凸	1.93	1.19	0.70	-	+
痩せ尾根頂部斜面	凹〜平行	1.81	0.87	0.90	+	-
上部谷壁斜面	平行〜凸	4.86	3.23	1.57	-	+
上部谷壁凸斜面	凸	2.08	1.11	0.91	++	-
上部谷壁凹斜面	凹	6.78	4.69	2.01	-	+
遷急線下部						
谷頭斜面	凹	2.74	1.99	0.69	+	+
谷頭急斜面	凹	1.24	0.86	0.30	++	-
谷頭凹地	凹	2.93	2.30	0.59	++	+
下部谷壁斜面	平行〜凸	2.16	1.09	1.02	+	-
下部谷壁凹斜面	凹	1.67	1.11	0.51	-	-
麓部斜面	平行〜凸	0.97	0.65	0.27	-	+
小段丘面	平行	-	-	-	+	-
谷底面	凹	1.32	1.17	0.13	++	-

大貫ほか (2014).

の分布，水流の発生する位置など，様々な情報を得られることがわかった．簡易貫入試験によって得られた，微地形単位別平均表層土層厚・風化層厚，ならびにレキ量の多寡・テフラの分布情報を表4に示す．

3.2 南明治山試験地

　表層土層厚（図16-A）は，東側の小流域の谷頭凹地における層厚2m以上の舟状の広がり以外は，断片的に厚い地点が分布し，層厚1.5m以下の分布域が広範囲を占める．頂部平坦面は侵食をほとんど受けていないと考えられるが，層厚が1m以下と非常に表層土層が薄いのが特徴である．これに対し風化層厚（図16-B）は，とくに西側の流域の頂部平坦面で3m以上と厚く，一部で6mを超える地点もみられる．頂部平坦面から谷頭凹地，下部谷壁斜面に向かって層厚の厚いラインが伸びており，風化の進んだ基岩に沿う形でこの谷が形成されたと考えられる．一方，それ以外の2つの谷頭凹地では，風化層はほぼ2m以下と薄かった．

　微地形単位別の表層土層厚と風化層厚を表5に示す（下部谷壁斜面は1点の測定値のみ）．表層土層厚は頂部平坦面から斜面下部の谷頭凹地まで増加する．これに対し，風化層厚は頂部平坦面から谷頭凹地まで減少する．下部谷壁斜面は非常に薄い表層土層と厚い風化層が特徴で，谷底面の表層土層・風化層は中程度の厚さである．全体の平均は表層土層厚が1.0m，風化層厚が1.7mであった．

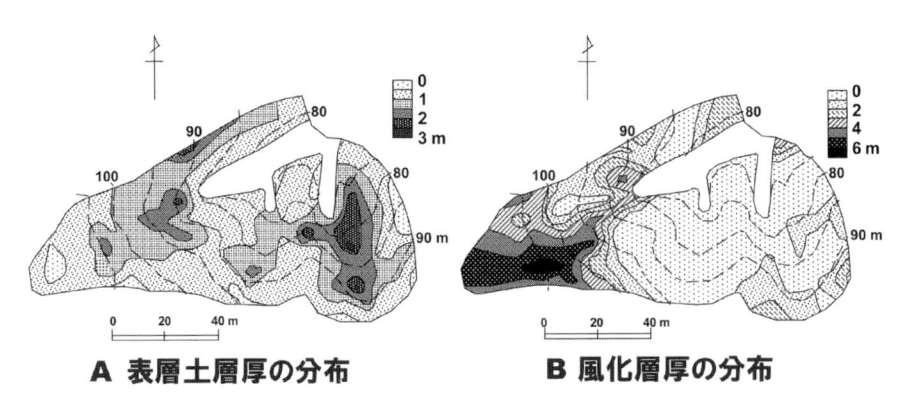

A 表層土層厚の分布　　**B 風化層厚の分布**

図16　南明治山試験地表層土層厚（A）および風化層厚（B）の分布
Ohnuki et al.（1997）を改変．下部谷壁斜面の一部および谷底面はガリー内のため測定せず．

表5　南明治山試験地微地形単位別土層厚

微地形単位	等高線方向横断形	平均土層厚 (m)	平均表層土層厚 (m)	平均風化層厚 (m)	レキ量（表層）
遷急線上部					
頂部平坦面	平行	4.0	0.8	3.2	-
頂部斜面	平行〜凸	2.6	1.0	1.6	+
上部谷壁斜面	平行〜凸	2.0	1.0	1.0	+
遷急線下部					
谷頭凹地	凹	2.6	1.4	1.2	++
下部谷壁斜面	平行〜凸	4.1	0.2	3.9	++
谷底面（段丘化）	凹	2.0	0.9	1.1	+++
平　均		2.7	1.0	1.7	

Ohnuki et al.（1997）を改変.

4　微地形の視点を森林土壌研究に生かす

　桂試験地においては，現在までに様々な分野の森林土壌の研究が行われてきている．一例を挙げると，Tanikawa et al.（2013）は，高濃度の有機炭素とアルミニウム遊離酸化物を有する，容積重の小さい火山灰性土壌は，イオウの蓄積機能が高いことを明らかにした．土壌のイオウ蓄積機能は広義の耐酸性を意味するので，アルミニウム遊離酸化物含量に対するイオウの含量比が今後も蓄積できるイオウの量の指標になる．その研究の中で，地球統計学的解析により全イオウ濃度が斜面下方よりも斜面上方で，表層土（0〜20cm）よりも下層土（20〜50cm）でそれぞれ高いのが明らかになった．図17に模式的に示すように，遷急線上方（頂部斜面・上部谷壁斜面）の残積性土壌は，表層から下層まで石礫がほとんど入っていない火山灰性土壌であるのに対し，遷急線下方（谷頭斜面・谷頭凹地・下部谷壁斜面・麓部斜面・谷底面）の崩積性土壌は，重力や表面流によって火山灰と石礫が混合されて形成されている．全イオウ濃度は，シュウ酸可溶のアルミ・鉄・シリカ濃度と強い正の相関があり，これらの元素の濃度は火山灰が大部分を占める残積性土壌で高いことが確認された．今後，越境大気汚染（黄砂，PM2.5を含む）で森林へのイオウ負荷量の上昇が見込まれるので，日本の森林土壌はあとどれくらいイオウを蓄積できるのかを地域別に評価する方法として利用が可能と考えられる．

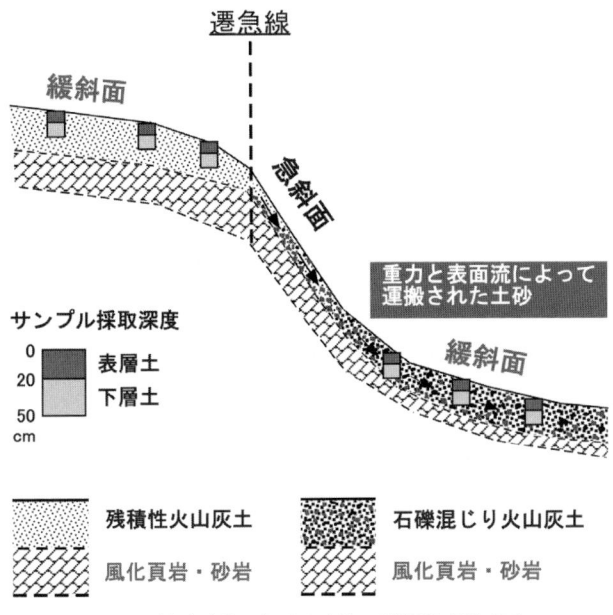

図17 桂試験地における土壌の堆積様式模式図
Tanikawa et al. (2013) を改変.

5 おわりに

　地理学（地形学）と森林土壌学の狭間で研究を始めてから，25年以上経つ．森林土壌学の先輩方に指導を受けた際，「尾根ではこういう土壌，中腹ではこういう土壌，谷ではこういう土壌があるから，植生はこうなっていて…」という説明をよく聞いた記憶がある．実際に現場に行くと，「尾根」にも形がいろいろあり，土壌断面を掘ってみるとそれぞれ「顔」が違っていた．また，穴を掘っていて，場所によって風化層・岩盤までの深さが違っていたり，石礫がほとんどない場所と石礫が多い場所があったりするのにも興味をもった．これらの経験を経て，小流域内の土壌調査を任された際に地形区分の切り口として使用させていただいたのが，田村先生の微地形分類手法である．土壌の堆積様式のみならず，土壌の厚さまでプロセスベースで説明可能なこの手法は，森林土壌学の観点からだけ現場をみていた筆者にとって，目から鱗が落ちる思いであった．

本稿では森林土壌の特性，特に厚さも含めた物理的諸特性が，微地形にどの程度影響を受けているかについて，できるかぎり定量的に解説した．小論が地理学（地形学）と森林土壌学の懸け橋に少しでもなれば幸いである．田村先生とともに微地形分類手法の確立に携わり，筆者の上司でもあった吉永秀一郎博士（現森林総合研究所関西支所長）に感謝の意を表する．

文　献

大貫靖浩 2003. 森林土壌の保水機能に関する研究動向．山林 1430: 66-72.

大貫靖浩・吉永秀一郎 1995. 筑波共同試験地理水流域における土壌の分布とその保水・流出特性にかかわる物理的特性．森林総合研究所研究報告 369: 189-207.

大貫靖浩・寺園隆一・生沢　均・平田　功 1994. 沖縄本島南明治山における土壌の分布とその物理的特性．日本林学会誌 76: 355-360.

大貫靖浩・吉永秀一郎・釣田竜也・荒木　誠・伊藤江利子・志知幸治・松浦陽次郎・小野賢二・岡本　透 2014. 桂試験地における土層厚の分布と土壌物理特性．森林総合研究所研究報告 431: 43-59.

河田　弘 1989.『森林土壌学概論』博友社．

河田　弘・小島俊郎 1976.『環境測定法 IV—森林土壌』共立出版．

小林繁男・加藤正樹・森貞和仁・高橋正通 1981. 屋久島のスギ天然林 (1) 林床型と立地環境．森林立地 23: 1-10.

竹下敬司・中島康博 1960. 斜面の微地形と土壌に関する2，3の考察．ペドロジスト 4: 68-78.

竹下敬司・中島康博 1961. 斜面の微地形とその森林土壌的立地性について若干の考察．森林立地 3: 1-9.

田村俊和 1987. 湿潤温帯丘陵地の地形と土壌．ペドロジスト 31: 135-146.

田村俊和 1996. 微地形分類と地形発達—谷頭部斜面を中心に．恩田裕一・奥西一夫・飯田智之・辻村真貴編『水文地形学—山地の水循環と地形変化の相互作用』177-189. 古今書院．

田村俊和・宮城豊彦・小岩直人・三浦　修・菊池多賀夫 1990. 仙台城址およびその周辺地域の地形と植生の立地．仙台城址の自然—仙台城址自然環境総合調査報告．149-169. 仙台市教育委員会．

土壌標準分析・測定法委員会 1986.『土壌標準分析・測定法』博友社．

土じょう部 1976. 林野土壌の分類 (1975)．林業試験場研究報告 280: 1-28.

成岡朋弘・小野寺真一 2001. 広島県花崗岩山地の崩壊斜面における土壌カテナ．広島大学総合科学部紀要IV 理系編 27: 109-118.

野口享太郎・平井敬三・高橋正通・相澤州平・伊藤優子・重永英年・長倉淳子・稲垣善之・金子真司・釣田竜也・吉永秀一郎 2009. 北関東のスギ人工林における地上部炭素・

窒素動態に対する間伐の影響. 森林総合研究所研究報告 413: 205-214.
端山好和 1986. 八溝山地. 日本の地質『関東地方』編集委員会編『日本の地質 3 関東地方』63-69. 共立出版.
町田　洋・新井房夫 1992.『新編火山灰アトラス［日本列島とその周辺］』東京大学出版会.
松井　健 1988.『土壌地理学序説』築地書館.
吉木岳哉 1993. 北上山地北縁の丘陵地における斜面の形態と発達過程. 季刊地理学 45: 238-253.
吉永秀一郎・大貫靖浩 1995. 簡易貫入試験による土層の物理性の推定. 新砂防 48: 22-28.
Milne, G. 1936. Normal erosion as a factor in soil profile development. *Nature* 138: 548-549.
Milne, G. 1947. A soil reconnaissance journey through parts of Tanganyika territory December 1935 to February 1936. *Journal of Ecology* 35: 192-265.
Ohnuki, Y. 2002. Changes in soil movement after forest clearing in the main island of Japan. *Japanese Journal of Forest Environment*（森林立地）40: 17-26.
Ohnuki, Y. and Shimizu A. 2004.Experimental studies on rain splash erosion of forest soils after clearing in Okinawa using an artificial rainfall apparatus. *Journal of Forest Research* 9: 101-109.
Ohnuki, Y.,Yoshinaga, S. and Noguchi, S. 1999. Distribution and physical properties of colluvium and saprolite in unchanneled valleys in Tsukuba Experimental Basin, Japan. *Journal of Forest Research* 4: 207-215.
Ohnuki, Y., Terazono, R., Ikuzawa H., Hirata, I., Kanna K. and Utagawa H. 1997. Distribution of colluvia and saprolites and their physical properties in a zero-order basin in Okinawa, southwestern Japan. *Geoderma* 80: 75-93.
Tanikawa, T., Yamashita, N., Aizawa, S., Ohnuki, Y., Yoshinaga, S. and Takahashi, M. 2013. Soil sulfur content and its spatial distribution in a small catchment covered by volcanic soil in the montane zone of central Japan. *Geoderma* 197-978: 1-8.

Review 2

Evaluation and classification of physical properties of forest soils based on micro-landforms

OHNUKI Yasuhiro

総説 3
マングローブ林の植生配列と微地形の関係およびその応用可能性

藤本　潔・宮城豊彦

> マングローブ林では，海側から内陸側に順次優占種が置き換わる帯状配列がみられます．これは主に微地形やそこでの潮汐環境に対応して形成されたものです．地下部に蓄積されている有機物量も群落ごとに異なります．植生・微地形・堆積物の対応関係に関する基礎情報はマングローブ植林や炭素蓄積機能などの面的評価に有効です．

1 はじめに

　マングローブとは，熱帯・亜熱帯の海岸線，特に潮間帯に生育する樹木の総称である．マングローブ林は現在 123 の国や地域に分布しており，最近の見積もりでは，分布面積は 1,520 万 ha と推定されている（Spalding et al. 2010）．しかし，この数字は近年の人間活動によって急速に失われた結果であって，元々は 2,000 万 ha 以上の分布面積があったものと考えられている（Spalding et al. 2010）．

　マングローブ生態系は, 地域住民に対し, 日常生活に欠かすことのできない様々な恵みをもたらしてきた．特に，水産物を始めとする食料や，薪炭材や建材などの調達の場として重要な役割を担ってきた（安食 2003）．しかし, 1980 年代以降，エビ養殖池の造成に代表される排他的利用によって（安食・宮城 1992），世界中のマングローブ林が急速に失われてきた（FAO 2007）．マングローブ林の減少は，高潮被害の増大や沿岸生態系の劣化を招き，地域住民の生活に多大な悪影響を及ぼす．さらには，多くの魚類が幼魚時代を過ごす（Robertson and Blaber 1992 など）と共に，炭素蓄積の場として重要な役割を担ってきた（藤本 2003b など）マングローブ生態系の喪失は，海洋生態系全体の劣化を招くと共に，地球環境にとっても重大な負の影響をもたらす可能性が指摘される．

　しかし近年は，破壊が進む一方で，マングローブ生態系がもつ多様な機能の重要性が徐々に認識されるようになり，各地でその保全と再生に取り組む動きもみ

られるようになってきた．マングローブの再生においてまず必要となるのは，いったいどのような場所にはどのような樹種を植えればよいのかといった，明確な指針である．天然のマングローブ林をみると，その立地環境は多様であり，その多様性に応じてマングローブ樹種も棲み分けている．これまで四半世紀以上に渡って各地のマングローブ林を歩いてきた筆者らにとって，立地環境の多様性のほとんどは，実は地形環境の相違，あるいは微地形の多様性に対応していることがみえてきた．

本稿では，まず，マングローブ立地の地形環境や，マングローブ林の植生配列を規定する要因についての既存研究をレビューすると共に，これまでに筆者らが行った調査結果も交え，植生配列を規定する要因について，微地形およびそれと関連する冠水頻度や土壌の物理化学的特性との関係から考察する．次に，微地形の把握方法について，基本的な現地調査法に加え，最近の技術進歩に伴う新たな微地形把握法を紹介する．最後に，マングローブ生態系における微地形スケールでの立地環境研究の成果の応用と可能性について，マングローブ植林と地球環境研究の視点から考察する．

2 マングローブ生態系における地形環境の多様性と植生配列

2.1 マングローブ林の立地型と地形環境

一般にマングローブ林は，波浪の影響が弱い干潟上，特に中等潮位付近から最高高潮位までの高位干潟に成立する．Thom (1982) は，マングローブ林が成立する場所（立地）の地形環境とその形成維持営力に着目し，まず，河川支配型（River dominated），潮汐支配型（Tide dominated），波浪支配型（Wave dominated），河川・波浪複合支配型（Composite river and wave dominated），溺れ谷型（Drowned bedrock valley）に5分類し，その後，サンゴ礁型（Carbonate settings）を加えた6類型に分類した（Thom 1984）．

宮城（1992）は，マングローブ林の持続的管理を目的として，Thom (1982,1984) の分類を元に，その形成維持プロセスと外部インパクトに対する脆弱性の視点から，マングローブ立地を「デルタ・エスチュアリ型」，「砂州・浜堤－ラグーン型」，「干潟・サンゴ礁型」の3分類に再整理し，宮城（2003a）でその模式図を示して

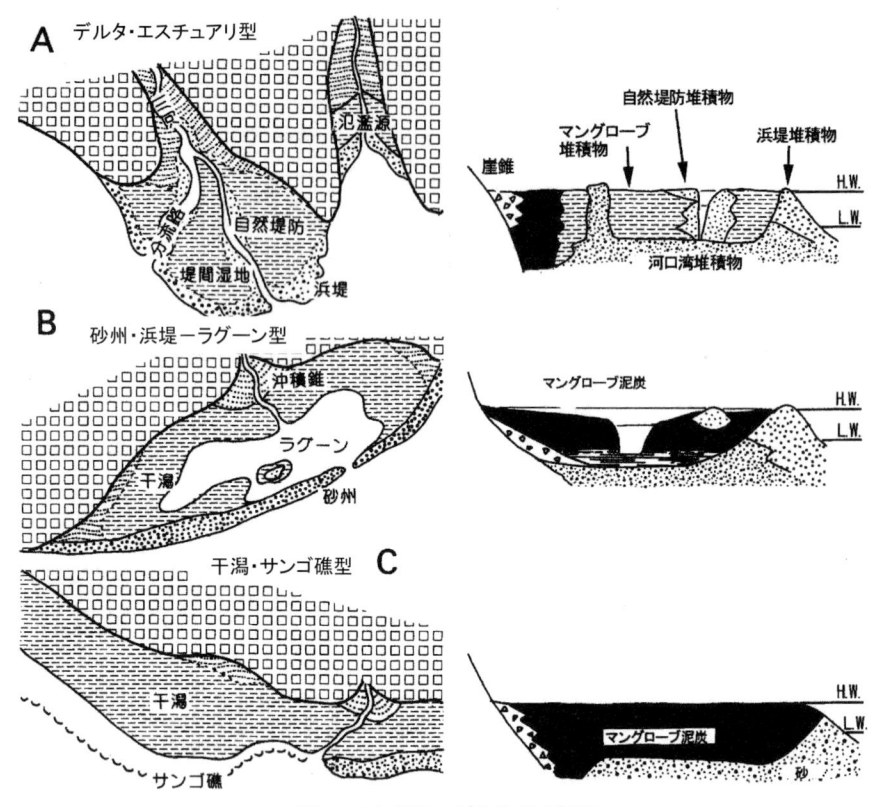

図1 マングローブ立地の3類型
宮城（2003a）を一部改編.

いる（図1）．デルタ・エスチュアリ型は，土砂流入量に違いはあるものの，基本的には河口部にあって河川による堆積作用によって形成された干潟上に成立するタイプ，砂州・浜堤－ラグーン型は，海側に形成された砂州や浜堤によって外洋から隔絶された静穏な環境下にある後背湿地やラグーン（潟湖）内の干潟に成立するタイプ，干潟・サンゴ礁型は，河川の流入や砂州・浜堤は存在しないものの，例えば沿岸に島があることで陸繋砂州状に干潟が形成されたり，サンゴ礁の礁原上に成立したものである．すなわち，デルタ・エスチュアリ型は，河川の堆積作用が継続する限り立地環境としては安定した状態を維持できる．砂州・浜堤－ラグーン型も，海側のバリアである砂州や浜堤が存在する限り比較的安定した

立地環境を維持できる．干潟・サンゴ礁型は，土砂流入や明瞭なバリアが存在しないため，最も脆弱な地形環境にあるといえる（宮城 1992）．

このような立地型の相違は，その内部に形成される微地形スケールの地形条件や堆積物に相違をもたらし，異なる植生配列をもつ森がつくられるのである．

2.2 マングローブ林の植生配列と立地条件
2.2.1 帯状構造とその研究史

マングローブ林の植生配列は，一般に帯状構造（zonation）を成すことが知られている．これは，海側から内陸側に向かって順次優占する種が置き換わるもので，攪乱の少ない天然林では，それぞれのゾーン境界は明瞭に区分されることが多い（写真 1）．帯状構造に関しては，これまで世界各地のマングローブ林で多くの事例研究がなされ（Watson 1928；Walter and Steiner 1936；Thom 1967；Macnae 1969；Thom et al. 1975；菊池ほか 1978；Mochida et al. 1999 など），その形成要因についても，いくつかの整理と検討がなされてきた（Macnae 1968；Chapman 1976；Snedaker 1982；山田 1986；Smith 1992 など）．

山田（1986）は，Watson（1928）や Walter and Steiner（1936）などの初期の研究も含め，主として Macnae（1968）や Chapman（1976）などの主要な総合的検討がなされた先行研究を踏まえ，帯状構造を決定する要因を，立地条件と種の特性のふたつの側面から整理した．立地条件としては潮汐作用と河川による土砂堆積作用が大きく影響しており，その結果として，塩分濃度，潮汐による冠水深と頻度，基質の条件（土性，栄養条件，水分条件等）に多様性が生じ，これらの立地条件に対して，各樹種がそれぞれの耐性の幅ですみわける現象が帯状構造となって現れるとした．また，種の特性は光条件に対しても異なっていることを指摘した．

Smith（1992）は，帯状構造の成

写真1 ミクロネシア連邦ポンペイ島のサンゴ礁型マングローブ林にみられる帯状構造
1997 年藤本撮影．

因に関する従来の研究を，1) マングローブ植生による土砂捕捉に起因する土地形成とそれに伴う植生遷移説 (Davis 1940；Chapman 1976)，2) 沖積作用等の地形形成プロセスに対する応答説 (Thom 1967；Thom et al. 1975；Woodroffe 1981, 1982 など)，3) マングローブ立地の物理化学的傾度 (Physico-chemical gradient) に対する植物生理学的適応説 (物理化学的傾度として，潮汐による冠水頻度 (Watson 1928 など)，土壌水塩分濃度 (Giglioli and Thornton 1965；Clark and Hannon 1967 など)，窒素やリンなどの養分 (Boto and Wellington 1983, 1984 など)，酸化還元電位 (Mckee et al. 1988 など)，土壌水硫化物濃度 (Nickerson and Thibodeau 1985 など)，土性 (Watson 1928) などを挙げている)，4) 潮汐作用による種子選別散布 (Rabinowitz 1978)，5) 潮間帯の位置に応じたカニ類による種子捕食行動の相違 (Smith 1987)，6) 種間競争 (Clark and Hannon 1971) の 6 項目に整理して解説しているが，これらの要因間の相互関係に関する言及はなされていない．

　菊池ほか (1978) は，土壌水塩分濃度，冠水頻度，土壌の浸水や排水の良否などの立地環境は，Clark and Hannon (1969) や Thom (1967) で示されたように，非生物的な外部営力によって形成される地形に対応するもので，ここでいう地形は，比高，傾斜，構成物質といった個々の側面から把握されるものではなく，大小様々な空間的広がりをもつ地形単位で把握されるべきものであるとした．

　さらに，マングローブ域における地形形成には，非生物的な外部営力のみならず，海水準変動に対応したマングローブ泥炭の蓄積 (藤本 2003a) や，アナジャコの塚など生物活動に伴う微地形形成 (宮城 1991) など，マングローブ林固有の機能や森林内部における生物活動の重要性も指摘されている．

　帯状構造は，上記のように，外的・内的 (生物的) 地形形成プロセス，潮汐環境，それらによって形成される様々な微地形や土壌の物理化学的特性，およびそれぞれのマングローブ植物がもつ種の特性などが複雑に絡み合って形成されていることは間違いなさそうである．しかし，従来の研究では，これらの相互関係を直接的なデータに基づいて明らかにしようとした研究はほとんどなされていなかった．この点に関しては山田 (1986) も指摘しているところである．そこで筆者らは，沖縄県八重山諸島に位置する西表島のマングローブ林において，微地形と植生の関係を把握した上で，それらを繋ぐ様々な立地環境特性について具体的

な検討を行った（藤本ほか 1993）．次項ではその概略を紹介する．

2.2.2 西表島における事例研究

　西表島には，ヤエヤマヒルギ（*Rhizophora stylosa*），オヒルギ（*Bruguiera gymnorrhiza*），マヤプシキ（*Sonneratia alba*），メヒルギ（*Kanderia obovata*），ヒルギダマシ（*Avicennia marina*），ヒルギモドキ（*Lumnitzera racemosa*），ニッパヤシ（*Nypa fruticans*）の 7 種のマングローブ植物が分布する．このうち，分布面積も広く，明瞭な群落を形成するのはヤエヤマヒルギとオヒルギの 2 種で，オヒルギ林は内陸側の微高地上や河道沿いの自然堤防上に，ヤエヤマヒルギ林はそれらの間の相対的低所に分布する（菊池ほか 1978）．マヤプシキは海側前縁部に小群落を形成するが，その分布域は島南東部に限られている．メヒルギは河道沿いに列状にみられるのみ，ヒルギダマシは海側前縁部に単木状に散在するのみである．ヒルギモドキは浜堤上などの潮間帯上部に固まって分布するが，小規模な群落を形成するに過ぎない．ニッパヤシは島北部のマングローブ林陸側林縁部に小規模な群落が，限定的にみられるのみである．河川沿いでは，上流側からオヒルギ → メヒルギ → ヤエヤマヒルギ → マヤプシキの順に出現する．

　菊池ほか（1978）は仲間川河口部のマングローブ林において群落分布と微地形の対応関係を明らかにしたが，その関係を決定する環境要因については具体的な検討はなされていなかった．そこで，筆者らは，仲間川に匹敵するマングローブ林面積を有する北部の浦内川河口マングローブ林で植生と微地形の対応関係を明らかにすると共に，冠水頻度（1 年間の全満潮回数に対する冠水割合），土壌水 pH と EC（電気伝導度），および土壌物理性（粒径組成，孔隙組成）との関係について検討した．なお，土壌水 EC は塩分濃度に連動する指標である．

　まず，内陸側と海側（河道側）からそれぞれ 1 本，計 2 本の側線を設定し，地形断面測量，堆積物調査，および植生調査を行い，微地形および堆積物と植生との関係を把握した（図 2）．土壌特性に関する各種分析は，微地形条件と樹種構成の相違を考慮し，測線上の 4 地点（地点 A, D：ヤエヤマヒルギ林，地点 B：ヤエヤマヒルギ－オヒルギ混交林，地点 C：オヒルギ林）で行った．それぞれの地点の微地形環境は，地点 A と地点 D が森林内部の相対的低所，地点 B は丘陵斜面に近いクリーク沿いの微高地，地点 C は河道沿いの自然堤防前縁斜面である．

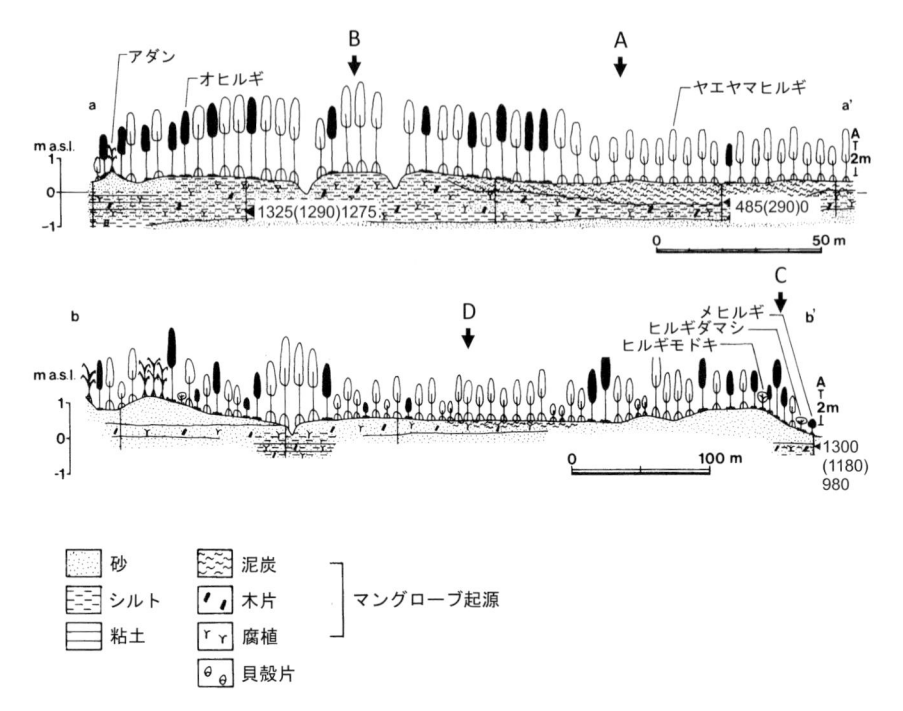

図2 西表島浦内川河口マングローブ林における地形地質植生断面図
藤本ほか (1993) を一部改変.

　冠水頻度は, 地点A (標高+15cm) 94％, 地点B (+52cm) 45％, 地点C (+34cm) 94％, 地点D (+41cm) 89％であった. 地点Aと地点Cを比較すると, 後者の地盤高が19cm高いにもかかわらず, 冠水頻度はほぼ同じである. これは, 地点Aが地点Cより内陸側に位置するため, 潮位が減衰するためと考えられる. ヤエヤマヒルギ林 (地点A, D) と両者の混交林 (地点B) では, 前者の方が明らかに冠水頻度が高く, オヒルギは微高地上, ヤエヤマヒルギは相対的低所とする従来の見解と調和的であるが, オヒルギ林である地点Cは冠水頻度からみるとヤエヤマヒルギ林と同様な環境にあり, 冠水頻度の相違で両者のすみ分けを説明することはできない.
　粒径組成をみると, シルト以下の細粒堆積物は地点Aで約5％, 地点Bで10

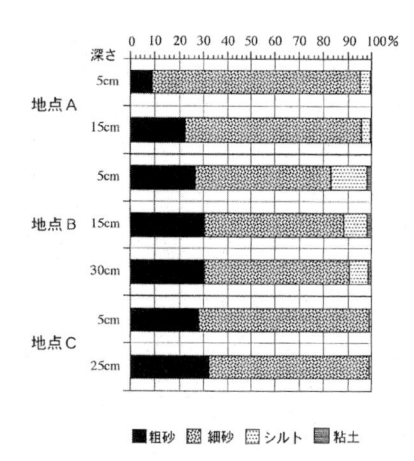

図3 浦内川河口マングローブ林における粒径分析結果　藤本ほか（1993）.

図4 浦内川河口マングローブ林における表層堆積物の水分特性　藤本ほか（1993）.

表1　浦内川河口マングローブ林における土壌水のpHおよびEC

地点	深度 (cm)	pH 7月	pH 10月	pH 12月	EC(mS/cm) 7月	EC(mS/cm) 10月	EC(mS/cm) 12月
A	20	6.7	6.9	6.8	34.4	35.6	37.9
	40	6.7	6.6	6.9	32.0	42.6	39.2
B	20	6.4	6.6	6.8	45.1	52.4	40.6
	40	6.6	6.8	7.0	37.9	48.1	44.6
C	20	7.0	6.5	6.4	46.6	44.3	38.5
	35	6.3	-	-	45.4	-	-
	40	-	6.6	6.9	-	47.1	45.0
D	20	-	6.7	-	-	41.9	-
	35	-	6.4	-	-	48.7	-

〜17％含まれるのに対し，地点Cにはほとんど含まれない（図3）．一方，粗砂は森林内部の地点Aで少なく，丘陵斜面に近い地点Bや自然堤防上の地点Cで多い．孔隙組成をみると，地点A，B，Dでは土壌水吸引圧100cmH$_2$O（pF2）相当以上の粗孔隙はほとんど存在しないのに対し，地点Cのみ土壌水吸引圧60〜100cmH$_2$O相当の粗孔隙が多量に存在する（図4）．すなわち，地点Cは，地盤高が+34cmであるので，潮位が-26cm以下に下がると急激に排水されると考えられる．地点Cは冠水頻度が高いにもかかわらずオヒルギ林が維持されている

要因の一つとして，このような排水能の相違を指摘することができよう．

土壌水の化学性についてみると，pH には地点間の相違はみられなかったが，EC はヤエヤマヒルギ林である地点 A でオヒルギ林や両者の混交林よりやや低い値が得られた（表1）．これは，河川沿いではオヒルギがヤエヤマヒルギより上流側まで分布するという事実と一見矛盾するようにみえる．しかしこれは，ここで見られた土壌水 EC の範囲内であれば，どちらの種も生育可能で，EC は樹種構成を決定する要因とはならないことを示唆している．

すなわち，川沿いに下流側から上流側へと変化する群落配列は，環境水 EC（塩分濃度）の相違に対応したものと考えられるが，西表島のような湿潤地域で，比較的狭い範囲内にみられる帯状構造は，土壌水 pH や EC といった土壌化学性に対応したものではなく，主に冠水頻度の相違に起因する土壌の乾湿に対応したもので，場合によっては土壌の排水の良否もこれに関与しているものと考えられる．冠水頻度は，微地形に対応した地盤高の相違と林内における潮位の減衰効果によって決まり，排水の良否は微地形構成物質の粒径組成と関係しているのである．

従来の見解に，上記の事例研究で得られた知見を加味すると，帯状構造の形成

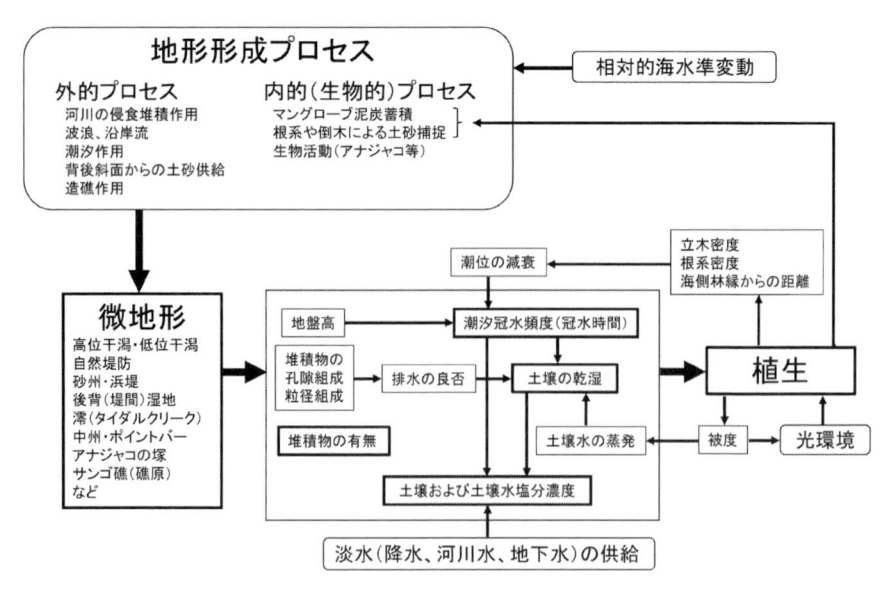

図5 マングローブ林の帯状構造の形成要因

総説3　マングローブ林の植生配列と微地形との関係およびその応用可能性　　89

要因は図5のようにまとめることができよう．結局のところ，帯状構造の形成に影響を及ぼす冠水頻度や土壌特性は，様々な地形プロセスによって形成された微地形環境に対応しているということができよう．

2.2.3　マングローブ泥炭の生成と植生

2.1に記した，砂州・浜堤－ラグーン型や干潟・サンゴ礁型のマングローブ立

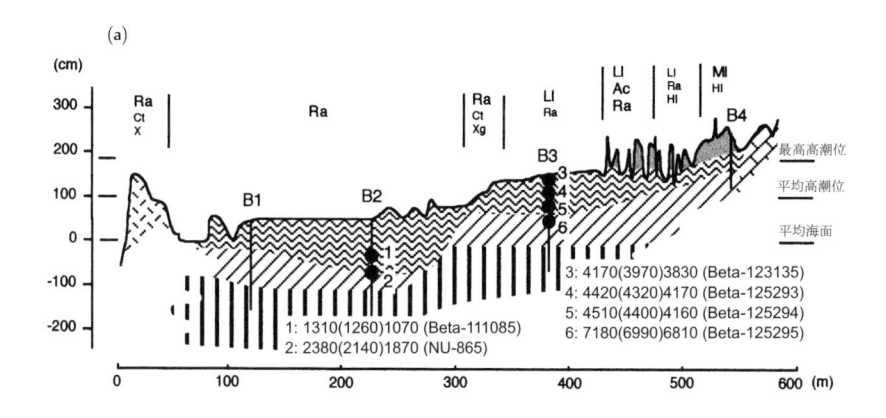

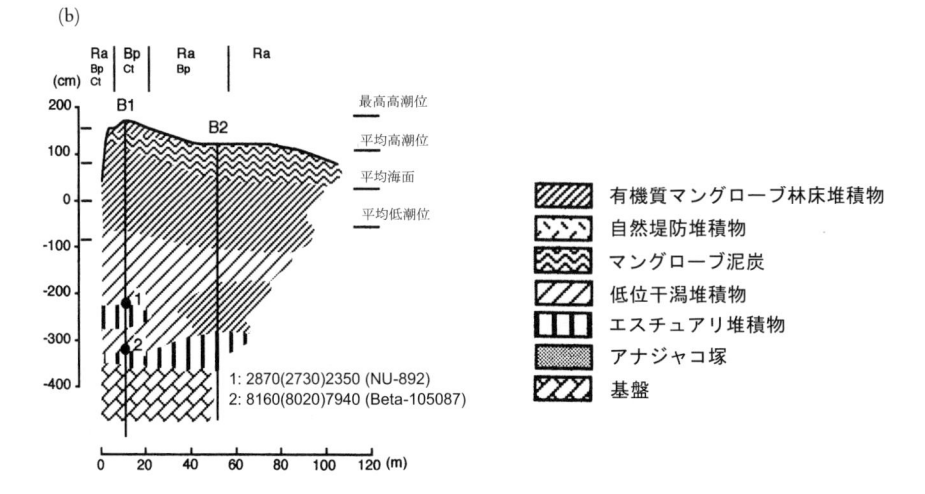

図6　タイ南西部のデルタ型マングローブ林の地形地質植生断面図
Fujimoto et al. (1999b) を改変．

地には一般にマングローブ泥炭が堆積しており，そこには必ずヤエヤマヒルギ属（*Rhizophora* 属）が優占する群落が形成されている（Fujimoto and Miyagi 1993；Fujimoto et al. 1996, 1999b, 2015）．河口部のマングローブ林であっても，後背湿地等の相対的低所にはヤエヤマヒルギ属群落が成立し，そこにはマングローブ泥炭の堆積がみられる（図2，6）．これは，マングローブ泥炭が堆積しているところにヤエヤマヒルギ属が生育しているのではなく，ヤエヤマヒルギ属がマングローブ泥炭を生成しているからなのである．他のマングローブ種が優占する立地ではマングローブ泥炭は決してみられない．マングローブ泥炭の主要母材はヤエヤマヒルギ属の根茎，特に細根で，これらが枯死した後にも分解されずに蓄積したものなのである（口絵写真2）．このことを理解していれば，ヤエヤマヒルギ属が優占する林分の地下には必ずマングローブ泥炭が堆積しており，そこは外部からほとんど土砂は供給されていないと予測することができるのである．つまり，植生からその立地の地形形成プロセスを推測することが可能となる．

3 マングローブ域での微地形の把握方法

3.1 微地形測量

　これまで述べてきたマングローブ林の空間構造特性とその成立に関する考察を行う際の必須条件が，精密に計測された土地情報であることは明らかである．筆者らは，調査地の設定にあたって調査区の規模や帯状配列の典型性などに留意してきた．1日で断面測量が完成しない場合，翌日に測量端点までたどり着き，調査を再開することを数日継続することは，労力的にも精度的にも現実的な成果を得ることはおぼつかない．マングローブ環境では，潮汐を伴う泥濘の中での実測であり，前日の調査痕跡が大きく失われることがある．さらにいえば，潮間帯の規模は様々だが，帯状配列は潮位との関係でパターン認識でき，調査経験を重ねることで，合理的な調査区を設定できるようになる．

　マングローブ調査において最も基本的な地形植生の理解は，断面測量から始まる．調査は，オートレベルと巻尺や距離計を用いて尺取虫のように少しずつ計測する．この際，測線上の微地形的な特徴や微地形境界などを記録し，微地形に対応した林床堆積物の採取観察も行う．

コアの採取は，言うまでもなく地形計測と不即不離の関係にあり，微地形とそれに対応する堆積物，さらにその土台となる下位の堆積物を観察・分析することで立地地盤の発達メカニズムを考察することが可能になる．地層を手に取るように詳細に観察するには，一般に露頭やトレンチの壁面を用いるが，潮間帯ではそれは土台無理な話である．堆積物の観察はコアを用いる．筆者の一人がメンバーとして加わった 1976 年の西表島仲間川の調査では，2m の検土杖，筆者らが調査を開始した太平洋島嶼における初頭の調査ではヒーラー型ピートサンプラー，次いで円筒の不攪乱コアの採取器を藤本が開発し（藤本・篠宮 1999），宮城は中田高先生と試行錯誤して開発したジオスライサー NM4（高田ほか 2002）によって不攪乱・定方位・定体積のコアの採取を可能とした．

ベトナムカンザー地区の森林保護区内で調査した結果を断面図にまとめた（図7，Miyagi et al. 2014）．これは，調査の総括的な成果ともいえるもので，地形断面，堆積構造，優占種に加えて平均海水面，平均高潮位，最高高潮位などのレベルが記載されている．繰り返して述べてきたように，潮間帯の環境傾度に相応した立地特性を持つのがマングローブ生態系であるから，調査結果は必ず潮位との垂直的な関係が明示されていなければならない．この図から明らかなように，マングローブ林全体は平均海水面付近のレベルから最高高潮位までの間に分布する．その中で平均海水面付近には軟弱な泥濘に対応したウラジロヒルギダマシ（*Avicennia alba*）が立地し，地盤高のやや高い場所ではフタバナヒルギ（*Rhizophora apiculata*）を主体とする植林地が広がり，有機物を多量に含む．さらに地盤高の高い最高高潮位付近ではフタバナヒルギの成長がやや悪くなり，マングローブ林の陸側に成立するバックマングローブを構成する種群や乾燥気味の潮間帯最高部に立地するフェニックスパルドサ（*Pheonix paludosa*）が出現するようになる．この最高高潮位付近の林床は，ややコンパクトな粘土であり，過去の海水準微変動などに対応して堆積した物質の可能性がある．断面からは地形発達，微地形の形成，マングローブ林の分布特性の実態が把握できる．

3.2 GIS マッピング

適切な断面を設定すれば，その調査過程で多くの議論が可能であるが，陸上の一般的な地形・植生調査と比べた場合に大きな弱点があるのは否めない．一般に

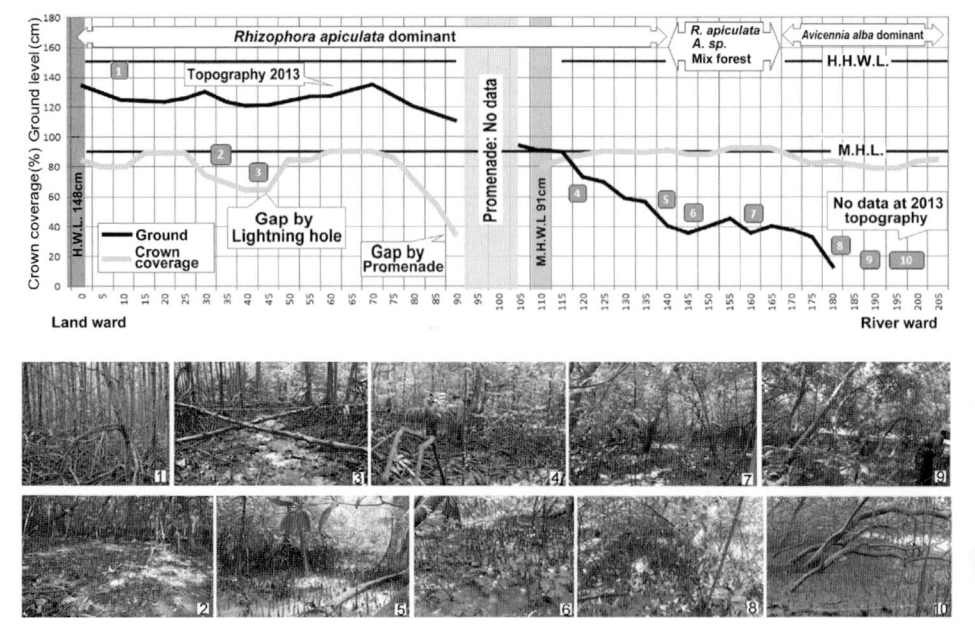

図7　ベトナムカンザー地区における地形地質植生実測断面の例
Miyagi et al.（2014）.

　調査は，先ず予察として全体像をみる．調査対象地を広く歩きまわり，調査の構想を練り，調査目的を達成する戦略を練る．その上で断面を設定する場所を決めるのが普通だ．断面は，調査区を代表するものであることが必要なのは言うまでもない．マングローブ林の泥濘は，その広く歩き回るという入口の作業を著しく困難なものにする．

　森林の外面は空中写真で観察できるが，筆者らの立ち位置では，林床の微地形と潮汐と植生の全てが一体的に把握される必要があるのだ．そこで，林床の微地形を理解するために，断面の調査から一歩展開して幅10m程度ではあるが帯状区を設定して，そこに現れる微地形を高密度で測量し，微地形を3次元的に把握することを試みた．調査地は西表島の仲間川下流と船浦，浦内川河口部のマングローブ林である．測量の精度は，「GIS（地理情報システム）を用いて10 cm間隔の等高線で微地形を再現できる程度」である．大略20cmグリッドに一点程度の座標値を得た．これによって視覚的・感覚的に確認してきたマングローブ林の林

床を構成する微地形は，自然堤防や浜堤，林床低地面，林床微高地，オキナワアナジャコの塚，崩れた塚，陥没凹地，水路の7種にまとめられた．このデータは，GIS上でそれぞれの微地形の面積や体積も計測できる．勿論潮位との関係も明確だ．この計測を通して，潮間帯で営まれる物質移動は，潮汐や河川による地形形成作用に加えて，オキナワアナジャコなどの甲殻類による物質の垂直移動とそれに伴う崩壊や陥没，マングローブ植物自体の主に根系の土中蓄積による地盤高のかさ上げなど，植物・動物の作用が重なって営まれていることが確認されることとなった（宮城 2003b）．

3.3 新たな微地形把握法

近年の航空測量における技術の向上は，マングローブ林の理解を進める上でも大きな意味をもっている．その一つは，奄美大島の住用川河口部のマングローブ林において，中日本航空が行った高精度ヘリレーザ測量である．宮城は中日本航空と共同研究を企画し，2007年に取得した波形記録方式で取得されたデータを用いて，そのマングローブ林の森林特性と林床微地形の再現性の検証を行った（真壁ほか 2015）．これによれば，樹冠被覆率が85％程度以下の森林であれば，マングローブ林であっても，自然堤防や林床平地などが卓越する場所においては，cmオーダで林床微地形が把握され，樹冠表層，葉層，中間層の欠如の様子などがほぼ再現された（図8）．また，オキナワアナジャコの塚が卓越し，陸生の樹種とマングローブ樹種とが混成するような高潮位に位置する複雑な土地条件下であっても，簡易なフィルタリングを行うことで，林床の起伏に富む微地形が再現できることが確認できた．現状のレーザ計測は，経費的に高価であり，自然科学的な興味のためだけでこれを実施するにはそれなりの大きな成果が期待される．加えて，マングローブ林であれば潮位が高ければデータ取得可能域がそれだけ狭くなる．マングローブ林は密林という固定観念も邪魔をする．

もう一つが UAV（ドローン）など無人の飛行システムによる画像データ取得とその SfM（Structure from Motion）処理の技術の進展である．現在，西表島仲間川の下流に広がる日本最大のマングローブ湿地の実際を，UAV を用いて把握しようという試みを行っている（Uchiyama and Miyagi 2014）．これも緒に就いたばかりであるが目からウロコの様な情報が得られ始めている．UAV は有用だが，

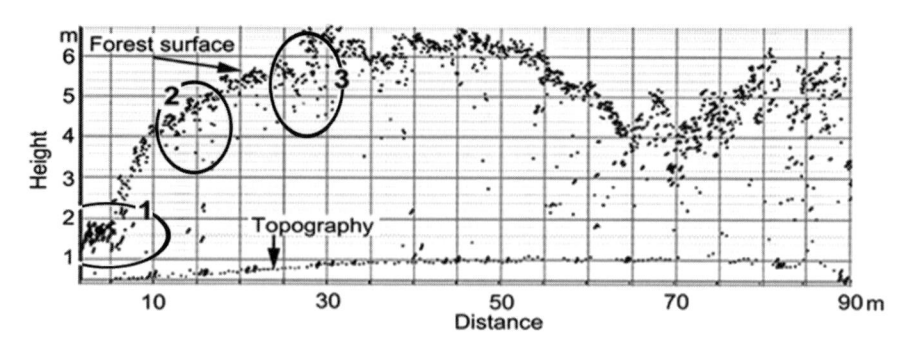

図8　奄美大島住用川河口域マングローブ林の平均海水面付近から平均高潮付近までのレーザデータ取得の状況
真壁ほか（2015）．

　ここで強調したいのは SfM の方である．複数の画像から 3 次元の位置データを取得するこのソフトウェアの進展が，レーザデータの取得とは別の展開に道を開いた．内山は仲間川のマングローブ林を対象に，過去の 2 時期に撮影した空中写真を用いて SfM 処理を行い，そのデータ比較を行った．その結果，マングローブ林の一部に広大な森林破壊が生じていることを見出した（口絵図 9）．この森林破壊は 2007 年の巨大台風によるマングローブ林の倒壊現象（斉藤ほか 2009）であったが，斉藤らが把握しなかった場所で最も大規模な破壊が生じていたのである．内山らは 2014 年 7 月に UAV 撮影を行い，その結果と過去に撮影された空中写真からのデータとを重ね，その差分解析を行うことで，森林樹冠層の経年変化データを取得している．SfM 処理の技術は，複数の写真データから 3 次元測量データを生成するもので，撮影方法は問われない．空中写真や UAV 撮影データは勿論，手撮りの画像でも有効である．従って，レーザデータの取得と比べて極めて廉価である．宮城は，現在，この文章を西表島の琉球大学熱帯生物圏研究センター西表実験センターで執筆しているが，今回も内山氏らの UAV 撮影調査のためにやって来た．廉価であること，手軽であることは，現地調査に新しい時代を開くことになる．実際に必要に応じて何度もデータを更新することが可能になるのである．

4 マングローブ域での微地形研究の応用と展開

4.1 植林への応用

2章で述べたように，マングローブ天然林は，第一義的に微地形条件（地盤高）と潮汐環境に対応して種の配列が決まっている．すなわち，植林にあたっては，その土地の微地形環境（地盤高）と潮汐環境をまず把握することが求められる．ところが，これまで各地で行われてきたマングローブ植林では，これが必ずしも十分考慮されていたとは言い難い．

ベトナム南部ホーチミン市郊外のカンザー地区では，ベトナム戦争時に米軍による枯葉剤散布で壊滅的被害を被ったが，その後のベトナム人自身による積極的な植林によって，被害地域がほぼ緑で覆われるまでに回復した．しかし，当初の植林にあたっては，種子が得やすく苗畑での育苗を必要としないフタバナヒルギを，立地条件を考慮することなくほとんどの土地に植林したため，多様性に乏しい森となると共に，成長の思わしくない林分も形成された．また，内陸側の一部にはユーカリが植えられた場所もあり，藪状の不成績造林地となった土地もみられた（写真3）．

筆者の一人藤本が代表を務めるNGO南遊の会は，ホーチミン市農業農村開発局，カンザー地区人民委員会，およびカンザーマングローブ保護林管理署と連携し，2002年からユーカリが植えられていた不成績造林地の再造林事業を行っている．ここは，ベトナム戦争後に人工的に造成した畝状の微高地にユーカリを，その間の凹地にはニッパヤシが植えられた場所である．

カンザー地区は，メコンデルタの北側に隣接するドンナイ川

写真3 ベトナム，ホーチミン市郊外カンザー地区のユーカリ植林に失敗した藪状の不成績造林地 2002年藤本撮影．

の河口デルタ上に位置する（トピック4，図1参照）．再造林地は海岸線から約20km内陸側に位置し，畝状の微高地は大潮時にも冠水することはほとんどないが，その間の凹地は年に数回の大潮時には冠水する．ここでは，自然に繁茂したコヒルギ（*Ceriops tagal*）などのマングローブ種は残した上で，ユーカリやニッパヤシ，藪状になった雑木を切り払い，微高地上にはヒルギモドキ，凹地にはコヒルギを植栽した．2002年植林地に設置した10m×30mの固定プロットにおける成長モニタリング調査結果によると，植栽後12年目には，ヒルギモドキが平均樹高5.5m，コヒルギが5.2m，最大樹高はヒルギモドキが7.4m，コヒルギは6.8mに達しており，順

写真4　カンザー地区の植栽後10年目のコヒルギ・ヒルギモドキ植林地　2012年藤本撮影．

調に生育している（写真4）．植栽後の枯死率は，前者が6.1%，後者が14.9%と活着率も高い．プロット内の起伏は20cm程度であるが，このような僅かな凹凸であっても，微地形条件を考慮して適切な樹種を選定して植栽することで，植林を成功に導くことができるのである．

4.2　地球環境研究への応用

4.2.1　海面上昇の影響予測

　地球温暖化に伴う海面上昇は，確実に進行しつつある（IPCC 2013）．潮間帯上部という限られた条件下にしか成立しないマングローブ林にとって，海面上昇がその将来に重大な影響をもたらすことは明白である．筆者らは1980年代末か

ら，温暖化に伴う海面上昇がマングローブ生態系へ及ぼす影響を予測するための研究に取り組んできた（藤本ほか 1989；Miyagi et al. 1999；藤本 2003a など）．

　藤本ほか（1989）では，マングローブ林の立地型に応じて海面上昇の影響の現れ方が異なる可能性を指摘した．デルタ・エスチュアリ型は海面上昇速度が堆積速度を上回らない限りその立地は維持される可能性が高いが，砂州・浜堤－ラグーン型や干潟・サンゴ礁型は，マングローブ泥炭からその立地が形成されているため（Fujimoto and Miyagi 1993；Fujimoto et al. 1995, 1996 など），マングローブ泥炭堆積可能速度を上回る速度で海面上昇が進行した場合，マングローブ立地の維持は困難となり，マングローブ林は消滅へと向かう可能性が高い（藤本ほか 1989；藤本 2003a）．ヤエヤマヒルギ属の林分では，2mm/ 年の海面上昇に対してはマングローブ泥炭を蓄積することで立地を維持することができるが，5mm/ 年以上の海面上昇に対しては泥炭生産が追い付かず，溺れてしまうことが明らかにされている（Miyagi et al. 1995；藤本 2003a）．

　IPCC の最新の報告書（IPCC 2013）では，海面上昇速度は 1971 〜 2010 年の全球平均で 2.0 ± 0.3mm/ 年，1993 〜 2010 年の平均値では 3.2 ± 0.4mm/ 年に達することが報告されている．すなわち，既にマングローブ泥炭堆積可能速度の上限値に近い値で海面上昇が進行しつつあるのである．

　筆者らが四半世紀以上に渡って調査を継続しているミクロネシア連邦のポンペイ島では，1974 〜 2004 年の間は 1.8mm/ 年と全球平均とほぼ同様の速度で海面上昇が進行したが，2002 〜 2010 年の短期間に限っては 16.9mm/ 年という急上昇を示すデータも得られている（Australian Bureau of Meteorology 2010）．ポンペイ島のマングローブ林は，一部エスチュアリ型の立地もみられるが，大半はサンゴ礁型立地である．つまり，そのほとんどがマングローブ泥炭によって支えられているのである（Fujimoto and Miyagi 1993；Fujimoto et al. 2015）．エスチュアリ型立地においても，無機物混入量は少なく，ほぼマングローブ泥炭からなる（Fujimoto et al. 1995, 1999a）．すなわち，ポンペイ島においては，短期的には現在マングローブ泥炭堆積可能速度をはるかに超えるスピードで海面上昇が進行しつつあり，それがこのまま継続すると，マングローブ林の消滅へと向かう可能性が指摘できるのである．

　筆者らが 1994 年に設置した長期モニタリング用の固定プロット（Fujimoto et

写真5 ミクロネシア連邦ポンペイ島のエスチュアリ型マングローブ林で進行しつつある海岸侵食に伴う倒木現象
2011年藤本撮影.

al. 1995）では，すでに海側から目にみえる形で海岸侵食が進みつつあり，林内でも海側では顕著な表層侵食が進む一方で，クリーク沿いでは堆積現象が進行しつつあることが，精密な地盤測量結果から明らかにされている．これは海面上昇に伴う侵食基準面の上昇に連動した現象と考えられる．海側林縁部では，海岸侵食に伴い倒木が多数みられるが（写真5），今のところ林内では立ち枯れや倒木といった目にみえる形での植生被害は確認されていない．しかし，植生モニタリングデータを分析すると，急激な海面上昇が報告されている2002年以降は，顕著な表層侵食域や堆積域で，それ以前に比べて成長速度が低下した樹種も認められている．このまま表層侵食が進むならば，近い将来，林内の広い範囲で立ち枯れや倒木といった目に見える形での植生被害が発生する可能性がある．

　海面上昇の影響は，マングローブ泥炭によって形成されており，地形的バリアもない干潟・サンゴ礁型マングローブ林でまず現われるであろう．これは必ずしも微地形スケールでの地形環境と対応したものではないが，マングローブ立地の地形環境を理解することが将来の海面上昇の影響予測を可能とするのである．

4.2.2　炭素蓄積機能の評価

　マングローブ林は地上部のみならず，地下部も重要な炭素蓄積の場となっている（藤本2003b；Fujimoto 2004）．特に，マングローブ泥炭を蓄積するヤエヤマヒルギ属群落の地下部には多量の炭素を蓄積している．一般に，アジア・太平洋地域のヤエヤマヒルギ属群落の地下部には，層厚2mほどのマングローブ泥炭が堆積しており，熱帯湿潤気候下にあるポンペイ島では，その蓄積炭素量は1300tC/haに達する（Fujimoto et al. 1999）．藤本（2003b）は，各地で得られた様々なマングローブ群落の深度1mまでの地下部炭素蓄積量を比較した．それによると，ヤエヤマヒルギ属群落は気候条件にかかわらず500〜650tC/haと最も多く，

デルタ型立地に見られる他樹種の群落の蓄積炭素量は，タイ南西部のコヒルギ群落で約270tC/ha，西表島の微高地上に成立するオヒルギ群落で200tC/ha前後，中州上のマヤプシキ群落で約110tC/ha，奄美大島のメヒルギ群落で約120tC/haと相対的に少ないことが明らかにされている．

　Fujimoto et al.（2015）は，ポンペイ島において，マングローブ群落とマングローブ泥炭の層厚，および地下部炭素蓄積量の相互関係を明らかにすると共に，植生遷移に要する時間スケールをマングローブ泥炭堆積速度から推定した．それによると，ポンペイ島では一般に，海側からヤエヤマヒルギ群落（Ⅰ群落）またはマヤプシキ群落（Ⅱ群落）→ヤエヤマヒルギーオヒルギ群落マヤプシキ典型下位群落（Ⅱ(2) a 群落）→ヤエヤマヒルギーオヒルギ群落マヤプシキ下位群落ホウガンヒルギ（*Xylocarpus granatum*）下位単位（Ⅱ(2) b 群落）の順で帯状構造がみられ，マングローブ泥炭の層厚はⅠおよびⅡ群落で55cm以下，Ⅱ(2) a 群落で45～133cm，最も分布面積が広いⅡ(2) b 群落で107～285cm（図10），地下部

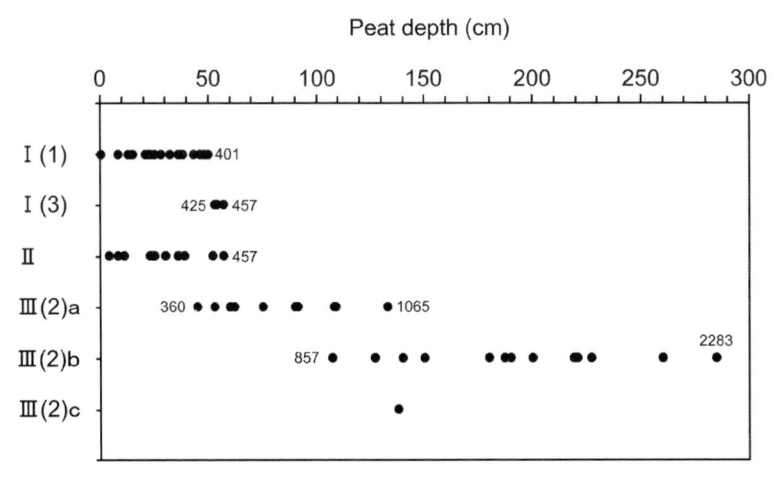

図10　ミクロネシア連邦ポンペイ島における主要マングローブ群落下の泥炭層厚と形成年数
Fujimoto et al.（2015）．
Ⅰ(1)：ヤエヤマヒルギ典型群落，Ⅰ(3)：ヤエヤマヒルギ群落オヒルギ下位群落，Ⅱ：マヤプシキ群落，Ⅲ(2) a：ヤエヤマヒルギーオヒルギ群落マヤプシキ典型下位群落，Ⅲ(2) b：ヤエヤマヒルギーオヒルギ群落マヤプシキ下位群落ホウガンヒルギ下位単位，Ⅲ(2) c：ヤエヤマヒルギーオヒルギ群落マヤプシキ下位群落アカバナヒルギモドキ下位単位．図中の数字はマングローブ泥炭の層厚と堆積速度から推定された形成に要する年数．

炭素蓄積量は，それぞれ370tC/ha以下，290 ～ 860 tC/ha，700 ～ 1,850tC/haと見積もられた．また，IまたはⅡ群落からⅡ(2)a群落へ遷移するのに約400年，クライマックス群落であるⅡ(2)b群落へ遷移するのに約1000年を要することが推定された．この遷移は，マングローブ泥炭の蓄積に伴う地盤高の上昇と冠水頻度の低下や光環境に対する種の特性等の影響で進行したものと考えられる．

　上述のように，マングローブ林における植生配列は微地形や泥炭層厚に対応したものであることから，帯状構造を把握することで，炭素蓄積量を面的に推定することも可能となる．近年は，マングローブ域でも高解像度の衛星データを活用した植生構造の把握や地上部現存量の推定が行われているが（Hirata et al. 2013），植生と微地形や堆積物との関係を明らかにした上で分析を進めることで，地上部のみならず，地下部炭素蓄積量を面的に推定することも可能となるのである．

　筆者らは，現在アジア・太平洋地域に分布する主要マングローブ種の地下部生産・分解プロセスを解明するためのプロジェクトを実施している（科学研究費補助金基盤研究（B），課題番号：25282084，研究代表者：藤本　潔，期間：2013 ～ 2016年度）．このプロジェクトは，主として細根の生産・分解速度を，樹種ごとに，特に冠水頻度との関係から明らかにすることを目的としている．また，ベトナムのマングローブ植林地では，地上部の成長モニタリング調査と共に，地下部炭素蓄積量調査も行っている（2004，2009，2015年度南山大学パッヘ研究奨励金Ⅰ－Ａ－2）．これによると，深度50cmまでの蓄積炭素量は，植林直後の4 ～ 5年間は減少傾向にあったものが，それ以降には増加傾向に転じたことが明らかにされている．これらの研究によって，地下部の有機物蓄積プロセスの一端が解明され，将来的にはマングローブ植林に伴う炭素蓄積機能を事前評価することも可能となるのである．

文　献
安食和宏 2003. マングローブの利用. 宮城豊彦・安食和宏・藤本　潔『マングローブ―なりたち・人びと・みらい―』58-90. 古今書院.
安食和宏・宮城豊彦 1992. フィリピンにおけるマングローブ林開発と養殖池の拡大について. 人文地理 44 (5)：76 - 89.
藤本　潔 2003a. 海面上昇とマングローブ林. 宮城豊彦・安食和宏・藤本潔『マングローブ―なりたち・人びと・みらい―』124-126. 古今書院.

藤本　潔 2003b. マングローブ生態系の炭素蓄積機能．宮城豊彦・安食和宏・藤本潔『マングローブ―なりたち・人びと・みらい―』132-138．古今書院．
藤本　潔・篠宮佳樹 1999. 土壌コアサンプリング法．森林立地調査法編集委員会編『森林立地調査法―森の環境を測る―』20-21．博文社．
藤本　潔・宮城豊彦・Melana, E. 1989. 温室効果に伴う急激な海水準上昇のマングローブ生態系への及ぼす影響の予測に関する基礎的研究―フィリピン，パグビラオ近郊のマングローブ林を例に―．宮城豊彦・Maximino, G. 編『フィリピン，ルソン島におけるマングローブ的環境の成立とその人為的破壊の事象的研究および修復への提言』(国際協力推進協会報告書) 31-43.
藤本　潔・大貫靖浩・田内裕之・佐藤　保・小南陽亮・持田幸良 1993．西表島におけるマングローブ林の群落配列を規定する環境要因．國府田佳弘編『マングローブ林を中心とした生態系の解明に関する研究』(科学技術庁科学技術振興調整費による生活・地域流動研究平成4年度調査研究報告書) 11-20.
菊池多賀夫・田村俊和・牧田　肇・宮城豊彦 1978．西表島仲間川下流の沖積平野に見られる植物群落の配列とこれにかかわる地形　I．マングローブ林．東北地理 30: 71-81.
斉藤綾子・馬場繁幸・宮城豊彦 2009. 台風によるオヒルギ（*Bruguiers gymnorrhiza*）林の破壊とその修復課程―沖縄県，西表島船浦湾の例―．*Mangrove Science* 6: 41-52.
高田圭太・中田　高・宮城豊彦・原口　強・西谷義数 2002．沖積層調査のための小型ジオスライサー（Handy Geo-slicer）の開発．地質ニュース 579: 12-18.
真壁さくら・宮城豊彦・大丸裕武・宇野女草太 2015．高精度レーザー計測システム「SAKURA」を用いたマングローブ林特性の再現性検証―奄美大島住用川の例―．自然環境復元研究 7(1): 15-23.
宮城豊彦 1991．マングローブハビタットの地形形成と生物の役割．地形 12: 273-277.
宮城豊彦 1992．マングローブハビタットの土地管理．地形 13: 325-331.
宮城豊彦 2003a. マングローブとはなにか．宮城豊彦・安食和宏・藤本　潔『マングローブ―なりたち・人びと・みらい―』6-29．古今書院．
宮城豊彦 2003b. マングローブ生態系のなりたちを考える2つの視点とプロジェクト．宮城豊彦・安食和宏・藤本　潔『マングローブ―なりたち・人びと・みらい―』33-42．古今書院．
山田　勇 1986．東南アジア低湿地の植生 II マングローブ．農林水産省熱帯農業研究センター編『東南アジアの低湿地』108-142．財団法人農林統計協会．
Australian Bureau of Meteorology 2010. *Pacific country reports on sea level & climate: their present state, Federated States of Micronesia*. http://www.bom.gov.au/ntc/IDO60022/IDO60022.2010.pdf（最終閲覧日 2015年5月22日）
Boto, K. G. and Wellington, J. T. 1983. Phosphorus and nitrogen nutritional status of a northern Australian mangrove forest. *Marine Ecology Progress Series* 11: 63-69.

Boto, K. G. and Wellington, J. T. 1984. Soils characteristics and nutrient status in a northern Australian mangrove forest. *Estuaries* 7: 61-69.

Clark, L. D. and Hannon, N. J. 1967. The mangrove and salt marsh communities of Sydney district. I. Vegetation, soils and climate. *Journal of Ecology* 55: 753-771.

Clark, L. D. and Hannon, N. J. 1969. The mangrove and salt marsh communities of Sydney district. II. The Holocoenotic complex with particular reference to physiography. *Journal of Ecology* 57: 213-234.

Clark, L. D. and Hannon, N. J. 1971. The mangrove and salt marsh communities of Sydney district. IV. The significance of species interaction. *Journal of Ecology* 59: 535-553.

Chapman, V. J. 1976. *Mangrove vegetation*. Vaduz: J. Cramer.

Davis 1940. *The ecology and geologic role of mangroves in Florida*.Washington, D. C.: Publications of Carnegie Institute.

FAO 2007. *The world's mangroves 1980-2005*. FAO Forestry Paper 153.

Fujimoto, K. 2004. Below-ground carbon sequestration of mangrove forests in the Asia-Pacific region. In *Mangrove management & conservation: present & future*,ed. M. Vannucci, 138-146, Tokyo: United Nations University Press.

Fujimoto, K. and Miyagi, T.1993. Development process of tidal-flat type mangrove habitats and their zonation in the Pacific Ocean : A geomorphological study. *Vegetatio* 106: 137-146.

Fujimoto, K., Tabuchi, R., Mori, T. and Murofushi, T. 1995. Site Environments and Stand Structure of the Mangrove Forests on Pohnpei Island, Micronesia. *JARQ* 29: 275-284.

Fujimoto, K., Miyagi, T., Kikuchi, T. and Kawana, T. 1996. Mangrove Habitat Formation and Response to Holocene Sea-Level Changes on Kosrae Island, Micronesia. *Mangrove and Salt Marshes* 1: 47-57.

Fujimoto, K., Imaya, A., Tabuchi, R., Kuramoto, S., Utsugi, H. and Murofushi, T. 1999a. Belowground carbon storage of Micronesian mangrove forests. *Ecological Research* 14: 409-413.

Fujimoto, K., Miyagi, T., Murofushi, T., Mochida, Y., Umitsu, M., Adachi, H. and Pramojanee, P. 1999b. Mangrove habitat dynamics and Holocene sea-level changes in the southwestern coast of Thailand. *TROPICS* 8: 239-255.

Fujimoto, K., Mochida, Y., Kikuchi, T., Tabuchi, R., Hirata, Y. and Lihpai, S. 2015. The Relationships among Community Type, Peat Layer Thickness, Belowground Carbon Storage and Habitat Age of Mangrove Forests in Pohnpei Island, Micronesia. *Open Journal of Forestry* 5: 48-56.

Giglioli, M. E. C. and Thornton, I. 1965. The mangrove of Keneba, lower Gambia River basin. I. Descriptive notes on the climate, the mangrove swamps, and the physical condition of their soils. *Journal of Applied Ecology* 2: 81-103.

Hirata, Y., Tabuchi, R., Patanaponpaiboon, P., Poungpam, S., Yoneda, R. and Fujimoka, Y. 2013.

Estimation of aboveground biomass in mangrove forests using high resolution satellite image. *Journal of Forest Research* 19: 31-41.

IPCC 2013. *Climate Change 2013: The Physical Science Basis.* Cambridge:Cambridge University Press.

Macnae, W. 1968. A general account of the flora and fauna of mangrove swamps in the Indo-Pacific region. *Advances in Marine Biology* 6: 73-270.

Macnae, W. 1969. Zonation within mangroves associated with estuaries in north Queensland. In *Estuaries*, ed. G. H. Lauff, 432-441. Washington, D. C.: American Association for the Advancement of Science.

Miyagi, T., Kikuchi, T. and Fujimoto, K. 1995. Late Holocene sea level changes and mangrove peat accumulation: habitat dynamics in the Western Pacific. In *Rapid sea level rise and mangrove habitat*, ed. T. Kikuchi, 19-26. Gifu: Institute for Basin Ecosystem Studies, Gifu University.

Miyagi, T., Tanavud, C., Pramojanee, P., Fujimoto, K. and Mochida, Y. 1999. Mangrove habitat dynamics and sea-level change – A scenario and GIS mapping of the changing process of the delta and estuary type mangrove habitat in Southwestern Thailand –. *TROPICS* 8: 179-196.

Miyagi, T., Nam, V.N., Sinh, L.V., Kainuma, M., Saitoh, A., Hayashi, K. and Otomo, M. 2014. Futher study on the mangrove recovery processes in Can Gio, Vietnam. *ISME Mangrove Ecosystem Technical Reports* 6: 15-30.

McKee, K. L., Mendelssohn, I. and Hester, M. K. 1988. Reexamination of pore water sulfide concentrations and redox potentials near the aerial roots of Rhizophora mangle and Avicennia germinans. *American Journal of Botany* 75: 1352-1359.

Mochida, Y.,Fujimoto, K., Miyagi, T., Ishihara, S., Murofushi, T., Kikuchi, T. and Pramojanee, P. 1999. A phytosociological study of the mangrove vegetation in the Malay Peninsula: Special reference to the micro-topography and mangrove deposit. *TROPICS* 8: 207-220.

Nickerson, N. H. and Thibodeau, F. R. 1985. Association between pore water sulfide concentrations and distribution of mangroves. *Biogeochemistry* 1: 183-192.

Rabinowitz, D. 1978. Early growth of mangrove seedlings in panama, and an hypothesis concerning the relationship of dispersal and zonation. *Journal of Biogeography* 5: 13-133.

Robertson, A. I. and Blaber, S. J. M. 1992. Chapter 7. Plankton, Epibenthos and Fish Communities. In *Tropical mangrove ecosystems*, ed. A. I. Robertson and D. M. Alongi, 173-224. Washington, D. C.: American Geophysical Union.

Smith, T. J., III 1987. Seed predation in relation to tree dominance and distribution in mangrove forests. *Ecology* 68: 266-273.

Smith, T. J., III 1992. Chapter 5. Forest structure. In *Tropical mangrove ecosystems*, ed. A. I. Robertson and D. M. Alongi, 101-136. Washington, D. C.: American Geophysical Union.

Snedaker, S. C. 1982. Mangrove species zonation: Why? In *Tasks for vegetation science, Vol. 2,* ed. D. N. Sen and K. S. Rajpurohit, 111-125. Hague: Dr. W. Junk Publishers.

Spalding, M., Kainuma, M. and Collins, L. 2010. *World atlas of mangroves*. London: Earthscan.

Thom, B. G. 1967. Mangrove ecology and deltaic geomorphology: Tabasco, Mexico. *Journal of Ecology* 55: 301-343.

Thom, B. G. 1982. Mangrove ecology: a geomorphological perspective. In Mangrove ecosystems in *Australia, structure, function and management*, ed. B. F. Clough, 3-17. Canberra: Australian National University Press.

Thom, B. G. 1984. Coastal landforms and geomorphic processes. In *The mangrove ecosystem: research method*, ed. S. C. Snedaker and J. G. Snedaker, 3-17. Paris: UNESCO.

Thom, B. G., Wright, L. D. and Coleman, J. M. 1975. Mangrove ecology and deltaic-estuarine geomorphology: Cambridge Gulf - Ord River, Western Australia. *Journal of Ecology* 63: 203-232.

Uchiyama, S. and Miyagi, T. 2014. Application of digital surface model due to structure from motion. In *Proceedings of SATRPS Workshop on Landslides −Mid Term Activity Report*, International Consortium on Landslides (ICL), 128-136.

Watson, J. G. 1928. Mangrove forests of the Malay Peninsula. *Malayan Forest Records* 6: 1-275.

Walter, H. and Steiner, M. 1936. Die Öekologie der ost-afrikanischen mangroven. *Zeitschrift für Botanik* 30: 65-193.

Woodroffe, C. D. 1981. Mangrove swamp stratigraphy and Holocene transgression, Grand Cayman Island, West Indies. *Marine Geology* 41: 271-294.

Woodroffe, C. D. 1982. Geomorphology and development of mangrove swamps, Grand Cayman Island, West Indies. *Bulletin of Marine Science* 32: 381-398.

Review 3

Relationship between mangrove zonation and micro-landforms and its application

FUJIMOTO Kiyoshi and MIYAGI Toyohiko

論説1

中部日本太平洋岸の里山植生の現状と微地形
―ナラ枯れ被害を受けた愛知県「海上の森」の事例―

藤本　潔・小南陽亮

住民の日常生活とのかかわりが薄れた近年の里山では，その植生が急速に変化しつつあります．そこに，「ナラ枯れ」という新たな攪乱が発生しました．微地形に注目することで，里山植生の現状とナラ枯れ被害の実態を空間的に捉えることが可能となります．

1　はじめに

　中部日本太平洋側の丘陵地の自然植生は，本来，シイ・カシ類からなる常緑広葉樹林である．しかし，地域住民の日常生活等による植生利用によって，コナラなどの落葉広葉樹が優占する，いわゆる里山植生が形成された．ところが1970年代以降，里山は薪炭材や堆肥原料の獲得の場としての機能を失い，住民の日常生活とのかかわりが薄れ，従来の里山環境の維持が困難な状況となっている．
　そのような状況の中，1980年代末以降，まず日本海側の地域でナラ類の大量枯死が発生した．これは，カシノナガキクイムシ（*Platypus quercivorus*）による穿孔とそれに伴う病原菌の伝播に起因することが明らかにされており（Kuroda 2001），その背景には，近年利用されなくなった里山で，ナラ類が大径木化したことが関係しているものと考えられている（黒田ほか 2007）．2006年には愛知県でも被害が確認され，2009年には愛知県西部の里山に一気に被害が拡大した．これらの現象は一般に「ナラ枯れ」と呼ばれている．
　そこで本稿では，愛知県西部の代表的な里山「海上の森」を事例として，ナラ枯れ被害前の森林構造と微地形との関係，ナラ枯れ被害木の分布および被害後の植生動態と微地形との関係について，斜面方位の異なる2カ所に設置した固定プロットの毎木調査データに基づいて検討する．

2 調査地域と調査方法

2.1 調査地域の概要

　海上の森は,濃尾平野の東側に広がる尾張丘陵(瀬戸市南西部)に位置し(図1),名古屋都市圏ではごくわずかしか残されていない貴重な里山環境といえる.2005年に開かれた愛知万博の当初計画では,海上の森をメイン会場とする案が策定され,万博後には新住宅市街地開発事業(新住事業)によりそのほとんどが失われる危機に晒された.しかし,これらの開発構想に反対する様々なNPO・NGOや

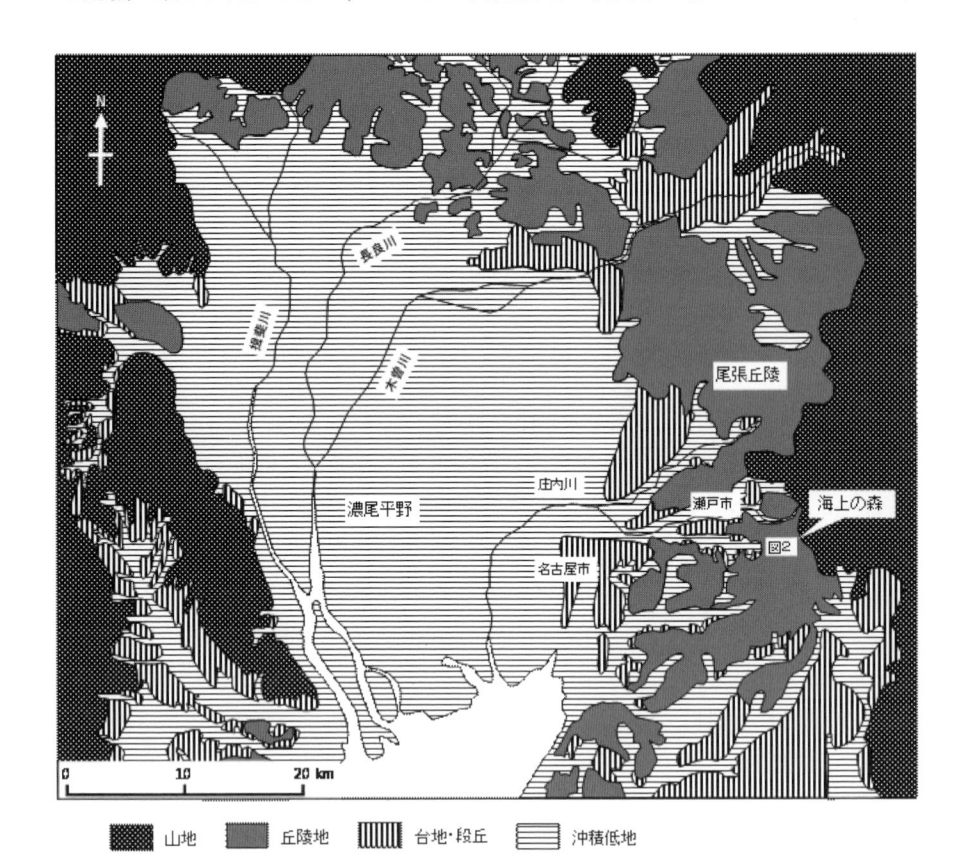

図1　濃尾平野周辺の中地形分類図と海上の森の位置
地形分類は50万分の1土地分類図(地形分類図Ⅳ)中部・近畿地方(経済企画庁1968)に基づき,一部簡略化.

市民団体等の活動の甲斐あって，当初案は変更され，そのほとんどの地域が保全されることとなった（藤本・目崎 2006）．面積は約 600ha で，一部の民有地を除き，現在は県有地が大半（約 510ha）を占める（愛知県 2007）．

　海上の森の標高は約 100 ～ 400m で，東側に向かって標高が増す．東側には活断層である猿投山北断層が北東－南西方向に走っており，その分岐断層が海上の森の中央部を東西に走る（森山 2000）．表層地質は，分岐断層を境にして南側には花崗岩が露出するのに対し，北側はこの花崗岩を土岐砂礫層と呼ばれる鮮新世の砂礫層が覆う．砂礫層は西側ほど厚くなり，層厚 30 ～ 40m にもなる（森山 2000）．

　植生分布は，花崗岩地域はコナラやアベマキが高木層をなす落葉広葉樹林，砂礫層地域はアカマツやコナラの低木～亜高木林となり，表層地質と明瞭な対応関係がみられる（波田ほか 1999）．スギ・ヒノキ人工林のほとんどは花崗岩地域に造成されている．また，砂礫層地域には，貧栄養な水が湧出する場所に湿地植生が発達している．湧水点は砂礫層に挟まった粘土層が露出する場所にみられ，そこから地すべり性山崩れが起こり，その下流側に湿地が形成されている場合が多い（森山 2000）．

2.2　調査方法

　固定プロットは，花崗岩地域の典型的な落葉広葉樹林内にある標高約 220 m の北向き斜面（20m × 20m：KP1）と，標高約 170m の南西向き谷頭部（30m × 30m：KP2）に設置した（図2）．KP1 は上部谷壁斜面から頂部斜面にかけて，KP2 は谷頭凹地から頂部斜面に至る一連の微地形単位が含まれるよう設定した．KP1 では 2010，2011，2013 年 10 月に樹高 1.3m 以上の全樹木，KP2 では 2012 年 10 月，2014 年 12 月に樹高 2m 以上の全樹木を対象に毎木調査を行った．調査項目は，位置座標，樹種，樹高，胸高直径，キクイムシ被害の有無，生死の別である．また，ポケットコンパスを用いプロット内の地形測量を行い，ArcGIS を用いて等高線図を作成するとともに，微地形単位や傾斜等の微地形条件とナラ枯れ被害との関係，各樹種の分布や立木密度と微地形との関係，およびナラ枯れ被害後の樹種別成長率等について分析した．なお，両プロット間の比較のため，本稿では KP1 についても樹高 2m 以上の樹木を分析対象とする．

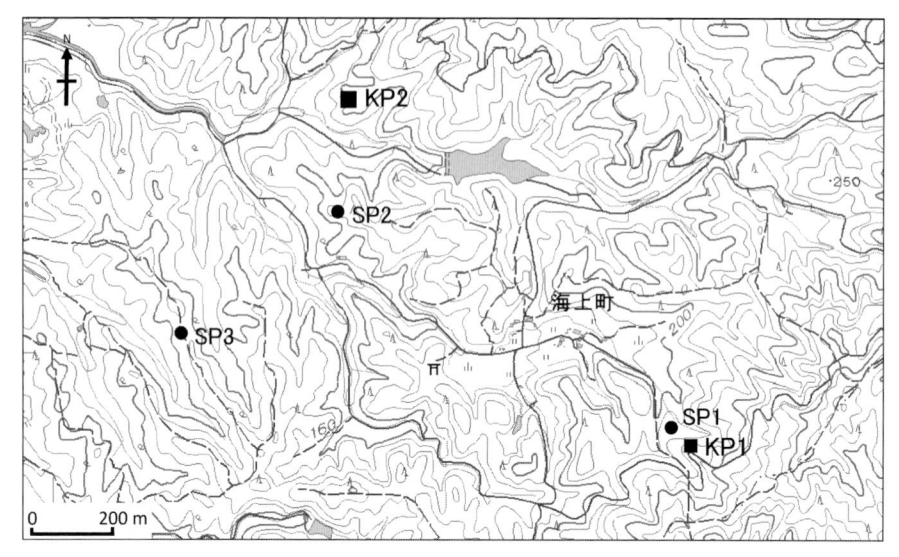

図2 海上の森における調査プロット位置図
ベースマップには地理院地図を使用.

また，ナラ枯れ被害と地形環境および樹木サイズとの関係を考察する補足資料とするため，コナラとアベマキを対象に地形条件の異なる3カ所で胸高直径，キクイムシ被害の有無と生死の別を調査した．調査地点は，花崗岩地域のKP1の下流側に位置する2つの谷に挟まれた段丘状の緩斜面上（SP1）と最頂部より低位の頂部平坦面（SP2），および砂礫層地域の頂部斜面（SP3）である（図2）．

3 調査結果
3.1 ナラ枯れ被害前の植生と微地形の関係

調査プロットはナラ枯れ被害後の2010年（KP1）および2012年（KP2）に設置したため，厳密には被害前のデータとはいえないが，コナラ，アベマキの被害木は立ち枯れ状態で確認されたため，以下では，KP1は2010年，KP2は2012年のデータを用い被害前の林分構造を議論する．

KP1における2010年の調査では，26種239本の樹木が確認された（枯死木含む）．そのうち，常緑広葉樹141本（ヒサカキ68本，ソヨゴ58本，その他15本），落葉広葉樹78本（リョウブ30本，コナラ20本，キブシ12本，その他16本）

と本数では常緑樹が上回るものの，胸高断面積では常緑樹 7.5m^2/ha に対し，落葉樹は 16.7m^2/ha と落葉樹が約 2.2 倍を占める．針葉樹も合わせた全断面積合計と比較しても 58％ を落葉樹が占める．最大胸高断面積合計を有する樹種はコナラで 13.1m^2/ha，次いでソヨゴ，アカマツ，リョウブ，ヒサカキの順であった（表1）．

口絵図 3 に KP1 の微地形および樹種別樹木分布図を示す．これをみると，コナラとリョウブは全体に万遍なく分布するのに対し，キブシやミツバツツジなどの直径 5 cm 未満の落葉小径木は頂部斜面や上部谷壁斜面上部に集中して分布する．常緑樹は頂部斜面にはあまりみられず，上部谷壁斜面，特にその中～上部に多く分布する．

口絵図 4 に KP2 の微地形および樹種別樹木分布図を示す．KP2 における 2012 年の調査では，22 種 521 本の樹木が確認された(枯死木，タケを含む)．そのうち，常緑広葉樹 369 本(ヤブツバキ 234 本，ヒサカキ 61 本，サカキ 25 本，アセビ 18 本，スダジイ 7 本，その他 24 本)，落葉広葉樹 144 本（リョウブ 81 本，コナラ 27 本，アベマキ 15 本，その他 21 本）と本数では常緑樹が上回るものの，胸高断面積では常緑樹 6.2m^2/ha に対し，落葉樹は 32.5m^2/ha と常緑樹の約 5.3 倍を占める．針葉樹やタケも合わせた全断面積合計と比較しても約 80％ を落葉樹が占める．最大胸高断面積合計を有する樹種はコナラで 13.3m^2/ha，次いでアベマキ 10.7m^2/ha，リョウブ 8.0m^2/ha で，それぞれ全断面積合計の 33％，27％，20％ を占める（表2）．

図 5 は KP2 における微地形単位毎に主要樹種の立木密度を比較したものである．ここでは，平面上への投影面積に加え，実際の起伏を考慮した地表面積に対する立木密度も表示した．各微地形単位における各樹種の分布本数は ArcGIS の解析ツールを用いて抽出し，地表面積は ArcGIS 3D Analyst を用いて算出した．全樹木の立木密度は頂部斜面と上部谷壁斜面で相対的に高く，落葉樹は頂部斜面，常緑樹は上部谷壁斜面で最も立木密度が高い．谷頭凹地は，落葉樹，常緑樹共に最も立木密度が低く，特に落葉樹は極端に少ない．

樹種別にみると，落葉樹ではコナラは全体的にみられるが，被害前は上部谷壁斜面でやや多かった．アベマキは谷頭凹地にみられないが，全体的に本数が少なく，この分布傾向の一般性を議論するのは適切ではない．リョウブは頂部斜面に最も多く分布し，上部谷壁斜面には頂部斜面の約 40%，谷頭凹地には 10% 程度

110

表1 KP1の樹種別出現個体数（樹高 2m 以上）と胸高断面積

	樹種	個体数（本）						胸高断面積 (m²/ha)					個体数比率(%)		断面積比率(%)	
		2010			2013			2010			2013		被害前	2013	被害前	2013
		生	枯	計	生	枯	計	生	枯	計	生				
落葉樹	リョウブ	30	0	30	31	1	3.30	0.00	3.30	3.73	12.6	13.4	11.4	18.3
	コナラ	8	12	20	4	4	4.51	8.58	13.09	2.91	8.4	1.7	45.4	14.3
	キブシ	12	0	12	9	3	0.11	0.00	0.11	0.11	5.0	3.9	0.4	0.5
	タカノツメ	4	0	4	2	2	0.05	0.00	0.05	0.01	1.7	0.9	0.2	0.0
	ヤマウルシ	4	0	4	3	2	0.07	0.00	0.07	0.03	1.7	1.3	0.2	0.1
	ミヤマガマズミ	3	0	3	3	0	0.01	0.00	0.01	0.02	1.3	1.3	0.0	0.1
	ミツバツツジ	1	0	1	1	1	0.00	0.00	0.00	0.00	0.4	0.4	0.0	0.0
	ツツジ（種不明）	1	0	1	1	0	0.07	0.00	0.07	0.07	0.4	0.4	0.2	0.3
	サルスベリ	1	0	1	1	0	0.00	0.00	0.00	0.00	0.4	0.4	0.0	0.0
	カマツカ	1	0	1	1	0	0.00	0.00	0.00	0.00	0.4	0.4	0.0	0.0
	オトコヨウゾメ	1	0	1	1	0	0.00	0.00	0.00	0.00	0.4	0.4	0.0	0.0
	小計	66	12	78	57	13	8.13	8.58	16.70	6.89	32.6	24.6	57.9	33.7
常緑樹	ヒサカキ	68	0	68	81	2	1.31	0.00	1.31	2.05	28.5	34.9	4.5	10.1
	ソヨゴ	58	0	58	64	3	5.83	0.00	5.83	7.91	24.3	27.6	20.2	38.7
	アセビ	9	0	9	6	0	0.20	0.00	0.20	0.19	3.8	2.6	0.7	0.9
	サカキ	5	0	5	6	0	0.12	0.00	0.12	0.17	2.1	2.6	0.4	0.8
	ネズミサシ	1	0	1	1	0	0.00	0.00	0.00	0.00	0.4	0.4	0.0	0.0
	小計	141	0	141	158	5	7.46	0.00	7.46	10.32	59.0	68.1	25.8	50.6
針葉樹	ヒノキ	10	0	10	11	0	0.20	0.00	0.20	0.23	4.2	4.7	0.7	1.2
	アカマツ	3	4	7	3	4	2.38	1.76	4.14	2.54	2.9	1.3	14.3	12.5
	スギ	3	0	3	3	0	0.36	0.00	0.36	0.43	1.3	1.3	1.2	2.1
	小計	16	4	20	17	4	2.94	1.76	4.70	3.20	8.4	7.3	16.3	15.7
	総計	223	16	239	232	22	18.53	10.34	28.86	20.41	100.0	100.0	100.0	100.0

論説1　中部日本太平洋岸の里山植生の現状と微地形　　　111

表2　KP2の樹種別出現個体数（樹高2m以上）と胸高断面積

	樹種	個体数（本）						胸高断面積 (m²/ha)						個体数比率(%)		断面積比率(%)	
		2012			2014			2012			2014			被害前	2014	被害前	2014
		生	枯	計	生	枯		生	枯	計	生						
落葉樹	コナラ	18	9	27	18	0		8.90	4.42	13.32	9.51			5.2	3.6	32.9	26.9
	アベマキ	10	5	15	10	0		9.09	1.64	10.73	9.98			2.9	2.0	26.5	28.3
	リョウブ	78	3	81	73	4		7.73	0.28	8.01	8.00			15.5	14.5	19.8	22.6
	タカノツメ	12	0	12	11	1		0.05	0.00	0.05	0.09			2.3	2.2	0.1	0.3
	アオハダ	3	0	3	3	0		0.05	0.00	0.05	0.05			0.6	0.6	0.1	0.1
	アブラチャン	2	0	2	1	1		0.01	0.00	0.01	0.01			0.4	0.2	0.0	0.0
	ウリカエデ	1	0	1	1	0		0.02	0.00	0.02	0.06			0.2	0.2	0.0	0.2
	ヤマザクラ	1	1	2	1	0		0.32	0.00	0.32	0.32			0.4	0.2	0.8	0.9
	ニレ科	1	0	1	0	1		0.02	0.00	0.02	0.00			0.2	0.0	0.0	0.0
	小計	126	18	144	118	7		26.19	6.34	32.53	28.02			27.6	23.4	80.4	79.3
常緑樹	ヤブツバキ	234	0	234	249	0		2.60	0.00	2.60	2.79			44.9	49.4	6.4	7.9
	ヒサカキ	59	2	61	59	1		0.48	0.00	0.49	0.52			11.7	11.7	1.2	1.5
	サカキ	25	0	25	25	0		0.53	0.00	0.53	0.60			4.8	5.0	1.3	1.7
	アセビ	18	0	18	21	0		0.47	0.00	0.47	0.57			3.5	4.2	1.2	1.6
	アラカシ	12	0	12	14	0		0.03	0.00	0.03	0.03			2.3	2.8	0.1	0.1
	スダジイ	7	0	7	10	0		1.95	0.00	1.95	2.08			1.3	2.0	4.8	5.9
	ヒイラギ	6	0	6	0	0		0.05	0.00	0.05	0.05			1.2	0.0	0.1	0.1
	イヌツゲ	3	0	3	0	0		0.01	0.00	0.01	0.02			0.6	0.0	0.0	0.0
	モッコク	1	0	1	0	0		0.01	0.00	0.01	0.01			0.2	0.0	0.0	0.0
	不明	2	0	2	0	0		0.04	0.00	0.04	0.07			0.4	0.0	0.1	0.2
	小計	367	2	369	378	1		6.16	0.00	6.17	6.75			70.8	75.0	15.2	19.1
その他	アカマツ	1	1	2	1	0		0.30	1.13	1.43	0.30			0.4	0.2	3.5	0.9
	タケ	6	0	6	7	1		0.34	0.00	0.34	0.24			1.2	1.4	0.8	0.7
	小計	7	1	8	8	1		0.64	1.13	1.77	0.54			1.5	1.6	4.4	1.5
	総計	500	21	521	504	9		33.00	7.47	40.47	35.32			100.0	100.0	100.0	100.0

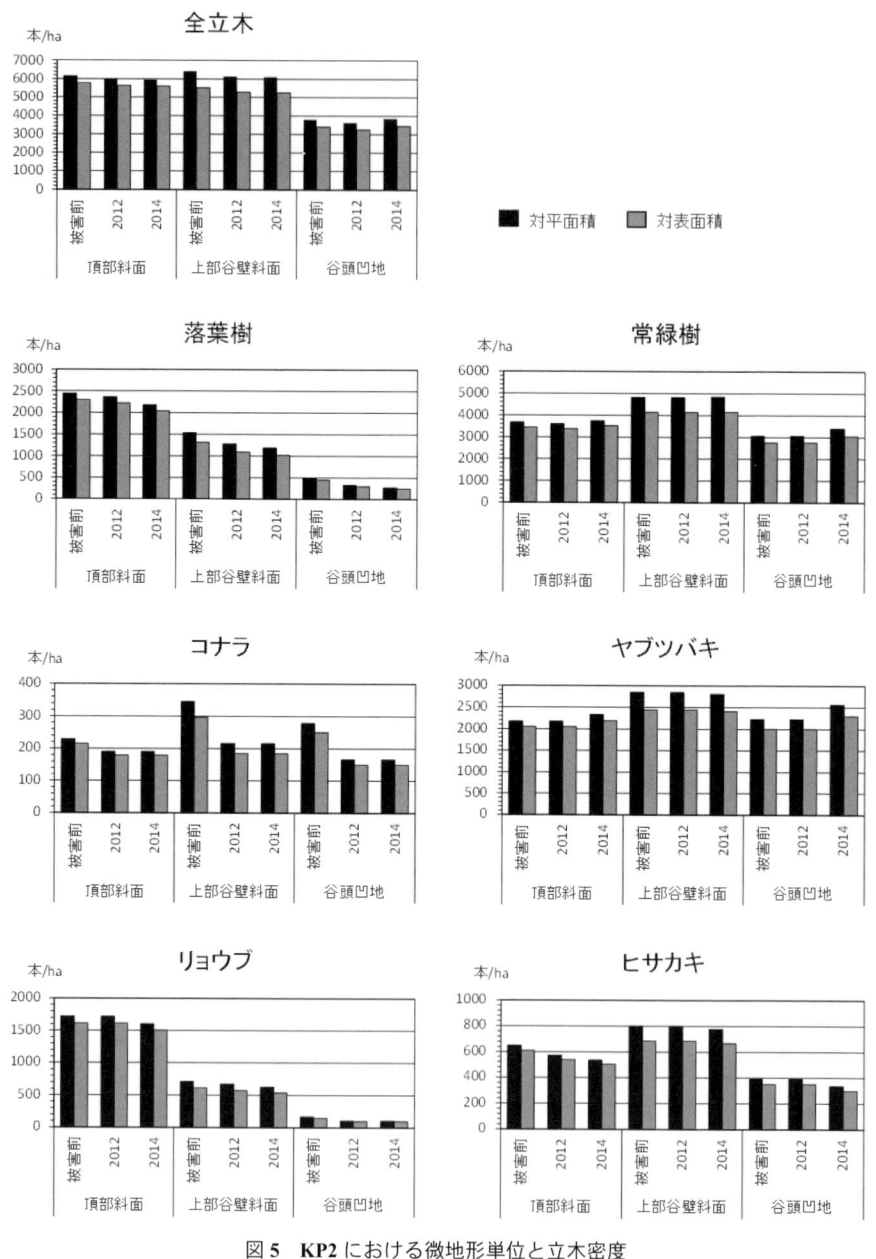

図5　KP2における微地形単位と立木密度

しか分布しない．常緑樹ではヤブツバキとヒサカキが全体に分布するが，両者とも上部谷壁斜面が相対的に多い．また，この谷沿いには下流側から竹林の拡大が進みつつあり，このプロットにおいても谷頭凹地と上部谷壁斜面中〜下部でその侵入が確認された（口絵図4）．

3.2 ナラ枯れと微地形
3.2.1 被害分布と微地形および樹木サイズとの関係

表3は，コナラとアベマキのキクイムシによる穿孔被害率と枯死率を微地形との関係からまとめたものである．

KP1ではナラ類はコナラのみがみられ（平均直径16.9cm），枯死木1本を除き，すべて上部谷壁斜面に分布する．上部谷壁斜面における被害率は95.7％に達し，2013年における上部谷壁斜面での対被害木枯死率は81.8％，対調査木枯死率も78.3％と極めて高かった．

KP2では，全体でコナラ27本中9本，アベマキ15本中5本が立ち枯れしていた．KP2の初回調査は被害発生から3年後の2012年で穿孔被害の有無を正確に把握することができなかったため，被害率は算出していない．微地形単位ごとにみると，頂部斜面ではコナラ・アベマキ共6本中1本（枯死率16.7％），上部谷壁斜面ではコナラが16本中6本（枯死率37.5％），アベマキが9本中4本（枯死率40％）と，コナラ・アベマキとも，上部谷壁斜面で枯死率が高かった．谷頭凹地はコナラが5本みられるのみで，うち2本が枯死していたが，他の微地形単位と比べ本数が少ないため，ここでは議論の対象とはしない．

SP1では約50mの区間のコナラ48本（平均直径26.2cm），アベマキ78本（平均直径27.9cm）を対象に調査を実施した．ここでの穿孔被害率はコナラ89.6％，アベマキ85.9％に達し，対調査木枯死率は，コナラ37.5％，アベマキ37.2％であった．SP2では14m×20mの範囲にコナラ19本（平均直径25cm），アベマキ2本（平均直径31cm）がみられ，すべての調査木に穿孔被害がみられ，うちコナラ7本が枯死していた（対全調査木枯死率33.3％）．SP3では半径10mの円形プロット中にナラ類はコナラのみがみられ，樹木サイズは平均直径12.0cmと直径20㎝未満の小径木がほとんどであった．ここでは枯死木は確認されず，穿孔被害率も43.8％と少なかった．

表3 コナラ・アベマキの穿孔被害率・枯死率と微地形および樹木サイズとの関係

プロット	調査年	微地形単位	樹種	調査数(本)	平均直径(cm)	最小直径(cm)	最大直径(cm)	被害率(%)	対被害木枯死率(%)	対調査木枯死率(%)
KP1	2013*	上部谷壁斜面	コナラ	23	16.9	5.5	31.1	95.7	81.8	78.3
		頂部斜面	コナラ	6	16.5	1.8	36.6	-	-	16.7
			アベマキ	6	30.0	22.1	36.2	-	-	16.7
			両種	12	23.2	1.8	36.6	-	-	16.7
KP2	2014*	上部谷壁斜面	コナラ	16	21.9	1.3	43.0	-	-	37.5
			アベマキ	9	25.5	7.6	50.6	-	-	44.4
			両種	25	23.2	1.3	50.6	-	-	40.0
		谷頭凹地	コナラ	5	27.1	15.9	32.2	-	-	40.0
SP1	2010	段丘状緩斜面	コナラ	48	26.2	12.4	39.5	89.6	41.9	37.5
			アベマキ	78	27.9	13.8	46.2	85.9	38.8	37.2
			両種	126	27.2	12.4	46.2	87.3	40.0	37.3
SP2	2011	頂部平坦面	両種	21	25.9	12.7	38.8	100	33.3	33.3
SP3	2011	頂部斜面	コナラ	32	12.0	4.6	25.8	43.8	0	0

*枯死木の直径は，枯死が確認された年の直径を採用．

表4 KP1とKP2におけるコナラ・アベマキの傾斜角別枯死率

傾斜角* (度)	KP1 生(本)	KP1 枯(本)	KP1 枯死率(%)	KP2 生(本)	KP2 枯(本)	KP2 枯死率(%)	KP1+KP2 生(本)	KP1+KP2 枯(本)	KP1+KP2 枯死率(%)	傾斜20°を境とした枯死率 生(本)	枯(本)	枯死率(%)
0-10	0	2	100.0	4	1	20.0	4	3	42.9	12	5	29.4
10-20	2	1	33.3	6	1	14.3	8	2	20.0			
20-30	1	11	91.7	11	6	35.3	12	17	58.6	20	29	59.2
30-40	1	4	80.0	6	5	45.5	7	9	56.3			
40-50	0	2	100.0	0	1	100.0	0	3	100.0			
50-60	0	0	-	1	0	0.0	1	0	0.0			
計	4	20	83.3	28	14	33.3	32	34	51.5	32	34	51.5

＊傾斜角の範囲は右側境界値を含む.

　これらの結果から，最大直径が30cmを超える大径木化した林分での穿孔被害率は地形条件にかかわらず85％以上と極めて高くなるが，枯死率は地形条件，特に斜面傾斜とある程度の関係性が見出せる．

　表4にKP1とKP2のコナラとアベマキの傾斜角別被害率を示す．各立木位置の傾斜角はArcGIS Spatial Analystを用いて抽出した．これをみると，傾斜20°以下の地点では枯死率29.4％であるのに対し，それを上回る地点の枯死率は59.2％と明らかに高くなることがわかる．微地形単位との関係で見てみると，KP1は傾斜30〜45°の急傾斜地からなる上部谷壁斜面が大半を占めることから（口絵図3），枯死率が極端に高くなったものと考えられる．KP2の中では相対的に上部谷壁斜面で枯死率が高いが，緩傾斜地であるSP1やSP2と比較すると必ずしも高い枯死率とはいえない．これは，KP2の上部谷壁斜面は一様な急傾斜地とはなっておらず，所々に小規模な凹地形，すなわち緩傾斜地が分布するためと考えられる（口絵図4）．このように急傾斜地で枯死率が高くなることから，地形条件に伴う土壌水分条件が枯死率に影響を与えている可能性を指摘できる．

　一方，従来の研究では大径木化した里山林が被害を受けやすいことが報告されている（黒田ほか2007）．本研究でも直径が30cmを超える大径木化した林分での被害率は地形条件にかかわらず85％以上と極めて高く，小径木が多いSP3では，被害率，枯死率共に明らかに低いことが確認された（表3）．

3.2.2 被害後の植生動態と微地形

　本稿では便宜的に，高木層は樹高 15m 以上，準高木層は 10m 以上 15m 未満，中木層 5m 以上 10m 未満，低木層 5m 未満と区分して以下の議論を進めていくこととする．

　ナラ枯れ被害前の高木層は，KP1 では樹高 15 〜 17m のコナラ，KP2 では樹高 20m 前後のコナラとアベマキから構成されていたが，前者はその約 80％が枯死したため被害前の準高木層が実質的な高木層となり，後者は約 20％が枯死したため林冠にいくつかのギャップが形成された．ここではナラ枯れ被害後の森林動態を把握するため，両プロットの樹高 15 m 未満の準高木〜低木層を対象に断面積成長率を比較検討する．なお，断面積成長率は，KP1 は 2010 年の胸高断面積に対する 2013 年の胸高断面積比（％），KP2 は 2012 年の胸高断面積に対する 2014 年の胸高断面積比（％）で示す．統計解析には，フリー統計解析ソフト EZR（Kanda 2013）を用い，まず，Smirnov-Grubbs 検定で外れ値を除去した後，対象とする各群の標本の分散の均一性について検定し，その結果に応じた適切な検定手法で分析した．

　KP1 の 2013 年調査では，高木はコナラ 1 本のみで，実質的高木層となった準高木層は，リョウブ 11 本，ソヨゴ 8 本，コナラ 2 本，アカマツ 1 本から構成されていた．そこで，まずリョウブとソヨゴの成長率を比較すると，両者の間に有意差は認められなかった（t 検定，p=0.772）．中木層以下は，主としてリョウブ，ソヨゴ，ヒサカキから構成され，中木層はリョウブとヒサカキ，低木層はヒサカキの成長率が相対的に大きくみえるが（表 5），統計的にはいずれも有意差は認められなかった（Kruskal-Wallis 検定，中木：p=0.155，低木：p=0.119）．

　KP2 における 2014 年調査では，高木はコナラ 14 本，アベマキ 10 本，ヤマザクラ 1 本，スダジイ 1 本，準高木はリョウブ 27 本，スダジイ 2 本，ソヨゴ 1 本から構成されていた．すなわち，準高木層のほとんどがリョウブからなるが，その成長率は中低木層の各樹種と比較するとむしろ小さい値となっている（表 6）．中木層は，主としてリョウブ，ヤブツバキ，ヒサカキから構成され，ヤブツバキの成長率が相対的に高いようにみえるが（表 6），3 種間で有意差は認められなかった（Kruskal-Wallis 検定，p=0.175）．低木層は主としてヤブツバキとヒサカキの 2 種から構成され，ヤブツバキの成長率が有意に大きいことが確認された（Welch-t

表5 KP1における主要中・低木の胸高断面積成長率 (2013/2010)

樹種		全立木	準高木 (10-15m)	中木 (5-10m)	低木 (5m 未満)
リョウブ	中央値	116.9	114.4	126.8	100.0
	平均	120.4	116.2	127.7	105.5
	標準偏差	17.6	6.5	21.1	10.9
	n	28	10	14	4
ソヨゴ	中央値	112.9	115.5	114.5	102.5
	平均	114.1	117.1	115.2	107.9
	標準偏差	11.9	6.4	12.8	10.9
	n	52	8	34	10
ヒサカキ	中央値	114.1	-	121.0	113.2
	平均	121.4	-	125.2	120.8
	標準偏差	23.6	-	27.2	23.2
	n	68	0	9	59
	p 値	0.470[1]	0.772[2]	0.155[1]	0.119[1]

n: Smirnov-grubbs 検定で外れ値を除いた本数
1) Kruskal-Wallis 検定　2) t 検定

表6 KP2における主要中・低木の胸高断面積成長率 (2014/2012)

樹種		全立木	準高木 (10-15m)	中木 (5-10m)	低木 (5m 未満)
リョウブ	中央値	103.5	102.4	104.6	-
	平均	104.3	103.5	105.5	-
	標準偏差	9.7	7.7	10.1	-
	n	66	27	38	1
ヤブツバキ	中央値	109.7	-	110.2	108.9
	平均	110.6	-	108.6	111.4
	標準偏差	19.8	-	10.9	22.4
	n	205	2	56	147
ヒサカキ	中央値	105.7	-	107.6	105.7
	平均	103.6	-	101.1	103.9
	標準偏差	16.4	-	14.4	16.8
	n	46	0	5	41
	p 値	0.0027[1]	-	0.175[1]	0.014[2]

n: Smirnov-grubbs 検定で外れ値を除いた本数
1) Kruskal-Wallis 検定　2) Welch-t 検定

検定,p=0.014).

　これらの結果から,ナラ枯れによって,北向きの急斜面にある KP1 では落葉樹であるリョウブと常緑樹であるソヨゴが林冠をなす林へと変化したのに対し,南西向きで緩斜面を有する KP2 では,コナラ・アベマキからなる高木層が維持され,準高木層もほとんどがリョウブから構成されることから,今後も落葉広葉樹を林冠とする林が維持されるものと考えられる.

　次に,被害後の中・低木層の成長率と微地形との関係について,KP2 の主要 3 種(リョウブ,ヤブツバキ,ヒサカキ)のデータを用いて検討する(表 7).まず,樹種ごとに微地形との関係をみると,いずれも有意差は認められなかった.微地形単位ごとに樹種間の成長率を比較すると,頂部斜面と谷頭凹地では有意差は認められなかったが,上部谷壁斜面で有意水準 10%で差が認められ(Kruskal-Wallis 検定,p=0.059),ヤブツバキがヒサカキより成長率が大きい傾向があることが確認された(Steel-Dwass 検定,p=0.054).

表 7　KP2 における主要中・低木の微地形別胸高断面積成長率(2014/2012)

樹種		頂部斜面	上部谷壁斜面	谷頭凹地	P 値
リョウブ	中央値	103.5	107.7	-	0.394[1]
	平均	103.7	107.1	-	
	標準偏差	11.8	10.0	-	
	n	26	12	1	
ヤブツバキ	中央値	107.1	111.8	107.5	0.688[2]
	平均	112.2	110.6	108.4	
	標準偏差	20.2	19.9	20.9	
	n	51	119	33	
ヒサカキ	中央値	108.2	100.0	114.6	0.756[2]
	平均	105.1	102.4	108.3	
	標準偏差	19.7	14.7	21.9	
	n	12	30	4	
	p 値	0.276[3]	0.059[3]	0.991[1]	

n: Smirnov-grubbs 検定で外れ値を除いた本数
1) t 検定　2) one-way ANOVA 検定　3) Kruskal-Wallis 検定

4 まとめ

名古屋都市圏に残された貴重な里山である「海上の森」において，主要樹種の分布と微地形との関係，ナラ枯れ被害と微地形との関係，およびナラ枯れ被害後の森林動態と微地形との関係について検討した．その結果は以下のようにまとめられる．

1. ナラ枯れ被害前の林分構造は，北向きの急傾斜地では個体数でみると常緑広葉樹が落葉広葉樹を上回るものの，胸高断面積では落葉樹が全体の58％を占めていた．最大胸高断面積合計を有する樹種はコナラ，次いでソヨゴ，アカマツ，リョウブの順であった．南西向きの谷頭斜面では，同様に個体数では常緑樹が上回るものの，胸高断面積合計では約80％を落葉樹が占めていた．最大胸高断面積合計を有する樹種はコナラで，次いでアベマキ，リョウブの順であった．

2. 樹種分布と微地形の関係を見ると，北向き斜面では，コナラとリョウブは全体に万遍なく分布するのに対し，落葉小径木は頂部斜面や上部谷壁斜面上部に集中して分布していた．常緑樹は頂部斜面にはあまりみられず，上部谷壁斜面に多く分布していた．南西向き斜面では，落葉樹は頂部斜面，常緑樹は上部谷壁斜面で最も立木密度が高かった．谷頭凹地は，落葉樹，常緑樹共に最も立木密度が低く，特に落葉樹は極端に少なかった．樹種別にみると，落葉樹ではコナラは全体的にみられるが，上部谷壁斜面でやや多かった．リョウブは頂部斜面に最も多く分布していた．常緑樹ではヤブツバキとヒサカキが全体に分布するが，両者とも上部谷壁斜面に相対的に多く分布していた．

3. ナラ枯れ被害と微地形の関係をみると，最大直径が30cmを超える大径木化した林分での穿孔被害率は地形条件にかかわらず85％以上と高かったが，枯死率は上部谷壁斜面で相対的に高かった．斜面傾斜と枯死率の関係をみると，傾斜20°以下の斜面の枯死率は約30％であったのに対し，それを上回る斜面では約60％と明らかに高かった．

4. ナラ枯れによって，北向き急傾斜地では高木層をなしていたコナラがほとんど枯死したため，準高木層であった落葉樹のリョウブと常緑樹のソヨゴが林

冠をなす林へと変化したのに対し，緩斜面を有する南西向き斜面では，コナラ・アベマキからなる高木層が維持され，準高木層もほとんどがリョウブから構成されていることから，今後も落葉広葉樹を林冠とする林が維持されるものと考えられた．

5. 被害後の中・低木層の胸高断面積成長率と微地形との関係について南西向き斜面のデータで分析すると，いずれの樹種も微地形間で成長率に有意差は認められなかった．微地形単位毎に樹種間の成長率を比較すると，頂部斜面と谷頭凹地では有意差は認められなかったが，上部谷壁斜面でヤブツバキがヒサカキより成長率が大きい傾向があることが見出された．

2009年から2010年にかけて大規模な被害をもたらしたナラ枯れは，上記のように里山植生に多大な変化をもたらした．緩傾斜の地形面ではその被害が相対的に小さかったものの，放置され，大径木化した里山林では，再びナラ枯れ被害が発生する可能性が指摘される．おそらく千年以上もの長きに渡って維持されてきたであろう里山植生が，今，急速に変わろうとしている．

謝　辞

　本研究は，愛知県「あいち海上の森センター」の許可を得て実施されたものである．現地調査にあたり，様々な便宜を図ってくださいましたセンター職員の皆さまに厚く御礼申し上げます．本研究の実施にあたっては，2013〜2015年度科学研究費学術研究助成基金助成金（基盤研究C，課題番号：25350244，研究代表者：小南陽亮）を使用した．

文　献

愛知県 2007.『海上の森保全活用計画』http://www.pref.aichi.jp/cmsfiles/contents/0000072/72143/keikaku.pdf（最終閲覧日：2015年2月19日）

黒田慶子・衣浦晴生・高畠義啓・大住克博 2007.『ナラ枯れの被害をどう減らすか―里山林を守るために―』独立行政法人森林総合研究所関西支所．

藤本　潔・目崎茂和 2006. 地域特性に配慮した環境政策の展開―リージョナルからグローバルへ―．総合政策研究フォーラム編『総合政策論のフロンティア』311-332. 南山大学総合政策学部．

波田善夫・中村康則・能美洋介 1999. 海上の森の自然：多様性を支える地質と水．保全生態学研究 4: 113-123.

森山昭雄 2000. なぜ海上の森に湿地があるのか？―その地形・地質と水文環境を探る―．森山昭雄・梅沢広明編著『日本人の忘れ物―「海上の森」はなぜ貴重か？―』41-67.

名古屋リプリント.

Kanda, Y. 2013. Investigation of the freely available easy-to-use software 'EZR' for medical statistics. *Bone Marrow Transplantation* 48:452-458.

Kuroda, K. 2001. Responses of *Quercus* sapwood to infection with the pathogenic fungus of a new wilt disease vectored by the ambrosia beetle *Platypus quercivorus*. *Journal of Wood Science* 47: 425-429.

Article 1

Present status of SATOYAMA vegetation and micro-landforms in central Japan: Case study in the Kaisho Forest, Aichi Prefecture, before and after the mass mortality of Oak trees

FUJIMOTO Kiyoshi and KOMINAMI Yosuke

論説 2

仙台近郊の丘陵地における谷壁斜面スケールでみた里山植生と微地形

松林　武

丘陵地では，尾根から谷までのごく狭い範囲内で，植生の特徴が変化します．微地形に注目すると，こうした変化を理解することが可能になります．特に林分の階層構造には，微地形単位ごとに異なる斜面プロセスが影響を与えていると考えられます．

1　はじめに

　植生と地形との関係を扱った研究では，地形は微気候や土壌の差異をもたらす要因と見なされることが多かった．一方，地形の形成は現在でも進行しており，その作用が活発な土地では，地表の物質移動から生まれる攪乱が植物の生育に影響を及ぼすことが考えられる（菊池 2001）．しかし，植生は，風倒など地形形成作用以外の様々な攪乱の影響も受けている（例えば中静・山本 1987）ため，地形形成作用の植生分布に与える影響を直接みるのは一般に困難である．その中で，里山植生である雑木林は，長期にわたる薪炭林としての利用のため，強い伐採圧がかかり，必ずしも自然状態ではないが，原則的には生態系としての構造，機能に大きな破綻はなく（菊池 1985），若い二次林であるため長い再来周期をもつ攪乱の影響が少なく，現在進行している地形形成作用と植生との関係がみやすいことが期待される．

　丘陵地では，田村による微地形単位（例えば田村 1974，1987）と植生との関係が研究され（例えば三浦・菊池 1978；菊池 1985；大沢 1990；Kikuchi and Miura 1991；Kikuchi and Miura 1993；Nagamatsu and Miura 1997；松林 1997），両者の対応関係が報告されている．例えば，Nagamatsu and Miura（1997）は，低位遷急線を境に植生が異なり，土壌攪乱の頻度と強度をその要因であるとしている．また，松林（1997）は，雑木林の植生を形と広がりをもつ植生単位として扱い，

各植生単位の分布境界は傾斜変換線と重なることが多く，これは各植生単位が土壌断面形態により代表される土壌水文環境と地表面安定度によく対応し，この土壌断面形態の特徴と広がりが，微地形とよく対応するためと考察している．

どのような地形形成作用が植生に影響を与えているかを考察するためには，地形と植生との対応を調べ，そのなかで影響を与えている現象を抽出する必要がある．本稿では，谷壁斜面スケールで樹種分布域，林分の階層構造の発達程度の差異と地形との対応関係から，木本個体がどのような斜面プロセスと対応するのか考察を試みる．

2 調査地

本稿では，仙台平野に位置する高舘丘陵，釜房湖北岸の丘陵地，青葉山丘陵を調査地とした（図1）．高舘丘陵の増田川上流の調査地は，コナラが優占する雑木林が分布する．1975年撮影の空中写真では，調査地は伐採後それほど時間を経ていないと判読され，1960年代後半から1970年代前半に最後の伐採を受けたと推測される．釜房湖北岸の調査地は，コナラ，ミズナラが優占する雑木林が分布するが，モミも少なからず存在する．青葉山丘陵の調査地は，仙台城の西側にあたり，藩政時代より仙台城の防御のため御裏林として樹木の伐採，人々の出入りが禁止され，自然環境が守られ（内藤・持田 1990），現在は東北大学植物園となっている．植物園には，モミ－イヌブナ林，モミ林，モミ－コナラ林，コナラ林，アカマツ－コナラ林，アカシデ林の自然林あるいは半自然林が分布する（東北大学理学部附属植物園

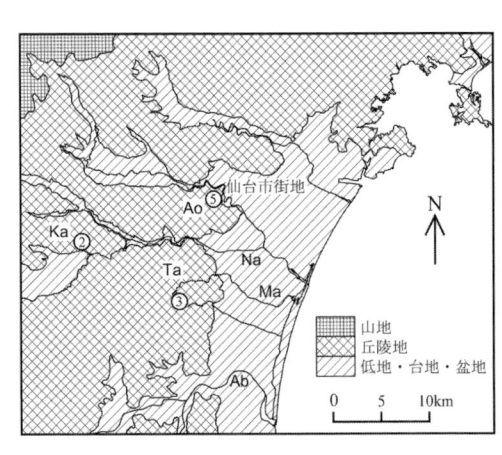

図1　調査地
Ta：高舘丘陵　　Ao：青葉山丘陵
Ka：釜房湖北岸の丘陵　Na：名取川
Ab：阿武隈川　Ma：増田川
②：図2，図4の位置　③：図3の位置
⑤：図5の位置

1993).雑木林における植生と微地形単位との関係が自然植生でも認められるのか確認するために調査地とした.

3 方法

方法は，ベルトトランセクト法によった．水路から尾根にかけて最大傾斜方向にラインを設け，微地形が変化しない範囲で木本個体，特に高木層の個体がなるべく多く入るように，各ラインの左右 3m をベルトの幅とした.

地形は，ラインに沿って斜面長 2m の斜面測量器（TRS-20）で測量を行った．調査地では，谷壁に複数の傾斜変換線が走る．この遷急線の分布から，田村（1987）に基づき微地形分類を行った.

植生は，斜面長 2m を 1 サブコドラート（1 サブコドラート 2m × 6m）とし，各サブコドラートにある木本個体の樹種，樹高，および樹高が胸高に達している個体についてはその胸高直径を記載した．なお，地下部でつながっていても地上部において独立した地上系であるものは 1 個体としてあつかった．また，雑木林の特徴でもある株立ちについても，株立ちした幹が空間を分け合っているため，それぞれの幹を 1 個体としてあつかった．植生調査は，増田川上流域の調査地のラインは 1997 年 8 月，釜房湖北岸のラインは 1998 年 9 月から 10 月にかけて，東北大学植物園内のラインは 2001 年 10 月に行った.

4 結果および考察
4.1 樹種ごとの分布域と地形との対応関係

斜面長 70m の増田川上流域の調査地のライン（以下増田川ラインとする）には 51 種，1,625 本，斜面長 94m の釜房湖北岸の調査ライン（以下釜房ライン）には 55 種，8,852 本，斜面長 30m の東北大学植物園内の調査ライン（以下植物園ライン）には 27 種，3,783 本の木本植物が出現した.

増田川上流域における樹種と微地形との対応関係は，本稿の増田川ラインを含めて Matsubayashi（2000）で報告した．増田川上流域ではそれぞれの樹種は，地形に対して異なる分布域をもつが，水路から尾根に向けて樹種組成は徐々に変化し，微地形単位の境界によって樹種組成は不連続に変化しない（Matsubayashi

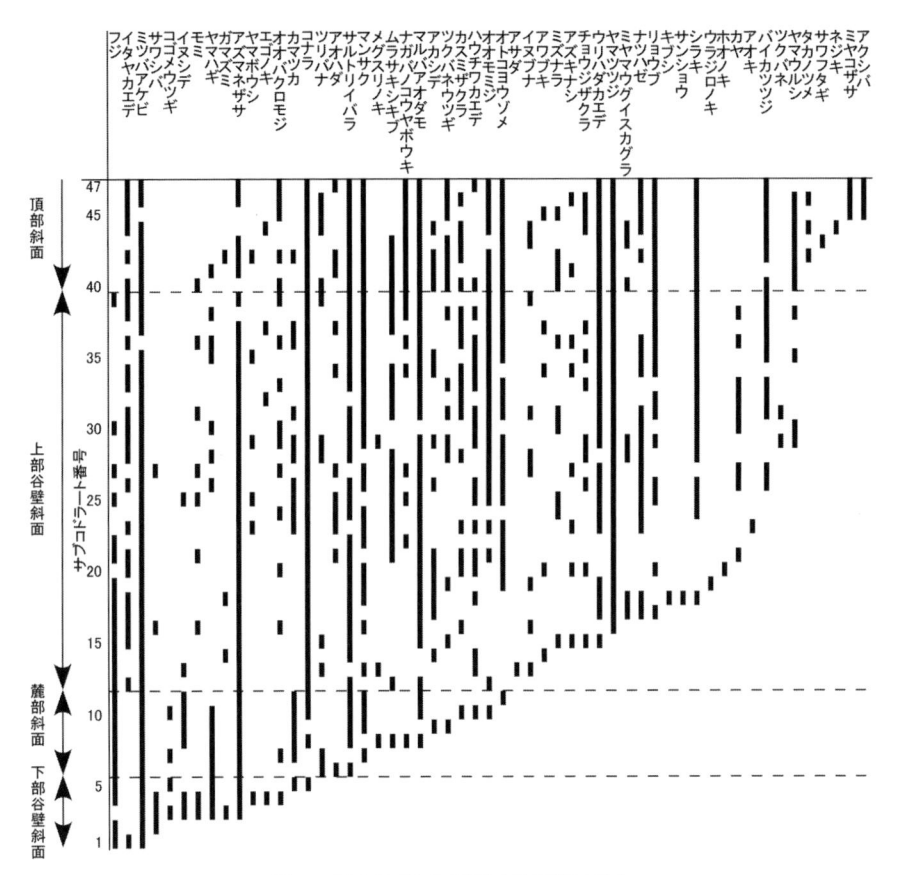

図 2　釜房ラインに出現する樹種の分布
黒四角は，樹種の分布するサブコドラートを示す．地形断面およびサブコドラート番号は，図 4 を参照．

2000)．
　水路から尾根に向けて種組成が徐々に変化し，微地形単位の境界によって樹種組成が不連続に変化しないのは，釜房ライン，植物園ラインでも同様である．例として釜房ラインに沿って出現する樹種ごとの分布域を図 2 に示す．水路から尾根にかけて樹種は徐々に移り変わり，斜面の位置によって樹種組成は異なるが，斜面上のある地点や微地形境界をもって種組成は不連続に変化しない．
　以上の樹種ごとの分布域と微地形との対応関係は，水路から尾根にかけて木本

植物にとって立地条件は変化しているが，複数の樹種の分布域の境界がまとまって出現するほど環境条件が急変する地点は存在しないことを示していると考えられる．

4.2 植生構造と微地形，斜面プロセスとの対応関係

つぎに谷壁斜面での林分の階層構造の違いを見る．提示するグラフは，サブコドラート数が少ない植物園ラインをのぞいて，あるサブコドラートを挟む斜面上下のサブコドラート3区画での移動平均で平滑化を行い，変化の傾向を求めている．

階層ごとの個体数をみると，草本層の個体，低木層の個体，亜高木層の個体と個体サイズが大きくなるにつれて，個体密度が大きい範囲を水路側に広げ，階層ごとの個体数比率は斜面上のある地点を境に不連続に変化する傾向が，ラインにより程度は異なるが，斜面方位や斜面長など地形的特徴，樹種組成，木本植物の個体数を異にする各ラインに共通して認められる．

例えば高舘丘陵の増田川ライン（図3）では，草本層の個体数の突出したピークは，高位遷急線の直上に出現し，頂部斜面で草本層の個体密度が大きい．上部谷壁斜面，下部谷壁斜面と斜面下方に位置する微地形単位ほど，草本層の個体密度は小さくなる．低木層の個体数は，上部谷壁斜面上の遷急線の直上にピークが出現し，個体密度の大きい範囲は草本層の範囲より水路側に広がる．亜高木層の個体密度が大きい範囲は，さらに水路側に広がる．このラインでは，高木層の個体にもピークが出現し，その位置は亜高木層の個体数が急変する地点にあたるが，下部谷壁斜面にも高木層の個体が分布する．

釜房ライン（図4）では，草本層の個体，低木層の個体および亜高木層の個体がともに尾根に向かって個体数が増え，個体密度の大きい範囲と小さい範囲との個体数の差は他のラインより小さい．しかし，草本層の個体密度の大きい範囲は，頂部斜面であり，低木層の個体，亜高木層の個体と個体サイズが大きくなるにつれて個体密度の大きい範囲は水路側に広がる．また，草本層の個体密度が麓部斜面上において増大する．高木層の個体は，麓部斜面，上部谷壁斜面，頂部斜面ではほぼ一様な密度であるが，下部谷壁斜面には分布しない．

植物園ライン（図5）でも，頂部斜面において草本層の個体密度が大きい．低

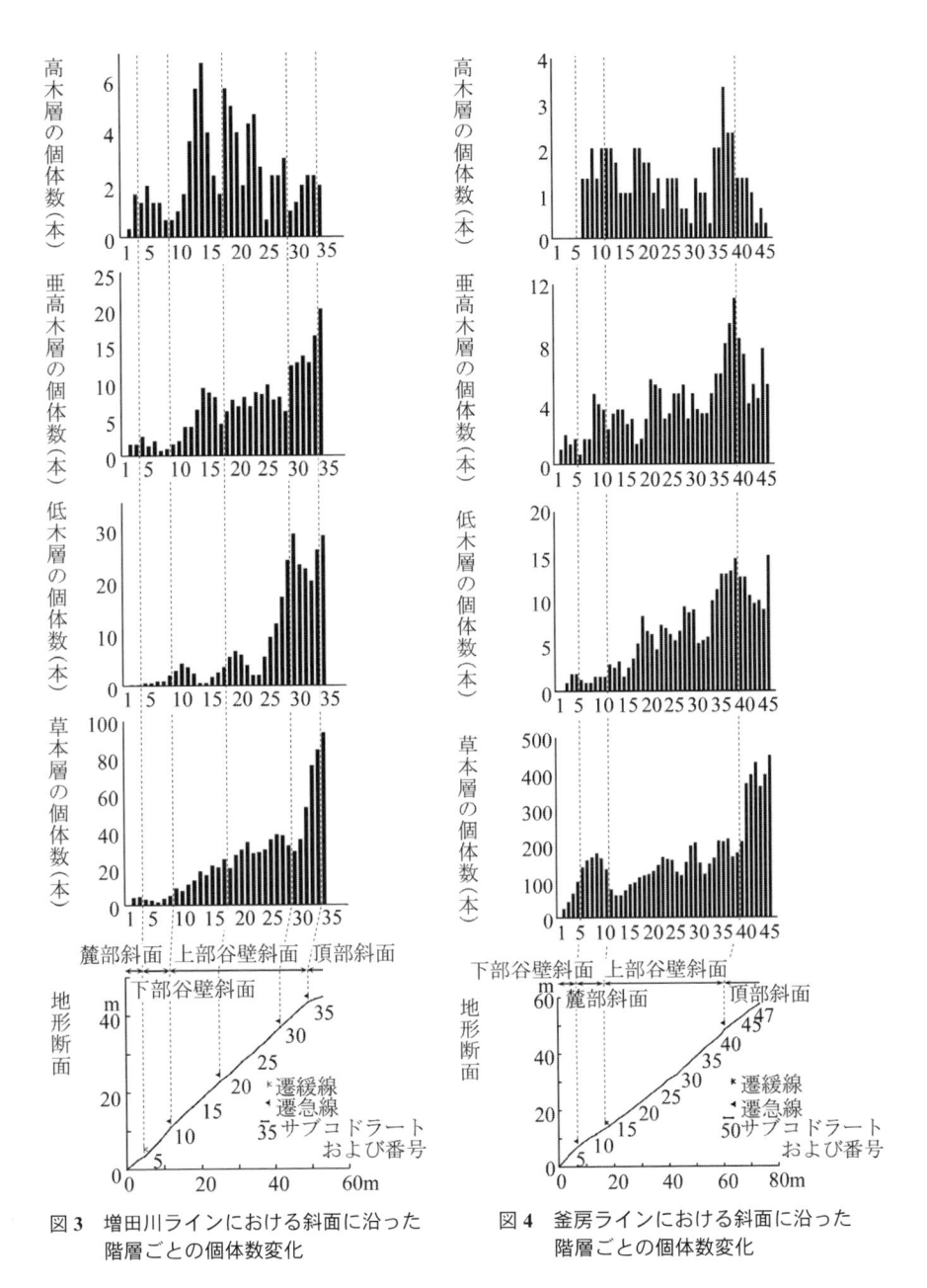

論説2　仙台近郊の丘陵地における谷壁斜面スケールでみた里山植生と微地形　　127

図3　増田川ラインにおける斜面に沿った階層ごとの個体数変化

図4　釜房ラインにおける斜面に沿った階層ごとの個体数変化

木層の個体密度が大きい範囲は，頂部斜面および上部谷壁斜面であり，草本層の個体密度の大きい範囲より水路側に広い．このラインでは，亜高木層の個体密度が，麓部斜面，下部谷壁斜面，上部谷壁斜面，頂部斜面でほぼ一様である．高木層の個体は，上部谷壁斜面と頂部斜面に分布している．また，麓部斜面で個体密度が大きくなることが，草本層の個体と低木層の個体とに認められる．

斜面の位置により各階層の個体数比率が変わる理由としては，樹種に起因するものとそうでないものが考えられる．樹種により個体サイズが異なるので，特定の樹種の存否により各階層の個体数比率は変化する．しかし，樹種組成には不連続が認められないので，サイズの異なる樹種が偏ることも含め，斜面の位置と個体サイズとに密接な対応関係があると考えられる．

ラインによって個体数が異なるにもかかわらず，一連の斜面上で個体数変化が見られることは，微地形単位ごとに各階層の個体密度の上限が定まっているのではなく，微地形単位によって階層ごとの枯死率が異なっているためと考えた方が妥当である．グラフから読みとれる枯死率をもたらす因子の性質は，個体サイズが小さいほど影響を

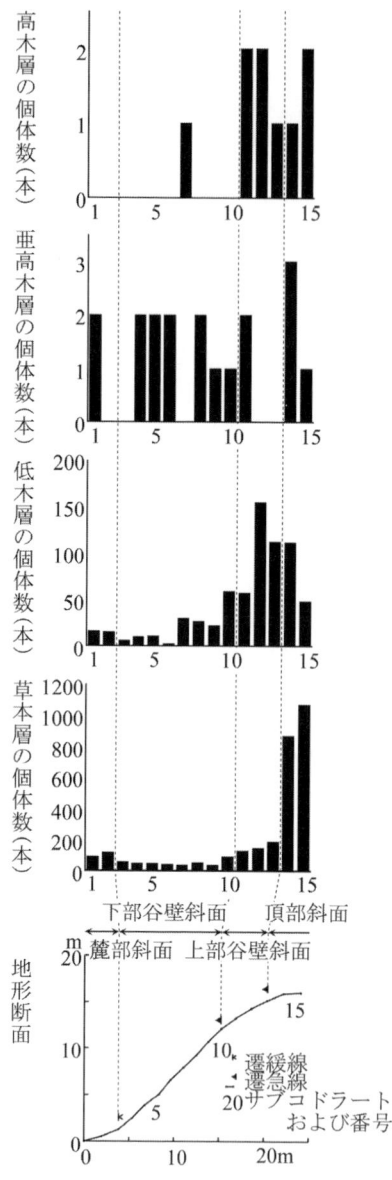

図5 植物園ラインにおける斜面に沿った階層ごとの個体数変化

受けやすい物理的な作用であり，その強度が谷に向けて増しているということである．さらに，当年生の実生を含む草本層の個体にも影響を与えていることから，ほぼ持続的に働く作用である．さらに，釜房ラインの高木層の個体密度や植物園ラインの亜高木層の個体密度にはほとんど影響がないことから，それほど強い作用ではないことが挙げられる．また，麓部斜面のように斜面上方が遷緩線で区切られる微地形単位では草本層の個体密度が大きくなることから，傾斜に応じてその強度が変化する作用であると考えられる．この様な物理的な作用としては，面的に作用する種々の斜面プロセスの中で，ソイルクリープが挙げられる．ソイルクリープの植生への影響について東（1979）は，大径木ほどソイルクリープに対して鈍感になること，1cmでも土壌が動くと根系は簡単に切断されるとし，トドマツの造林地での成長不整木の例を挙げ指摘している．ソイルクリープの強度が不連続に水路に向かって強くなることによって，まずは個体サイズの小さい草本層の個体の枯死率が，次いで低木層の個体の枯死率が不連続に高くなり，斜面の位置による各階層の個体数比率の差異をもたらし，林分の分化に影響を与えていることが考えられる．

一方で，釜房ラインや植物園ラインで，高木層の個体が下部谷壁斜面に分布しないのは，林齢が長くなると，ソイルクリープよりも長い再現周期をもつ撹乱，例えば表層崩壊などの影響が現れてくることが考えられる．

以上をまとめると図6のように斜面プロセスが斜面に沿って不連続に変化することが林分を分化させる要因の一つであることが考えられる．そして，この斜面プロセスが，微地形単位の広がりに対応していることが，丘陵斜面における植生と微地形との分布上の対応関係をもたらす一因と考えられる．

5 まとめ

丘陵斜面において樹種組成は徐々に移り変わり，樹種の分布域だけでは，丘陵斜面における林分の分化を十分に説明できない．一方，階層ごとの個体数では，林床層の個体，低木層の個体，亜高木層の個体と個体サイズが大きくなるにつれて，密度が大きい範囲を水路側に広げる．これは，尾根から水路に向けて斜面プロセスが不連続に強くなるためと考察され，この斜面プロセスが，微地形単位の

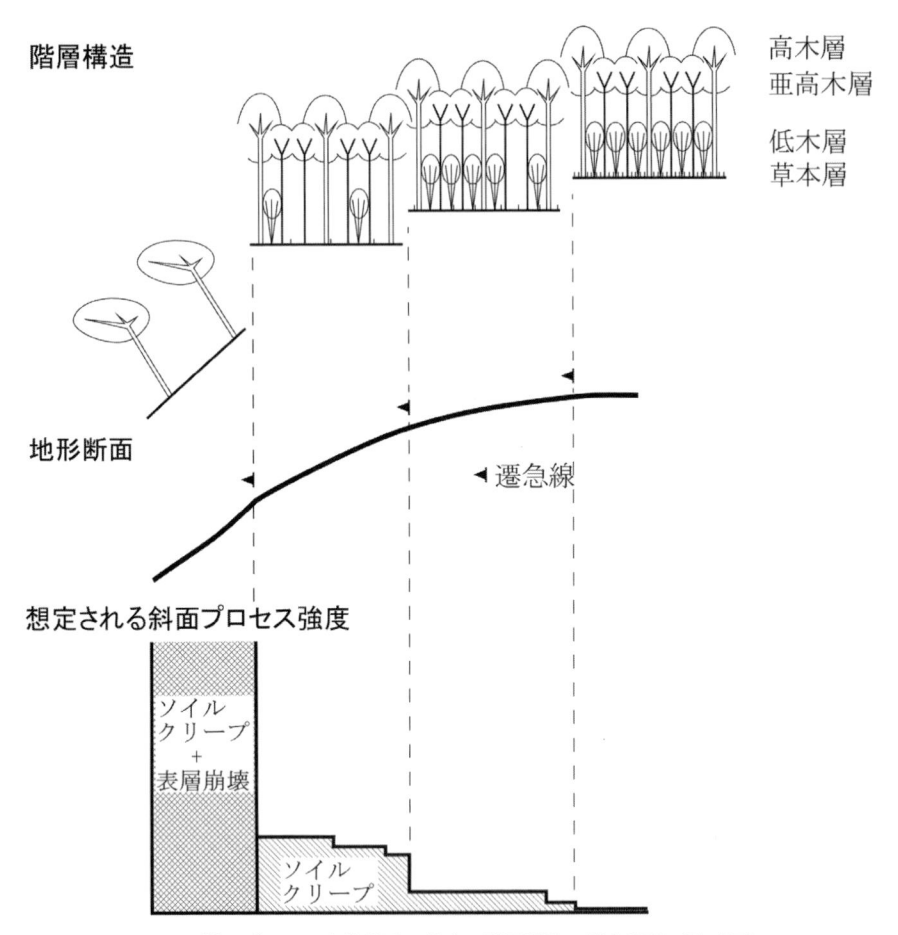

図6 斜面プロセスと微地形，植生の階層構造の対応関係（模式図）

広がりに対応しているために，植生と微地形とに分布上の対応関係が生じることが考えられる．いずれにしても谷壁斜面スケールの植生の形成・維持機構を考えるときには，微地形および斜面プロセスを考慮する必要があるといえる．

本稿は，2002年に東北大学に提出した博士論文の一部をもとに修正・加筆したものである．

文　献

大沢雅彦 1990. 微地形と植生. 松井 健・武内和彦・田村俊和編『丘陵地の自然環境―その特性と保全』133-141. 古今書院.

菊池多賀夫 1985. 土地改変と生態系―植生の配置構造. 第四紀研究 24:215-220.

菊池多賀夫 2001.『地形植生誌』東京大学出版会.

田村俊和 1974. 谷頭部の微地形構成. 東北地理 26:189-199.

田村俊和 1987. 湿潤温帯丘陵地の地形と土壌. ペドロジスト 31:135-146.

東北大学理学部附属植物園 1993.『東北大学理学部附属植物園 自生植物目録（シダ植物，種子植物）第4版』東北大学理学部附属植物園.

内藤俊彦・持田幸良 1990. 仙台城址およびその周辺地域の植生. 仙台市教育委員会『仙台城址の自然』137-148.

中静　透・山本進一 1987. 自然攪乱と森林群集の安定性. 日生態会誌 37:19-30.

東　三郎 1979.『地表変動論―植生判別による環境把握』北大図書刊行会.

松林　武 1997. 仙台南方，高舘丘陵の小流域における植生パッチと地形との対応関係. 季刊地理学 49:247-261.

三浦　修・菊池多賀夫 1978. 植生に対する立地としての地形―丘陵地谷頭を例とする予察的研究.『吉岡博士追悼植物生態論集』466-477.

Kikuchi, T. and Miura, O. 1991. Differentiation in vegetation related to micro-scale landforms with special reference to the lower sideslope. *Ecological Review* 22:61-70.

Kikuchi, T. and Miura, O. 1993. Vegetation patterns in relation to micro-scale landforms in hilly land regions. *Vegetatio* 106:147-154.

Matsubayashi, T. 2000. Arrangement of woody species of coppice forest in relation to landform in the Takadate Hills, northeastern Japan. *Science Reports of Tohoku University 7th Series (Geography)* 50:149-160.

Nagamatsu, D. and Miura, O. 1997. Soil disturbance regime in relation to micro-scale landforms and its effects on vegetation structure in a hilly area in Japan. *Plant Ecology* 133:191-200.

Article 2

Relationship of coppice forest and micro-landform at several hills around Sendai, northeastern Japan

MATSUBAYASHI Takeshi

論説 3

階段状微地形の成因
―― 奥羽山脈南部御霊櫃峠の事例 ――

瀬戸真之

山岳地域では，階状土などと呼ばれる階段状の微地形を見つけることがあります．なぜこのような微地形ができるのか，こうした微地形の形や植生との関係，微地形をつくっている土の特徴などを調べることで，そのでき方を推定することができます．

1 はじめに

　階段状の形態を呈する微地形は階状土，階段状構造土，階段土と呼ばれる（Tricart 1963；岩田・小野 1981）．日本においては化石化したものも含め，大雪山，北上川上流域，奥羽山脈の花立峠，御霊櫃峠，上越国境の平標山，霧ヶ峰，南アルプスの大聖寺平，白山，トカラ列島の中之島など各地で報告例がある（井上ほか 1978；田村・宮城 1983；今井 1984；鈴木ほか 1985；澤口・中原 1986；松本ほか 1987；澤口 1992；高橋・曽根 1992；鈴木 1992；島津ほか 2003；田村ほか 2004；小山ほか 2007；瀬戸ほか 2010）．階状土の成因は地表面の凍結・融解に由来するとされながらも十分に明らかにされていない．この理由は階状土の形成には斜面の傾斜，構成物質，植生の有無，凍結融解頻度および土壌水分が関係し，成因が複雑であることが挙げられる．階状土の成因を個々に検討し，気候地形学的あるいは斜面プロセスの中で位置づけるには，形態や植被の有無など基礎的資料の蓄積が極めて重要である．

　そこで本研究では福島県御霊櫃峠に分布する階状土について，その形態，植被，表層断面を詳細に記載し，その成因を考察する．田村ほか（2004），瀬戸ほか（2010）は，その形態的特徴から御霊櫃峠の例を特に植被階状礫縞と呼んでいる．本稿でも，この名称を用いる．名称の由来については後述する．

2 調査地の概要

　御霊櫃峠（海抜約 900m）は郡山・猪苗代両盆地の分水界に位置する鞍部である（図 1）．植被階状礫縞が分布する斜面は，海抜 925m の孤立峯の，風背側を除く頂部斜面下部〜上部谷壁斜面上部の凸型斜面で，傾斜 10°〜 20°である．基岩は中新統大久保層（北村 1965）の緑色凝灰質砂岩で，平行な細かい節理が発達し，薄く剥がれやすい．

　この斜面では一年を通じて強風が吹き，その卓越風向は北北西〜北西でほぼ一定している．冬季の積雪は裸地周辺では約 20 〜 30cm である．強風によって雪が吹き払われるため，植被階状礫縞が分布する斜面には積雪は少ない．稜線部の植生は高木を欠き，高さ数十 cm のツツジ群落，あるいはササ草原となっている．冬季の地表面には長さ 5 〜 15cm 程度の霜柱が形成される．

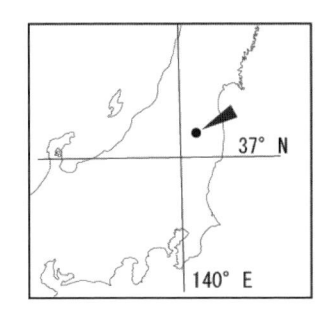

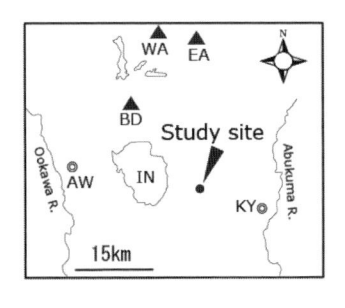

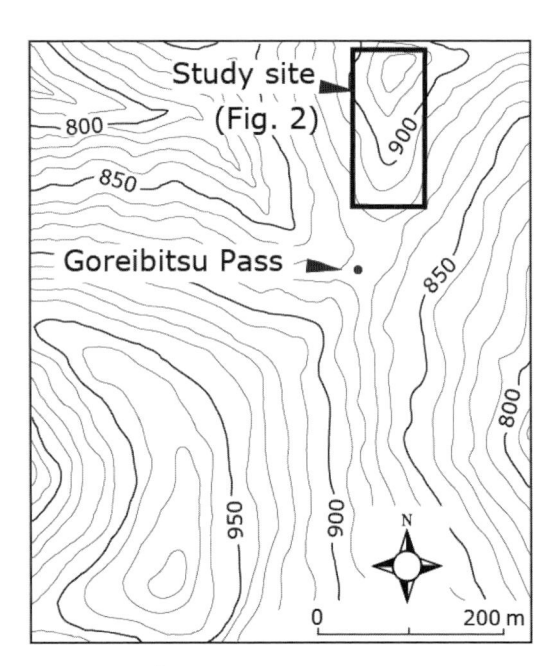

図 1　調査地の位置
AW：会津若松　IN：猪苗代湖　KY：郡山　BD：磐梯山　WA：西吾妻山　EA：東吾妻山

植被階状礫縞が分布する御霊櫃峠の南西方向に位置する南北方向に伸びる尾根の西側には標高約 960m から 1,000m にかけて風衝砂礫地が広がっている．裸地の上端部には風食ノッチが連続し，ノッチが後退することで現在も裸地が拡大しつつある．この風衝砂礫地での田村・瀬戸（2013）の通年観測によると，冬季には強風の頻度が高く，その風速は 23m/s を超えることもある．風向はおおむね西寄りである．同じ風衝砂礫地で，瀬戸ほか（2014）は 2010 年 8 月 6 日から 2011 年 8 月 5 日まで通年で気温観測を実施している．この観測によると，観測期間中の年平均気温は 7.3℃，日平均気温の最高値は 28.5℃（2010 年 8 月 7 日），同じく最低値は－9.4℃（2011 年 1 月 16 日）で，積算寒度は 493.7℃・days である。

3　植被階状礫縞の概要

植被階状礫縞は複雑な形態をしているので，ここでは写真（カラー口絵）を用いて解説する．写真 1A は全体を俯瞰したものである．次の写真 1B および C は UAS を用いて上空から撮影した．空撮の際，魚眼レンズを使用したため，歪みがある点に留意が必要である．写真 1D は植被階状礫縞を近くから撮影した．

植被階状礫縞は，扁平な角礫が露出した幅数十 cm ～ 2m ほどの「上面」（tread）と，ヤマツツジ（北～北東側斜面ではササ）に覆われた比高・幅とも 30cm ～ 1.5m 程度の前面（scarp）で構成される（図 2；写真 1D）．階段の伸びは卓越風向にほぼ平行する直線状で，一つの列が分岐・合流しながらも，数十 m 続く（写真 1B，写真 1C）．この伸びの方向と斜面の最大傾斜方向との関係で，階状土的かつ縞状土的となる（写真 1D）．「階状礫縞」という名称はこれに由来する．

階状土部分の一つの段では，小崖を形成している植生の中に，上面の礫が食い込むようにして乗り上げている．また，段の上面では礫が重なり合い，扁平な礫が直立していることもある．縞状土部分の斜面の下端は，ツツジ低木林にアカマツなど高木が点在する植生中に礫が入り込む形で止まっている．これらの事実から，礫は現在も活発に移動していると考えられる．

斜面の北東側に位置する植被階状礫縞で断面観察を行った（図 2；Loc. 1）．植被階状礫縞は斜面の最大傾斜方向に対して直交するように伸びているので，断面は最大傾斜方向に約 150cm の長さの溝を掘削して観察した（図 3）．断面の最上

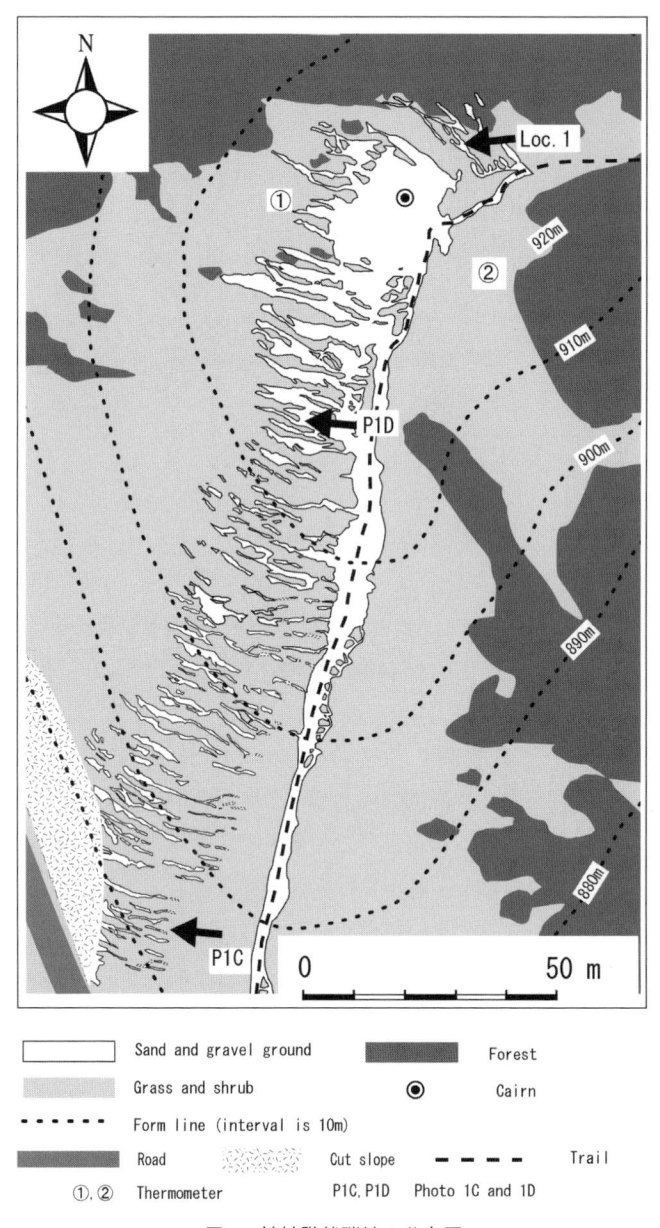

論説 3　階段状微地形の成因　　　　　　　　　　　　135

□	Sand and gravel ground	■	Forest
▨	Grass and shrub	⊙	Cairn
······	Form line (interval is 10m)		
■	Road	▨ Cut slope	--- Trail
①, ②	Thermometer	P1C, P1D	Photo 1C and 1D

図 2　植被階状礫縞の分布図
瀬戸ほか（2010）を一部改変．

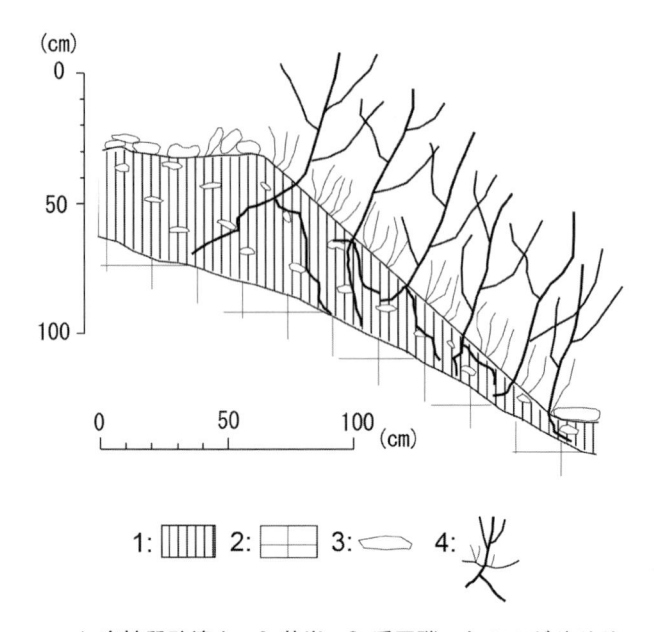

1:腐植質砂壌土　2:基岩　3:扁平礫　4:ツツジやササ

図3　Loc.1における植被階状礫縞の断面（図2；Loc.1）
瀬戸ほか（2010）．

位は植被階状礫縞の上面では径15cm前後（最大径20cm）の扁平礫がオープンワークに堆積している．この下位は礫まじりの明褐色の腐植質砂壌土～明褐色壌土であり，この層上部では小角礫を含む．植被階状礫縞のうち，前面の部分ではツツジ群落の根が認められる．最下位は緑色凝灰質砂岩の基岩である．基岩は原位置風化で薄い岩片になりやすい特徴をもち，にぶい橙色の粘土薄層を挟むことがある．断面の形態をみると明褐色の腐植質砂壌土上面の断面は階段状を呈しているのに対して，基岩の断面はなめらかで階段状を呈していない．1段の高さはしばしば1mに達するが，基岩の上に載っている礫まじり砂壌土や礫層の厚さは50cm程度である．

4　植被階状礫縞の形成プロセス

植被階状礫縞が分布する斜面の冬季における温度環境を把握するため，瀬戸ほ

か（2010）は，植被階状礫縞が分布する風衝斜面（図2；①）と分布がみられない風背斜面（図2；②）とに気温計を設置し，冬季の気温を観測した．気温の観測には，T&D製RTR-52を使用した．センサは径2mmのサーミスタで，-20℃〜+80℃の範囲では平均で±0.3℃の精度をもつ．地表1.5mの高さにT字型の塩ビ管を固定し，この内部にセンサを設置して観測した．観測の間隔は20分である．観測期間は2004年11月8日〜2005年5月1日である．観測結果を図4および図5に示す．

　図4と図5とを比較すると風衝斜面では冬季の間も連続して気温が上下しているのに対して，風背斜面ではある期間に0℃を前後しつつ，緩やかに推移する期間が認められる．このことは風衝斜面が積雪で覆われることがないことと風背斜面は高さ1.5mの気温センサが埋没するほどの積雪があることを示している．したがって，この期間の風背斜面のデータは気温を示していない．すなわち，植被階状礫縞上面の砂礫からなる地表面は冬季も積雪に覆われることなく，激しい温度変化にさらされていることになる．

　断面の観察から階段状の形態を呈するのは地表面だけで堆積物直下の基岩は階段状を呈していないことがわかった．一方，植被階状礫縞の「前面」の部分にはツツジ群落が付き，根が堆積物の中にまで及んでいる．さらに，地表面の礫がツツジ群落へ入り込んでいる様子も認められる．以上から，植被階状礫縞の形成プロセスは，1.高木がなくなり，裸地となる，2.帯状植生が斜面最大傾斜方向と直交する向きに発達する，3.礫が最大傾斜方向へ向かって斜面上を移動し，帯状植生によって堰き止められる，4.礫が裸地と帯状植生の境界部分に堆積し，最終的には細粒物質も堰き止めるようになる，5.裸地と帯状植生の境界部分で堆積物の層厚が厚くなるという順で進行する．このプロセスによって礫地は徐々に水平になり，帯状植生の部分は基岩とほぼ同じ傾斜を維持して，最終的には階段状の微地形を形成したと考えられる（図6）．

　鈴木ほか（1985）の報告から地表面礫の移動プロセスとしては凍土の融解による泥流があることは間違いない．また，凍上が起こることから霜柱クリープも礫の移動には大きな役割を果たしていると考えられる．気温の観測結果をみる限りでは冬季には日周期あるいはそれに近い頻度で凍上が繰り返されていると考えられる．しかしながら，扁平礫直下の腐植砂壌土が岩田（1980）やFrench（2007）

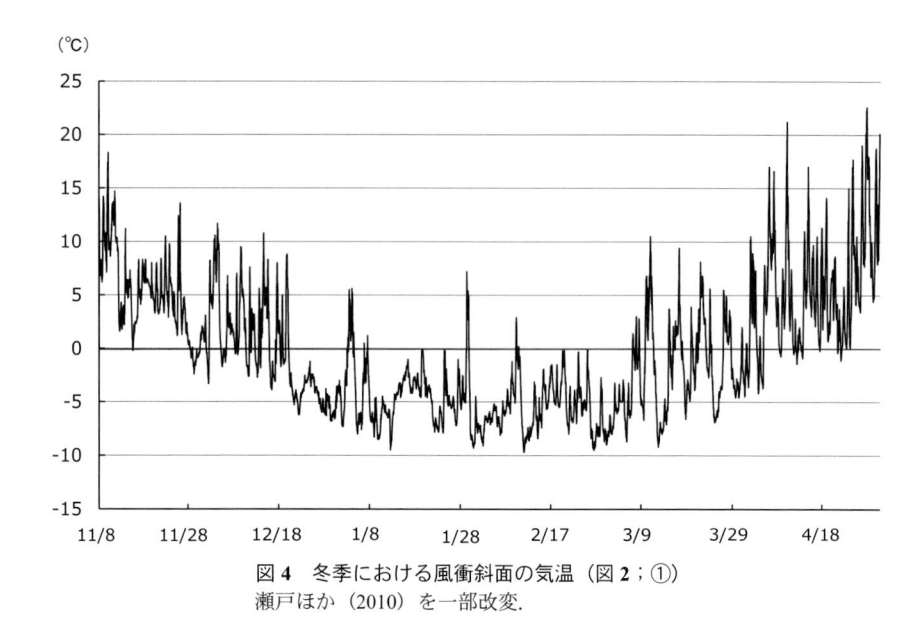

図4 冬季における風衝斜面の気温（図2；①）
瀬戸ほか（2010）を一部改変.

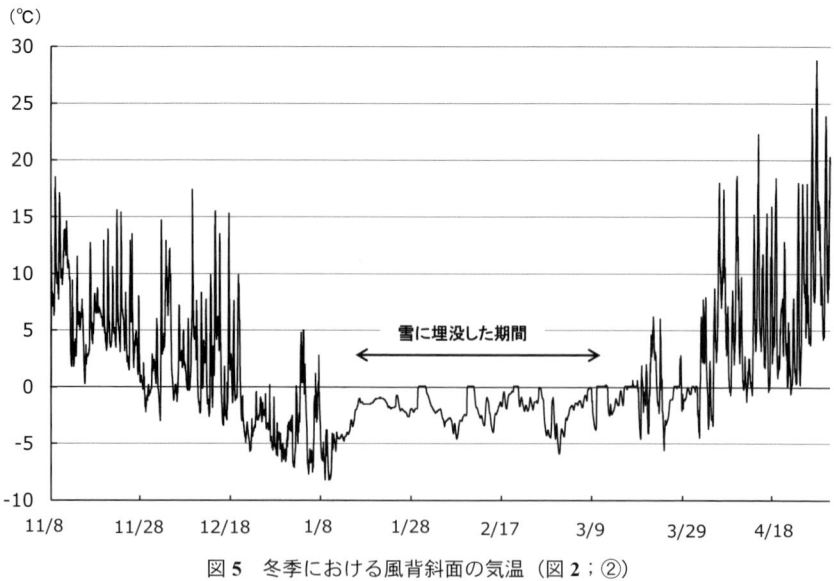

図5 冬季における風背斜面の気温（図2；②）
瀬戸ほか（2010）を一部改変. 図中に示した「雪に埋没した期間」中は気温を示していない.

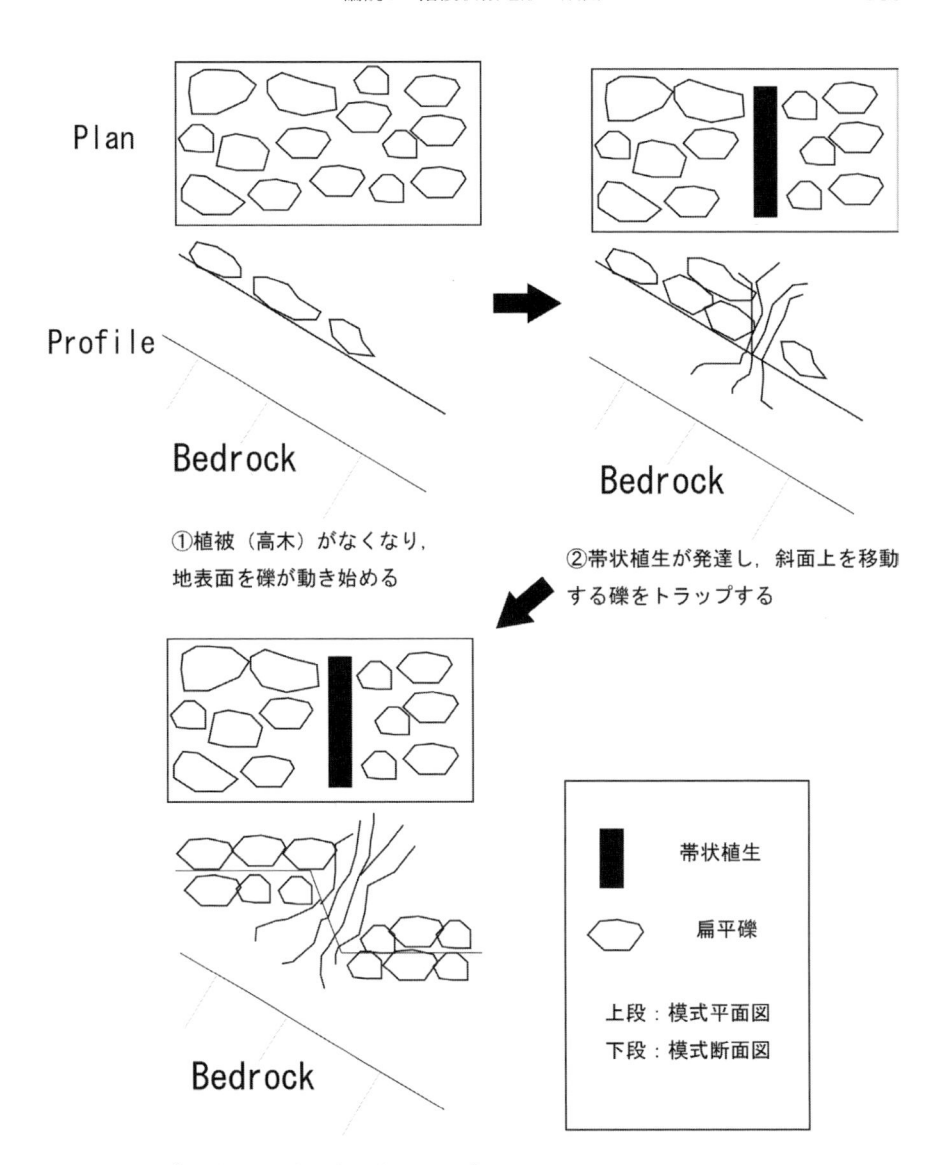

論説 3 階段状微地形の成因　　　　139

Plan

Profile

Bedrock

①植被（高木）がなくなり，
地表面を礫が動き始める

Bedrock

②帯状植生が発達し，斜面上を移動
する礫をトラップする

Bedrock

■　帯状植生

⬡　扁平礫

上段：模式平面図
下段：模式断面図

③最終的には細粒物質もトラップ
されるようになり，地表面は階段
状を呈するようになる

図 6　植被階状礫縞の形成プロセス
瀬戸ほか（2010）．

が述べたような凍結・融解を繰り返すことで起こるフロストクリープやジェリフラクションなどによる礫の移動も予想される．御霊櫃峠のような年平均気温が約7℃と周氷河環境としては高温な環境で周氷河性物質移動プロセスが卓越し，植被階状礫縞を形成した原因は，何らかのきっかけで裸地が出現・拡大し，植生を失った地表面が急激な温度変化にさらされるようになったことだと考えられる．

小泉（2005）は，一面に広がっていた植生の一部が破壊され，風食ノッチが後退することで裸地が風上側に広がっていったことを報告している．ただし，この例では御霊櫃峠にみるように細長い階段（裸地）は形成されていない．御霊櫃峠の場合，上の段の「前面」とすぐ下の段の「前面」とは横断方向に決してなめらかにはつながらないので，小泉（2005）が報告した事例とは別の形成プロセスがあったことが推定される．

階段状を呈する微地形やその形成プロセスは単一ではなく，それが形成された場所のさまざまな条件を反映して，いくつかの形成プロセスがあるように思われる．したがって，階状土という微地形には成因的には異なるものが多々含まれているのではないだろうか．今後，階段状を呈する微地形について，その形成環境に関するさまざまな情報を蓄積することで，階状土の形成プロセスが徐々に明らかになると思われる．

文　献

今井典子 1984. 白山山頂の階状土. 石川県白山自然保護センター研究報告 10:1-13.
井上克弘・冨岡成悦・千葉斐子・吉田　稔 1978. 秋田駒ヶ岳の植被構造土. 東北地理 30: 215.
岩田修二 1980. 白馬岳の砂礫斜面に働く地形形成作用. 地学雑誌 89:319-335.
岩田修二・小野有五 1981. 階状土.『地形学辞典』57-58. 二宮書店．
北村　信 1965. 福島県5万分の1地質図幅説明書『猪苗代湖東部地方』. 福島県企画開発部．
小山拓志・天井澤暁裕・加藤健一・増沢武弘 2007. 大聖寺平北東向き斜面における植被階状土の形成過程. 増沢武弘編『南アルプスの自然』301-309. 静岡県．
小泉武栄 2005. 風食による植被の破壊がもたらした強風地植物群落の種の多様性—飯豊山地の偽高山帯における事例. 長野県植物研究会誌 38:1-9.
澤口晋一・中原正浩 1986. 大雪山系トムラウシ山の巨大ソリフラクションテラス. 東北地理 38:158-159.
澤口晋一 1992. 北上川上流域における最終氷期後半の化石周氷河現象. 季刊地理学

44:18-28.
島津　弘・西　克幸・平柳　聡・小川　司・森岡大輔 2003. トカラ列島中之島御岳でみられる階状土. 地域研究 44:56-57.
鈴木郁夫 1992. 谷川連峰の強風砂礫地における表面礫の移動. 地理学評論 65A:75-91.
鈴木聡樹・平井昌行・髙橋俊浩・小疇　尚・清水長正・長谷川裕彦 1985. 郡山西方・御霊櫃峠の周氷河現象. 日本地理学会予稿集 28:84-85.
瀬戸真之・須江彬人・石田　武・栗下勝臣・田村俊和 2010. 奥羽山脈の低標高山地（福島県御霊櫃峠）にみられる「植被階状礫縞」. 地理学評論 83:314-323.
瀬戸真之・曽根敏雄・田村俊和 2014. 奥羽山脈御霊櫃峠の風衝砂礫地における地表物質の違いと物質移動速度との関係. 季刊地理学 66:67-81.
髙橋伸幸・曽根敏雄 1992. 神秘の湖と永久凍土. 小泉武栄・清水長正編『山の自然学入門』36-37. 古今書院.
田村俊和・宮城豊彦 1983. 栗駒国定公園の地形及び地質. 栗駒国定公園及び県立自然公園旭山学術調査委員会編『栗駒国定公園及び県立自然公園旭山学術調査報告書』1-15. 宮城県.
田村俊和・石田　武・西　克幸・瀬戸真之・栗下勝臣 2004. 奥羽山脈南部，御霊櫃峠にみられる植被階状礫縞の形態. 日本地理学会発表要旨集 65:202.
田村俊和・瀬戸真之 2013. 奥羽山脈，御霊櫃峠の風衝砂礫地にみる地表環境バランス（予察）. 季刊地理学 65:99-105.
松本繁樹・山田裕美・飯野　優・菊地勝義 1987. 霧ヶ峰の階状土についての1・2の知見. 静岡大学教育学部研究報告（人文・社会科学篇）38:1-14.
French H. M. 2007. *The Periglacial environment*. England:Wiley.
Tricart J. 1963. Le modelé périglaciere. *Traité de géomorphologie, Tome* 2. France, Paris:Centre de documentation universitaire.

Article 3

Formative processes of periglacial microlandforms in the Goreibitsu pass, Northeastern Japan

SETO Masayuki

トピック1

数値標高モデルを用いた地形解析と景観生態学研究への応用

松浦俊也

1 はじめに

　数値標高モデル（Digital Elevation Model: DEM）は標高のデジタル表現であり，とくに格子状に等間隔に標高点がならんだものをさす．DEMを用いることで，任意の場所について周囲との標高差から斜面の傾斜度，傾斜方位，曲率を求めたり，日照条件や可視領域を計算したり，集水域や尾根・谷の抽出，斜面内や流域内での相対位置（尾根や谷からの比高，上下流）の把握など，地形の様々な特徴量を捉えることができる．また，いくつかの特徴量を組合せることで地形分類もできる．DEMを用いた地形解析の研究は国内外で数多く，専門書籍もいくつも刊行されてきた（例えば，Wilson and Gallant 2000；Bishop and Shroder Jr 2004；Hengl and Reuter 2009）．DEMは濃淡画像とみなせるため，DEMを用いた地形解析は画像解析の一種とみなすことができ，代表的な演算は様々なGIS（地理情報システム）ソフトウェアに組み込まれている（例えば，オープンソースのSAGA GIS等）．

　DEMを用いた地形解析の利点の一つは，面的な調査が難しい様々な環境条件を，地形の特徴を介して広域に推定できることである．例えば，土壌分布，斜面の侵食や崩壊，動植物の生息・生育地分布などの調査は，点的・断片的なものに留まりやすいが，地形条件や土地被覆と関連づけることで面的に推定でき，防災や環境保全に役立てられる．本項では，筆者がこれまでに行った，DEMを用いた地形の自動分類と，山地の植生分布や山菜の採取環境解析への応用事例を紹介する．

　なお，現在国内で利用できるDEMには，1/25,000地形図の等高線を補間して

求められた約 10 m 解像度のものが国土地理院により全国整備されているほか，航空レーザ測量に基づく 1〜5 m 程度の細密な解像度のものが利用できる地域も広がりつつある．全球レベルでは，スペースシャトルのレーダ測量（SRTM）による 30〜90 m 解像度のものや，ASTER や ALOS/PRISM などの衛星画像から生成されたより高解像度のものが整備されつつある．ただし，衛星画像や空中写真のステレオ立体視によるものは，森林被覆地では林冠の標高を表す数値表層モデル（Digital Surface Model：DSM）となることに留意が必要である．

2 山地・丘陵地の地形分類

　地形分類には形態，組成，作用，年代の 4 つの側面があり（丸山 1998），DEM から直接計測できるのは形態である．日本の山地・丘陵地では，斜面の形態や配置にもとづく田村による地形分類（田村 1996）がよく用いられ，植生や土壌分布との関係の解析に活用されてきた（松井ほか 1990；菊池 2001）．この分類では，尾根から谷への斜面の縦断面を，遷急線や遷緩線などの傾斜変換線の位置関係にもとづいて，頂部斜面，上部谷壁斜面，下部谷壁斜面，麓部斜面，谷底などに区分していく．この分類手順は当初，丘陵地の谷頭部を対象に提案されたものであるが，より広く用いられてきている．地形図読図の詳細な書籍を執筆した鈴木は，尾根線や谷線などの傾斜方向変換線，遷急線や遷緩線などの傾斜度変換線，河岸・湖岸などの水際線など，地形認識の主要な境界線を「地形界線」と呼び，それらにもとづく地形判読を提唱している（鈴木 1997：103~126）．斜面内の主要な遷急線は，崩壊地や侵食前線の把握においても重要とされてきた（羽田野 1974）．斜面形状にもとづく地形分類を自動化できれば，応用上の利点が大きいだろう．そこで，筆者は DEM を用いた斜面形状の自動分類を試みた（Matsuura and Aniya 2012）．主なステップは次の 2 つである．

(1) 尾根線や谷線，台地・段丘や低地の縁などの主要な地形界線とそれらに囲まれた側壁斜面の抽出．
(2) 側壁斜面内の傾斜変換線の認識とその相対位置にもとづく斜面の細分．

　詳細は同論文を参照されたい．15-m DEM を用いた斜面区分の結果例を口絵図 1 に示す．図 1 に示すとおり，この分類手順により，1/25,000 地形図の等高線

から捉えられる山地の斜面形状を細分できた．なお，山地斜面では尾根と谷の間に遷急線や遷緩線が繰返し現れることが多く，とくに航空レーザ測量によるDEMでは微細な凹凸が捉えられる．そこで，主要な傾斜変換線を絞り込む手順がさらに必要となる．

3　山地の植生分布と地形解析

　地形が植生分布とかかわりが深いことはよく知られている．山地の自然植生の分布と DEM から求めた地形特徴量との統計的関係を捉えることで，植生タイプ毎の潜在的な分布域を推定できる．ここでは，地形とのかかわりが強い多雪山地の植生分布の特徴を解析した事例を紹介する（Matsuura and Suzuki 2013）．
　奥羽山地の脊梁部に位置し，林野庁の森林生態系保護地域に指定された自然度の高い森林が広がる岩手県胆沢川の一支流（約 26.8km^2）を対象に，空中写真判読にて，樹高と樹冠サイズにもとづく7タイプ（老齢ブナ林，壮齢ブナ林，矮性ブナ林，ササ草地，キタゴヨウ林，雪崩草地・低木林，渓畔林）の相観植生を判読した．次に，10-m DEM を用いて，標高，傾斜度，斜面方位，地形湿性指数（TWI），水平曲率，垂直曲率，谷底や山頂からの比高，斜面内の相対位置（谷底，下部斜面，上部斜面，尾根）などの地形特徴量を求めた．さらに，地すべり移動体の分布や表層地質図等の GIS データも重ね合せた．そして，各植生の有無を応答変数とする一般化線形モデルを用いて，植生タイプごとの地理的な分布特徴を解析した．その結果，山頂付近の北西向き（冬の季節風の風衝側）斜面に矮性ブナ林，山頂付近の東向き（冬の季節風の風背側）緩斜面にササ草地，痩せ尾根にキタゴヨウ林，雪庇のできやすい風背側の急斜面に雪崩植生，谷底や麓部緩斜面に渓畔林，地すべり移動体上や緩斜面に林冠ギャップの多い老齢ブナ林といった，多雪山地の植生分布の特徴をよく捉えられた（図2）．人為攪乱を強く受けた周辺地域にこの結果を外挿すれば，植生タイプごとの潜在的な分布域を推定できる．

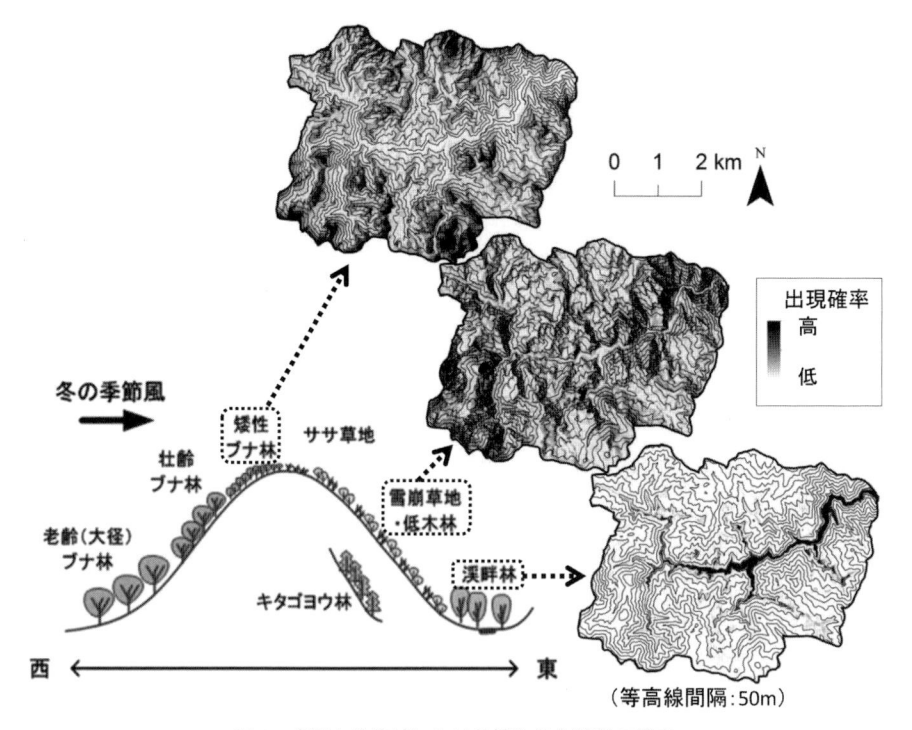

図2 多雪山地流域における植生分布特徴の推定

4 山菜採りと微地形

　山菜は，農山村や都市近郊における身近な自然の恵み（生態系サービス）のひとつである．冷温帯の落葉広葉樹林が広がる東北地方では，「沢を歩けば山菜が採れる」とよくいわれるように（齋藤2006），山菜の生育・採取地は地形条件とのかかわりが深い．聞き取り調査や参与観察で山菜採りの特徴を捉えた研究もある（池谷2003；齋藤2006）．そこで，DEMを用いた地形解析を活用して，山菜採りからみて望ましい環境条件の解析を試みた事例を紹介する（Matsuura et al. 2014；松浦2014）．

　福島県南会津郡只見町にて，山菜採りの方々に小型軽量のGPSロガーを配布し，2009～2010年の2年間にわたり，採取の時刻，種名，場所などを記録して

(A) ワラビ　(B) ゼンマイ　(C) クサソテツ（こごみ）

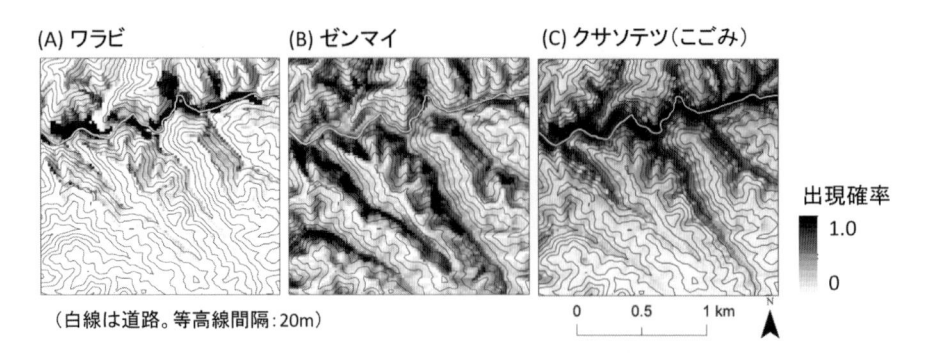

出現確率
1.0
0

（白線は道路。等高線間隔：20m）

図3　山菜（食用シダ）3種の採取適地の推定

もらった．そして，代表的な食用シダのワラビ，ゼンマイ，クサソテツ（こごみ）の3種について，採取地分布の有無を応答変数に，相観植生，道路や林道からの距離，DEMから求めた地形条件を説明変数とする一般化線形モデルを用いて，種ごとの採取環境の特徴を解析した．その結果，伐採跡地や若齢スギ植林地など人為攪乱の大きい場所でワラビ，渓畔の攪乱地でこごみ，低木林の広がる雪崩斜面の下部から中腹でゼンマイがよく採られていた．また，ワラビとこごみは道路近くでの採取が多いなど，採取環境の違いを定量化でき，採取適地マップを作成できた（図3）．

5　おわりに

本項では，DEMを用いた地形解析と，木本や草本植生の分布特徴の解析への応用事例を紹介した．このような解析は，DEMと対象物の分布データがあれば様々な地域で行うことができる．

場所ごとの地形や景観の特徴を捉えることは，地形図の判読や現地踏査のみならず，小説や随筆などの言葉による風景描写や日常会話でも普通に行うことである．これに対してDEMを用いて地形の特徴を自動認識する手法は未だ発展の余地が大きい．DEMを用いた地形解析手法を発展させることは，地形にかかわる様々な環境解析の記述力向上に繋がるだろう．

文　献

池谷和信 2003.『山菜採りの社会誌―資源利用とテリトリー―』東北大学出版会.
菊池多賀夫 2001.『地形植生誌』東京大学出版会.
齋藤暖生 2006. 山菜の採取地としてのエコトーン―兵庫県旧篠山町と岩手県沢内村の事例からの試論―. 国立歴史民俗博物館研究報告 123: 325-353.
鈴木隆介 1997.『建設技術者のための地形図読図入門 第 1 巻 読図の基礎』古今書院.
田村俊和 1996. 微地形分類と地形発達―谷頭部斜面を中心に―. 恩田裕一・奥西一夫・飯田智之・辻村真貴編『水文地形学―山地の水循環と地形変化の相互作用―』177-189. 古今書院.
羽田野誠一 1974. 最近の地形学 8. 崩壊性地形（その 2）. 土と基礎 22(11): 85-93.
松井　健・武内和彦・田村俊和編 1990.『丘陵地の自然環境』古今書院.
松浦俊也 2014. 森林からの供給・文化サービスの評価―山菜・キノコ採りを例に. 環境情報科学 43(2): 23-27.
丸山裕一 1998. いろいろな地形分類の方法. 大矢雅彦・丸山裕一・海津正倫・春山成子・平井幸弘・熊木洋太・長澤良太・杉浦正美・久保純子・岩橋純子編『地形分類図の読み方・作り方』58-69. 古今書院.
Bishop, M.P. and Shroder Jr, J.F. eds. 2004. *Geographic information science and mountain geomorphology*. Springer.
Hengl, T. and Reuter, H.I. eds. 2009. Geomorphometry –concepts, software, applications-. *Developments in Soil Science* 33, Elsevier.
Matsuura, T. and Aniya, M. 2012. Automated segmentation of hillslope profiles across ridges and valleys using a digital elevation model. *Geomorphology* 177-178: 167-177.
Matsuura, T. and Suzuki, W. 2013. Analysis of topography and vegetation distribution using a digital elevation model: case study of a snowy mountain basin in northeastern Japan. *Landscape and Ecological Engineering* 9:143-155.
Matsuura, T., Sugimura, K., Miyamoto, A., Tanaka, H., and Tanaka, N. 2014. Spatial characteristics of edible wild fern harvesting in mountainous villages in northeastern Japan using GPS tracks. *Forests* 5: 269-286.
Wilson, J.P. and Gallant, J.C. eds. 2000. *Terrain analysis- principles and applications-*. Wiley.

Topic 1

Terrain analysis using digital elevation models and its applications in landscape ecological studies

MATSUURA Toshiya

トピック 2

地形分類の手法による屏風ヶ浦海食崖の景観分析とその見せ方

八木令子・吉村光敏・小田島高之

1 はじめに

近年，環境教育や自然災害などへの関心が高まり，博物館等の社会教育の場で，身近な自然観察を目的とした教育普及活動が盛んに行われるようになってきた．またすぐれた景観を地域の潜在的な資源として評価し，地元の観光振興に活用しようとする動きも盛んである．しかしそのような場でまず目が向けられるのは，「美しい風景」や「珍しい地形・地質現象」など特別な景観であり，目の前にある地形については，「見れども見えず」であることが多い．

本来地域の景観は，地形，地質，水，植生，動物，土地利用やランドマークなどが密接に関連して成り立っており，その土台にあるのは地形や地質などの地学的環境である．博物館における自然観察といった場で地学分野が果たすべき役割は，自然のつながりの土台にある地形や地質の空間的分布や成立過程をわかりやすく示し，そこから新たな発見を導き出すことであろう．

本報告では，現在目の前にみえている景観を正確に把握するため，地形分類（微地形分類）の手法を適用して行った千葉県北東部の屏風ヶ浦海食崖の景観分析を紹介する．また景観は眺める場所と，何をどう見せるかというコンセプトがあって初めて成り立つもので，それらを考慮した見せ方を示す．

2 調査地域概要

千葉県北東部に位置する屏風ヶ浦は，下総台地東端の飯岡台地が削られてできた海食崖で，旭市の刑部岬から銚子市名洗まで，露岩の崖が約10kmに渡って連

トピック2 地形分類の手法による屛風ヶ浦海食崖の景観分析とその見せ方　　149

写真1　銚子市名洗地区から見た屛風ヶ浦海食崖

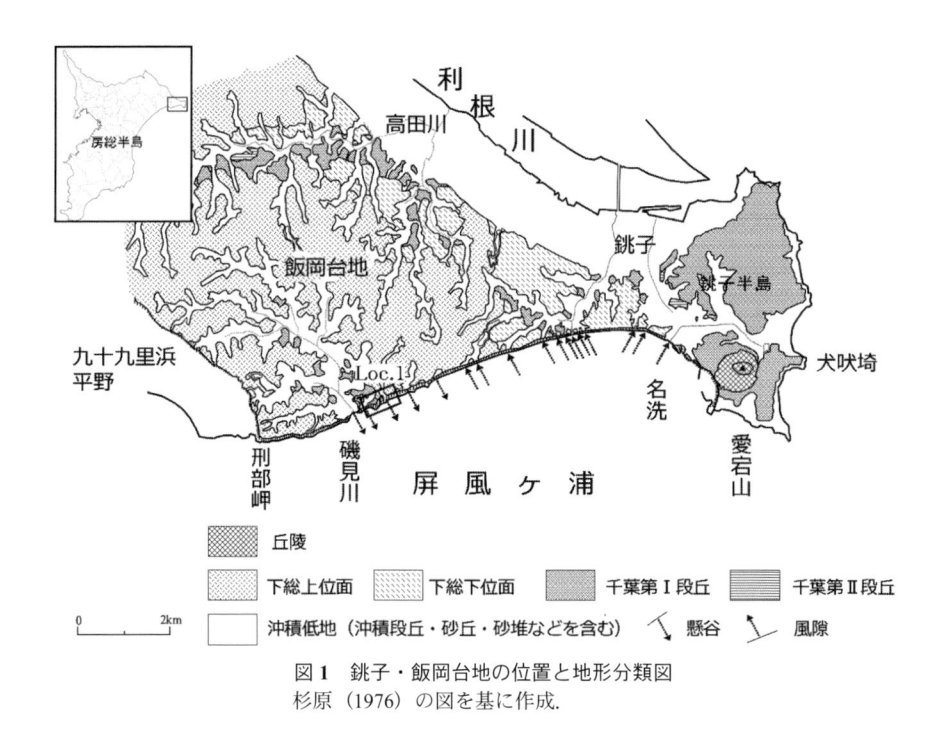

図1　銚子・飯岡台地の位置と地形分類図
杉原（1976）の図を基に作成．

続し（写真1），千葉県を代表する自然景観のひとつになっている．

　崖上の台地は，後期更新世（12〜13万年前頃）以降の古東京湾の浅海底が離水してできた海成段丘面で（下総上位面他：杉原1976），標高50m前後の平坦な地形が連続する（図1）．また利根川や台地を侵食する高田川，磯見川などに沿っては，それより低い面が段丘状に分布する．さらに崖沿いには，波食による海食崖の後退で上流や下流を切られた谷，すなわち風隙や懸谷が多数認められる．

海食崖を構成する地層は，大きく二層に分かれ，下部は鮮新世〜更新世の犬吠層群（凝灰質砂層，砂泥互層，塊状泥岩など），上部は更新世の香取層（薄い泥層をはさむ砂層）及び関東ローム層で，その上に風成砂（砂丘砂）が載る場合もある．これら岩質の違う地層は，灰色と薄茶色という地層の色彩的なコントラストを生み出し，屏風ヶ浦の景観的特徴を作り出した．いずれも軟岩で，波浪や沿岸流に対する抵抗力が小さいため，崖の基部が侵食されると崩落が発生し，崖錐が形成された．しかしそれらは波によってじきに除去されるため，全体として崖が後退し，露岩の崖が維持されてきた．

1960年代以降，消波堤の設置で，それまで年間0.5〜1mも侵食されてきた崖基部の汀線の後退速度が一桁小さくなり（堀川・砂村1972），その後の30年で，屏風ヶ浦からの土砂供給量が以前の1/3になっていることが明らかにされた（宇多1997）．現在の屏風ヶ浦は，ごく一部の場所を除いて大半に消波堤が設置され，その内側に砂浜や崖錐が発達するなど，以前とは異なった地形変化が生じている．またかつての露岩の崖や崖錐上に海浜植物がパッチ状に生育し，景観も変化している．さらに消波堤や海岸への取り付け道路の設置で，人々が容易に崖下へ近づいて自然を観察することのできる場所となり，平成24（2012）年度に認定された「銚子ジオパーク」のジオサイトのひとつに位置づけられている．

3 屏風ヶ浦海食崖の景観分析
3.1 航空斜め写真の撮影と景観分析の方法

海食崖の景観を系統的に把握するため，刑部岬〜名洗間約10kmを，およそ500mごとに，海側の上空約300mの位置から近接撮影した。範囲に重なりがあるので30カット，一部は実体視が可能である（吉村他2014）．

これらの斜め写真は，海食崖の全貌を初めて同一精度で観察できる素材である．そこで地形分類の手法を適用し，目立つものだけをピックアップするのではなく，表1のように写真上で見えるものを空間的にくまなく判読し，その結果をトレースした約20枚の景観図を作成した（吉村他2015）．また新旧の空中写真判読，崖下や崖上の現地調査を基に，各地域の消波堤の設置年代や，消波堤設置前後の地形変化を明らかにした．なお植生については，本来景観を構成する重要な要素であるが，本調査では，地形変化と関わる各微地形上の植生の有無などに限って

表1 屏風ヶ浦海食崖の景観分析共通記載項目

位置	記載事項
海食崖上	目標となる建造物等（ランドマーク），土地利用
	地形：地形面，段丘崖，谷地形，風隙，懸谷，砂丘等
崖面～崖下	地形：高潮線，岬・入り江（崖の凹凸），ノッチ（波食窪），地すべり・崩落，崖錐・崩落堆等
	地質：犬吠層群，香取層，段丘礫層，関東ローム層，鍵層，断層，スランプ層，巨礫等
	人工物：消波堤，崖下への取り付け道路・掘割，埋立地等の設置年代

記載している．

3.2 景観分析の事例

屏風ヶ浦海食崖の景観分析の事例として，銚子市小浜町附近の斜め写真と景観図を紹介する（図2）．

本地域は，磯見川河口の東側に位置する（図1, Loc. 1）．中央部分は，現在屏風ヶ浦で唯一消波堤が設置されていない区間で，海側に突出した岬の間の入江の崖基部に直接波があたり，小規模なノッチ（波食窪）や波食棚が形成され，自然の海岸線となっている．崖面に植生はほとんどなく，露岩の崖が維持されている．一方その両端は，1980年代後半から90年代にかけて消波堤が設置されており，内側には砂浜が発達し，前浜，植生に被われた後浜，崖錐の3つの部分にわかれる．満潮時には消波堤の隙間から海水が内側に侵入している．

崖上の台地は，標高約55mの下総上位面であるが，西側は標高45mとやや低い平坦面（杉原1976の千葉第I段丘面）が侵食谷に沿って分布しており，河成段丘の可能性がある．近年台地上には風力発電の風車が林立し，ランドマークとなっている．

海食崖に露出する地層は，下部が白っぽい塊状の砂質泥岩（犬吠層群小浜層）で，その上位に砂層（香取層）がほぼ水平に堆積し，地表面は関東ローム層に覆われる．犬吠層群の泥岩には表面の剥離跡（凹所）がしばしば認められる．香取層の上部と関東ローム層は，段丘構成層として本来なら地形面の対比に有効なデータとなるが（この海食崖のように地形とそれをつくる地層がセットで見られる場所はそう多くない），ここでは詳細な層序が明らかではないため，地層から地形面

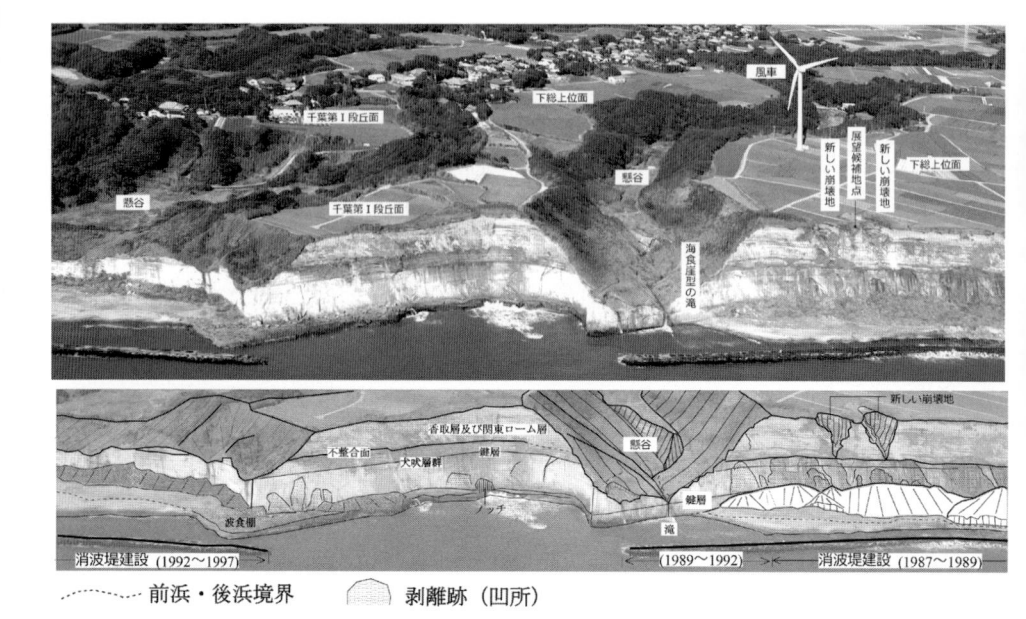

図2 屏風ヶ浦海食崖の斜め写真と景観図（銚子市小浜町付近）
吉村他（2015）を基に作成.

の成因（河成か海成か）や離水した時期を示すことはできない.

海食崖には，台地を開析する谷の下流部が海食されてできた顕著な懸谷地形が2カ所で認められ，そのうち東側の谷の河口には現成の滝が見られる．滝の高さは2段でおよそ12m，関東地方には珍しい自然の海食崖型の滝である．滝が懸かる部分の地層は，犬吠層群小浜層の凝灰質泥岩で，流域面積は小さいが，常時水量はある．その多くは，海食崖上部を構成する砂層（香取層）に浸透した地下水が，下位の犬吠層群との間の不整合面で湧出することによる地下水起源と考えられる.

懸谷の西側の砂浜上には，犬吠層群の泥岩が落下し，巨礫が不規則に堆積している．一方懸谷の東側の消波堤内側に形成された砂浜上には，崖上部からの崩落物質が堆積し，崖錐が形成されている．これらは規模も大きく，連続しており，地表面は海浜植物に被われている．しかしその一部は，暴風時の消波堤を越える

波浪によって末端が削られ，ミニ海食崖が形成されている．ここでは崖錐の表面を構成する香取層の砂や塊状の関東ローム層起源の礫が観察できる．また崖上には，下総上位面を切る大規模な崩落が2カ所で認められ，香取層と関東ローム層がごっそりと抜け落ちている．崩落物質は斜面の途中に残り，崩落堆を形成している（写真2）．その下方には浅い谷状の地形が崖下まで連続しており，降雨時には一時的な水流が発生している可能性もある．

　この崩落跡は植生もまばらで，見た目には新鮮であるが，いつ頃落下したものであろうか．約30年前の1987年に同じ地域を撮影した航空斜め写真では，この地域に消波堤は設置されておらず，台地崖端は直線状で，崩落は発生していない（写真3）．崖下には波が直接打ち寄せており，崖錐は認められない．

　この地域の消波堤の設置は，1987〜1989年の間で（吉村他2014），その後1997年まで崩落は発生していない．しかし1998年撮影の空中写真[1]で初めて崖の上部が崩れているのが確認されたことから，これらの崩落は，1997〜1998年の間に発生した．その後は斜面途中の崩落堆から断続的に香取層の砂や火山灰層が崖下に落下し，約20年間で崖錐が大きく成長した．

写真2　段丘面を切る崩落崖（矢印）と斜面に残る崩落堆
崖下には崖錐が形成され植生に被われている．

写真3　1987年当時の海食崖
台地崖端は直線状で，崩落は発生していない．この時期には消波堤も設置されていない．
写真提供：千葉県立中央博物館．

4　景観の見せ方 ―展望地点の設定

　景観は眺める場所（展望地点）があって初めて成り立つもので，どこで，何を，どう見せるかが重要である．また景観はふつう遠景として捉えられることが多いが，地域の成り立ちを示すためには中～近景にも注目することが必要である．そこで図2の範囲の崖端（東側にある崩壊地間）に展望地点を設定し，横方向から見える景観を，遠景，中景，近景に分けて，それぞれが何を示すのか整理した（表2）．

　設定した展望地点は下総上位面上にあり，周囲に高い山がなく，樹林地や高い建物も少ないため眺望が効く．よく晴れている日に遠景として観察できるのは，東に数km先の銚子半島の愛宕山（標高約70m）と周辺の段丘面である（写真4a）．これらは地形の規模としては中地形スケールであるが，後期更新世に古東京湾の浅海底が離水し，現在の台地の原形ができていった「銚子地域の成り立ち」という大きなテーマに関わる景観である．

　中景は，展望地点から東西横方向に連続してみえる海食崖と波浪，さらに現在海食崖の下に設置されている消波堤と，その内側に発達した砂浜などである（写真4aの手前側）．海食崖を構成する地層や，不整合面，連続性のいい鍵層，また崖上では台地（段丘面）の広がりや，それらを切る懸谷状の谷なども含まれる．これらはスケールとしては中～小地形レベルであるが，屏風ヶ浦全体に見られ，崖上の見晴らしのいい場所であれば同じような景観が眺められる．「海食崖全体

表2 図2の展望地点から見える景観（遠景〜近景）

景観の種類*	視界	地形の規模	地形の広がり	地形形成の年代	景観を構成する要素	テーマ
遠景	良く晴れていると見える	中地形	1〜10km	10^4年〜	銚子半島：愛宕山・段丘面（図2の範囲外）	銚子の成り立ち
中景	降雨時には見えない	中〜小地形	100m〜1km	10^2年〜	凹凸のある海食崖と波浪，消波堤と砂浜 懸谷状の谷 台地（段丘面） 海食崖を構成する地層 （犬吠層群・香取層・不整合面，鍵層等）	崖の侵食（波食） 地形面形成
近景	降雨，曇天でも見える	小〜微地形	1〜10m	10^1年〜	新規崩落壁，崩落堆，崖錐 ノッチ，波食棚，剥離跡（凹所） 海食崖型の滝 湧水，水流 段丘構成層（段丘礫層・火山灰層等）	変化する地形

＊これらに植生・土地利用や人工物（ランドマーク的なもの）など視覚的なものを加えていく．

の波食」や「地形面の形成」といったテーマと関連づけて説明できる．

　近景は，展望地点に立つ人間の目の高さで捉えられる景観で，海食崖や段丘面を構成する個々の微地形やそれらを構成する堆積物が含まれる（写真4b〜e）．このサイズの地形は，屏風ヶ浦では場所による変化が大きい．図2の景観図の範囲内でも，例えば消波堤が設置されているかどうかによって，微地形の種類や組み合わせ，植生の被覆状況が異なり，それぞれの崖の景観は著しく異なったものとなっている．また消波堤が設置されている場合も，海食崖上部の香取層が厚く露出している場所では，崖錐が大きく成長している．さらに新しいタイプの崩壊も発生している．これらは 10^1 年オーダーで地形が変化しており，新旧の空中写真を比較することで地形形成時期を絞り込むことができる．近景として捉えられる景観は，屏風ヶ浦の地形特性である「変化する地形」を反映している．

5　おわりに

　従来の景観の捉え方は主観的・情緒的で，何がどうすぐれているのか科学的根

写真4　図2の展望地点および崖下から見える景観

a 遠景：銚子半島（愛宕山，段丘面）
　中景（手前）：海食崖と波浪，消波堤
　　　　　　　　海食崖を構成する地層
b 近景：犬吠層群の泥岩礫と香取層の砂礫
　　　　からなる崖錐
c 近景：段丘面を切る崩落崖と段丘構成層
　　　　（香取層，関東ローム層等），及び
　　　　崩落崖
d 近景：段丘面を切る崩落崖
e 近景：海食崖に懸かる滝（下段部分，落差8m）

拠に乏しい．景観を科学的に捉えるためには，まず地形分類の手法により，自然環境の土台である地形や地質などの空間的分布を示した景観図を作成する．さらに適切な展望地点を設定し，景観を遠景，中景，近景に分けて整理し，個々の微地形の組み合わせが，より大きな地形単位をつくり，それらが空間的・時間的にも大きなスケールの「地域の成り立ち」を反映していることを示すなど，見せ方を工夫することが必要である．

現在，国の文化審議会は屏風ヶ浦を国の名勝及び天然記念物とするよう答申しており，今後指定される予定である．景観を地域の文化財として客観的に評価し，その価値を伝えていく手段としても，このような図を活用していきたいと考える．

注
1) 京葉測量 1998. KY98C-C20B-32~34

文 献
宇多高明 1997.『日本の海岸侵食』山海堂．
杉原重夫 1976. 下総台地東部の地形．日本地理学会 1976 春ポケット版巡検案内 第 2 班 銚子半島と九十九里平野．
堀川清司・砂村継夫 1972. 千葉県屏風ヶ浦の海岸侵食について (3)—航空写真による海蝕崖の後退に関する研究・第 4 報—. 第 19 回海岸工学講演会論文集 :13-17.
吉村光敏・八木令子・小田島高之 2014. 平成 25 年度銚子市文化財総合調査報告—地形調査・空中写真解析—．銚子市教育委員会（編）『名勝に関する特定の調査研究事業—屏風ヶ浦（千葉県銚子市）—』 銚子市．
吉村光敏・八木令子・小田島高之 2015. 平成 26 年度銚子市文化財総合調査報告—地形調査・空中写真解析—．銚子市教育委員会（編）『名勝に関する特定の調査研究事業—屏風ヶ浦（千葉県銚子市）—』 銚子市．

Topic 2

A Geomorphological Approach to an Analysis of Landscape and Mapping along the Byobugaura Sea Cliff

YAGI Reiko, YOSHIMURA Mitsutoshi and ODAJIMA Takayuki

第Ⅱ部

微地形と自然災害

総説 4

地すべり地形の危険度評価と微地形
—地すべり地形判読を通して斜面をみる技術を創る工夫を振り返る—

宮城豊彦・濱崎英作

地すべりによって形成された斜面は決して特異な存在ではありません．また，地すべり災害の殆どはこれら地すべり地形の一部が再活動したものです．災害の軽減にも斜面発達の理解にも地すべり現象の深い理解は欠かせません．ここでは，地すべり地形を構成する微地形を指標とした再活動のリスク評価手法をどのように構築してきたかを振り返ることで，微地形をみつめる意味を考えます．

1 はじめに

　筆者は表題に掲げる微地形を，具体的な災害の抑止に適用することを目指して一連の取り組みを行ってきた．この背景には，田村が提唱した谷頭部という水系の最も基本的な空間の構成を，形態，配置，物質構成，水循環，ユニットの形成過程などいくつかの指標から類型化できる微地形を設定して捕まえようという発想があった．筆者の言い方ですれば，「地すべりによって造られた土地（地形）では，その運動（形成作用）によって生み出された特有の形態や物質構成が出現するに違いない．したがって，この観点で適切に土地（地形）を把握する工夫（例えば地形分類単位の認定）が実現すれば，その地形指標を用いて地すべりのメカニズムを把握でき，さらにはその再活動の潜在性を評価することができるのではないか．」という見通しをつけた．

　防災の研究には一般に次に述べる3つのアプローチがある（宮城 2014）．第1に「どこで災害が発生するか」の「場所性」を究明することである．この研究は危険な場所をみつけ出すことが第一．次にその場所がどれほどの災害を発生させる可能性があるのかという危険度評価が大きなテーマとなる．場所を特定すれば，そこを避けた行動を行うことができるし，避けなくても，気を付ける行動も可能となる．どのような対策を講じればよいかを考えることもできるようになる．「減災の観点」では，容易に対策を講じられないにしても，どの場所が崩れやすいの

か，どの場所がどう変化するのかを把握し，このことを地域住民が理解していれば，家屋を建築する際の目安になるであろうし，減災のための避難経路の選定では，斜面変動が発生しない場所を選ぶこともできる．第2に発生に関する時期的な予測である．例えば地すべりが何時発生するか，地震は何時発生するか，火山の噴火は予知できるか．防災研究では，この何時（いつ）が大事とされる．地すべりに関する「何時」の予測は，たくさんの実測例とシミュレーションを踏まえて，3次変形ステージの閾値を決めることで達成される．ただし，このような計器によるモニタリングは，それ自体極めて手間とお金がかかり，しかも斜面変動の可能を持つ多くの場所全てに計器を設置するには，そもそも，何処がどのように動くのかが明確に把握されていることが必要であろう．地震予知の困難さはよく知られたところだが，発生時期の特定は現在と今後の研究課題だといえよう．第3に規模の予測である．災害が何処まで，どのように到達するかという規模の予測も重要な視点であり，これは主にシミュレーション科学の課題とされる．

2 地すべり地形を解析的に研究する前提

　地すべりは昔から生命・財産を脅かす重要な斜面災害として注目されてきた．例えば紀伊半島の十津川災害や高知県の繁藤の地すべり，日本の動脈である国道1号線，東海道線，東名高速道路などを一辺に破壊しかねない静岡県由比の地すべりなどは古くから大きな注目を受けていた．ここで簡単に紹介したように，日本列島では顕著な地すべり災害があちこちに発生していた．地すべりが頻発するような地域では，技術者も行政分野も，融雪時や豪雨時には地すべりが発生しないかと戦々恐々としていたといわれている．このような状況の中での地すべりの研究や理解は，専ら防災対策につながる科学・技術分野に偏っていたようである．実際の被害を研究の材料として，現場の経験を積み重ね，そこから地すべりを抑止したりコントロールしたりする科学技術を推進してきたのである．端的にいえば，「地すべりが動いたら，災害が発生したら，その対策を打つ」ための応用学として斜面災害科学の位置づけがなされていたといえるのではないか．

　昨今の「地すべり危険箇所の把握」とか「地すべり地形の危険度評価」などという事業の進展は，以前の対処療法的な対策から，地すべり災害の潜在性を有す

る箇所を絞り込み，その箇所が災害を引き起こす危険性をあらかじめ察知する方向へ大きく展開してきていることを意味している．

このような斜面防災の技術・研究開発のトレンドを紹介するのは本書の目的に大きく関係する．すなわち，地すべりの再活動危険度評価というシナリオ作りは，斜面物質移動プロセスが創りだす微地形を捕まえ，記載し，その物質的な特徴を観察し，力学的な背景を考察することそのものである．つまり斜面地形学そのものなのである．結果として個々の地すべり地形に対して，地すべり地形が置かれている場所性，その地すべり地形を構成する微地形とその配置を把握することで地すべりの再活動可能性を類推することを考えることとなる．

ここでは，この大きな展開の土台にあたる「地すべり地形の存在状況を把握する技術」をどのように構築して，さらに危険度評価にどのように展開してきたかについて振り返ってみたい．

なお，ここで取り扱う話題の対象である地すべりの定義だが，広義の地すべり（Landslide）は，周氷河作用や土壌匍行（Soil creep）などは含まないものの，落石や土石流，斜面崩壊から狭義の地すべりまでを含む概念とされ，いわゆるマスムーブメントに相当する．この概念に基づけば，斜面とは，マスムーブメントが発現している斜面とそうでない斜面領域に区分される．だから，両者の境界を明確に示すことが斜面研究の基礎になる．これが狭義の地すべり地形の存在状態（分布）を把握することにつながった．さらに区分されたマスムーブメント領域の中はどうなっているのかを考えることが，地すべり地形領域の微地形を分析することにつながった．

3　東北地方における空中写真の導入と地すべり地形の認定

空中写真の利用が一般の技術者や大学で自由に行われるようになったのは，戦後，それも1960年代以降であろう．東北大学の地理学教室には，進駐してきた米軍が撮影した4万分の1モノクロ密着空中写真が整備されていた．空中写真による地すべり地形の分布把握の前史として，ここでは農林水産技術会議の業績を簡単に紹介したい．戦争が終わり，荒廃した国土復興の基礎資料として計画的な国土調査が実施された．農業を始めとする国土の土地利用の方針策定にあたって

は，「土地分類，土地評価，土地利用計画の策定と段階を踏んで合理的な国土利用のあり方を明確化する」という極めて地理学的な手法で考えられた．この手法は「土地利用区分の手順と方法」（農林省農林水産技術会議編1964）として出版された．国土調査の実施主体は，始めは国の機関が，次いで県が実施し，近年まで継続する大事業となった．この国土調査で地形分類を行うために空中写真判読が実施された．1965年頃には，空中写真判読によって地すべり地形が認識できることが様々な人々によって指摘されている（例えば市瀬1964など）．また，ダム建設に先立つ地質調査で，思いもかけない地盤の悪さが見つけ出され，「どうも地すべりらしい」という指摘がなされる事態が発生した（例えば江川1979）．

奥羽脊梁山脈の火山群である船形連峰の北麓を対象に，空中写真を判読した当時の建設省国土地理院の技術者や東北大学のアルバイト院生などは，それまで，火山の山麓斜面は長く裾野を広げる雄大な斜面で構成されていると思っていたものが，「不思議な急崖と凸凹の起伏がある，どうみても巨大な地すべりでできたとしか思えない地形が随所に広がっている」のを目の当たりにした．船形連峰北麓の地すべり地形（千田ほか1971）という学会発表の要旨には，現地調査をした結果，それが地すべり地形であると認定している．同じ頃，羽田野は，20万分の1地勢図「仙台」の範囲を対象に地すべりによってつくられた可能性をもつ斜面領域の分布図を作成している（羽田野1972）．このような広範囲の地すべり地形分布状況を明らかにしたのは，おそらく羽田野の仕事が日本では最初のものであろう．羽田野はこれに先立って，1953年7月に紀伊半島の有田川流域の豪雨で頻発した土砂災害の分布や地形，発生位置を空中写真判読で広域的に把握し，地すべり的な大規模崩壊は，1953年の豪雨災害以前から地すべり性の変形が進行していたと考えられる場合が多いことを指摘している（羽田野1968）．羽田野の指摘以来，四国では寺戸（1978）など，東北ではMiyagi（1979），清水（1984）が相次いで地すべり地形の分布図を公表することとなった．だが，当時は，空中写真で把握できる地すべり起源と思われる地形の全てを地すべり地形と言い切ってよいのかどうか迷いがあり，「崩壊性地形」「大規模マスムーブメント」「地崩れ」「ランドスライド地形」など様々な用語が試された（羽田野1974；古谷ほか1979など）．古谷による地すべり学の教科書ともなる「ランドスライド崩壊性地形」などの表現が用いられた．勿論，地すべり地形の存在は羽田野が図化する以

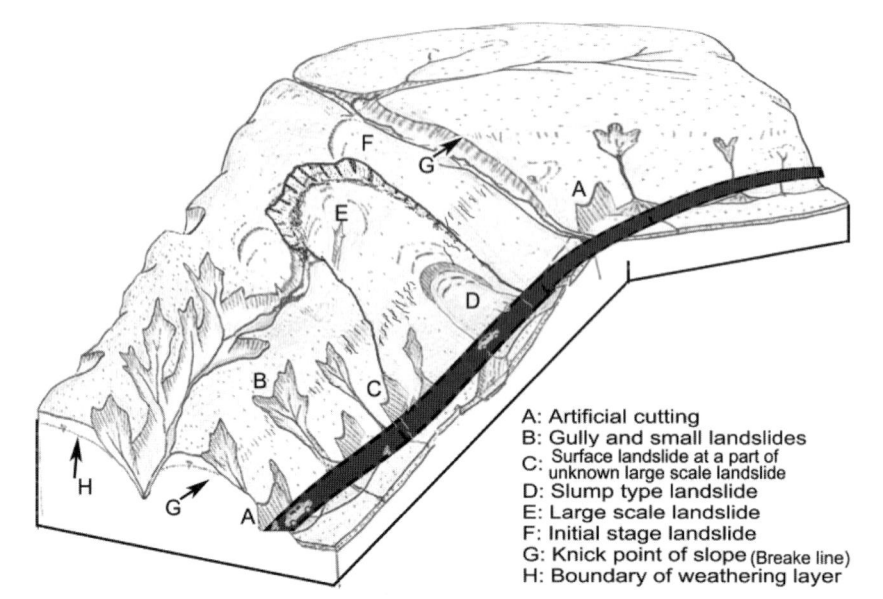

A: Artificial cutting
B: Gully and small landslides
C: Surface landslide at a part of unknown large scale landslide
D: Slump type landslide
E: Large scale landslide
F: Initial stage landslide
G: Knick point of slope (Breake line)
H: Boundary of weathering layer

図1 目の前の地すべり災害地の背後に，見えない大規模な地すべり地形がある例
Miyagi (2014). 空中写真判読と地形分類の展開は，「目前の災害への驚き」からその「背後（背景）となる何故それがそこで引き起こされるのか，それはどれほどの広がりをもつのか」を考えさせることにつながった．

前から知られていた．しかし，その全体像が把握されていなかったことはいうまでもなく，先に述べた国土調査の地形分類図の凡例には，地すべり地形が異常地形として「その他」の分類項目に括られていた（例えば経済企画庁1967）．

斜面地形を形成する主要な作用として「地すべり」が位置づけられるためには，国立防災科学技術研究所（現，独立研究開発法人防災科学技術研究所）の大八木や清水らが中心となり1982年から開始した，5万分の1地すべり地形分布図の刊行が軌道に乗るまでの時間が必要だった．この事業は，本格的に地すべり地形の写真判読を行って，その分布実態を一定の規準で図示するというもので，本年（2015年）その作業が完結した．また，地すべり地形の発見から続く判読作業は，地形学の主要な課題である「斜面の発達はどのように推移するのか」という極めて理学的な発想で推進されていた．空中写真判読の導入は，段丘地形の認定や，活断層の認定を中心とした第四紀地殻変動と地形発達研究が一歩先んじていた．

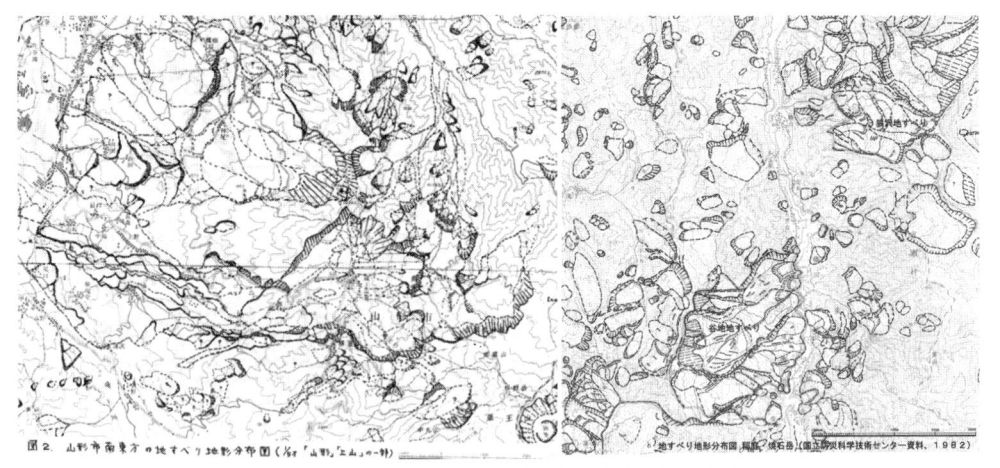

図 2 初期の地すべり地形の存在状況を地図化した例
左：1972 年の日本地理学会で公表された山形市東方（蔵王火山の西麓を含む）の地すべり地形分布図.
右：（独）防災科学技術研究所が 2014 年に全国を GIS データベースとしても網羅した地すべり地形分布図発行事業の第 1 集（「新庄・酒田」1982）の一部.

地すべり地形の認定は，斜面の地形発達を考える際の要素の一つとして，マスムーブメントをどのように位置づけるかという観点から進められていたのである.

4 地すべり地形の認定と地図化

地すべり地形の分布実態が明らかにされるにつれて，その分布自体の意味が問われるようになってきた．文章として明示されたものはないと思うが，中部地方の日本海側から東北地方の脊梁以西に分布するおびただしい地すべり地形をみて，「こんなにたくさんあるのならもう防災はお手上げだ！」とか，「何でもかんでも地すべりだといわれてもしょうがない！」といった批判とも諦めともつかない囁きも聞かれないわけではなかった．こうした中で，地すべり学会東北支部や北海道支部では独自に地すべり地形と地すべり災害に関する，それまでの知識を総括するような出版を行った（山岸編 1993 他）．特に東北支部がまとめた「東北の地すべり・地すべり地形」（地すべり学会東北支部 1992）では，書名に両者を併記し，斜面の物質移動現象としての地すべりとその結果生み出される地形であ

る地すべり地形とを明確に区別すべきことを強調している．

　空中写真を判読すれば，視界には様々な地形現象がみえてくる．きっちりと空中写真判読を行えば，水系でネットワーク化された斜面の中に，滑落崖と移動体との組み合わせからなる地すべり地形がモザイク的に組み込まれていることに気づく．これを図化すると，その規模・数・面積ともに決して「異常だ！」とばかりいっていられない現象であることがわかり，その重要性を意識するのは必然であった．

5　地すべり地形を構成する微地形をみて危険度評価を行うことへ

　さて，地すべり現象が生み出す地形は，特徴的な地すべり地形を呈することはいうまでもないが，その地すべり地形を構成する微地形も，地すべりの物質・運動特性に対応していることが指摘されるようになった（Miyagi 1979）．地すべり地形は，いくつかの基本的な単位地形で構成され，その単位地形は，それぞれ固有のプロセスによって形成されているから，微地形構成を把握することで，運動様式やスベリ面の位置など地すべり地形の形成プロセスを考察することが可能であるという考え（木全・宮城 1984）が提案された．この考え方は，その後，「斜面に初生的な地すべり性の破壊が生じることで，その破壊された領域の物性・水文条件が変化し，そのことが次の地すべり発生の素因として働くが，このとき，変形・変質した物質・水条件は，それぞれに特徴的な地すべり形態（規模，頻度，運動様式などの反映としての変面形や微地形構成）を生み出す」という地すべり地形の自律的破壊過程（宮城 1990）を想定することに繋がった（図3）．この結果，個々の地すべり地形の不安定性や運動特性を考察することができるようになった．この基本的な発想自体は，東北大学の大槻憲四郎氏が秋田県の谷地地すべりを分析した折に提案したものである．地すべり学会東北支部の初代支部長であった北村信先生が代表者を勤めた科研費の調査であったが，この報告書はその後印刷されることのないまま，いわば幻になっている．宮城は，この考え方と微地形評価の考え方を組み合わせて，1990年に沖縄で行われた日本地すべり学会のシンポジウム「地すべり災害発生危険箇所の把握に関する諸問題」において，「地形分類による地すべり地形の危険度評価」と題した報告を行っている（宮城 1990）．

総説 4　地すべり地形の危険度評価と微地形　　　　　　　　　　　167

表1　国土計画の資料などにみる地すべりの再発見

- 戦後復興の国土計画　全国総合開発計画と呼応
  土地分類・土地分級・土地利用指針 米国流の自然観（斜面を傾斜で区分）
- 1958年（昭和33年）　地すべり等防止法　（危険箇所の特定抽出）
- 1964年：東北管内地すべり防止事業調査報告　（東北農政局計画部：260地区、第三紀層地すべりが73%。5万分の1地形図から読図（289）、聞き取り、現地調査、地形との関係：標高と箇所数グラフ）
- 1967年　土地分類基本調査　経企庁　仙台5万分の1　地すべり関係の現象は、その他に分類され、地点の記載がされた
- 1968年　有田川の土砂災害（羽田野誠一の報告）
- 1972年　土地分類図　宮城県　20万分の1　経企庁　船形山北麓に多数の地すべりと思われる地形の存在を指摘（中田・千田）
- 1972年　日本地理学会で羽田野が山形市付近の地すべり地形の分布判読図を紹介
- 1973年　日本の地すべり－東北地方－　構造改善局・農政局　地形の記載なし　北松地域の地すべり地形分布図　羽田野他　遷急線
- 1981年　防災科学技術研究所・国土地理院　5万分の1地すべり地形分布図公刊　（斜面から地すべり領域を確定抽出）
- 1983年　清水文健の論文　1992年　東北の地すべり・地すべり地形

　1992年に発刊された「東北の地すべり・地すべり地形」は，地すべり学会東北支部の若手（宮城・檜垣・平野・千葉・小林・濱崎・三上と防災科研から清水，さらに柳田らが加わって組織された執筆委員会の手によるものである．ほぼ全員が40歳以下であった．地質図と地すべり地形分布図，各省所管の地すべり防止区域の対策事例などの資料，地すべり地形の判読・地質・分布・メカニズム・危険性をどう理解するかなど，およそ現在の我々の課題を網羅した野心的な執筆だったと思う．この執筆は1990年頃に発案された．当時の支部長だった東北大学地質学教室の北村信先生は，御自身が纏めようとなさっていた東北の地質図を，資料編の下図となる20万分の1地勢図白図とともに提供してくださった．その際，「あなたの好きなようにやりなさい」といってくださった．この出版には，1,000万近くの経費がかかった．当然，「赤字が出たらどうするのか？」という懸念もあり，「そうしたら皆で100万ずつ被ろうと話した．」ものだ．

6　危険度評価の発想とそれを技術化する努力

　多数存在する地すべり地形は，その形成から消滅に至るまでに極めて長い時間がかかるようである．面積が1km^{2}以上の大規模な地すべり地形の場合は数

自律的破壊課程		初期条件(応力場・岩石物性・地質構造)				地形場の形成(地形発達過程)		斜面勾配	
		岩石物性	破壊			地形特性		滑動の誘引	
			型	規模	頻度	平面形	滑落崖	微地形	外部地形場	内部地形場
Stage I	残留応力の開放	弾性体的	破壊卓越	大	小	円形	キレツ線条凹地	原地形たわみ	河川の下刻山の形態	
Stage II	層面すべり円弧すべり	↑↓	↑↓	↑↓	↑↓		大規模分離崖・滑落崖	ブロック	降水特性	内部応力場
Stage III	褶曲すべり	↑↓	↑↓	↑↓	↑↓		不明瞭分離崖	圧縮丘		微地形形成水の移動
Stage IV	流体型すべり	流体的	粘性流動卓越	小	多	縦長	小規模滑落崖	平滑化 debris flow		トラップ

図3 初生的な地すべりが発生することで発生する自律的な破壊過程の仮説

十万年のオーダーの時間が必要であるという意見もある (Yanagida and Hasegawa 1993). そうすると，地すべり災害は，人間の時間感覚を越えた極めて長い時間経過の中で，時として引き起こされる破壊的な現象であると考えることができる. 多数存在する地すべり地形の大方はそれほど危険なものではなく，その一部が，頻繁に破壊が生じるようなステージにあったり，地形的な位置条件（例えば河川の攻撃斜面に面していて常に移動体先端部が不安定な状態にある）が地すべりをより不安定にしていたりするなど，「限定的な条件で危険性の高い不安定な地すべり領域がある.」と考えることができる. その条件を吟味し評価することで，どのような地すべり地形が近い将来に災害を引き起こしそうなのかを結論づけられる. 地すべり地形の危険度評価は，このような試行錯誤を経て今日の形式を作るまでに至ったのである.

　地すべり地形の危険度評価手法に関する本格的な検討は，日本地すべり学会の受託事業として天竜川の流域で最初の試みが行われた. その頃から日本地すべり学会東北支部においても岩手県砂防課や宮城県防災砂防課からの受託事業として危険度評価手法の検討を実施することとなった.

　東北支部の業務は，地すべり地形の判読の基礎から始まって，地すべり地形を構成する微地形や周辺の地形環境を把握し，それらの観察結果を用いて地すべり地形の再活動可能性を評価するものである. この企画は，院生時代から地すべり地形の調査研究を行ってきた自分にとっては，極めて感慨深いものとなった. 当

表 2 議論を経て求められた微地形の定義と認定の留意点

表層崩壊地形
　定義：地すべり移動体の一部に発生する表土（土壌層（C 層を含む）の剥離・落下により形成された地形．また，ごく小規模なスランプ性の地すべりも含む．
　3）移動体を構成する微地形の名称と定義
　判読の留意点：多くの場合，厚みを持たない削剥地形．新鮮なものは植生を欠く．

キレツ
　定義：移動体内部に生じた引張性の応力により生じる亀裂．
　判読の留意点：地表面のシャープなキズとして，写真上では一本の筋として観察できる．

副滑落崖
　定義：移動体内部の細分化の過程で生じたスベリに伴う崖地形．
　判読の留意点：地すべり地の「入れ子」として，地すべり移動体内部に生じる滑落崖と前面の移動体という地形的な関係が存在する．次の分離崖とは，本微地形がスベリ面に由来している点が異なる．このため，副滑落崖の前面には対面する急崖地形は存在しない．

分離崖・溝状凹地
　定義：移動体内部に生じた引張性の動きによる形成された急崖およびその急崖で挟まれた相対的な低地部．この場合低地部はスベリ面の露出部である．
　判読の留意点：副滑落崖と類似の急崖だが，急崖が対面する点で滑落崖と明確に区別できる．

圧縮丘
　定義：移動体内部の相対的な運動速度の違いにより生じた著しい圧縮性の応力場で発生する移動方向に直交する微起伏．
　判読の留意点：小規模なスラスト（アンダースラストを含む）的な動きとなるため，サザナミ状の微起伏として観察される．

流動痕・流動丘
　定義：流動痕は，移動体の一部が粘性土または崩積土化し流動性の移動で生じる，移動方向に平行な微起伏．流動丘は，この動きで生じた微起伏の相対的な高所（いわゆるナガレ山）
　判読の留意点：写真上では，明瞭な方向性を持たない緩やかな微起伏として観察される場合が多い．ただし，流動性の移動では，その領域の上端部を構成する副滑落崖はごく小規模で，その移動域は長円形を呈することが多い．

　時アルバイトなどで関係した，いくつかの地すべり災害関係の分厚い調査報告では，地形を記載する場所は数ページもなかった．地形は地質概況とともに枕詞のように用いられていた．それが，幾らかの毀誉褒貶を経て，地形情報だけを用いて危険度評価を行うところまで来たのだ．

　防災や土地利用を前提とした，地すべり地形の危険度評価，言い換えれば地すべり地の安定・不安定は，本来その物質特性や水文特性，スベリ面形状などによって判断されるべきものであろう．しかし，あまりにも数多くの地すべり地形が存

在するため，その全てに対して現地調査やボーリング調査などを施すことはできない．何らかの間接的な手法で危険度の概要を把握できれば合理的である．空中写真判読による微地形を指標とした危険度評価とは，あくまでも第一次段階の評価で，危なそうな，言い換えればしっかりとした現地調査を行うべき地すべり地形を選び出す作業であり，また調査する際の着眼点を絞り込むための作業であると言える．

東北支部での危険度評価業務に携わったのは，日本地すべり学会を代表するような熟練の技術や知識を備えて，現場経験も豊富な，プロ中のプロが8名集合した．地すべり地形という外面の情報だけで，どれほどの危険性を評価できるのか．これを達成するためにはいくつかの関所のようなものが存在した．第1に，各人が日常用いている用語の概念を統一すること，第2に，その用語に対応する地形情報を，誰もが空中写真判読でクロスチェックできるようになること，第3に何が再活動につながる危険情報なのかを峻別することである．これらは全て議論を戦わせることを通して達成すべきものであった．

このときに使われた方法が，メンバーの一人濱崎の紹介によるAHPという手法（Saaty 2008）である．日本では毎年のように地すべり災害が頻発し，その調査や対策も数多く実施されている．こうした現場経験をもち，かつ空中写真判読の技術を有する経験豊かな技術者は，それぞれが学問的な基礎知識に裏づけられ，現場で鍛えた地すべりの危険性に関する見識を培っている．この見識は，その内容を端的な言葉で表現しきれていない場合も多い．よく，「彼の見方は当たっているよな」と評価される一流の技術者であっても，それを理解しやすい形で後輩に伝えることは難しいものである．AHPによる地すべり地形危険度評価とは，このような見識を有する技術者の議論から生まれたのである．具体的には，8名の技術者に集まってもらって，地すべり地形を構成する微地形の定義，認定，さらにその微地形がなぜ危険性を示唆する兆候として重要なのかといった基本問題について，具体的なサンプル画像を実体視しながら議論を戦わせた．このような議論を繰り返すことで，お互いが思い思いの言葉で頭脳に溜め込んでいた不明瞭な概念を明確に定義づけられた言葉に再編成することになった．この上で先に提示した「どの微地形がどの程度に不安定指標足りえるのか」についての考えが醸成されたのである．この過程は，いわば暗黙知を形式知に変える作業であった．

総説 4　地すべり地形の危険度評価と微地形　　　　　　　　　　　　　　171

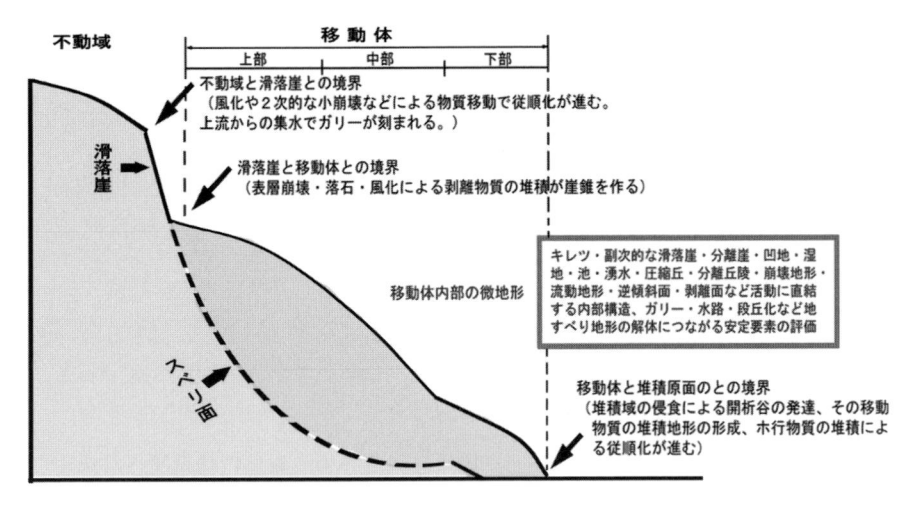

図4　地すべりによって作られる多彩な微地形

地すべり地形の危険度評価カルテはこのようにして生み出された.

　地すべり地形を構成する微地形に注目すると，それは図4のように極めて多岐に渡ることが明らかになった．しかし評価する微地形指標はできるだけ少ない方がわかりやすい．その指標の定義はできるだけ明確な方がよい．また，認定すべき微地形はおそらく階層性をもっているので，そこを無視しない方がよい．このような方針によって，空中写真の判読によって地すべり再活動の可能性を評価する視点を下記のように設定した．

1) 自然斜面は，風化・侵食・堆積などの作用による定常的な地形変化が継続している．
2) 地すべりは間欠的・突発的に発生する．現実の地すべり地形は，地すべり性の地形と上記の定常的な地形との組み合わせで構成される．
　→これら2つの地形現象を写真判読で峻別する．
3) 地すべり発生の危険性（度）は，近い過去に活動した新鮮なもの程再活動しやすく，高い．
　→上記2つの地形現象の規模を比較し，地すべり活動後の時間経過を探る．
4) 地すべり移動体は，繰り返して活動することで劣化，粘性土化が進み，再

活動性が高くなる.
→移動体を構成する微地形の一部は，移動体の物性をしめす.
5) 地すべりが発生していない場所の初成的な地すべりや，滑落崖や移動体のほとんどが失われた地すべり地形などは評価できない.

危険度評価の地形的なアプローチとは，写真判読から上記の2) 3) と4) を読み取ることである.

これに伴って，危険度評価に用いる微地形の定義を表2のように設定した. さらに，その定義をそのまま用いるのではなく，判読の際に直感的に判断できるように言葉の使い方を丸めた.

そういった配慮があって，地すべり地形危険度評価カルテの判読項目は決定され配置されている. 各チェックアイテムのAHP評価は，先の技術者の議論で一対比較が繰り返された結果得られたものである. チェックアイテムの配置は，地すべり地形を主滑落崖と移動体に大別し，それら微地形の境界部，移動体内部を構成する微地形，移動体前部が置かれている地形的位置という3つの評価軸を設定し，それぞれさらに，数個の微地形の認定軸が設定された. 空中写真判読による微地形の認定は決して容易いものではない. 経験不足の判読者は，評価を誤ることになるが，それは危険度評価得点の曖昧さに直結する. 筆者は，きちんとした判読技術習得法の確立が必要だと痛切に感じてもいる.

7 微地形は地すべりの物質と動きをどれほどに表現しているか

さて，話が蒸し返しになるような感もあるが，そもそも，地すべり地の表面にある微地形は，本当に地すべりの運動，内部構造をどれほどに反映しているのだろうか. ここで，紹介してきた様々な研究報告は，地すべり地の典型的な地形を観察して得た論理で構成されている. 地表面から移動体の内部，スベリ面までの各レイヤーを一枚一枚剥ぐように実態を明らかにして，それらの対応を明確に表現できれば，地形を用いて動きを推定する手法は大きく前進することになろう. 筆者らは現在まで，秋田県の狼沢地すべりを対象に，地表面形態と内部構造とのリンクに関する調査を進めてきている（宮城ほか 2004；Miyagi et al. 2008）. そ

の結果を総括的に示した図5, 6, 7を用いて地すべりの中身と外身の関係を説明してみよう．

ところでこの「地すべりの中身と外身」とは大八木規夫氏が長く調査事例報告や考えを書き続けた深田地質のレポートの一冊で用いた表現である．2006年に発生した新潟県中越地震では3,000カ所を超す地すべりなどの斜面災害が発生した．地震以前から当該地域の詳しい地すべり地形分布図を作成してきた同氏らは，再度詳細な地すべり地形の分布図を作成し刊行した．この地図では，地すべりの運動様式を詳細に分類・図示している（大八木ほか2008）．すなわち，地すべりの外形，主滑落崖と移動体の形状が，「運動様式を十分に表現している」という見通しのもとにこの図化は行われている．「では微地形はどうか？」という訳である．

7.1 秋田県東成瀬村の狼沢地すべりの分析例

東北地方には2008年岩手・宮城内陸地震で生じた荒砥沢地すべりのような大規模地すべりが多数分布している．防災科研のデータに示される$1km^2$を超える大規模な地すべり地形は200カ所以上に及ぶ．これらの大規模地すべりは多くの場合スベリ面勾配が極めて緩やかという特徴がみられ，その発生には地震動が大きくかかわっていそうである（宮城ほか2009）．地下水位を地表面レベルまで上げて評価しても，安全率は1.0を大きく上回るのである．地すべりには地震起動型のものと，雨雪にかかわる地下水起動型のものがあると考えられる．ただし，地震起動型の地すべりであっても，自律的な破壊過程をたどる中では，一旦破壊が生じた後は雨や雪など地下水位にリンクした地すべりに転換されていくことも多いに考えられる．

しかし地震に直結しない地すべりでも大規模なものも存在している．例えば，秋田県東成瀬村の谷地地すべり（秋田県土木部防災課1978）のような例がそれである．第三紀層の流れ盤層すべりでは，数万年の時間経過の中で，河川沿いの斜面が不安定化し，数十〜数百m単位の土塊がすべり，これが斜面上方の不安定化を促し，いわばダルマ落しのように，斜面下方から上方に順次地すべり土塊化してゆく．そのような遡及型の地すべりによって大規模化した事例も少なくない．この場合，現在はかなり大規模な地すべりで，ほぼ一体として動く地すべり

移動体であっても，場所によって破壊履歴が異なる．そうであれば移動体内の歪分布にも違いが生じて，複雑な微地形，物性，活動特性を生み出すことになるとも考えられる．すなわち，上方からの移動物質によって常に圧縮され揉まれ続ける末端部は粘性土化が激しい．一方で破壊履歴が少なく，かつ引張力が働いている移動体上部は引っ張りキレツが大きく発達し，原岩の性質を保持した物質特性を持つ．先に示した自律的破壊過程をたどる過程は，キレツの分布だけを想定しても，地すべりの動きをつぶさに顕在化させるのであろう．以上のようなシナリオを設定し，その実際を検証することを通じて，地すべりの物性・運動特性と地表で確認できる特徴との対応性を明らかにしようと考えた．

【秋田県の狼沢地すべり】 狼沢地すべりは，成瀬川右岸に広く分布する長大斜面にあり，長軸延長約 1.5km，最大幅約 0.7km の規模を有する大規模で，高い活動性を有する，林野庁所管の地すべりで，日本有数の詳細な調査が実施されている．地質は，中新世中期女川階に相当する西小沢層の硬質頁岩，同砂岩，凝灰岩などの互層からなり，地質構造は西落ち 10〜25°の同斜構造を呈する，流れ盤層すべりの特徴を持つ．この地すべり地の調査から，詳細等高線図，微地形分類図，表面キレツの分類図，推定スベリ面等高線図，ボーリングコア写真を用いたキレツ密度と岩相データ，地表面移動杭の変位ベクトル図，ベクトルに基づく地表面の歪分布図を作成した．これらを用いてデータ間の対応を吟味して，地すべりの動きを理解した例を紹介したい（Miyagi et al. 2008）.

【地すべり移動体の地表面から推測される地すべりの動き】 図 5 にキレツや滑落崖の分布状況を示した．上部には馬蹄形の大規模な主滑落崖(A)，その背後(上部)には移動方向と直交するキレツで分割された巨大なスラブ（B）がある．主滑落崖の前方（斜面下方）の移動体には，副滑落崖と思われる大規模な滑崖が2段程度（C, D）あり，さらに下方では，滑落崖を思わせる微地形は確認できず，代って地表が大きくうねるハンモッキーな起伏を呈する（E）．この起伏は次第に小規模になり，さらに下方では，ほぼなだらかな斜面（F）となって渓流に至る．

　これらの微地形から，地すべりの動きを推定する．初生的なステージにおいては流れ盤層面・岩スベリのブロックの形成（B 付近）がある．主滑落崖背後の大規模で並行した開口キレツ群はそれを示唆させる．明確な馬蹄形を呈した主滑落崖とその前方のキレツ群（A）は，大規模な円弧スベリで，本格的な地すべり活

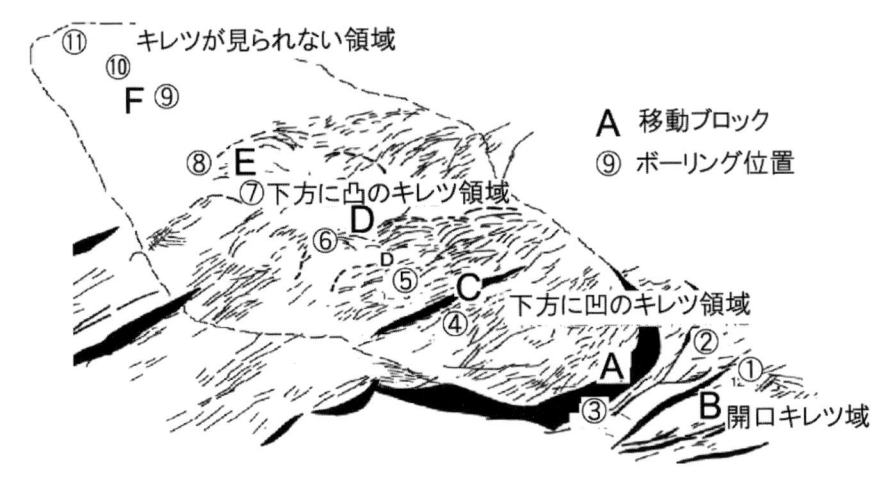

総説4 地すべり地形の危険度評価と微地形　　　　175

図5　狼沢地すべりのキレツ
滑落崖地形の分布傾向とボーリング位置，大まかな移動ブロック区分

動を意味する．Aの数百m前方に現れる大きな滑落崖（C）は何故そこにあるのかが課題となる．さらにキレツのみえない先端部（F）などはどのように動いた結果なのか．たくさんの疑問が湧く．図6をみていただきたい．この図は，キレツの分布図に示したボーリングコア採取点に沿って作成したもので，地すべりの基本要素である2つの形態要素である地表面と推定スベリ面を示した断面と，地表面歪の分布を示したものである．この図から地表面とその中身との対応を確認する．地表面とスベリ面の2つの断面には，それぞれに急傾斜部がある．スベリ面は，複数ありそうである．

　図5のAとされる馬蹄形の滑落崖は，図6のスベリ面急傾斜部A'にそのまま連続する．円弧すべりの場合，主滑落崖はスベリ面の地表への露出に他ならないので，この断面はそれを端的に示している．崖Cが滑落崖とすれば，この延長もまた図6に出現すると思われるが，断面では直結するスベリ面急斜部は無い．一方，Dの急斜面も古い主滑落崖であったとすると，これに直結するスベリ面急斜部もない．しかしこの地すべり地が，斜面下端側から順次遡及する地すべりであると仮定しよう．そうするとCやDの急崖とスベリ面の急傾斜部は，元々は繋がっていたが，上方に形成された新しい移動体に押されて斜面下方にズルズルと移動した．しかし，スベリ面自体は移動せず（いうまでもないが）そこに存

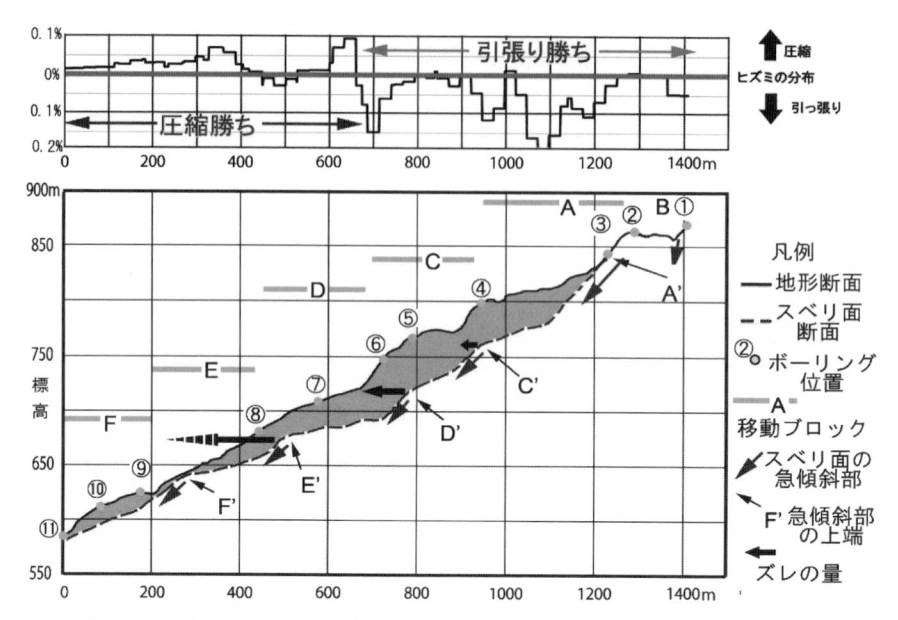

図6 狼沢地すべりのボーリング主断面（図5の点）に沿った地形・地すべり面断面図（下）と同断面に沿った歪分布

凡例で示した「ズレの量」とはA-A'のズレをゼロとした場合の量であり，地すべりの移動量をそのまま表すものではない．

在しつづける．このことに起因して2つの断面の急斜部にはズレが生じたのではないか．これらのズレは時折発生する遡及型地すべりの運動履歴を示すものと評価できることになる．すなわち，現在の地すべりはAである．このAの動きによりCは押され，連動して動いた．滑落崖Cは一つ前の地すべりの上端であり，地下のスベリ面急傾斜部C'とは一連の滑落崖とスベリ面だった．しかしAの滑動によって，Cの崖脚部とC'との距離分（約60m程度）前に押し出された．同じようにDと相応するスベリ面とのズレの距離はさらに大きく，120m程度となる．さらにもう一つの急斜面Eでは200m程度となる．歪の分布に注目すると，キレツの分布域では引張傾向にあり，移動体下半部では圧縮傾向にある．引張部には2カ所で特に大きな歪を呈する場所があるが，それらはCの副滑落崖とDの急斜部である．この事実は，C，D付近までは「Aに押されて動いている」にもかかわらず，それぞれが自律的にも動いていることを意味する．これはC，D

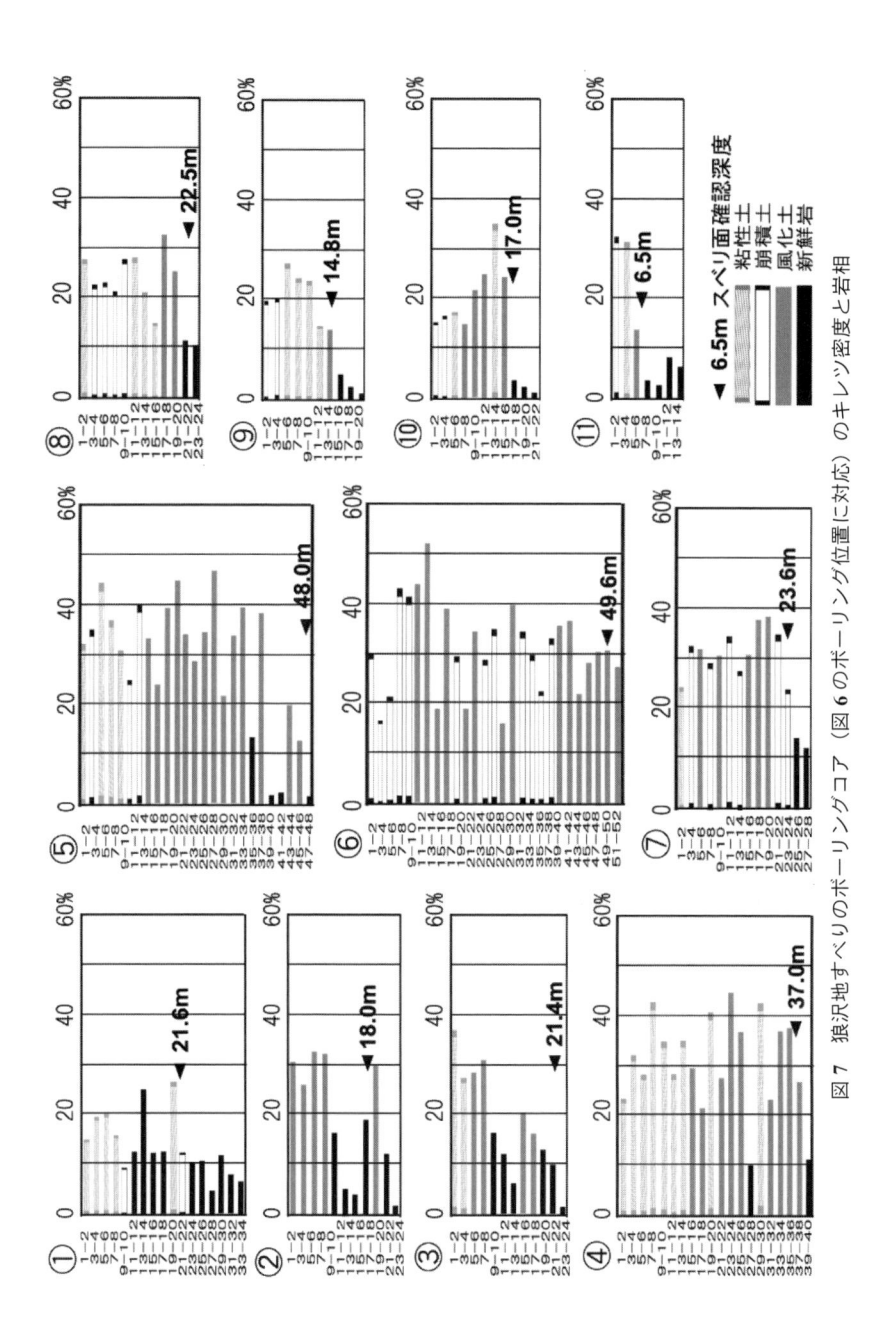

総説4 地すべり地形の危険度評価と微地形　　　177

図7 猿沢地すべりのボーリングコア（図6のボーリング位置に対応）のキレツ密度と岩相

一帯で観察される厚さ数 mm のスベリ面相当部位が，スベリ面としての機能を有していることを示唆するものだ．以上のように，キレツや滑落崖の特徴は，地すべりの動きの特性と良い対応を示している．

　狼沢地すべりは，極めて多数の調査ボーリングが実施され，移動体の物質特性を系統的に把握できる．ここでは，上で見出された動きやキレツ特性が，移動体を構成する物質自体とどう対応するかを確認してみたい．具体的には，地形断面に沿った 11 本のコア写真について，画像のキレツや隙間と，それ以外との 2 階調化を行って，見かけのキレツの密度を計測し，数値化した（図 7）．ここでキレツ密度とは，長さ約 1m のコアに現れたいわゆるキレツと破砕され角礫化した状態で採取されたコアの隙間などを一括したものである．これは厳密な意味でのキレツではないものの，大まかには破砕の程度と開口キレツとを併せて反映していると考えた．さらに，コアの岩相を新鮮岩，新鮮岩の破砕部，風化岩，風化岩状の破砕部，粘性土に類型化した．この結果，移動体では B，A，C，D の順に新鮮岩から風化破砕岩に移行し，遂には粘性土に至る系列が認められた．この岩相は図 6 の歪にも対応していることはいうまでもない．

　以上の事実を総合すると，狼沢地すべりは，①延長約 150m 規模の地すべりが順次遡及して現在の規模になった，②上端部の移動が下方の移動に直結する「上からの押し」が機能する，③スベリはスベリ面自体を境にして動くが，それが顕著なのは D 付近まで，ここまでの動きはキレツ，岩相，歪が引張傾向にあり，下半部は無キレツ，歪は圧縮，粘性土である，⑤下半部のスベリは，スベリ面から移動体全体がクリープするように変形する，⑥粘性土スベリに移行するまでには 3・4 回分の（大きな滑落崖の形成を伴う規模の地すべり）大変動を被った，⑦⑥の過程で，主滑落崖は次第に変形し，消滅するようだ，などのことが解明された．地すべりの中味と外見は見事に対応することが実証されたことになる．

　狼沢地すべりや多数の現場経験をもとに，メカニズム・微地形の注目点を，地すべり地形の変化過程として模式化したものが口絵図 8 である．地すべり地形が持つ再活動危険性を考える物差しとして，微地形を用いる際の着眼点を図示したものだが，本論のタイトルにあるように，専門家による議論と証拠の確認とを繰り返して，このような系統化にたどり着いたのである．

8 まとめ

　地形は，形態，それを構成する物質，形成作用，形成時期の4つの要素で構成される．前2者は観察することで把握され，後2者は考察することで理解される（Tamura 1996）．これを地すべり地形に適用すれば，当然地すべり地形の認定がなされると同時に他の3要素の特性も把握されることになる．地すべり地形は地すべりという作用で形成され，それは滑落崖と移動体という二つの地形要素で構成される．この単純な事実認識に忠実に，空中写真を判読（観察）して，防災科研では遂に全国の地すべり地形分布図を作成した．他方，地すべり地形をより細かく観察した人々は，地すべりの動きが生み出す様々な微地形に上記の観点を適用して，地すべりの動きを細やかに再現することを目指した．AHPで整理することで地すべり地形の危険度評価が実行できるようになった．岩手・宮城両県のプロジェクトで実施した危険度評価では，実際に活動している地すべりと単なる地すべり地形とでは危険度評価スコアに大きな点差があることも確認された．この危険度評価は，GIS処理の一般化とともにデータベースとしての機能自体も充実し，国内からクロアチアやベトナムでのプロジェクトに展開している．

　地形は地殻と大気の界面科学の対象であり，それは観察と考察とその成果である地形分類図によって理解・体系化できることを身をもって示してくださった田村先生に深く感謝いたします．

文　献

秋田県土木部砂防課 1978.『谷地地すべり』（地すべり記録集 11）全国地すべりがけ崩れ対策協議会．
市瀬由自 1964. 写真判読による地すべり地の地形学的研究—吉野川流域の場合. 資源研彙報 62: 13-22.
江川良武 1979. ダムサイトにおける地すべり地形—風化作用としての地すべり. 東北地理 31: 46-57.
大八木規夫・内山庄一郎・井口　隆 2008. 2004年新潟県中越地震による斜面変動分布図. 防災科学技術研究所研究資料第317号．
木全令子・宮城豊彦 1984. 地すべり地を構成する基本単位地形. 地すべり 21(4): 1-9.
経済企画庁 1967. 土地分類基本調査図(国土調査)第70号　5万分の1地形分類図「仙台」．

清水文健 1984. 東北地方の大規模地すべり地形. 地すべり 21(4): 31-38.
地すべり学会東北支部 1992.『東北の地すべり・地すべり地形：分布図と技術者のための活用マニュアル』
千田 昇・菅原 啓・三浦 修 1971. 船形火山北東縁の崩壊. 東北地理 23: 175.
寺戸恒夫 1978. 奥羽山脈の大規模マスムーブメント. 東北地理 30: 189-198.
農林省農林水産技術会議編 1964.『土地利用区分の手順と方法』
羽田野誠一 1968. 地すべり性地形崩壊と地形条件─和歌山県有田川上流の事例. 第 5 回自然災害総合研究シンポジウム論文集：209-210.
羽田野誠一 1972. 写真判読による大規模地すべり地形分布図の作成. 日本地理学会予稿集 3 月号：67-68.
羽田野誠一 1974. 最近の地形学 8 崩壊性地形 2（講座）. 土と基礎 22(11): 85-93.
古谷尊彦・大八木規夫・羽田野誠一 1979. マスムーブメントの分類について. 地すべり学会第 18 回研究発表会予講集：104-105.
宮城豊彦 1990. 地形分類による地すべり地形の危険度評価. シンポジウム「地すべり災害発生危険箇所の把握に関する諸問題」論文集.
宮城豊彦 2009. 第三紀層の地すべり. 社団法人地盤工学会『実務に役立つ地盤工学 Q&A, 第 2 巻』丸善.
宮城豊彦 2014. 東日本大震災におけるハザードマップと GIS を利用した自然地理・防災教育の実践. 学術の動向 19(9): 48-52.
宮城豊彦・濱崎英作・内山庄一郎・林 一成 2004. 地すべり移動体における地形変形特性と物質変形特性─秋田県東成瀬村狼沢地すべりを例に. 日本地すべり学会発表論文集：209-212.
宮城豊彦・濱崎英作・柴崎達也・内山庄一郎・檜垣大助 2009. 大規模初生地すべりの発生と強震動に関する試行的研究. 日本地すべり学会発表論文集：33-34.
山岸宏光編 1993.『北海道の地すべり地形』北海道大学出版会.
Miyagi, T. 1979. Landslide in Miyagi Prefecture. *Science Report of Tohoku Universiy, Series. 7 (Geography)*29: 91-101.
Miyagi, T., Hatakenaka, M., Hamasaki, E., Uchiyama, S., Hayashi, K. and Ono, Y. 2008. Reflection of micro landforms to the characteristics of landslide materials and the mechanism - A case study of the Ohokamizawa landslide area, Northeastern Japan. In *Proceedings of Intr. Conf. on Management of Landslide Hazard in the Asia-Pacific Region*, 323-328.
Miyagi, T. 2014. Landslide topography mapping through aerial photo interpretation. In *ICL Landslide Teaching Tools*, ed. K. Sassa, H. Bin, M. McSaveney and O. Nagai, 1-11. International Consortium on Landslide.
Saaty, T. L. 2008. Decision making with the analytical hierarchy process. *International Journal of Services Sciences*1: 83-98.

Tamura, T. 1996. Landslide and terraced paddy field in the western Middle Mountains of Nepal. A case study for a perspective of watershed environmental management. *Science Report of Tohoku Universiy, Series. 7 (Geography)*946: 1-19.

Yanagida, M. and Hasegawa, S. 1993. Morphological dating and dissection process of landslide topography. In *Landslide (Proceedings of the 7th International Conference and Field Workshop on Landslides)*, ed. S. Novosad and P. Wagner, 117-121.

Review 4

Landslide risk evaluation by the micro-landform identification

MIYAGI Toyohiko and HAMAZAKI Eisaku

総説5

考古遺跡からみた平野・盆地の微地形と自然災害

小野映介

国土の7割を山地が占める日本列島において、平野や盆地は重要な居住・生産空間となってきました。しかし、そこは洪水を始めとする様々な自然災害の常襲地でもあります。本稿では、沖積平野の微地形やその研究史を概説すると共に、そこで暮らす人々が、微地形をどのように認識し、利用することで、自然災害と向き合ってきたのかを、発掘現場から得られた考古資料と地形学的データから紐解きます。

1 はじめに

　日本列島という空間を人々はどのように利用してきたのだろうか。そのような観点で歴史を眺めてみると、平野や盆地といった概して平坦な土地が重要な舞台であったことがわかる。日本列島の約7割は山地であり、もちろん山地の歴史は存在する。しかし、日本列島で現生人類の居住が始まった後期旧石器時代以降、時代を下るにしたがって、平野や盆地は歴史が繰り広げられる舞台として、空間としての重要度を増してきた。縄文時代晩期以降には、水田稲作の開始にともなって多くの人々が平野・盆地に居住したことが数多くの遺跡の存在から明らかになっている。また、古代における都の移転は近畿トライアングル[1]内の平野・盆地で繰り返されてきた（写真1）。さらに、中世と近世における治世の中心機能が立地したのは関東の平野である。

　平野や盆地の一部は沖積層からなり、その分布域では先史・歴史時代、そして現在も地形変化を続けている。地形変化とは、例えば河川による土砂の堆積であり、それらは時折、洪水＝「自然災害」として顕在化する。平野や盆地で生活するということは、土地の利便性を享受する代わりに自然災害との対峙を宿命づけられているのである。

　しかし、人口が集中した現在の平野や盆地では宿命を無視した秩序なき土地開発が行われている（図1）。そのアクターは行政・デベロッパー・住民であり、堤防・

総説 5　考古遺跡からみた平野・盆地の微地形と自然災害　　　　　　　　183

写真1　河内平野（上）と京都盆地を南上空から望む
筆者撮影.

排水施設などのインフラストラクチャーに対する過度の期待を背景に，互いが被災のリスクや対応について「お任せ」の態度を決め込んでいるようにもみえる[2]．

機会があれば，明治〜昭和初期に作成された各地の地形図を読んでほしい[3]．平野や盆地にあって，人々は少しでも自然災害に遭いにくい場所に居を構えていたことがわかる．例えば自然堤防，ポイントバーなどの微高地である．一方，近年になって開発が進んでいるのは，旧河道，後背湿地，堤間湿地などである．自然堤防と後背湿地の比高は数mだが，わずかな差が平野や盆地の土地利用を決めてきた．そうした土地利用のあり方が近年になって揺らいでいる．

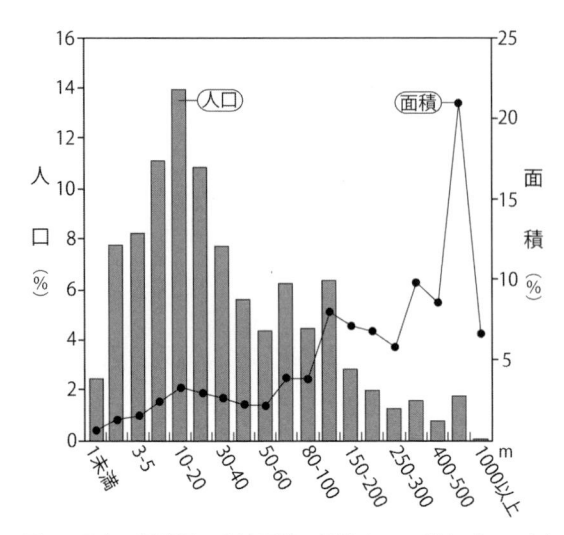

図1 日本の標高別の土地面積・居住人口の割合（2000年）
人口分布が平野や盆地の広がる標高に偏っていることがわかる．総務省統計局統計調査部調査企画課「社会生活統計指標」，（財）統計情報研究センター「地形別人口密度」による．

平野や盆地の地表面を構成するわずかな凹凸は，地理学や地形学において「微地形」と呼ばれる．日本列島の平野や盆地の土地利用を決定づけてきた微地形を対象とした研究は，さぞかし蓄積されていると思いきや，そうでもない．後述するように地理学の黎明期において，先達は優れた研究を残している．しかし，全国の平野や盆地で無秩序な土地開発が展開されたのと時を同じくして，微地形研究は相対的に縮小していった．ただし，その潮流は途絶えることなく現在に続いている．また，近年は隣接分野と融合しながら，新たな発展を遂げつつある．さらに，微地形という用語は東日本大震災以降，諸学問のみならずメディアも多用するようになった．

このように「古くて新しい」微地形研究において，研究対象として常に注目されてきたのが考古遺跡である．考古学者は，どのような自然環境の下で人々が暮

らしたのかという問いの答えを地理学者に求めた．一方の地理学者は，その問いに答えるなかで微地形の構造を理解し，その生成過程を解明する上で必要な時間軸を考古学者による遺物の編年から得た．そうした互恵関係のもとで，微地形研究は発展を遂げてきたのである．

2 微地形研究小史

　地形を分類するという作業は地形研究の根幹である．地形は，その規模によって大地形・小地形・微地形といった具合に整理されることが多い．この分類法は一見すると合理的であるが，基準はあくまで「相対的」である．一方，地形の成因に基づく分類法も存在する．この場合,営力および作用が重視されるため,様々な規模の地形が一括りにされる．高等学校までの地理・地学教育では，両分類を織り交ぜながら,その矛盾が露呈しない按配で地形に関する説明がなされている．

　地形研究において，もう一つの根幹を成すのが地形形成の歴史の解明，すなわち地形発達史研究である．先の分類基準に地形発達を加味して地形の区分を行おうとすれば，空間・時間・成因を考慮しなければならない．それらを統合して合理的な地形分類を行おうとしたのが中野（1952, 1961）である．中野（1952）はLand form Type という概念のもとで「単位地形から出発して，地形区，さらに地球表面をカバーしようとする」分類方法を示した．ここで注目したいのは，地形に階層性（Area ＞ Group ＞ Series ＞ Type）をもたせた点である．その後，地形分類は高木（1979）や大矢（1971, 1973）などの議論を経て，高橋（1982）による系統樹の概念に至った．系統樹によって地形面 ＞ 地形帯 ＞ 微地形を捉える階層区分（図2）は，現時点では最も矛盾の少ない分類手法の一つである．

　平野と盆地の地形を階層的に捉えてみよう．両者は更新世末の最終氷期最盛期（19,000年前；Yokoyama et al. 2000）までに離水した段丘地形の「台地」と，それ以降に海や河川の営力を受けながら堆積した沖積層によって構成される「低地」に大別される．そのうち,臨海部に堆積した沖積層からなる地形は,沖積低地（海津 1994）と呼ばれており，沖積低地は扇状地,氾濫原,デルタ（三角州）などによって構成されている．さらに，扇状地，氾濫原，デルタは様々な微地形に分解することができる．盆地も同様に扇状地および氾濫原，それらを構成する微地形に区

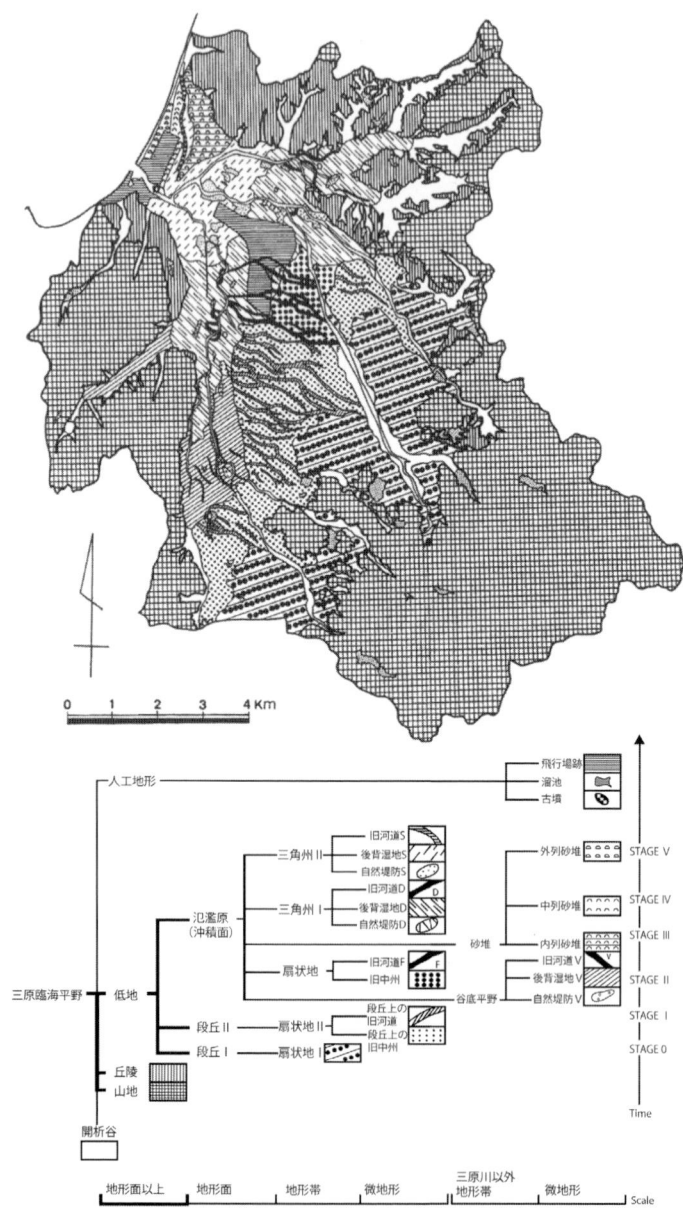

図2 淡路島三原平野の地形区分
高橋(1982)による.

分できる．ここで示される微地形とは，自然堤防や後背湿地などであるが，当初はそれよりも広い意味をもっていた．

東木（1930，1931，1932）は「微地形（microtopography）といふのは土地形態の進化の上から見て，その変化の度が低く，極めて微小なものである．すなわち，形態の進化の度が低いことから見て，形態の原型即ち原型地形（prototopography）という意味をもつて居ると共に，形態の微小なることからみて，土地の微形態即ち微地形と称し得るものである」と述べている．この定義は，原型地形という言葉が示すようにデーヴィスやペンクの影響を受けており，微地形の事例として挙げられている多くは段丘地形である[4]．それは高橋（1982）の地形面や地形帯に相当する．現在，我々が想起するような自然堤防や後背湿地が微地形として研究や教育の場で定着したのは，第二次大戦後，洪水や高潮といった大規模自然災害が相次いで生じてからのことである（籠瀬 1990）．1947年のキャスリン台風や1959年の伊勢湾台風[5]によって，微地形研究の重要性は世に知られるところとなった．また，「人はなぜ，其処にそのような形態で居住するのか」という問題に取り組んだ研究者たちによって，微地形が人々の居住形態に大きく影響を及ぼしていることが明らかにされた（岡本 1952；日下 1969；金田 1970 など）．

自然科学的な微地形研究は1960年代に一気に開花し，門村（1965，1966a，1966b），式（1962，1963），高木（1969），中山（1966，1967，1968），松田（1968），茂木（1960，1968）などによって骨格ができあがった．

その間，考古遺跡を介した考古学と微地形研究の協力関係も醸成されていた．初期の研究としては静岡県の伊場遺跡を対象とした中川（1953），登呂遺跡の多田ほか（1954），蜆塚遺跡周辺の加藤（1957）などが挙げられる．とりわけ，この分野での井関弘太郎の貢献は大きく，数多くの成果が発表された（井関 1950，1951a，1951b，1957，1962，1963，1967）．

1970年代に入ると，阿子島（1977，1978），阿子島・黒田（1978），井関（1975），籠瀬（1972a, 1972b, 1975），門村（1971），日下（1973），多田（1970），松本（1977），茂木・岩崎（1975a，1975b），森山（1972），安田（1971，1973）などが公表され，微地形の形態，構成物，形成時期が明らかにされた．しかし，この頃から平野や盆地の地形研究は機械ボーリングデータを用いた「地形発達史」研究に主軸が置かれるようになり，それらと遺跡を対象とした微地形研究の乖離が目立つように

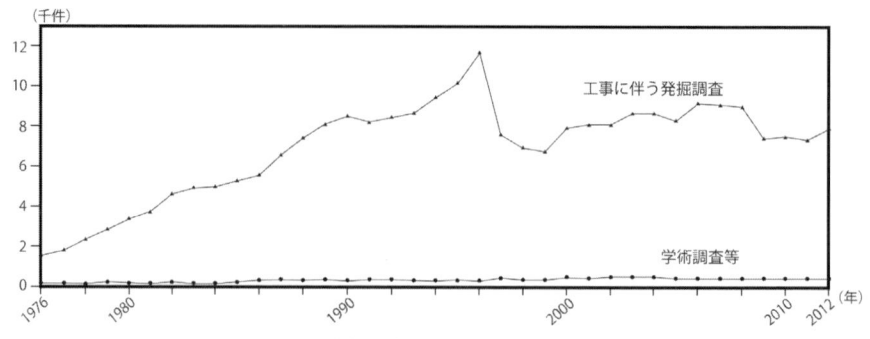

図3 発掘調査の届出件数の経年変化
文化庁文化財部記念物課の資料による.

なった.その主因は,両者が対象とする空間と時間のスケールの差異であり,ある意味,両者の乖離は自明の理であった.

1980〜1990年代には海津(1994)に代表されるように,沖積低地の地形発達史研究が確立された.一方,遺跡を対象とした微地形研究は,地形発達史研究における位置づけが曖昧であるというジレンマを抱えながらも独自に進展した(阿子島1988, 1989;木原1982;日下1993;高橋1986, 1989;中塚1991, 1993など).また,考古遺跡の発掘件数の増加にともなって(図3),遺跡周辺の自然環境に関するデータの蓄積が進んだ.この間,地理学における微地形研究への評価は芳しくなかったとされるが,小野(1980, 1986),日下(1980),安田(1980),高木(1985),金田(1993)のように,他の学問分野から注目される成果が公表された.とりわけ,「考古地理学」(小野1980, 1986)や「環境考古学」(安田1980)が誕生することにより,遺跡を対象とした地形研究は学問的な位置づけを得た.

やがて2000年代に入ると,考古遺跡を対象とした微地形研究は新たな展開をみせる.堆積学やジオアーケオロジー[6]などの分野との融合をはかることにより,地形発達史研究との乖離の解消が進んだ.つまり,マクロ・スケールとミクロ・スケールを媒介するメソ・スケールで微地形を捉えることが可能となったのである.その理論や実践例については,高橋(2003),外山(2006),松田(2007),別所・松田(2007),松田ほか(2008),松田(2008),小野(2012)などによってまとめられた.また,河角(2004),松田(2006),Matsuda(2010),冨井(2008,

2010），辻ほか（2009），小野ほか（2012）などは，10^2年オーダーによって遺跡周辺の詳細な地形発達史を編むことに成功している．さらに，考古遺跡を対象とした微地形研究は災害史研究とも結びつき，林（2010），松本ほか（2013）などが発表された．一方，沖積低地研究ではシーケンス層序学[7]に基づく層相・層序の解釈が主流となっていたが，山口ほか（2005），山口ほか（2006），堀・田辺（2012）では，それらと微地形研究の融合が試みられている．

ところで，微地形という用語は上記の研究以外でも使われている．例えば河谷地形（島津ほか1998；島津2000），周氷河地形（高石・尾方2011；高橋・笹賀1994），岩石海岸（池田2008；池田・待鳥2009；漆原2013），サンゴ礁（高橋1980；田中1994），断層変位地形（石井ほか1996；太田ほか1996）などが挙げられる．また上記したように，微地形研究のルーツの一つは自然災害との関連性にあるが，そうした観点は現在にも脈々と受け継がれている点は注視に値する（宇野ほか2001；大石1983；黒木ほか2003；田野2014；長坂・永妻1983；野越1989；吉岡ほか1995など）．

3　平野・盆地の微地形の構造

上述したように，沖積低地には上流側から扇状地，氾濫原，デルタが配列している（図4）．ただし，矢作川下流低地のように扇状地を欠くもの，逆に黒部川下流低地のようにその大半が扇状地からなるもの，越後平野のように臨海部に砂州や砂丘の発達が認められるものなどが存在し，その構造は一様ではない．一方，盆地は甲府盆地のように四方を山地に囲まれた典型的な「閉塞」環境を呈するものと，京都盆地のように一部が大きく「開放」されたものがある．また，その内部は山麓扇状地と氾濫原からなる場合が多いが，両者の占める比率は盆地ごとに異なる．ここでは，平野・盆地の地形帯を構成する微地形について，特に考古遺跡と関連するものに絞って示したい．

扇状地を構成する微地形について，門村（1965，1971）は天竜川扇状地を取り上げて旧中州（abandoned channel bar），網状流跡（abandoned braided channel），旧低水路または低水路跡（abandoned low-water channel）に分類した（図5）．また，その東に位置する大井川扇状地は砂礫堆・網状流路に区分されている．一方，盆

地の山麓部に形成された扇状地について，中山・高木（1987）は甲府盆地の御手洗川扇状地と御勅使川扇状地を事例に，前者は微高地（上位扇状地—土石流堆[8]，下位—中州）・深い凹地，浅い凹地，後者の微高地を泥流堤と分類した．

　扇状地の下流側に発達する氾濫原の微地形については，欧米で詳細な検討がなされており，Allen（1965），Walker and Cant（1984），Ferring（1992）などが分類法を提示している．流路（河道）周辺には，中州・ポイントバー・シュートバー・自然堤防・クレバススプレーなどの堆積地形が発達する（図6）．流路は蛇行する過程で切断を生じさせるため，旧河道や三日月湖を形成する．また，流路周辺の堆積地形は蛇行帯（meander belt）をかたちづくるが，そこから外れた地域には後背湿地が広がる．蛇行帯は時折，転流（avulsion）を起こしながら氾濫原を土砂で充填するため，蛇行帯は全体として網状を呈することが多い．なお，日本においても洪水時に生じた現成の微地形研究が進められており（平松ほか2005；堀・廣内2011；牧野ほか1999など），その特徴が詳細に解明されつつある．

　臨海部は特に多様な微地形を有する地域である．当地を構成する微地形につい

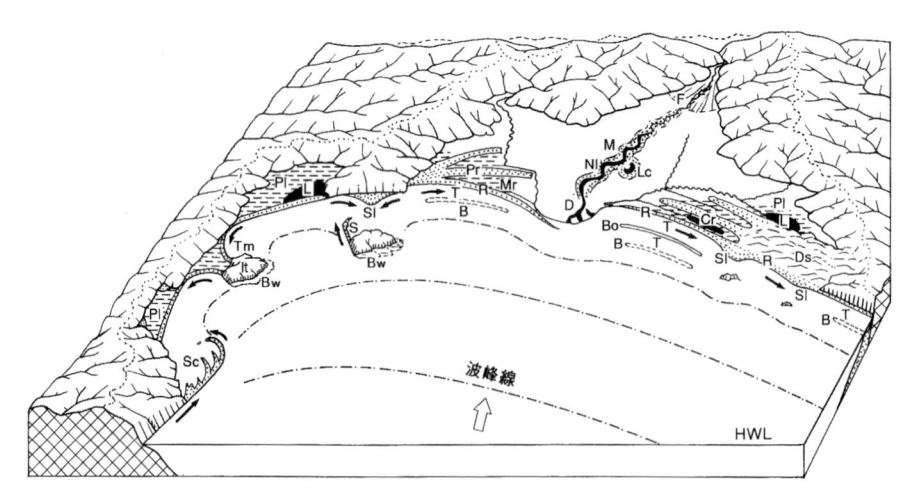

図4　臨海部を構成する堆積地形
鈴木（1998）より引用．
F：扇状地　M：氾濫原（蛇行原）　D：デルタ　Pr：堤列低地　Pl：潟湖跡地　L：潟湖
R：浜堤　Mr：堤間湿地　Cr：堤間水路　B：沿岸底州　T：沿岸溝　Bo：沿岸州
S：砂嘴　Sc：複合砂嘴　Tm：トンボロ　It：陸繋島　Bw：波蝕棚　Nl：自然堤防
Lc：三日月湖　→：漂砂の方向

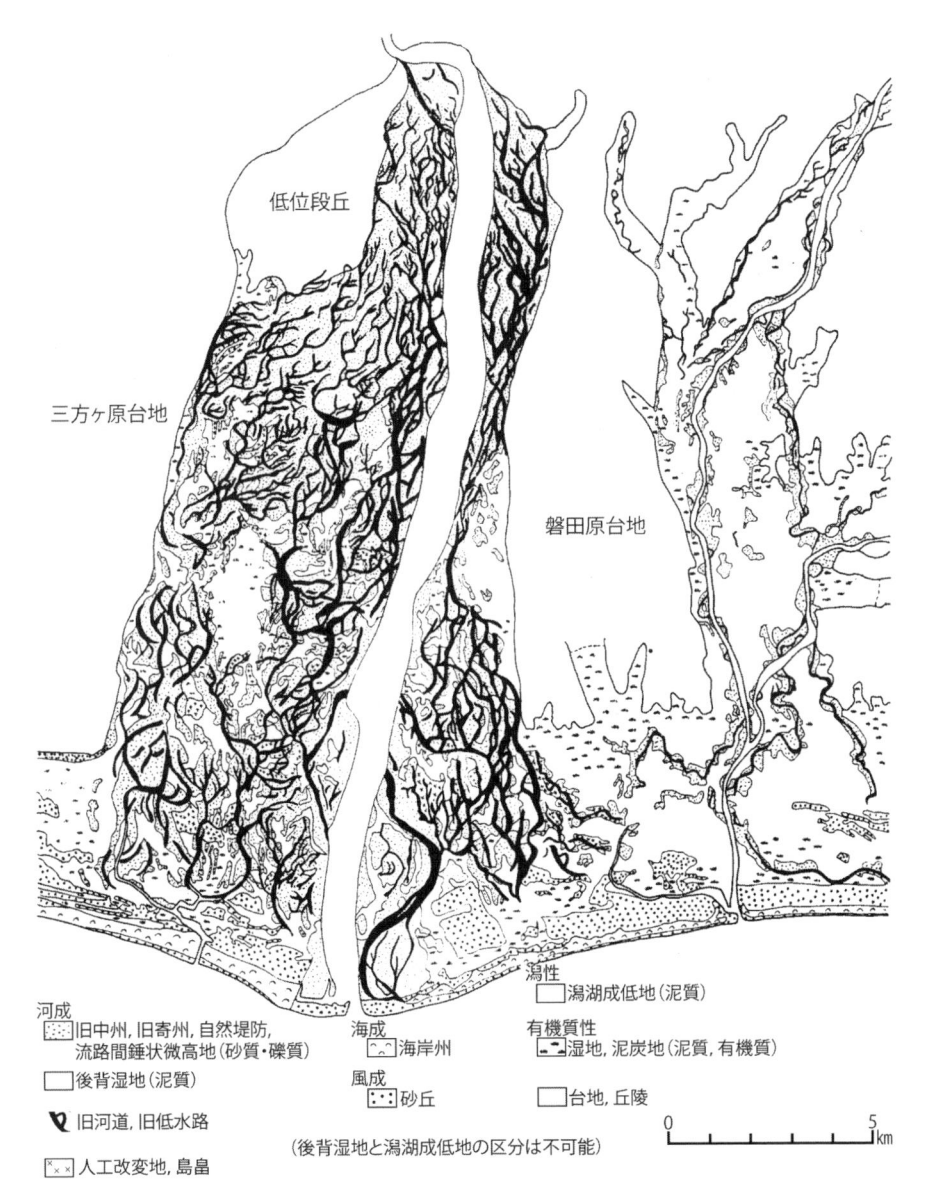

総説5　考古遺跡からみた平野・盆地の微地形と自然災害　　　191

河成
- 旧中州, 旧寄州, 自然堤防, 流路間錘状微高地(砂質・礫質)
- 後背湿地(泥質)
- 旧河道, 旧低水路
- 人工改変地, 島畠

海成
- 海岸州

風成
- 砂丘

潟性
- 潟湖成低地(泥質)

有機質性
- 湿地, 泥炭地(泥質, 有機質)

- 台地, 丘陵

(後背湿地と潟湖成低地の区分は不可能)

0　　　　5 km

図5　天竜川下流低地の地形分類
門村 (1965) による.

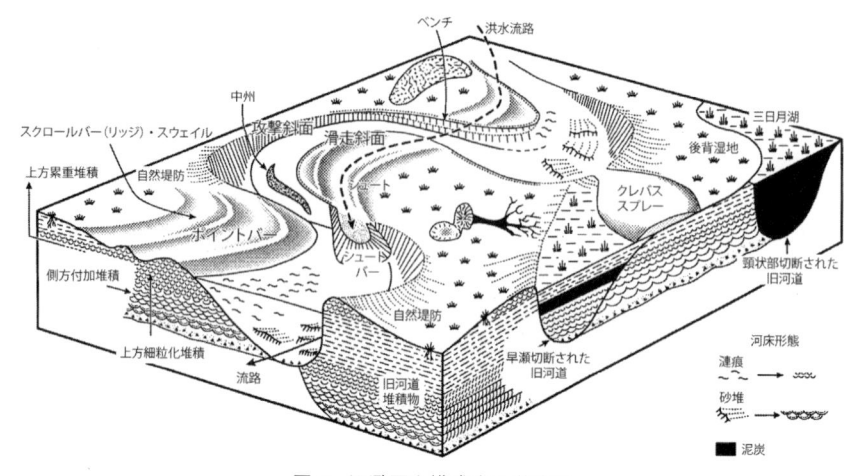

図 6　氾濫原を構成する微地形
Allen (1965), Brown (1997) に加筆.

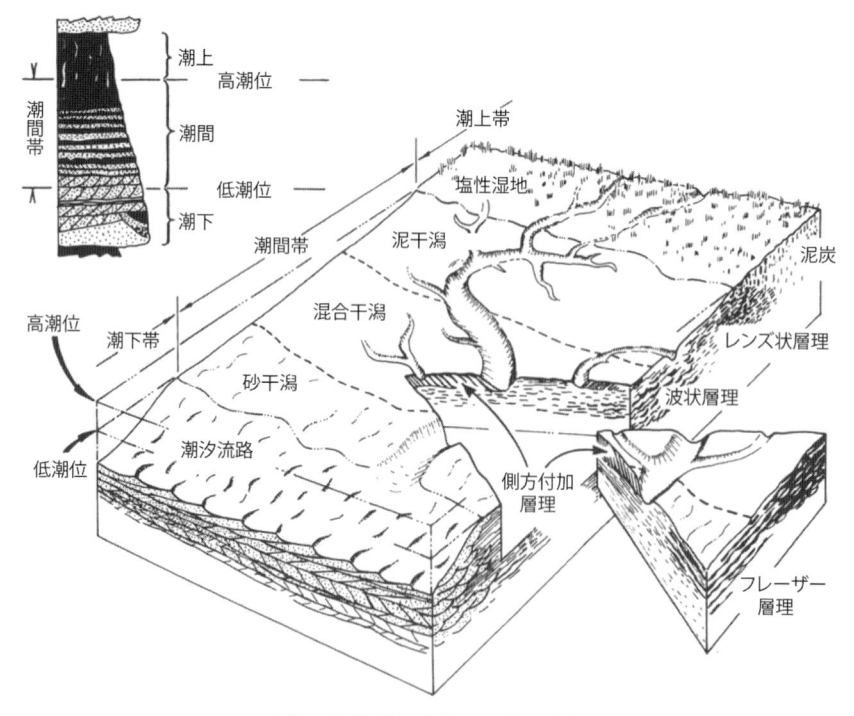

図 7　臨海部の微地形と堆積構造
Darymple (1992) に加筆.

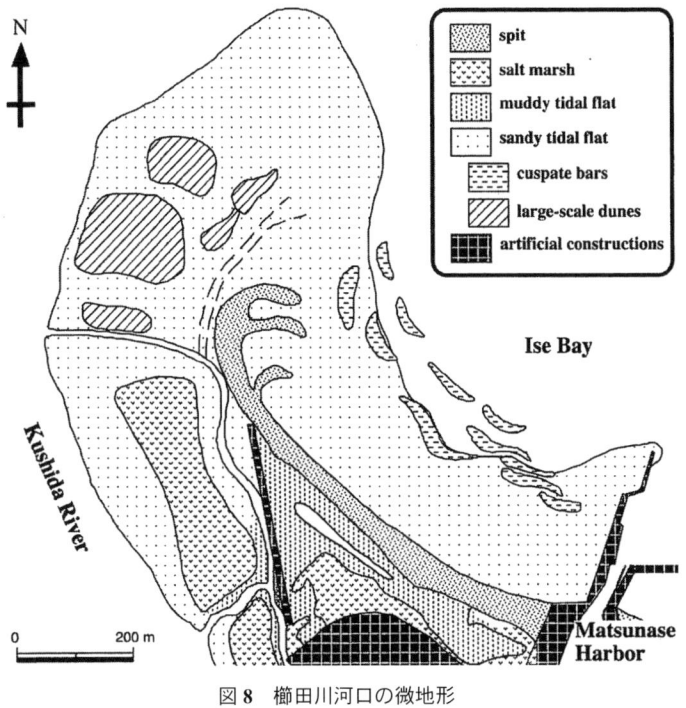

図 8　櫛田川河口の微地形
中条（2004）より引用.

ては Darymple（1992）の区分がよく用いられる（図 7）. それによると臨海部は，潮下帯の潮汐流路，潮間帯の砂干潟・混合干潟・泥干潟，潮上帯の塩性湿地に分類される（図 8）. 一般的に潮間帯の地形は前浜，潮上帯の地形（暴浪時に波が遡上する範囲）は後浜と呼ばれる. 後者には，高波時に砂が打ち上げられて形成された，ほぼ平坦なバーム（berm: 汀段）や塩水沼が認められる場合がある（江口 2007）. また，中条（2004）は伊勢湾南西部の櫛田川河口右岸に広がる干潟を事例に詳細な微地形分類を行っている（図 8）. それによると当地域は，砂嘴・植生湿地・砂嘴の後背および植生湿地の周辺に広がる泥質潮汐平底・砂嘴の前面および櫛田川本流沿いに広がる砂質潮汐平底（カプス状砂州・大規模デューンが発達）から構成される（図 8）. ただし，こうした潮間帯の微地形は極めて多様であり（写真 2），形成過程や形態についてのさらなる研究が求められる.

　一方，砂の堆積が活発な臨海部では，浜堤や砂丘が形成される場合がある. 浜

写真2　臨海部にみられる様々な微地形
筆者撮影.
a：雲出川河口　b：遠州灘海岸　c：阿賀野川河口　d：有明海干潟（八田江川河口）

堤は海の営力，砂丘は風の営力を受けてできる地形である．鈴木（1998）によると，後浜には暴浪時の大波で生じた三日月状の浅い凹み，すなわち巨大カスプが汀線方向に連なっていることが多く，その波長は数十m〜数百mに達する．また，前浜にはカスプが発達しており，その波長は数m〜数十mである．

4　考古遺跡からみた自然災害 ―洪水は災害か？ 賜物か？

考古遺跡の発掘調査区＝トレンチでは，三次元の膨大な地形・地質情報を得ることができる．それとともに，過去の人々の土地利用とその変遷について，遺物の編年をもとに，おおよそ四半世紀のオーダーで知ることができる．考古遺跡では，人々が活動した過去の地表面（＝旧地表面）と，それを覆う堆積物（例えば洪水堆積層）がみられる場合が多い．洪水堆積層を丁寧に剥ぎ，旧地表面から遺構・遺物を検出するのが発掘調査であるといえよう．旧地表面は一面とは限らず，大抵の遺跡では複数面が存在する．したがって発掘調査では，人々による土地の

写真3 長野市宮崎遺跡のトレンチ断面
筆者撮影.

占有と，洪水等による被災状況，再占有の過程を知ることができる．

日本列島に人々が辿り着いて以降，最大の自然環境の変化は後氷期に生じた海面上昇であろう．最終氷期最盛期から完新世中期（約7,000年前）までに海面は約100m上昇した．その上昇速度は一定ではなく，メルトウォーター・パルス（Meltwater pulse）と呼ばれる急激な上昇期と安定期があったことが知られている．特に16,000〜12,500年前（Meltwater pulse 1A）には平均で16.7 m/千年の速度で海面が上昇したとされる（横山2002）．海面上昇はエクメネの縮小につながり，人々は生活の場や生業の変化を余儀なくされたであろう．そういった意味では海面上昇＝「自然災害」と捉えることができよう．さらに，九州地方の人々は2度の巨大火山噴火（約30,000年前の姶良カルデラ噴火・約7,300年前の鬼界カルデラ噴火）を経験した．これらについては，日本列島における災害史を考えるうえで重要であるが，本題とは離れるのでこれ以上の言及はしない[9]．

平野や盆地において，最も大規模な土砂移動が生じる場の一つが山麓部に発達した扇状地であろう．なかでも長野盆地東縁には多くの土石流涵養型扇状地（斉藤1998）が認められ，保科川扇状地に立地する宮崎遺跡からは縄文時代晩期以降の遺構・遺物が検出されている（家根ほか2000）．縄文時代晩期の遺構・遺物は，いくつかの土石流堆上から大量にみつかっているが，相対的な凹地からは検出されておらず，比高数mの微高地を主な活動の場としていたことがわかる．また，縄文時代晩期の生活面は，古墳時代までに生じた土石流堆積物によって埋没している（写真3）．土石流の詳しい発生時期は不明であるが，縄文時代晩期の人々

写真4 岡崎市坂戸遺跡のトレンチ断面
筆者撮影．人物が立っているのが，弥生時代中期の遺構検出面．小野（2012）より引用．

が土石流災害に遭った可能性も否定できない（小野・河角 2003）．同様の事例は，新潟県の十日町盆地東縁に立地する笹山遺跡でも報告されており，縄文時代中期・後期の集落が度々小規模な土石流に覆われており，約 3,800 年前の大規模土石流によって集落が衰退したとされる（十日町市教育委員会 2005）．さらに，京都盆地東縁では花崗岩山地を後背地に有する白川扇状地における弥生時代の土地利用と度重なる土石流の襲来との関係性が論じられている（冨井 2008, 2010）．これらの事例からは，土石流の発生をある程度想定していながらも，扇状地を生活の場として選択するという縄文〜弥生時代の土地利用のあり方を垣間見ることができる．

また，日本列島各地の平野・盆地の氾濫原においても洪水の痕跡は確認されている．愛知県の濃尾平野や矢作川下流低地では，弥生時代・古墳時代に洪水が頻発したことが考古遺跡の調査によって明らかになっている（河合・森 2007；赤塚 2010）．矢作川下流低地の坂戸遺跡では，活発な河川の活動によってポイントバーが形成された後，転流によって河道が遠ざかり，弥生時代中期には微高地を

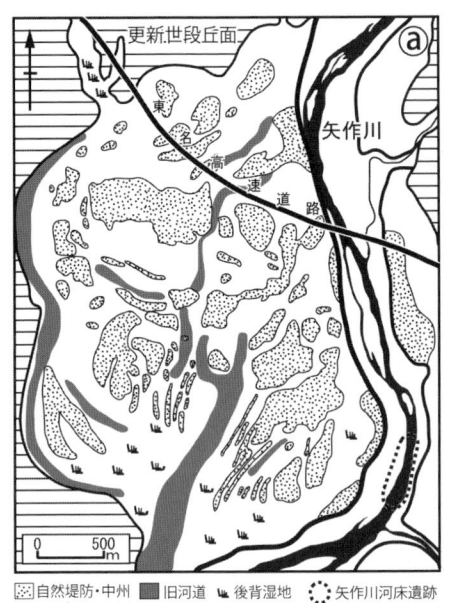

総説5 考古遺跡からみた平野・盆地の微地形と自然災害　　　　197

図9　矢作川河床埋没林
豊田市教育委員会提供.
a：周辺の微地形分類図　b：井戸状遺構と埋没林

利用して人々の居住が始まったが，古墳時代以降に堆積した層厚1mに及ぶ自然堤防堆積物とそこに包含された古代〜近世の遺物からは，人々が度洪水に襲われたことが推定される（写真4）．なお，この時期に矢作川下流低地では周辺の段丘上の遺跡数が増加しており，一部の集落では「高地移転」が行われたことが示唆される（河合・森2007）．

　ところで，矢作川下流低地では堤外地からも縄文時代から近世の遺構や遺物が検出されている．とりわけ，中世の井戸状遺構は多くみつかっている（図9）．河床に井戸が掘られる意味はないことから，井戸が掘られた当時は周辺に集落が存在し，そこは河川から離れた地域であったと推定される．その後，矢作川の蛇行や転流によって洪水堆積物が流入し，集落が放棄されたと考えることができる．上流部に花崗岩山地を有する矢作川は多量の土砂を供給しているが，低地の幅は比較的狭い．そのため，蛇行や転流が頻繁に生じ，集落の安定的立地は望めなかったのではないだろうか．

写真5　京都市岡崎遺跡のトレンチ断面
筆者撮影．マサに混じって礫も認められる．

　洪水災害を受けた人々の対応として，先に矢作川下流低地における高地移転の可能性を指摘したが，当地を復旧して居住を続けるという選択肢を選んだ人々も存在する．大阪府の河内平野中央部に位置する池島・福万寺遺跡では，洪水による土砂の堆積を受けるたびに，水田を復旧した痕跡が認められる（河角 2000）．また，長野盆地では平安時代（仁和四年）に千曲川上流の八ヶ岳の崩壊を起源とする大洪水が生じ（早川 2011），屋代遺跡群では 1m 以上の洪水砂層（平安砂層）が堆積したが，ここでも比較的早く水田の復旧がなされた（平川 2008）．さらに，青森県津軽平野の浅瀬石川扇状地に立地する前川遺跡では，十和田平安噴火に伴うラハール[10]が生じ，水田が埋没したが，集落はすぐに再建されていることから（青森県埋蔵文化財調査センター 2009），水田を他の場所に移して生活を続けたと考えられる．このラハールは，津軽平野北部の氾濫原にまで達して砂地の微高地を形成し，それまでの湿潤な環境を一変させた（小野ほか 2012）．五所川原市に立地する十三盛遺跡は，ラハールによって生じた微高地を利用した集落である．その点からみると，洪水＝自然災害という図式ではなく，洪水は，むしろエクメネの拡大に貢献したといえる．同様の例は，京都盆地東縁の岡崎地区においても確認されており，当地域では AT[11] 降灰時には泥炭が広域に発達する湿地であったが，その後，白川起源のマサの流入によって，扇状地が形成されるとともに土石流堆が生じ，その上に縄文時代以降の集落が営まれた（写真 5）．

以上のように，地形環境の変化は人々にとって時に災害となり，時に賜物となる．多くの考古遺跡からは，微地形の変化を受容しながら柔軟に土地利用を変化させようとする人々の姿勢がみてとれる．その一方で，受容力を超えた場合には，大きな転換を行った可能性もある．

　近年，自然災害の多発を背景として，カタストロフィとレジリエンスの関連性が論じられているが，考古遺跡を事例とした人と自然の関係からも，そうした議論に一石を投じることができるのではないだろうか．

5　おわりに —微地形は誰のもの？

　福岡平野に位置する板付遺跡は，弥生時代のムラの姿を我々に伝えてくれる数少ない遺跡として有名である．しかし，このムラの居住域が Aso-4 の火砕流[12]後に形成された孤立段丘面上に位置し，生業地（水田）はそれよりも数 m 低い沖積低地に広がっていることは，あまり知られていない．洪水のリスクの少ない場所に居を構え，低湿な場所で水を管理しながら水田稲作の場とした弥生人の「土地勘」を垣間見ることができる貴重な事例である．

　ところで，その居住域をのせる孤立段丘は微地形と呼べるだろうか．大多数の地形学者は，形成時期・構成物・広がりを考慮して微地形と呼ぶべきではないと答えるのではないだろうか．これは実に不可解な発問であることは承知している．しかし，微地形とは何かという問題に答えようとすれば，この問いに明確に回答する必要がある．ただし，私はそうした議論にそれほどの魅力を感じない．「半島」に様々な大きさがあるように，微地形に様々なものがあってもよい．それは，あくまで相対的な区分に過ぎないのである．当然のことながら，微地形に関する自然科学的追求は継続されるべきである．しかし，既に「微地形」という用語や概念は，自然地理学や地形学の専売特許ではなく，歴史学や人類学をはじめとして幅広い分野で用いられている（菊池 2009，2012；佐々木 2006；平根 1982；檜山ほか 2001；檜山ほか 2002；堀 1979 など）．先の話に戻ると，かつて板付で生活していた人々は「わずかな地形の凹凸」＝微地形を認識・認知して利用した．そのことが重要であり，今後，地理学における微地形研究の視角は，その辺りに定められてもよいのではなかろうか．

自然災害が多発する現在，様々な時間と空間のスケールで物事を捉えることのできる地理学が果たすべき役割は大きい．人と自然の関係史の解明と現代的課題への取り組みにおいて，微地形という用語は，まだまだ多くの可能性を秘めているように思う．

注
1) 敦賀半島付近を頂点，中央構造線を底辺として琵琶湖・大阪湾・伊勢湾を含む三角形の地域は，ほぼ南北に近い方向に延びる短い山地と，その間に挟まれた盆地との交互配列で特徴づけられる (Huzita 1962)．
2) 行政による無責任な市街化調整区域の緩和，デベロッパーの商業優先主義，土地の履歴に関心を示さない新居者，それらが相まって自然災害への脆弱性を構築している．こうした状況は人と自然の関係史において，異質・異常であるというのが著者の意見である．
3) 国土地理院のHPで閲覧ができる．
4) ただし，東木は「河岸疑似三角州」という言葉で自然堤防を取り上げている（籠瀬 1990）．
5) 大矢雅彦が1959年に発表した「木曽川流域濃尾平野水害地形分類図．水害地形に関する調査研究第1部付図．総理府資源調査会」の浸水危険地域と伊勢湾台風の高潮被害地域が合致したことは，つとに有名である．
6) Renfrew (1976) によると，ジオアーケオロジーの基本的な目的は，層序学の原理と絶対年代測定の手法を適応して遺跡とその構成要素を相対的・絶対的な時間コンテクストに位置づけることである（ウォーターズ 2012）．
7) Exxson Global Cycle Chartと呼ばれる顕生代以降の海水準変動曲線を背景ないし軸として，地層の生成過程を過去何億年と続けられてきた上昇と下降という海水準のサイクルとの関連を特に重視して体系的に把握ないし解釈していこうとする論理的・演繹的・予測的な学問体系，あるいは，成因的・解釈的な色彩の強い学問体系（徳橋 1995）．
8) Hooke (1967) のdebris flow lobeやBull (1977) のsieve lobeに相当する（中山・高木 1987）．
9) 火山活動と遺跡の関係については，小野 (2015) を参照いただきたい．
10) 火山砕屑物を含んだ洪水流．
11) 約9万年前の阿蘇火山の噴火によって生じた火砕流．
12) 約3万年前に姶良カルデラ（現在の鹿児島湾奥）から噴出した火山灰．

文　献
青森県埋蔵文化財調査センター編 2009.『前川遺跡　県道弘前田舎館黒石線道路改良事

業に伴う遺跡発掘調査報告（青森県埋蔵文化財調査報告書 第475集）』青森県教育委員会.
赤塚次郎 2010. 東海地域における土器編年に基づく弥生・古墳時代の洪水堆積層（朝日T-SA層・大毛池田層）と暦年代. 考古学と自然科学 61: 61-66.
阿子島 功 1977. 低地の微地形と海水準変動 (1): 宮城県南部白石川沿岸低地の自然堤防様微高地と縄文期以降の海水準変化. 徳島大学学芸紀要社会科学 26: 17-34.
阿子島 功 1978. 低地の微地形と海水準変動 (2)―吉野川下流平野および四万十川河口平野. 地理学評論 51: 643-661.
阿子島 功・黒田晃司 1978. 低地の微地形と海水準変動 (3): 徳島平野南縁, 鮎喰川下流沿岸の微地形面の編年資料. 徳島大学学芸紀要社会科学 27: 1-24.
阿子島 功 1988. 考古学と私の地形学 3―考古学発掘調査のための微地形分類. 地理 33: 100-109.
阿子島 功 1989. 考古学と私の地形学 4―考古学発掘調査からわかった微地形発達史. 地理 34: 110-119.
池田 碩 2008. 岩石海岸の微地形―Honeycombs と Potholes. 奈良大学紀要 36: 89-103.
池田 碩・待鳥良治 2009. 京都五色浜岩石海岸の微地形―Tafoni と Gnamma. 総合研究所所報 17: 71-82.
石井孝行・平野昌繁・藤田 崇 1996. 兵庫県南部地震によって淡路島北淡町に現れた断層変位に伴う微地形. 地理学評論 69A: 184-196.
井関弘太郎 1950. 初期米作集落の立地環境―愛知県瓜郷遺跡の場合―. 名古屋大学文学部研究論集 II : 304-308.
井関弘太郎 1951a. 弥生式時代の低地集落と洪水方向の周期. 地理学評論 23: 157.
井関弘太郎 1951b. 平出遺跡の微地形学的立地環境［予報］. 信濃 3: 77-81.
井関弘太郎 1957. 浜松市蜆塚遺跡付近の地形調査（概報）. 蜆塚遺跡調査団編『蜆塚遺跡 その第2次発掘調査』196-198. 浜松市教育委員会.
井関弘太郎・加藤芳朗 1962. 自然地形. 蜆塚遺跡調査団編『蜆塚遺跡 総括編』4-13. 浜松市教育委員会.
井関弘太郎 1963. 瓜郷遺跡の自然環境. 豊橋市教育委員会編『瓜郷』20-27. 豊橋市教育委員会.
井関弘太郎 1967. 地形的考察・表層地質の調査. 長野県教育委員会編『更埴条里遺構調査報告書』41-63. 長野県教育委員会.
井関弘太郎 1975. 自然. 新修稲沢市史編集委員会事務局編『新修稲沢市史 研究編3』1-67. 新修稲沢市史編集委員会事務局.
宇野康司・鎌江伊三夫・上野易之 2001. 神戸市域の微地形と兵庫県南部地震による死者数との関係. 神戸大学都市安全研究センター研究報告 5: 167-173.
海津正倫 1994.『沖積低地の古環境学』古今書院.
漆原和子 2013. 南大東島における海岸の溶食微地形について. 法政大学文学部紀要 67:

71-83.
江口誠一 2007. 砂浜海岸における微地形区ごとの植物珪酸体群. 考古学と自然科学 56: 65-70.
大石道夫 1983. 扇状地の微地形と土砂災害. 防災科学技術 50: 70-72.
太田陽子・山口　勝・吾妻　崇・小林真弓 1996. 野島地震断層に伴う地表変位に関する新資料―梨本地区の変位微地形および海岸・海域の地殻変動に関して. 地理学評論 69A: 353-364.
大矢雅彦 1971. 沖積平野の類型に関する試論. 早稲田大学教育学部学術研究 20:53-64.
大矢雅彦 1973. 沖積平野における地形要素の組合せの基本型. 早稲田大学教育学部学術研究 22: 23-42.
岡本兼佳 1955. 関東低地における散村の成立と微地形. 人文地理 7: 182-194.
小野映介・河角龍典 2003. 長野盆地東縁，保科川扇状地に立地する宮崎遺跡の堆積環境変遷. 立命館大学考古学論集Ⅲ: 315-322.
小野映介 2012. 微地形と浅層地質から読み解く地形環境変化. 海津正倫編『沖積低地の地形環境学』39-46. 古今書院.
小野映介・片岡香子・海津正倫・里口保文 2012. 十和田火山 AD 915 噴火後のラハールが及ぼした津軽平野中部の堆積環境への影響. 第四紀研究 51:317-330.
小野映介 2016. 遺跡からみた火山活動と人々の応答. 安田喜憲・高橋　学編『自然と人間の関係の地理学』(印刷中). 古今書院.
小野忠熈 1980.『日本考古地理学』ニュー・サイエンス社.
小野忠熈 1986.『日本考古地理学研究』大明堂.
籠瀬良明 1972a. 天塩川下流平野の微地形と土地利用に機能した地形の属性. 地理学評論 45: 535-548.
籠瀬良明 1972b.『低湿地』古今書院.
籠瀬良明 1975.『自然堤防』古今書院.
籠瀬良明 1990.『自然堤防の諸類型』古今書院.
加藤芳朗 1957. 浜松市蜆塚遺跡付近の地形地質について―遺跡をめぐる自然環境. 蜆塚遺跡調査団編『蜆塚遺跡　その第 1 次発掘調査』72-89. 浜松市教育委員会.
門村　浩 1965. 航空写真による軟弱地盤の判読＜第 1 報＞―微地形の系統的および計測的分析による判読法の適用について（1）. 写真測量 4: 182-191.
門村　浩 1966a. 航空写真による軟弱地盤の判読＜第 1 報＞―微地形の系統的および計測的分析による判読法の適用について（2）. 写真測量 5: 10-25.
門村　浩 1965b. 航空写真による軟弱地盤の判読＜第 1 報＞―微地形の系統的および計測的分析による判読法の適用について（3）. 写真測量 5: 57-65.
門村　浩 1971. 扇状地の微地形とその形成―東海道地域の緩勾配扇状地を中心に. 矢沢大二・戸谷　洋・貝塚爽平編『扇状地』55-96. 古今書院.
河合仁志・森　泰通 2007. 矢作川河床埋没林周辺の遺跡と歴史. 矢作川河床埋没林調査

委員会・豊田市教育委員会・岡崎市教育委員会編『地下に埋もれた縄文の森―矢作川河床埋没林調査報告書』107-115. 矢作川河床埋没林調査委員会・豊田市教育委員会・岡崎市教育委員会.

河角龍典 2000. 沖積層に記録される歴史時代の洪水跡と人間活動. 歴史地理学 197: 1-15.

河角龍典 2004. 歴史時代における京都の洪水と氾濫原の地形変化―遺跡に記録された災害情報を用いた水害史の再構築. 京都歴史災害研究 1: 13-23.

菊地　真 2009. 都幾川下流・早俣低地の埋没微地形と遺跡立地. 人文科学研究 125: 1-13.

菊地　真 2012. 近世新潟町における微地形分布と町の変遷. 新潟史学 68: 21-36.

木原克司 1982. 微地形復原の方法と課題. 歴史地理学 118: 14-26.

金田章裕 1970. 砺波平野における中世開発と表土との関連についての若干の考察. 人文地理 22: 420-437.

金田章裕 1993.『微地形と中世村落』吉川弘文館.

日下雅義 1969. 歴史時代における大井川扇状地の地形環境. 人文地理 21: 1-21.

日下雅義 1973.『平野の地形環境』古今書院.

日下雅義 1980.『歴史時代の地形環境』古今書院.

日下雅義 1993. 考古学と古地理学. 森　浩一編『考古学その見方と解釈　下』3-28. 筑摩書房.

黒木貴一・中村保則・黒田圭介 2003. 筑後川中流域における 1953 年洪水と微地形との関係. 地理科学 58: 221.

斉藤享治 1998.『日本の扇状地』古今書院.

佐々木一晋 2006. 都市の微地形を発掘する―ジオウォーカーの試み. 10+1 42: 91-93.

式　正英 1962. 浅層地質学と微地形学の応用. 建築雑誌 77: 688-693.

式　正英 1963. 低地微地形の応用地形学的意義. 地理学評論 37:280-281.

島津　弘・岸本淳平・西方美奈子 1998. 上高地・右岸ワサビ沢沖積錐における微地形分類図の作成. 地域研究 38: 38-43.

島津　弘 2000. 梓川上流, 上高地明神橋下における氾濫原の微地形形成プロセス. 地球環境研究 2: 78-91.

鈴木隆介 1998.『建築技術者のための地形図読図入門 2　低地』古今書院.

高石　翔・尾方隆幸 2011. 北海道東部, 別保原野に分布するハンモック状微地形. 地理学論集 86: 127-131.

高木勇夫 1969. 沖積平野の微地形と土地開発―茨城県久慈川, 那珂川下流域. 日大文理自然科学研究所紀要 5: 55-70.

高木勇夫 1979. 沖積平野の地形面分類に関する整理と検討. 日本大学文理学部自然科学研究所研究紀要 14: 21-30.

高木勇夫 1985.『条里地域の自然環境』古今書院.

高橋剛一郎・笹賀一郎 1994. ヌポロマポロ川における渓流氾濫原の侵食微地形. 北海道大学農学部演習林研究報告 51: 89-114.

髙橋達郎 1980. サンゴ礁の微地形構成. 地理 25: 34-42.
髙橋　学 1982. 淡路島三原平野の地形構造. 東北地理 34: 138-150.
髙橋　学 1986. 微地形・超微地形分析からみた古代の水田開発─瀬戸内東部臨海平野の場合. 条里制研究 2: 131-152.
髙橋　学 1989. 埋没水田遺構の地形環境分析. 第四紀研究 27: 253-272.
髙橋　学 2003.『平野の環境考古学』古今書院.
多田文男・岡山俊雄・井関弘太郎 1954. 地形学的に見た登呂遺跡. 日本考古学協会編『登呂遺跡　本編』301-313. 日本考古学協会.
多田文男 1970. 国土基本図で微地形を読む. 地図 2: 25-27.
田中好國 1994. サンゴ礁海岸における微地形：ビーチロックのターミノロジーと研究小史. 兵庫地理 39: 1-12.
田野　宏 2014. 利根川水系中川流域における沖積低地の微地形と液状化：地形図判読と防災教育に向けて. 千葉商大紀要 51: 65-86.
辻　康男・辻本裕也・松田順一郎 2009. 縄文時代晩期から弥生時代前期の土地利用─大阪湾岸の事例. 考古学ジャーナル 582: 7-11.
十日町市教育委員会 2005.『笹山遺跡確認調査報告書』十日町市教育委員会.
東木龍七 1930. 微地形の研究方針. 地理学評論 6: 460-468.
東木龍七 1931. 微地形に就いて. 地質学雑誌 38: 291-292.
東木龍七 1932.『微地形論』岩波書店.
德橋秀一 1995. 海水準変動と堆積作用：シーケンス層序学序論. 地質ニュース 487: 26-35.
冨井　眞 2008. 土石流は初期農耕の地をどう通り過ぎたか─京都市北白川追分町遺跡の白川弥生土石流の堆積物調査. 京都大学埋蔵文化財研究センター編『京都大学構内遺跡調査研究年報 2003 年度』187-208.
冨井　眞 2010. 先史時代の自然堆積層の検討による大規模土砂移動の頻度試算─京都市北白川追分町遺跡を中心として. 自然災害科学 29: 163-178.
外山秀一 2006.『遺跡の環境復原─微地形分析，花粉分析，プラント・オパール分析とその応用』古今書院.
中川德治 1953 遺跡の地理的考察. 国学院大学伊場遺跡調査隊編『伊場遺跡』15-27. 浜松市伊場遺跡保存会.
長坂勇二・永妻真治 1983. 日本海中部地震による家屋の被害について：微地形に基づく一考察. 土と基礎 31: 97-98.
中塚　良 1991. 山城盆地中央部小泉川沖積低地の微地形分析─遺跡立地からみた地形形成過程と構造運動. 東北地理 43: 1-18.
中塚　良 1993. 近江盆地北東部，天野川中・下流域沖積低地の微地形分析. 立命館地理学 5: 45-60.
中条武司 2004. 伊勢湾南西部櫛田川河口干潟における微地形と堆積作用. Bulletin of the

Osaka Museum of Natural History 58: 69-78.
中野尊正 1952. Land Form Type 地形型の考え―高知平野を例として. 地理学評論 25: 127-133.
中野尊正 1961. 地形分類―その原理と応用. 地学雑誌 70: 53-64.
中山正民 1966. 熊野浦海岸の梶鼻・阿田和付近における海浜微地形. 埼玉大学紀要教育学部編 14: 17-27.
中山正民 1967. 熊野浦海岸における海浜微地形および海浜堆積物分布とそれらの季節変動. 海洋科学 9: 81-113.
中山正民 1968. 静岡県三保半島先端部における海浜微地形の変動. 海洋科学 10: 49-91.
中山正民・高木勇夫 1987. 微地形分析よりみた甲府盆地における扇状地の形成過程. 東北地理 39: 98-112.
野越三雄 1989. Seismic Microzonation 研究 (1) 1983 年日本海中部地震による高密度震度（秋田県, 秋田市および能代市）と微地形・表層地質との統計的評価. 物理探査 42: 141-164.
林 奈津子 2010. 静岡県太田川下流低地における液状化発生地点の地形条件に関する検討. 地理学評論 83: 418-427.
早川由紀夫 2011. 平安時代に起こった八ヶ岳崩壊と千曲川洪水. 歴史地震 26: 19-23.
平川 南 2008.『全集 日本の歴史 第 2 巻 日本の原像』小学館.
平根孝光 1982. 微地形・風景・居住環境：居住環境と微地形との関係構造に関する基礎的考察 (1). 筑波大学芸術年報 1982: 40-41.
平松由起子・安井 賢・卜部厚志・本郷美佐緒 2005. 平成 16 年 7 月新潟・福島豪雨による刈谷田川の洪水災害―洪水流の流下様式と地形の関係. 応用地質 46: 153-161.
檜山博昭・大塚哲哉・中瀬浩太 2001. 磯場の微地形の定量的評価の試み. 海洋開発論文集 17: 165-168.
檜山博昭・岡村知忠・廣海十朗・大塚哲哉 2002. 磯場の微地形の定量的評価の試み（その 2). 海洋開発論文集 18: 497-502.
別所秀高・松田順一郎 2007. 考古学の新地平発掘現場の地球科学 (2) 遺跡マトリクスの現場処置. 考古学研究 54(2): 94-97.
堀 和明・廣内大助 2011. 福井豪雨で生じた足羽川谷底低地の破堤堆積物. 地理学評論 84: 358-368.
堀 和明・田辺 晋 2012. 濃尾平野北部の氾濫原の発達過程と輪中形成. 第四紀研究 51: 93-102.
堀 信行 1979. 奄美諸島における現成サンゴ礁の微地形構成と民族分類（奄美 -4-). 人類科学 32: 187-224.
マイケル R. ウォーターズ著, 熊井久雄・川辺孝幸監修, 松田順一郎・髙倉 純・出穂雅実・別所秀高・中沢祐一訳 2012.『ジオアーケオロジー―地学にもとづく考古学』. 朝倉書店. Waters M. R. 1992. Principles of geoarchaeology: A North American perspective.

Arizona: University of Arizona press.
牧野泰彦・増田孝裕・松本　現・藤曲和摩 1999. 1998 年夏，那珂川洪水による蛇行州の微地形と堆積物. 地質学雑誌 105: 13-14.
松田磐余 1968. 濃尾平野における空中写真による土質判読. 地理学評論 41: 285-290.
松田順一郎 2006. 流路・氾濫原堆積物から推測される約 3100 ～ 1200 年前の登呂遺跡における環境変化. 岡村渉編著『特別史跡登呂遺跡, 再発掘調査報告書（自然科学分析・総括編）』1-27. 静岡市教育委員会.
松田順一郎 2007. 考古学の新地平発掘現場の地球科学 (1) ジオアーケオロジーの視点. 考古学研究 54: 104-107.
松田順一郎・辻　康男・井上智博 2008. 考古学の新地平発掘現場の地球科学 (3) 遺跡マトリクス試料の分析. 考古学研究 54: 104-107.
松田順一郎 2008 考古学の新地平発掘現場の地球科学 (4) 景観復元のために考古学研究. 考古学研究 54: 108-111.
松本秀明 1977. 仙台付近の海岸平野における微地形分類と地形発達―粒度分析法を用いて. 東北地理 29: 229-237.
松本秀明・熊谷真樹・吉田真幸 2013. 仙台平野中部にみられる弥生時代の津波堆積物. 人間情報学研究 18: 79-94.
茂木明夫 1960. 砂浜の微地形について. 地理 5: 7-12.
茂木昭夫 1968. 砂浜海岸の微地形に見られる規則性について. 海洋科学 10: 35-48.
茂木昭夫・岩崎博 1975a. 海底砂州における微地形の発達 -1- イノサキノツガイと小与島東方海底砂州. 地学雑誌 84: 84-94.
茂木昭夫・岩崎　博 1975b. 海底砂州における微地形の発達 -2- イノサキノツガイと小与島東方海底砂州. 地学雑誌 84: 140-151.
森山昭雄 1972. 沖積平野の微地形. 地質学論集 7: 197-211.
吉岡敏和・宮地良典・寒川　旭・下川浩一・奥村晃史・水野清秀・松村紀香. 1995. 兵庫県南部地震に伴う阪神地区の被害分布と微地形. 地質ニュース 491: 24-28.
安田喜憲 1971. 濃尾平野庄内デルタにおける歴史時代の地形変化. 東北地理 23: 29-36.
安田喜憲 1973. 三重県上箕田遺跡における弥生時代の自然環境の変遷と人類. 人文地理 25: 139-162.
安田喜憲 1980.『環境考古学事始』日本放送出版協会.
山口正秋・須貝俊彦・藤原　治・大上隆史・大森博雄 2006. 木曽川デルタにおける沖積最上部層の累重様式と微地形形成過程. 第四紀研究 45: 451-462.
山口正秋・須貝俊彦・藤原　治・大森博雄・鎌滝孝信・杉山雄一 2005. ボーリングコアの粒度組成と堆積速度からみた木曽川デルタの微地形と堆積過程. 第四紀研究 44: 37-44.
家根祥多・青木政幸・岡本　洋 2000.『長野市宮崎遺跡』立命館大学文学部.
横山祐典 2002. 最終氷期のグローバルな氷床量変動と人類の移動. 地学雑誌 111: 883-

899.

Allen, J. R. L. 1965. A review of the origin and characteristic of recent alluvial sediments. *Sedimentology* 5: 89-191.

Brown, A. G. 1997. *Alluvial geoarchaeology*. Cambridge University press.

Bull, W. B. 1977. The alluvial-fan environment. *Progress in Physical Geography* 1: 227-270.

Dalrymple, R. W. 1992. Tidal depositional systems.In *Facies Models: response to sea level change*, eds. R. G. Walker and N. P. James, 195-218. Ontario:Geological Association of Canada.

Ferring, C. R. 1992. Alluvial Pedology and Geoarchaeological Research. In *Soils in Archaeology*, ed. V. T.Holliday, 1-39. Washington:Smithsonian Institution Press.

Hooke, R. L. 1967. Processes on arid-region alluvial fans. *Journal of Geology* 75: 438-460.

Huzita, K. 1962. Tectonic development of the median zone (Setouti) of Southwest Japan since Miocene. *Journal of Geosciences Osaka City Univ.* 6: 103-144.

Matsuda, J. 2000. Seismic deformation structures of the post-2300 a BP muddy sediments in Kawachi lowland plain, Osaka, Japan. *Sedimentary Geology* 135: 99-116.

Renfrew, Colin. 1976. Archaeology and the Earth Sciences. In *Geoarchaeology: Earth Science and the Past*. eds. D. A. Davidson and M. L. Shackley, 1-5. London: Duckworth.

Walker, R. G. and Cant, D. J. 1984. Sandy fluvial systems. In *Facies model, 2nd ed., Geoscience Canada, Reprint Series 1*, ed. R. G. Walker, 71-89. Geological Association of Canada Publications.

Yokoyama, Y., Lambeck, K., De Deckker, P., Johnston P. and Fefield, K. 2000. Timing of the Last Glacial Maximum from observed sea-level minima. *Nature* 406: 713-716.

Review 5

A study of micro-landform and natural disaster through findings of geoarchaeological investigations in the Plain and Basin

ONO Eisuke

総説 6

海岸平野の微地形と自然災害

海津正倫

> 海岸平野は人々の重要な生活の場である一方で，津波や高潮などの自然災害の常襲地でもあります．本稿では，海岸平野の微地形について概説すると共に，東北地方太平洋沖地震やスマトラ沖地震に伴って発生した大津波，世界各地で多発している強烈に発達した熱帯低気圧に伴う高潮被害によって引き起こされた地形変化や被害の現れ方を，微地形との関係から解説します．

1 はじめに

　すべての日本人が忘れることのできない 2011 年 3 月 11 日，東北地方太平洋沖地震が発生し，東北地方の太平洋岸を中心とする海岸地域に著しい津波が襲来した．この地震と津波によって 2 万数千人もの方々が命を落としたり行方不明になったりし，わが国の災害史の中でも最大規模に相当する自然災害となった．

　津波災害ばかりでなく，低地の広がる海岸域や臨海域では様々な自然災害や自然的・人為的な環境変化に伴う多くの問題が発生している．また，そのような災害や環境変化は海岸平野の地形，特に微地形によって影響を受け，一方でそれらの地形や微地形の変化をも引き起こす．そして，そのような被害や変化の起こる海岸域や臨海域は東アジアや東南アジア，南アジアなどの人口稠密な地域においては多くの人々の居住の場であり，生活の場でもある．

　図 1 は一般的な海岸・臨海域における地形モデルとそこにみられる自然災害を示したものである．海岸平野というと主として海の作用によって形成された海岸線に沿って発達する平野であり，わが国では九十九里浜平野，仙台平野などの砂堤列が発達し，平野の奥行きに対して海に面する間口の幅が広い平野を思い浮かべることができる．狭義には浅海底が離水した波浪や沿岸流などの海の作用によって形成された平野であり，主としてそれらの営力によって堆積した海成堆積物によって構成される平野ということになるが，広義には海成の台地が広がる地

総説6　海岸平野の微地形と自然災害　　209

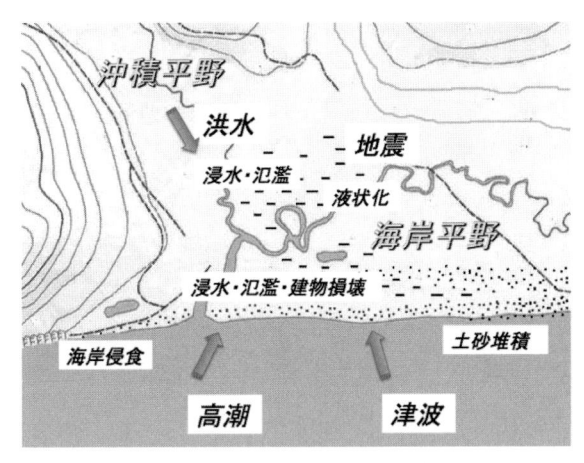

図1　海岸平野における自然災害模式図

形を含む場合もあり，海成段丘などの台地と臨海低地とをあわせて海岸平野と呼ぶこともある．さらに，アメリカ合衆国東部のニュージャージー州からジョージア州南部を中心として連続する平野も海岸平野とよばれている（Strahler 1960）など海岸平野とされる地形には様々なスケールのものが存在する．

本稿では，自然災害という観点から，人々の居住・生活の場として重要な意味をもつ臨海域の低地を海岸平野としてとらえることとし，また，海岸平野の背後に連続する沖積平野やポケットビーチなどの入り江に面して形成された小規模な低地や河川の最下流部に発達する三角州などをも含め，それらの微地形もふまえて自然災害との関係について検討する．

2　海岸平野の微地形

海岸地域を構成する地形は大きく岩石海岸，砂浜海岸に区分され，海岸平野は一般に砂浜海岸とその背後の低地とからなる．海岸平野の微地形は主として海浜砂（礫）の堆積によるものであり，砂州，砂嘴，浜堤列など様々な堆積地形がある．また，それらと関連して砂丘，ラグーンなどの地形も存在する．

後氷期の海水準変動に伴って形成・発達してきた海岸平野は基本的には外洋に面する浅海域や内湾の奥部などが陸化して形成された地形であり，多くの海岸平

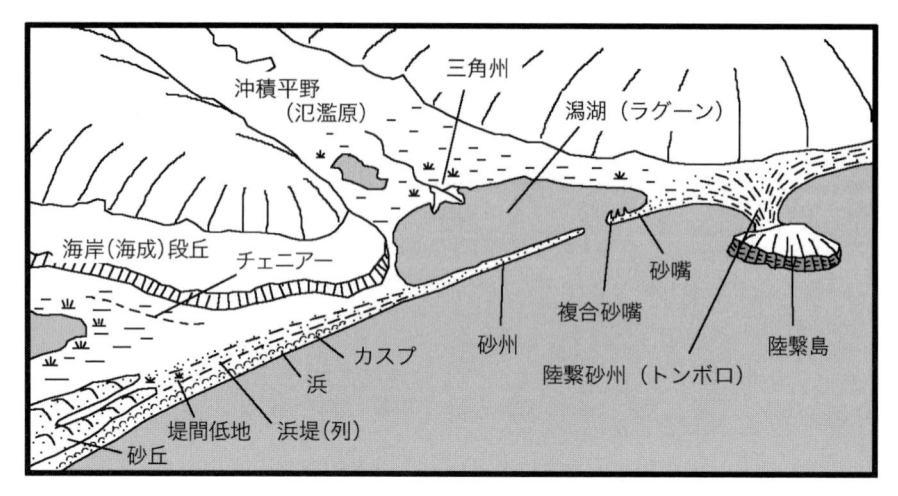

図2 海岸平野の地形模式図

野では浅海あるいは内湾に堆積した粘土やシルトなどの軟弱な海成堆積物によって構成されている．また，海岸部に砂州を起源とする砂質堆積物が比較的厚く堆積している所もある．地表付近の表層堆積物としては海浜に形成された浜や浜堤などの砂（礫）質堆積物が存在し，堤間低地や浜堤背後では泥質堆積物が堆積している．また，潟湖や潟湖起源の場所では泥質堆積物が厚く堆積している．

このような海岸平野の地形に関しては，海岸地形研究の先駆者であるジョンソン（Johnson 1919）が海岸における地形形成プロセスを整理するとともに，沈水海岸地域における地形として beach（浜），spit（砂嘴），bay bar（湾口砂州），looped and flying bar（ドーナツ状砂州および孤立砂州），tombolo（陸繋砂州），cuspate bar and foreland（カスプ状砂州および砂州岬），bay delta（湾奥デルタ）などの堆積地形の形成を述べ，離水海岸地域に関しては offshore bar（沿岸州）とその背後にみられる lagoon（潟湖）の離水に伴う変化について詳しく述べている．また，beach（浜），spit（砂嘴），tombolo（陸繋砂州），foreland（砂州岬）などには幅の狭い高まりである beach ridge（浜堤）がみられることを述べ，それらのリッジは主として波浪によって形成されたもので，継続的な海岸線の変化を示していて，風成堆積物である砂丘によって覆われている場合もあるとしている．さらに，浜堤間の帯状の凹地は英語圏では swale, slashe, furrow などと呼ばれ，ドイツ語圏

では Dünentäler (dune valley) と呼ばれているとし，小規模な砂丘に覆われた浜堤については dune ridge という語を使用している．

一方，海岸地形研究をリードしてきたバードは Coastal Geomorphology（第2版）において海食崖や波食棚の形成について述べると共に，様々な事例を挙げながら浜の地形形成メカニズムや，浜堤や砂嘴・砂州の形成・発達とその要因との関係について説明している（Bird 2008）．特に，浜堤については砂や海岸の扁平な小礫が波浪によって高潮位以上に打ち上げられて形成された地形であるとし，砂質浜堤は波浪の建設的な作用によって形成された berm（汀段）が発達したもので，5〜50 m ほどの幅をもつのに対し，小礫浜堤は暴浪によって打ち上げられた小礫が集積して形成されたもので，その幅は最大20 m 程度であるとしている．また，parallel beach ridges（浜堤列）は海岸線の前進的堆積過程に伴って発達したもので，新たに形成された浜堤と背後の浜堤との間には swale（堤間凹地）が形成されるとし，すでに Johnson（1919）が述べているように砂嘴・砂州の発達に伴っても海岸線に沿って浜堤列が形成されることを述べている．また，Russell and Howe（1935）が示したように泥質の海岸平野ではチェニアーと呼ばれる砂や貝殻からなる浜堤状の高まりが存在することがあり，アメリカ合衆国のルイジアナ州における海岸平野や北東チリ，オーストラリア北部のダーウィンの海岸などにおいて認められることを紹介している．

一方，わが国でも，辻村（1932）が『新考地形学』（第1巻）において152ページを割いて海岸地形を説明しているほか，渡辺（1961），町田（1984）などの教科書で基本的な海岸地形について説明がなされてきたが，海岸域にみられる堆積地形については基本的には Johson（1919）による分類を踏襲する形で述べられてきた．その後，鈴木（1998）は海岸平野の地形について海成堆積低地の地形種を，地形，地盤，地下水，土地利用形態，自然災害の様式に着目して，①汀線沿いの浜，②細長い微高地（海岸州：浜堤，沿岸州，砂嘴，尖角州，トンボロ（陸繋砂州）など），③低湿地（堤間湿地，潟湖跡地），④湖沼（潟湖，堤間水路など）に類型化するとともに，浜・外浜と背後の地形種について海岸過程および自然災害についてもふまえながら礫浜，砂浜，泥浜の諸特徴を整理し，浜堤と砂浜の微地形について詳しく紹介している（図3）．

なお，砂浜海岸の地形に関しては浜の海岸線に沿って発達する汀段やカスプ

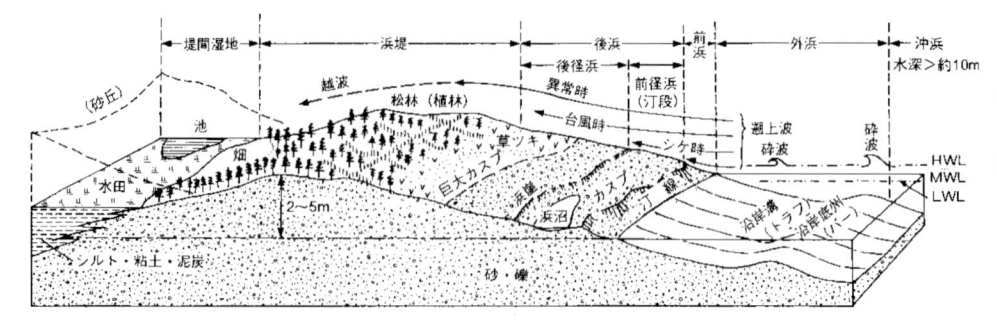

図3 浜堤と砂浜の微地形
鈴木 (1998).

などのほか，リップルマークなどの特に小さな地形も区分できる．Fairbridge ed. (1968) では 1m^2 程度の地形も含めて micro landform（微地形）としているが，わが国の平野地形では，25,000 分の 1 あるいは 50,000 分の 1 程度の地形図で表現できる小規模な地形を微地形とよんできたため，それらのさらに小規模な地形については，その規模を区別して示す場合には微小地形あるいは極小地形などとするのが適当であろう．

　海岸平野にみられる地形の例として，北海道東部の霧多布付近の地形を図4に示す．図の中央には顕著な陸繋島と陸繋砂州（トンボロ）が発達し，海岸の砂浜および浜堤からなる海岸州は八の字型に北部および南西部に向けてのびていて，トンボロの東端部の陸繋島と接する部分には霧多布の街が立地している．この海岸州の西部は湿原として表現されているが，その北半部では北東部に向けて収斂するように小河川の流路や複数の細長い湖沼が存在している．この部分はトンボロの基部にあたっていて，基本的には数列の低い浜堤列とその間の凹部である堤間低地とからなっていることがわかる．また，湿原の南部には琵琶瀬川・一番沢川・二番沢川などが流入し，琵琶瀬川と二番沢川の合流部分はエスチュアリーとなっている．また，その沖合の嶮暮帰島との間には新たなトンボロが形成され始めていることがわかる．

　なお，わずかな起伏の違いが土地利用の違いとなっている所も多いが，わが国ではこのような海岸低地の微地形が自然の状態で残っている所は少なく．海浜における人工的な構造物の建設によって，砂州や砂嘴が変形したり消失している所

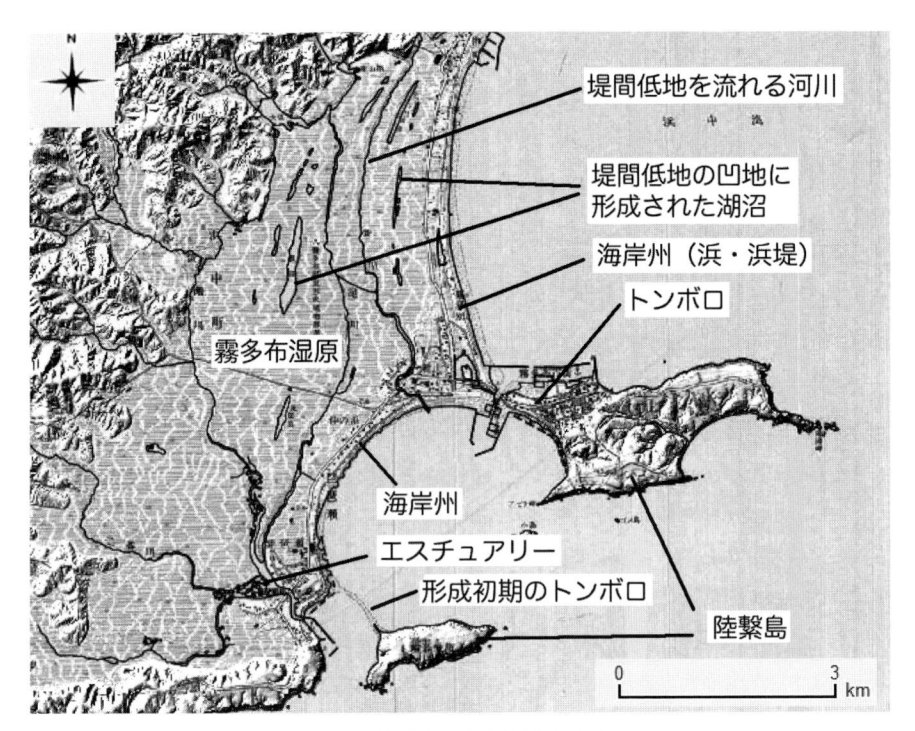

総説6 海岸平野の微地形と自然災害　　　213

図4　北海道東部霧多布付近の地形

も多い．
　一方，海岸域には海の営力だけでなく，河川の営力の影響を受けて形成された地形も認められる．その代表的なものは三角州（デルタ）であり，その形成は河川と海の相互作用による．一般に，三角州は細粒の砂や泥質堆積物からなり，極めて低平で派川が発達するという特徴をもつ．その地形は大局的にはほとんど起伏を持たないが，河道沿いでは氾濫に伴う土砂堆積によって自然堤防の高まりがみられることがあり，派川沿いの自然堤防の背後の部分は特に低湿な湿地が形成されたり湖沼が分布したりすることが多い．海や湖の営力が特に弱い水域に河川が流入するような場所では河道沿いの微高地が延長する形でミシシッピ川デルタのような鳥趾状デルタが発達し，分流間には低湿地や水域が顕著に残存する．また，デルタの前面には広大な干潟が発達することが多く，干潟面上には特徴的な平面系をもつ澪が発達する．なお，主として砂礫質の堆積物が外洋に向けて堆積

して形成されたファンデルタでは，外洋に面した部分に河口から排出された砂礫からなる幅の狭い海岸州が海岸線を縁取るように形成されていることがある．

3　海岸平野の自然災害と微地形

　海岸平野では様々な自然災害が発生する．なかでも特に記憶に新しいのが2011年3月の東日本大震災における津波災害である．この津波では1896年の明治三陸津波や1933年の昭和三陸津波などこれまで繰り返し発生してきた津波の被害と同様に，東北地方三陸海岸地域における小規模な湾に面した谷底平野状の沖積低地において，10m以上の津波が内陸部に向けて遡上した．その結果，多くの地域で低地に立地する建物の多くが全壊あるいは流失するという状態になった．これらの低地では海岸部に砂州や浜堤が形成されている場合が多いが，それらの存在は津波の侵入・遡上にほとんど影響を与えることがなく，逆に津波によってそれらの微地形が顕著に破壊され，海岸線が変化した所も多い．

　図5は陸前高田市の臨海部における2011年3月の津波被災前後の海岸線を1916（大正5）年発行の地形図上に示したものである．この平野では海岸線に沿って顕著な砂州が発達し，高田松原と呼ばれる美しい松林が広がっていたが，津波の被災後は砂州の大半が消失し，奇跡の一本松と呼ばれた松がわずかに残るだけになったが，それもしばらくして枯れてしまった．図5に示すように津波被災後の海岸線は大きく変化し，海岸に沿って発達していた顕著な砂州は西部の一部などを除いてほとんど消失してしまっている．背景の大正5年発行の5万分の1地形図および津波被災前の基盤地図データの海岸線に示すように，以前の海岸部では高田松原が続く浜堤の背後に古川沼と呼ばれる湖沼と堤間低湿地が存在しており，古川沼の東端部およびさらに東に延びる水路の東端部は浜堤の低所として湾に続いていた．津波の襲来によってこの部分や古川沼の西部にあたる浜堤の部分などで著しい侵食が起こり，高田松原がほとんど消失したことがわかる．ただ，これらの水路や古川沼の北岸では著しい侵食は認められず，大正時代に水路沿いの湿地だった極めて低い土地もほぼそのまま残存している．

　このような海岸線の変化は，2004年12月に発生したインド洋大津波の際にも認められており，最も大きな被害を受けたバンダアチェ市の海岸部では地盤低下

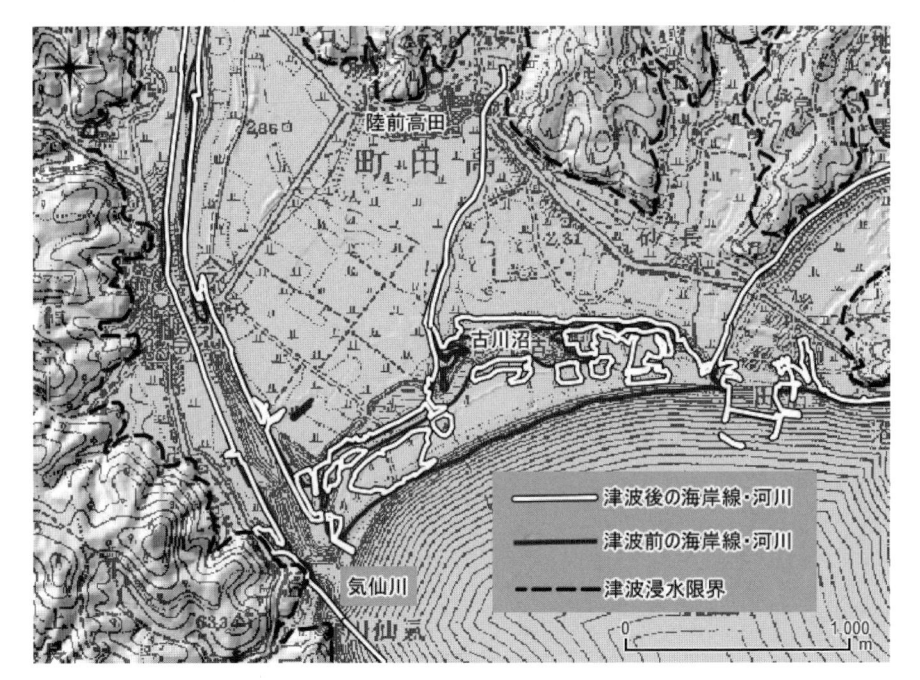

図 5　陸前高田平野の 2011 年津波前後の海岸線変化と津波浸水域
津波被災後の海岸線は国土地理院が 2011 年 3 月 13 日に撮影した空中写真を使用．津波浸水域は日本地理学会津波被災マップにもとづく．ベースマップは 1916（大正 5）年発行の 5 万分の 1 地形図「盛」「気仙沼」，旧海岸線および陰影図は基盤地図データを用いて作図した．

の影響もあって広い範囲にわたって土地が消失したことが多くの研究によって報告されている（たとえば海津・高橋 2007）．また，スマトラ島北西部の LAMNO 付近では海岸域に存在していたトンボロと陸繋島（Cape Suduhen）の周囲を取り巻いていた平坦地が津波によって消失し，陸繋島の部分が小さな島として残るのみとなってしまっている（図 6，写真 1）（Umitsu 2015）．

このほか，小規模な海岸侵食は各地でみられ，特に海岸線や海岸州の地形が顕著に変化した例はインド洋大津波を受けたスマトラ島沿岸地域や東日本大震災の被災地である岩手県三陸海岸の低地や仙台平野南部など多くの場所で認められる．

一方，東日本大震災時には沿岸部において顕著な地盤沈下も発生し，石巻平野の臨海部などでは広い範囲が水没した．このような地盤沈下の影響は臨海部の地形の違いによって現れ方が異なっており，特に干潟起源の土地やエスチュア

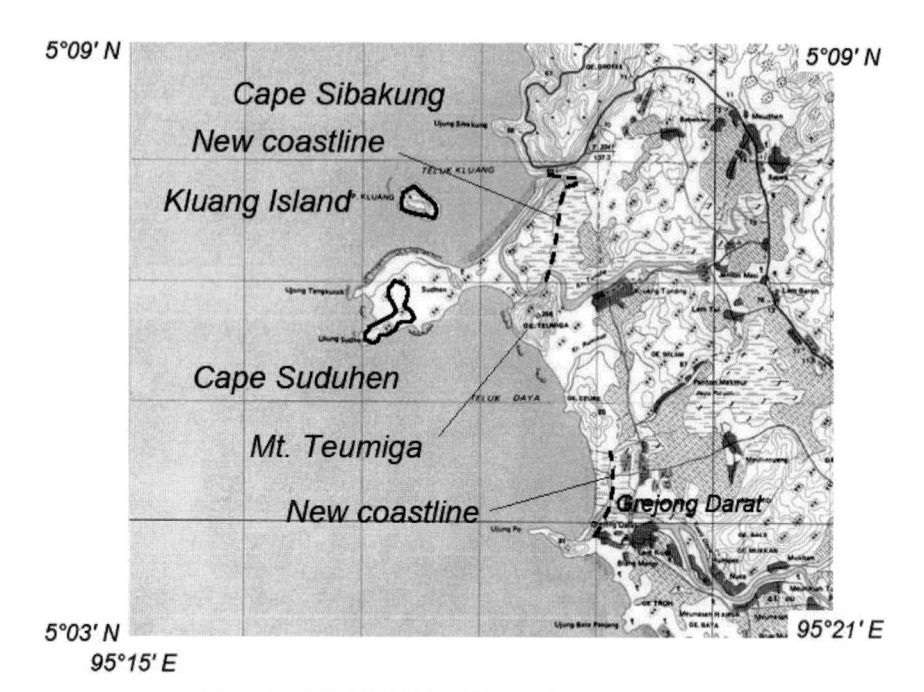

図6　インド洋大津波以前の地形を示す5万分の1地形図
Umitsu（2015）を一部改変.

写真1　津波後の陸繋島の名残を示す Suduhen 岬の一部（左）

リーあるいは堤間低地などの低い部分ではわずかな沈下でも水没する傾向が大きい．また，筆者らが調査をおこなったアメリカ合衆国北西部の海岸低地では，ファンデフカプレートの沈み込みによって引き起こされる地震のたびにエスチュアリーの湿地が水没を繰り返して，堆積物に湿原堆積物 → 海成泥層 → 汽水泥層 → 湿原堆積物 → 海成泥層……という繰り返しの層序が認められる（Nelson et al. 1998）．わが国でも道東の海岸低地湿原で類似の現象が認められ，澤井ほかなどによって報告されている（澤井 2007；Atwater et al. 2004）．なお，海岸平野に遡上した津波は，一般に海岸線から内陸に向けて一気に侵入するが，到達限界に達したあとは，低地の低所を選ぶように微地形や地盤高に対応して海に向けて流れる．このような状態は仙台平野中央部や石巻平野などやや広く微地形の発達する海岸平野で顕著にみられた（海津 2011；Umitsu 2014）．

　また，津波と同様に海岸部の地形に変化を与える自然災害として高潮がある．高潮は低気圧に伴う海面の上昇によって引き起こされるが，特に，台風やサイクロンの暴風に伴う吹き寄せ（向岸風）と高潮とが相乗効果を引き起こして海面の上昇量が大きくなり，沿岸地域に浸水被害や著しい海岸線の侵食など多大な被害を与える．特に，臨海域ではわずかな起伏の違いが高潮浸水時の水深の違いを生じ，砂堤列の発達する海岸平野や小規模な海岸低地の場合には臨海域における微地形の違いが浸水高あるいは湛水期間の違いを引き起こす．また，低平な三角州や海岸線に沿う干拓地等の場合では河道沿いの自然堤防などを除いて顕著な微高地があまり認められないため，高潮の被災地域が広く広がる．

　わが国では 1959 年 9 月 26 日夜に襲来した台風 15 号（伊勢湾台風）により，5m を超える高潮が発生し，濃尾平野南部の地域を中心に広い範囲にわたって高潮災害が発生し，5 千人あまりの犠牲者を出している．濃尾平野南部では三角州の広大な干拓地起源の土地が長期間にわたって水没し，最も南部に位置し，干拓後初めての収穫を迎える直前に被害を受けた鍋田干拓地では 4 カ月にわたって水の引かない状態が続いた（名古屋市 1961）．

　一方，1991 年 4 月 29 日深夜から 30 日早朝にかけてバングラデシュ沿岸部を襲ったサイクロンはわずか数時間で公式には 13 万 8 千人近く，非公式には 30 万人ほどの犠牲者を出した．このサイクロンでは 7m 近くの高潮が発生し，ガンジス川（メグナ川）河口付近の多くの島々が高潮によって洗われ，サンドウイップ

島など海岸部では著しい海岸侵食が引き起こされた．また，バングラデシュ南東部のチッタゴンからバザールの地域も臨海部で著しい被害を受けた（UN Centre for Regional Development 1991）が，この部分は砂堤列の発達する細長い平野であったため，砂堤列や海岸のマングローブ林の存在にもかかわらず，浸水域は内陸部にまで広がった（図7）（海津 1995）．

バングラデシュでは1970年11月のサイクロンに伴う高潮によって30万人あまりの人命が失われたほか，比較的最近でも2007年11月のサイクロン・シドルによって4千人あまりの犠牲者を出している．また，隣接するミャンマーでは2008年5月2日夜から3日にかけて襲来したサイクロンにより，エーヤワディー川デルタ地域などで13万8千人あまりの犠牲者を出す大きな被害が出ており（International Federation of Red Cross and Red Crescent 2011），ベンガル湾奥の沿岸地域では度重なるサイクロン被害を受けている．

さらに，2005年8月にアメリカ合衆国南部を襲ったハリケーン・カトリーナは約7 mに達する高潮を引き起こし，高潮・高波と堤防からの越流や破堤によってミシシッピデルタに位置するニューオーリンズの町などに大きな被害を与えた（平井ほか編2009）．また，2014年には台風30号（Haiyan）による高潮によってフィリピンのレイテ島などで大きな被害がでた．レイテ島の中心都市タクロバンでは分岐砂嘴上に立地している空港とその西側の集落が高潮によって全面的に水没したほか，その対岸の海岸に沿う低地の部分が高潮による浸水被害を受けた．これらの地域では標高3 m程度以下の土地が広く分布しており，吹き寄せの相乗効果を伴う5 mに及ぶ高潮によって水没した．

一方，東日本大震災では地震に伴う沿岸部での液状化も注目された．内陸側に位置する沖積平野では旧河道の埋立地や埋没地形を反映した液状化が各地で発生した（小荒井ほか 2011）が，臨海部では埋立地での液状化が広く発生し，千葉県浦安市など東京湾沿岸の地域では新たに建設された新興住宅地で大きな被害がでた．このような場所は，本来遠浅の干潟の状態であった所が多く，地下水が浅くシルトや粘土などからなる軟弱な地盤であるため，堆積物粒子間の空隙が地震動によって変化し，大きな被害を導いた．

このほか，海岸平野やデルタの先端などではストームや台風・サイクロンなどの襲来によって著しい海岸侵食が引き起こされることも多い（口絵写真2）．また，

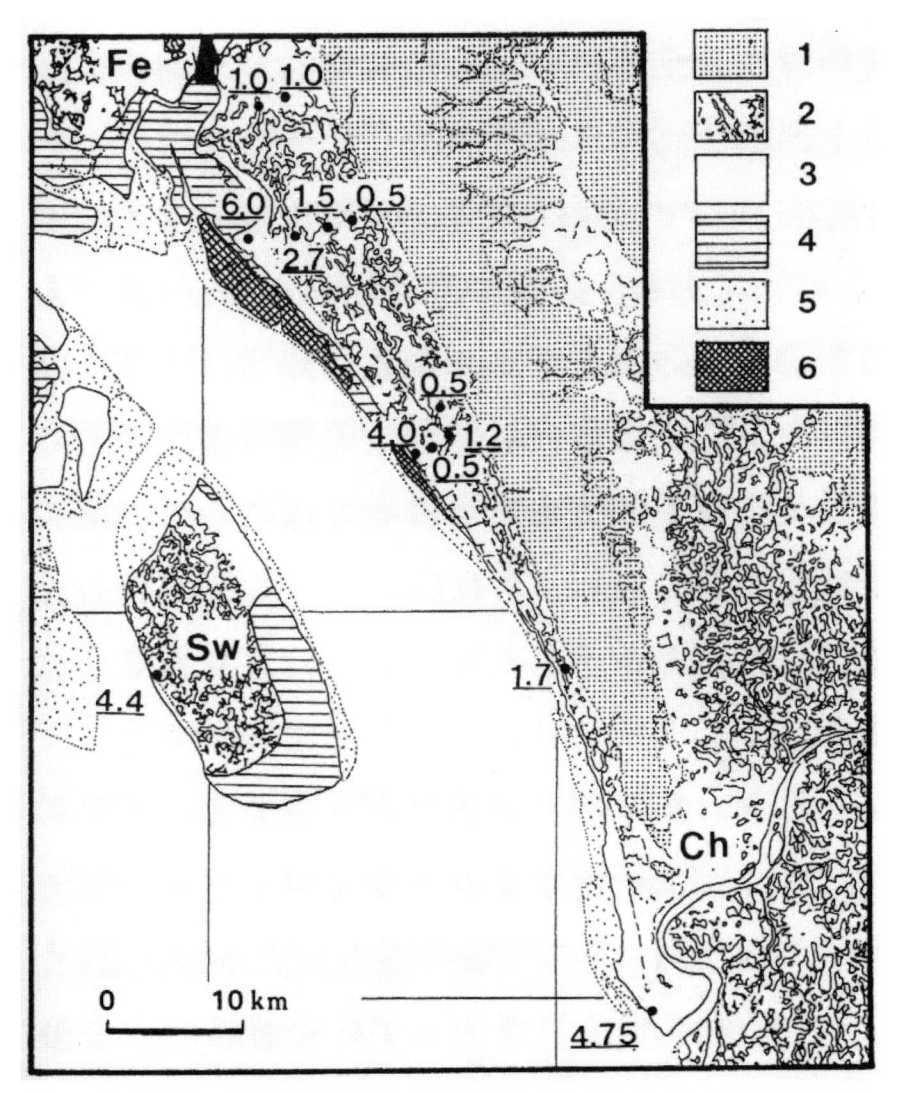

図7 バングラデシュ南東部の海岸平野における地形と1991年サイクロンによる高潮の高さ
海津（1995）.
1：山地・丘陵　2：自然堤防および浜堤　3：氾濫原（後背湿地）　4：離水した潮汐平野
5：干潟，マングローブ林
Fe：フェニ　Ch：チッタゴン　Sw：サンドウィップ島　Cx：コックスバザール
Kt：クトゥブディア島
4.75：海面からの高潮の水位　4.75：地表からの高潮の水位

人為的な影響で海岸侵食が発生することも多く，砂浜海岸の地域ではわずかな環境変化が海岸のバランスを崩して海岸線の変化が引き起こされる（宇多 1997）．特に人為的な影響は大きく，放水路やダムの建設による海岸域への土砂供給量の減少，防波堤や突堤の建設，あるいはそれらを伴う港湾の建設などは海岸に沿う海浜砂や砂礫の移動に顕著な影響を与え，海岸線の後退やその反対側での前進が引き起こされた例も多い．これらの場所では，浜の消失や拡大が見られることが多いが，浜の背後に発達する浜堤が消失したり，さらに新潟平野におけるように砂丘の一部までが侵食された例もある．

4　おわりに

　海洋に面して形成された海岸平野における自然災害は河川によって形成された沖積平野のそれに比べて津波や高潮など比較的広域に被害が及ぶものが多い．それは流域をもつ河川の水害に対して，海洋や湾に面する広域的な地域で被害が発生するということが一つの理由である．また，大規模な海岸平野ではほぼ全域がきわめて低く平坦な土地からなり，後氷期の海進時に堆積した海成からなる軟弱な地盤が地下に存在しているということも関係している．さらに，沖積平野と同様に海岸平野は多くの人々が居住・生活している場所でもあり，多数の人々が影響を受ける地域でもある．

　このように，海岸平野における自然災害は一般に広範囲に及ぶ傾向があり，その影響は多方面にわたる．本稿では，このような海岸平野の地形・地質的特徴をふまえ，そこで発生する自然災害と微地形との関係について検討した．わが国ではスーパー海岸堤防など高度なインフラの整備によって自然災害に対応してきたが，ひとたび想定外の出来事が発生すると，海岸平野では大きな災害になる可能性がある．また，多くの途上国ではインフラの整備が十分でない所も多く，そのような所では微地形と対応しながら極めて脆弱な自然環境の中で人々が生活をしている．このような海岸平野に目を向け，そこで発生する自然災害にについて考えることは極めて重要である．

文　献

宇多高明 1997.『日本の海岸侵食』山海堂.
海津正倫 1995. バングラデシュ南東部の高潮災害とマングローブ林. 田村俊和・島田周平・門村　浩・海津正倫編『湿潤熱帯環境』232-235. 朝倉書店.
海津正倫・高橋　誠 2007. バンダアチェにおけるインド洋大津波の被害の地域的特徴. E-journal GEO 2(3): 121-131.
海津正倫 2011. 仙台・石巻平野における津波の流動. 地理 56(6): 64-71.
澤井祐紀 2007. 珪藻化石群集を用いた海水準変動の復元と千島海溝南部の古地震およびテクトニクス. 第四紀研究 46: 363-383.
小荒井衛・中埜貴元・音医康成 2011. 東日本大震災における液状化被害と時系列地理空間情報の利活用. 国土地理院時報 122: 127-141.
鈴木隆介 1998.『建設技術者のための地形図読図入門　第 2 巻　低地』古今書院.
辻村太郎 1932.『新考 地形学』（第 1 巻）古今書院.
名古屋市 1961.『伊勢湾台風災害史』
平井幸弘・青木賢人・日本地理学会災害対応委員会編 2009.『温暖化と自然災害—世界の 6 つの現場から』古今書院.
町田　貞 1984.『地形学』（自然地理学講座（1））大明堂.
渡辺　光 1961.『地形学』（自然地理応用地理　第 1 巻）古今書院.
Atwater, B. F., Furukawa, R., Hemphill-Haley, E., Ikeda, Y., Kashima, K., Kawase, K., Kelsey, H.M., Moore, A.L., Nanayama, F., Nishimura, Y., Odagiri, S., Ota, Y., Park, S., Satake, K., Sawai, Y., and Shimokawa, K. 2004. Seventeenth-century uplift in eastern Hokkaido, Japan. *The Holocene* 14: 489-501.
International Federation of Red Cross and Red Crescent. 2011. *After the storm: recovery, resilience reinforced -Final evaluation of the Cyclone Nargis operation in Myanmar, 2008 - 2011.* Geneva: International Federation of Red Cross and Red Crescent Societies.
Johnson, D. W. 1919. *Shore Process and Shoreline Development.* Boston: F. H. Gilson Company.
Fairbridge, R. W. ed. 1968. *The Encyclopedia of Geomorphology.* Pennsylvania: Dowden, Hutchinson & Ross, Inc.
Bird, E. 2008. *Coastal Geomorphology*, 2nd ed. England: John Wiley & Sons.
Nelson, A. R., Ota, Y., Umitsu, M., Kashima, K., and Matsushima, Y. 1998. Seismic or hydrodynamic control of rapid late-Holocene sea-level rises in southern coastal Oregon, USA? *The Holocene* 8: 287-299.
Russell, R. J. and Howe, H. V. 1935. Ceniers of southwestern Louisiana. *Geographical Review* 25: 449-461.
Strahler, A. N. 1960. *Physidcal Geography*, 2nd ed. Jhon Wily & Sons, Inc.
Umitsu, M. 2014. Tsunami flow and coastal change on the Sendai and Ishinomaki Corstal Plains caused by *the 2011 off the Pacific coast of Tohoku Earthquake*. 奈良大地理 20: 23-28.

Umitsu, M. 2015. Coastal landforms and 2004 Indian Ocean Tsunami inundation along the coast of northwestern Aceh province, Indonesia. 奈良大地理 21: 11-18.

United Nations Centre for Regional Development. 1991. *Cyclone Damage in Bangladesh -Report on Field Study and Investigations on the Damage Caused by the Cyclone in Bangladesh in29 - 30 April 1991*. Nagoya Japan: United Nations Centre for Regional Development.

Review 6

Micro-landforms and natural disasters on coastal lowlands

UMITSU Masatomo

論説 4
堤内外の微地形に基づく自然災害分析

黒木貴一

> 洪水によって形成される堆積物による微地形を読み取ることで，浸水時の流速や越流箇所がわかります．また，DEM を判読することで，河川形状や河川にかかわる土木構造物が流速や越流，土砂堆積に与える影響を知ることができます．

1　福岡平野の河川と流域と地形

　九州の平野は，広い段丘を伴う筑紫平野や宮崎平野のように約 500km^2 を超すものはあるが，概してその広がりは小さく，本章で扱う福岡平野は約 230km^2 である（角川地名大辞典編纂委員会 1988）．福岡平野の中心には福岡市があり，そこでは丘陵地や段丘を刻みつつ二級河川，南から瑞梅寺川，室見川，樋井川，那珂川，御笠川が，東から多々良川が博多湾に注いでいる（図 1）．福岡平野では，近年豪雨に伴う災害が頻発している．例えば 1999 年福岡豪雨や 2003 年九州豪雨により御笠川が氾濫し博多駅は浸水し（黒木ほか 2005），2009 年中国・九州北部豪雨では那珂川が氾濫しその流域で浸水被害が出た（黒木ほか 2010）．歴史的にみれば，河川整備計画の基準となる既往洪水が生じた 1953（昭和 28）年 6 月の豪雨災害でも，福岡平野一帯で被害が記録されている（西日本水害調査研究委員会編 1957）．

　図 1 は 2003 年 7 月 19 日の九州豪雨による御笠川流域の氾濫を示している．御笠川は上流の太宰府市から福岡市を経由し博多湾に注ぐ流路長約 21km，流域面積約 90km^2 の河川である．この流域には，各種の行政機関や商業施設が集中し，JR や西日本鉄道の各路線，福岡市市営地下鉄など主要な交通機関もある．7 月 19 日の豪雨時，太宰府市では午前 4 時から 5 時までの 1 時間に 99mm の降雨を観測し，山地では斜面崩壊も多発した（後藤ほか 2004）．その降水はただちに御

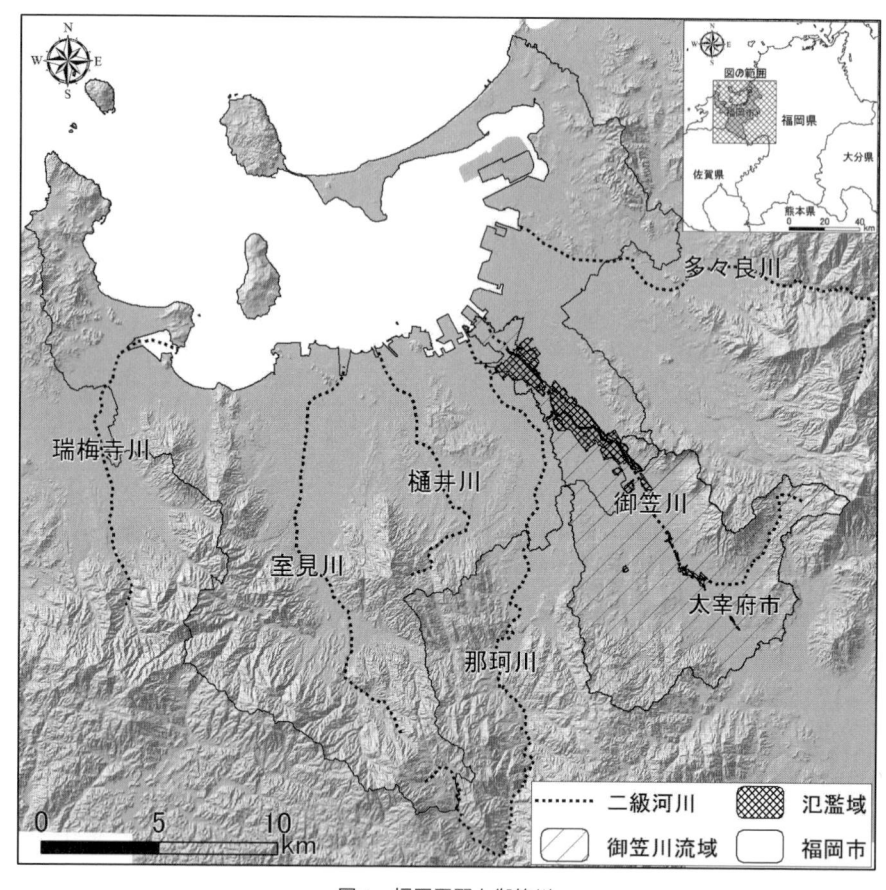

図 1 福岡平野と御笠川

笠川に集中し，御笠川を通じて福岡市に至り，干潮時に当たる午前 5 時頃から御笠川の両岸から河水は越流を開始した（福岡県土木部河川課 2003）．このように近年の浸水被害の頻発は，より上流域の都市化に伴う土地利用変化で降雨流出が早まり下流域で氾濫しやすくなったといわれている（宗 2014）．

　図 2 は土地条件図（国土地理院 2006）を編集した地形区分図に 2003 年氾濫域（福岡県土木部河川課 2003）を重ね，氾濫域と地形との関係を示したものである．図 2 には氾濫原内の自然堤防と旧河道を別途判読して示している．氾濫域は延長約 6km，幅約 1km であり，東は山地・丘陵に西は段丘に挟まれ，北は浜堤・砂

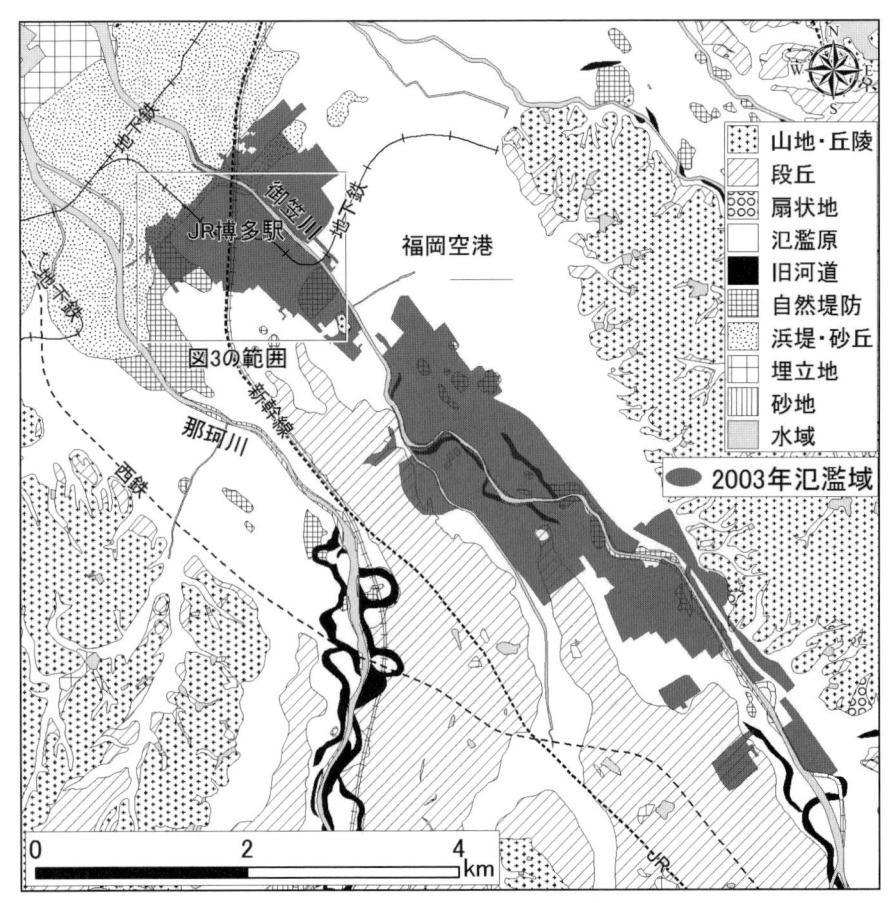

論説 4　堤内外の微地形に基づく自然災害分析

図 2　地形区分図と 2003 年氾濫域

丘に限られる氾濫原にある．このように氾濫域の形成場所は地形分布からおおよそ予測できることから，ハザードマップ等の氾濫リスク評価に平野の地形区分は重要といえる．ただ 7 月 19 日では一部の段丘と自然堤防においても浸水が発生しており，氾濫域の外縁全てが地形境界に影響を受けるのではないことから，越流条件は地形区分のみで示すことは難しい．つまり当該精度の地形区分ではそのリスク評価に十分寄与することができない．また氾濫による土砂が新たな地形形成にどのように関与したかは氾濫域情報からではわからない．そこで，図 2 で示した地形区分より小さなスケールの地形条件に焦点を当て，氾濫時の地形形成，

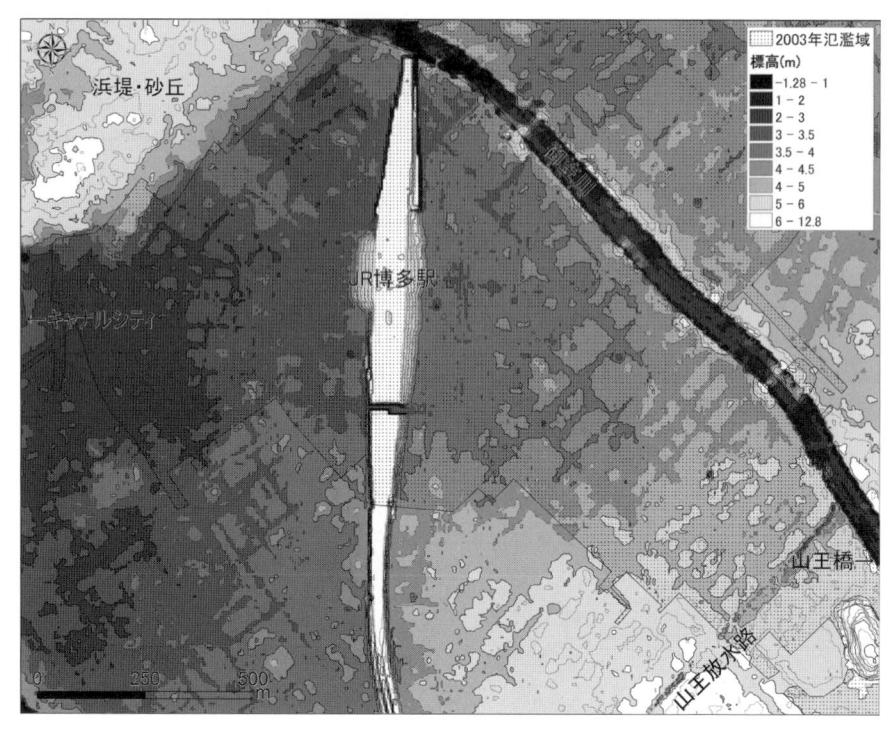

図3 JR博多駅周辺の標高分布

洪水位を高める堤外の条件, 越流を導く堤外地形の特徴を検討した.

2 氾濫時の微地形形成

2003年九州豪雨時の氾濫による土砂堆積と微地形との関係を検討した（黒木ほか2005）. 調査はJR博多駅周辺の浸水範囲を含む約3km^{2}で実施し（図2）, 電柱, 家屋, ビル, 看板, 壁, フェンス等に残された浸水汚れや洪水痕跡の高さを道路を基準として測定し浸水深分布図を作成した. さらに, 氾濫による堆積物の層厚の測定結果から分布図を作成し, 堆積物の粒度分析も実施した. 以上の調査結果から, 浸水範囲の氾濫水の流下方向やその速さを推定し, JR博多駅周辺の都市化による新たな土地条件を論じた.

図3は調査区域内の標高分布である. JR博多駅付近は標高約3m, 博多駅から

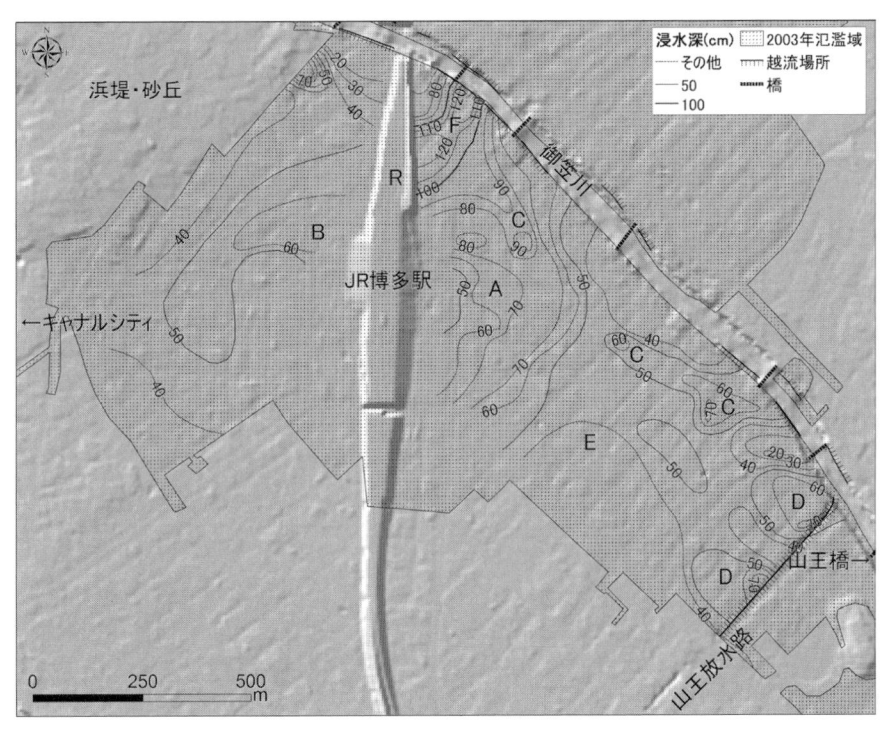

論説 4　堤内外の微地形に基づく自然災害分析　　　　　　　　　　227

図 4　JR 博多駅周辺の浸水深

南東側 1km あたりに位置する山王橋付近で約 5m であり，南東から北西に向かって低下する．しかし JR 博多駅の北西では浜堤・砂丘を覆う中世以降の盛土が 2 〜 3 m ある（磯 1991）ため，最高 6m にまで標高は上昇する．山王橋からの谷は JR 博多駅から西に向かいキャナルシティ付近で那珂川に合流するが，JR 博多駅はその谷を完全に横断していることがわかる．御笠川付近では 4 〜 5m の等高線が下流方向に張り出しており，これまでの越流や氾濫によって自然堤防が形成されてきたことが読み取れる．那珂川と御笠川をつなぐ山王放水路縁辺には自然堤防が見られないことと対照的である．つまり本調査地域の大半は，浜堤や砂丘地帯背後かあるいは自然堤防背後の後背湿地に相当しており，そのうち 2003 年の氾濫域は周囲より低い標高域に生じたといえる．

　図 4 は 2003 年災害時の浸水深の分布と越流場所を示している．浸水深は JR 博多駅を境に東側 A 域で深い．これは，JR 博多駅が谷を横断する堰となり東側

に氾濫水が湛水し，西側に氾濫水が流入しにくい状態であったことを示している．JR博多駅の北から南西へ延びる浸水深の深いB域がある．JR博多駅のR地点には，JR鹿児島本線高架下を通る道路があり，これがJR博多駅の東側から西側への氾濫水の主要な通過路になり，B域は氾濫水の流れの中心で深まったと思われる．氾濫水は越流場所から約100m離れたC域で水深が増す．これは自然堤防および堤防の斜面を流れ下った氾濫水が，両地形の低地側斜面下部で後背湿地に至るC域で水深を増し流れが滞ったことを示す．一方，山王放水路からの氾濫水は，D域の越流場所付近で浸水深が深い．浸水深50cm以上の範囲は北西方向に長く伸び，その幅は約150mで氾濫水の流れの中心を示す．E域は浸水深が相対的に浅いが，JR博多駅東側のF域の浸水深は最大130cmもあり極めて深い．氾濫水がJR博多駅のR地点道路に向かう際，F域が御笠川の堤防とJR鹿児島本線に囲まれた氾濫水にとって袋小路状態になり，周囲に比べ水深が深まりやすかったと考えられる．

図5は洪水堆積物の層厚分布を示しており，堆積の特徴は浸水深の分布（図4）と共通点が多い．洪水堆積物はJR博多駅を境にその東側で厚く，図4で識別したA域からF域ごとに層厚分布の特徴を示すとA域では厚い①域（a-a1-a2）と②域（b-b1-b2）が識別できる．両域内の上流部au域とbu域は，比較的洪水堆積物が厚い．①域・②域共に氾濫水が湛水域に達して，流れが滞り洪水堆積物を残したと考えられる．JR博多駅の西側であるB域では南西に広がる洪水堆積物の厚い③域（c-c1-c2）が識別でき，上流部cu域で洪水堆積物が厚いことがわかる．③域は所々標高3m未満の場所が散在する極平坦地（図3）かつ道路が集中する場所であるため，R地点からの氾濫水が達し，cu域で洪水堆積物が多く残ったと思われる．特にc付近では，洪水堆積物が放射状に広がっていることが図示された．これは峡窄部となるR地点から，氾濫水が強く西に放出されたことを示す．B域では④域でも洪水堆積物が厚い．④域は街路方向が北東－南西から南－北向きに変わる場所であり，氾濫水の流れが阻害され洪水堆積物が残りやすかったと思われる．御笠川近傍のC域では，洪水堆積物の厚い⑤域を識別できる．⑤域は堤防の近傍であり，氾濫水の運搬力低下で堆積物が残された場所になる．山王放水路周辺のD域では，放水路に沿って洪水堆積物が厚い⑥域を識別できる．⑥域は住宅が密集し細い道路が多いため，氾濫水の拡散時に滞りやすく，多くの

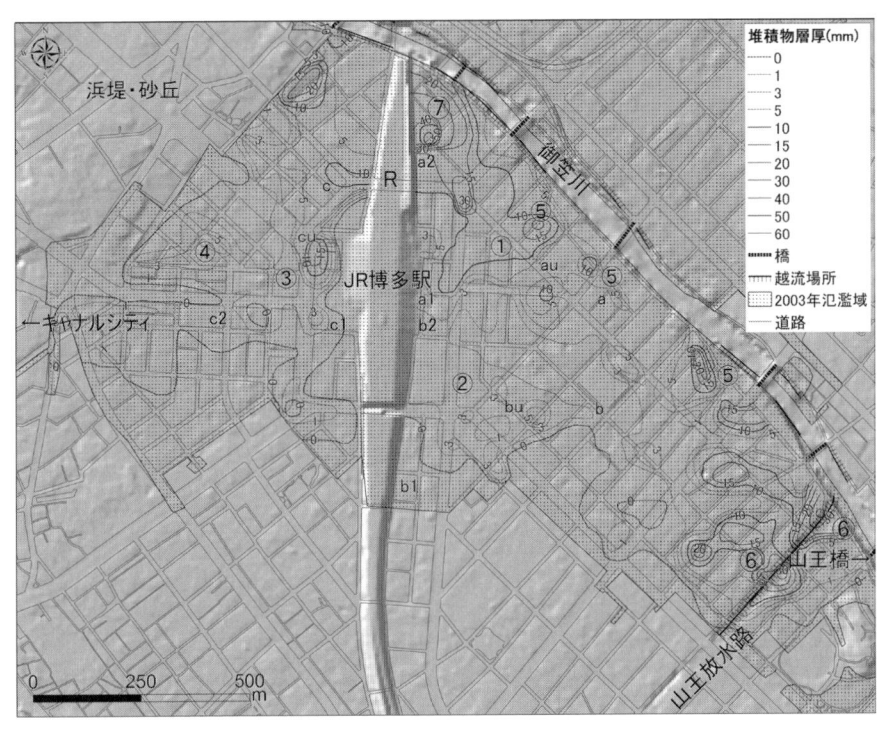

図5 JR博多駅周辺の洪水堆積物の層厚

堆積物が残ったと考えられる．そして⑥域に堆積物を遺棄した氾濫水は，E域で洪水堆積物をほとんど残さず通過し，①および②域に至ったと思われる．JR博多駅北側のF域は最も洪水堆積物の厚い⑦域に一致し，最大で60mmを観察した．これは袋小路状の地域へ氾濫水に伴う洪水堆積物が集中したことを示す．つまり⑦域では氾濫水がJR博多駅北西部で行き場を失い滞り多くの堆積物が集中したと考えられる．そのほか，洪水堆積物の厚い島状の地域が多数みられる．これらは高い主要道路との合流点や道路方向の変化点に一致する．

　洪水堆積物の中央粒径と細粒物質割合の分析からも，2003年氾濫域の微地形形成を推定できる．中央粒径は4.38 φから2.94 φの範囲であり，4 φ以下の細粒物質割合は14.7%から80.9%の範囲であり，越流場所に近いと中央粒径は大きく細粒物質割合は小さく，遠いと粒径は小さく割合は大きくなっていた．これらのことから，氾濫水の流れは前者で速く，後者で遅かったとみなせる．氾濫水

は御笠川や山王放水路の越流場所付近で粗粒堆積物を残し，JR 博多駅付近で細粒堆積物を残したが，これは氾濫原の越流と氾濫による自然堤防や後背湿地の堆積物の蓄積過程と似る．また⑦域，③域の cu 域では，周囲に比べ中央粒径が比較的大きかった．これより氾濫水が⑦域に集中して不十分な分級のまま洪水堆積物が残り，さらに R 地点から南西向きに氾濫水の比較的速い流れが生じていたことがいえる．

　各分析結果を整理し，図 5 を用いて 2003 年洪水氾濫における微地形形成の特徴を以下に示す．御笠川と山王放水路の近傍に形成された⑤と⑥域は，粗粒な堆積物が比較的厚くあたかも自然堤防である．逆に①と②域は，湛水しやすく細かい土砂が残されており後背湿地のようである．湛水域となる①と②域に形成された細粒な堆積物の比較的厚い au と bu 域は，まるで三角州である．R 地点から西に放射状に比較的厚い堆積物の広がる c 付近は，破堤点から外方へ発達するサンドスプレイのようである．さらに高い主要道路との合流点に土砂が止まるのは，主要道路が堰やダムのような役割を，交差点および道路方向の変化点に土砂が止まるのは，市街地構造がスリットダムのような役割を果たしたためと思われる．このように後背湿地で元々水田地帯だった地域が都市化された結果，氾濫時には氾濫原と似る微地形形成が生じることがわかった．

3　流速からみた越流を導く河川条件

　2003 年九州豪雨時に御笠川下流から上流に向かって 3 千分の 1 空中写真（国際航業 2003 年 7 月 19 日 9 時頃撮影）が撮影された．その写真を実体視すると濁り模様が対照点となり川面がかまぼこ形に突出してみえる．これは流れで濁り模様が少し移動し，ステレオペア写真に視差差が生じたことによるカメロン効果（Cameron 1952）である．このカメロン効果を利用し，越流直後の御笠川の流速測定を実施し，越流に至る河川条件を検討した（黒木ほか 2006）．ここでは御笠川の橋を境に上流から A 区間(山王橋から比恵橋)，B 区間(比恵橋から比恵大橋)，C 区間（比恵大橋から比恵新橋），D 区間（比恵新橋から東光橋），E 区間（東光橋から仮堅粕橋），F 区間（仮堅粕橋から JR 鹿児島本線），G 区間（JR 鹿児島本線から御笠橋），H 区間（御笠橋から仮御笠新橋）と設定し，川面に流速を測定

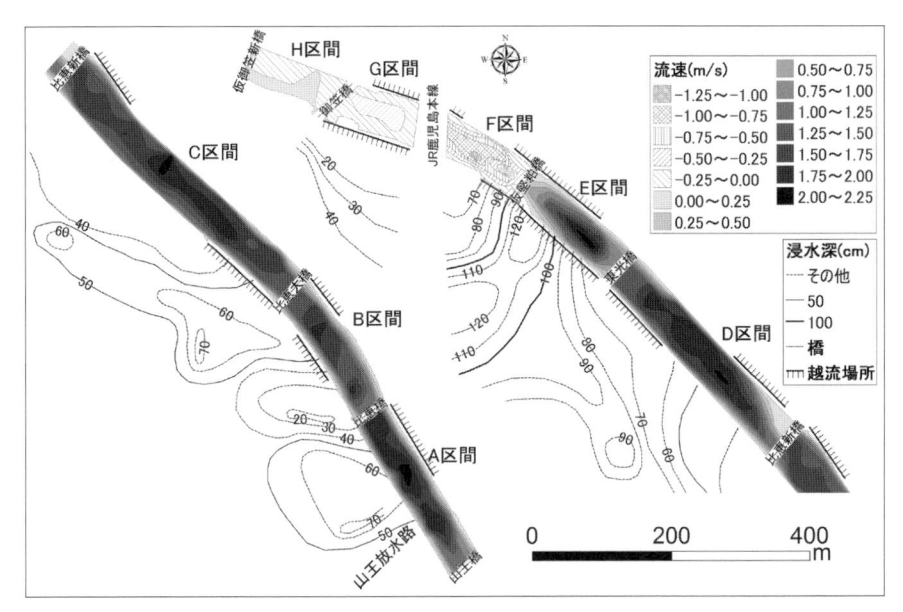

図6　2003年豪雨当日の御笠川の流速分布

する多数の測点を設けた．流速（m/s）は，撮影間隔5秒，飛行高度548m，焦点距離153.24mm，そして視差測定桿で計測した空中写真にある視差差を用いて計算し，測点の流速から等流速線を作成した．

図6は各区間の流速分布である．河岸に越流場所を，背景に堤内の浸水深を示す．最大流速は，下流に向く順流の約2m/sである．御笠川を横断方向にみると，河岸部で流速は遅く河川中央部で速い．縦断方向にみると，橋の近くでは流速が遅く区間中央部では速い．下流では上流に向かう逆流も示された．

図6のA区間〜D区間では，流速約2m/sの流れの場所が約80m間隔で周期的に現れる．一方，C区間の左岸上流，C区間の右岸下流，D区間の右岸上流では流速が極端に遅い場所が広い．B区間では少し左に屈曲し，C区間の左岸上流は流心から離れ，C区間下流とD区間上流の河幅は右岸側に広まるり流心から離れる．つまり河川形状により流心から離れると流速が低下しやすいことがわかる．E区間の流速の高まりは，区間上流側に1カ所あり2.19m/sを示す．また流速のより遅い場所が下流側で広くみられる．F区間の最大流速は0.31m/sであり，上流区間に比べると極めて遅い．しかもF区間では最大1.05 m/sの逆流が計測さ

写真1 C区間の比恵新橋付近の景観
2003年12月撮影.

れた．河川中央で流速が0となる場所があるが，そこには撤去された橋の橋脚がある．この橋脚が逆流を分岐させていることも示された．G区間は全て逆流であり，その最大流速は 0.46 m/s と緩やかである．H区間の流速は 0.14 m/s から 0.18 m/s の間にあり，ほぼ停止している．このように逆流は下流から次第に速まりF区間で最大に達するが，逆流と順流がE区間とF区間の境界付近で接し，その付近の流速は0に近づく．

　A区間からD区間で考えれば，越流場所はいずれも橋の近傍で，そこでは流速の遅い場所が広がった．また，E区間からH区間で考えれば，越流場所はH区間以外の大半の河岸にあり，その区間では順流と海からの逆流の衝突が生じ流速の遅い場所が広がっていた．単位時間に流せる水量を一定にするには，流速が低下する場所では水位を上昇させ断面積を増やす必要があり，結果，越流が生じやすくなると思われる．越流では堤内に多くの洪水堆積物が残されたが，堤外でも流速低下により写真1のような土砂堆積が確認された．

4 越流を導く堤外微地形の特徴

御笠川ではこれまでの洪水履歴と河道固定の結果，堤外の土砂堆積が進んできた．写真2は河口から約10km上流の御笠川の2012年の景観を示す．河床は土砂に満たされ上昇し，中州ができて河道は狭められている．堤内には建物が密集し市街地化される一方で，堤外には堰があり農業用水の利用もある．堤外には堤防天端より下で河道との間に，段丘状の地形がみられ，ここではそれを河岸と呼ぶ．写真2中の河岸は河道側のみ石張護岸された雑草地である．一般に河岸は整備されて自転車道や散歩道に，広い場合は駐車場や公園として利用されており我々にとって身近な有用地形で，高水敷とも呼ばれる．ただ河岸は未離水で不安定なためテフロクロノロジーは利用できず，また，堤内微地形に比べより小規模なため空中写真判読が困難であり，地形学的研究が少ない．しかし詳細DEMが一般化したことにより，堤外の土砂堆積を示す微地形の河岸を地形解析でき，越流しやすい場所と要因を見極めやすいことが示された（黒木ほか 2012a, b）．次では詳細DEMを用いた御笠川での検討例を示す（黒木ほか 2012b）．

写真2　河口から約10km上流の景観
2012年2月撮影.

解析対象は御笠川河口から上流まで約 12km 延長で，幅はその堤外と堤内側 50m までとした．この範囲を上流から 100m 間隔に区切り 1-118 の解析区間とした（図 7）．基盤地図情報の 5mDEM を使用し，GIS による陰影図を用いた地形区分と地形毎の標高解析を行う．地形は上位より堤防（右岸は R，左岸は L），一般面，河岸，水面に区分した（写真 2）．一般面は主に堤内の沖積低地で，河岸は水面より高く堤防下位にある高水敷とするが，そこに中州も含める．氾濫水の達しない山地，丘陵，段丘はその他とした．図 7 の背景には，解析区間付近の 2003 年氾濫域と，5mDEM で計算した水系，流域分布を併記した．図 7 で 5mDEM による流域境界は氾濫域境界と一致していることが確認でき，流域の下流端に氾濫域が集中する状況も良く示されていることから，5mDEM は微地形解析に対し空中写真以上の効果を期待できる．

図 8 は微地形区分である．一般面と河岸は全区間に区分され，堤防がない区間もある．区間内の分布割合は，河岸と堤防は上流部で高く，一般面は下流部で高い．河岸の割合が比較的高い区間は，3-13，17-34，39-41，44-66，71-75，94-

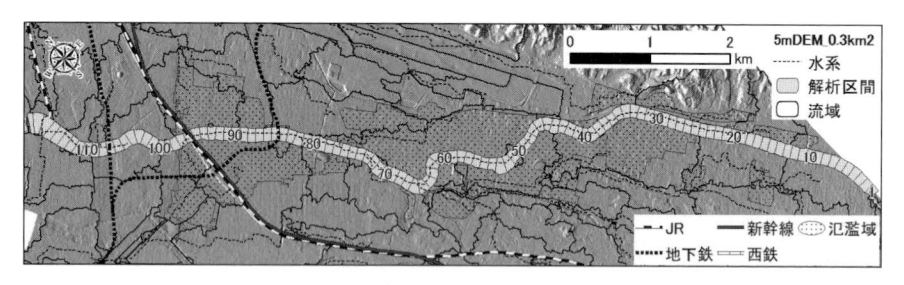

図 7 御笠川の流域と水系と解析区間

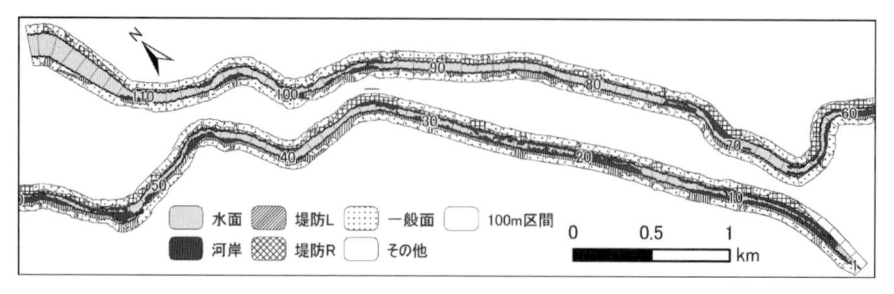

図 8 御笠川解析区間の微地形分布

100, 103-106, 110-111 であり，全体的にみると直線区間で低く，屈曲区間では高い傾向を読める．

　区間に対する各地形の平均標高で描く地形縦断曲線は，各地形が約 5m 標高幅にばらつきながら，約 12km 間を緩やかに約 20m 低下するので，堤防や河岸のグラフ凹凸を読み取りにくい．そこで一般面を 0 とした際の堤防と河岸の比高をグラフ化した（図 9）．図 9 には堤防や河岸のグラフ凹凸を示したグラフのほかに，合流，橋（人道橋は白丸），堰の有無，越流のみられた解析区間を示す表と，解析区間毎の 5mDEM で求めた堤外体積（黒木ほか 2012b）と流域面積を示すグラフを併記した．

　河岸のグラフには，10 区間以上と数区間で構成される凸形状が識別できる．10 区間以上の凸形状は，区間 1-16，区間 17-53，区間 54-69，区間 70-118 である．その直下流に，堰 3，堰 6，堰 7 が設置され，区間 70-118 の下流は海である．この凸形状の末端ほど一般面との比高は縮小するため，10 区間以上の凸形状は堰・海により上流側での土砂蓄積が進んできたことを示す．数区間の凸形状の位置は橋との対応が明瞭である．これは橋脚により流れが停滞し橋付近で土砂蓄積が進んでいることを伺わせる．ただ河岸の比高と支流合流との関連は不明瞭だが，一級河川の大淀川（黒木ほか 2015a）や大分川（黒木ほか 2015b）では同様の凸形状が支流合流で形成されることがわかっている．

　越流は，1 区間あるいは 2 区間で断続的に，また 3 区間以上連続で生じたが，全体的には上流の区間 26-55，下流の区間 82-103 に二分できる．上流部では越流が連続する区間 16-17，区間 26-34，区間 36-45 付近，区間 45-55 付近の末端にそれぞれ堰 3，堰 4，堰 5，堰 6 が位置する．堰で河水が停滞し洪水位が上昇し越流し，同時に堰の上流に土砂が蓄積され河岸が高まっていることを示す．下流部では図 6 で示した同様に各橋と越流区間との対応がみられる．

　しかし全体的にみた越流場所の背景は堰と橋との対応がみえにくいため，解析区間ごとの堤外体積と流域面積とを対照する．

　堤外体積は区間 30-50 付近で 10,000m^3 未満が続き極端に小さい．この区間が，越流の集中する区間 26-55 に一致する．区間 16-17 は，堰上流条件に加え堤外体積も小さい．下流の区間 82-103 に関しては，前節の流速の検討結果，既報告（橋本ほか 2000）で海が洪水の停滞を招き越流に結び付くと示されたこと，流域面

236

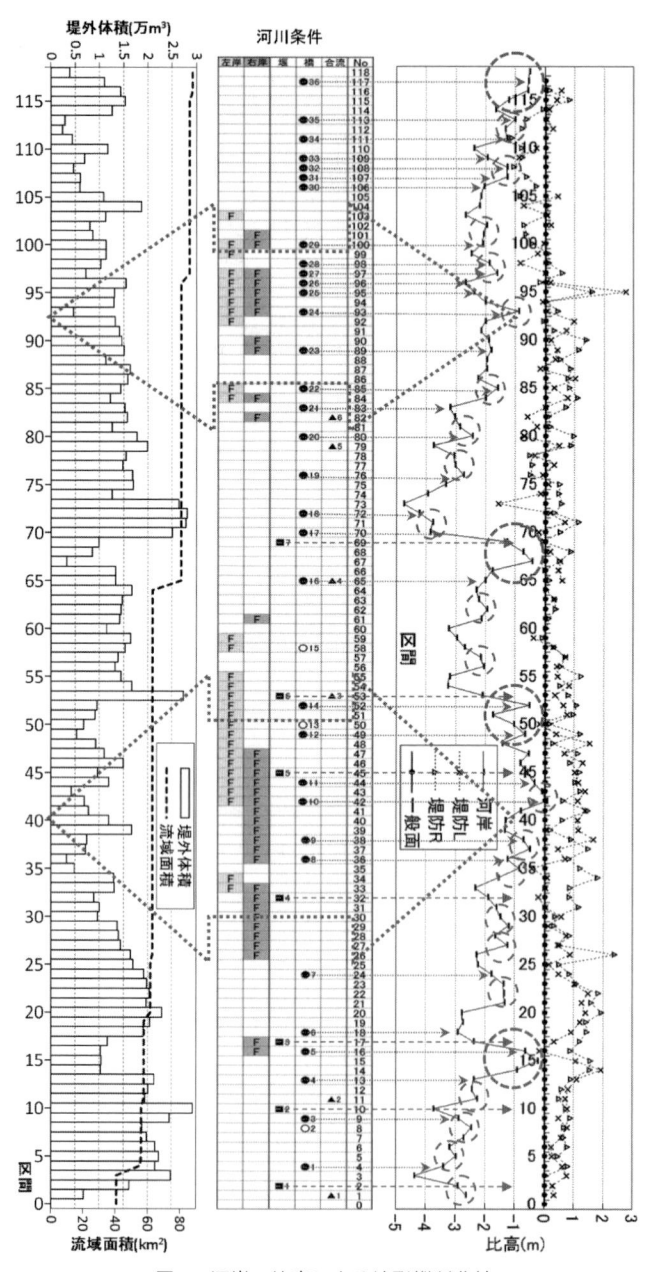

図9 河岸の比高による地形縦断曲線

積が区間 65 以降に 80.6km^2 へとそれまでの約 1.3 倍に増加する一方で，区間 72 の堤外体積の極値 28,000m^3 の下流では，それがほぼ半減し，越流しやすい条件がそろったことが考えられる．

5 まとめにかえて

　本節では，地理情報が充実してきた現代において，現地調査，空中写真，詳細 DEM を用い様々な解析方法を適用した洪水・氾濫の自然災害へのアプローチ結果から，微地形分析の視点が極めて有用であることを示した．この過程では開発が進む都市域を対象とし，堤内での都市構造物が導く新たな微地形形成場の存在，人工構造物である橋が流速へ影響を与え氾濫に直結することが視覚化できるとともに，堤外微地形の標高変化から氾濫リスクを持つ河川区間が絞り込めることまでを示した．

謝辞

　本研究は平成 22 年度河川整備基金助成金による研究課題「異常豪雨による都市域の大規模氾濫災害に関する調査研究(代表：橋本晴行)」と平成 23 年度科学研究費補助金(基盤研究 (C))；23501243「都市域における時空間地理情報を用いた氾濫原の特性評価の研究」(研究代表者：黒木貴一)の一部を利用した．ここに記して謝意を表す．

文　献

磯　望 1991. 博多第 57 地点の地形と地質.『博多 22- 博多遺跡群第 57 次 (房州掘推定地) の調査概要』(福岡市埋蔵文化財調査報告書第 250 集) 16-19.
角川地名大辞典編纂委員会 1988.『福岡県地名大辞典』角川書店．
黒木貴一・磯　望・黒田圭介・宗　建郎・後藤健介 2015a. 大淀川下流の地形縦断曲線からみた浸水の地形条件．応用地質 55: 307-316.
黒木貴一・磯　望・後藤健介・黒田圭介 2010. 平成 21 年 7 月中国・九州北部豪雨による那珂川町の洪水被害と地盤条件．2010 年春季学術大会日本地理学会発表要旨集 77: p261.
黒木貴一・磯　望・後藤健介・黒田圭介・宗　建郎 2012a. 那珂川中流域におけるレーザーデータを用いた地域区分と洪水被害．福岡教育大学紀要 61(2): 13-23.
黒木貴一・磯　望・後藤健介・張麻衣子 2005. 2003 年九州豪雨による浸水状況から見た福岡市博多駅周辺の土地条件．季刊地理学 57: 63-78.
黒木貴一・磯　望・後藤健介・張麻衣子 2006. 2003 年九州豪雨時の御笠川における実体

鏡による流速推定. 地図 44(4): 1-8.
黒木貴一・磯　望・宗　建郎・後藤健介・黒田圭介 2012b. 基盤地図情報の 5mDEM による御笠川の氾濫の地形条件分析. 第6回土砂災害に関するシンポジウム論文集: 141-146.
黒木貴一・黒田圭介・磯　望・宗　建郎・後藤健介 2015b. 大分川中下流の 5mDEM による地形縦断曲線の特徴. 福岡教育大学紀要 64(2): 35-46.
国土地理院 2006. 1:25,000 土地条件図「福岡」.
後藤健介・磯　望・黒木貴一・陶野郁雄・植村奈津子・谷山久実・御厨えり子 2004. 四王寺山脈（大宰府市域）における土石流災害. 自然災害研究協議会西部地区部会報・論文集 28: 101-104.
宗　建郎 2014. 御笠川の洪水氾濫と土地利用の関係性についての試論—2003 年九州豪雨を例に. 黒木貴一編『都市域における時空間地理情報を用いた氾濫原の特性評価の研究』（平成 23 年度〜平成 25 年度科学研究費補助金（基盤研究 (c) 一般）研究成果報告書）47-53.
西日本水害調査研究委員会編 1957.『昭和 28 年西日本水害調査報告書』土木学会西部支部.
橋本晴行・南里康久・中島繭子 2000. '99 年 6 月福岡水害における博多駅周辺の浸水被害について. 自然災害西部地区部会報・論文集 24: 89-92.
福岡県土木部河川課 2003. 御笠川平成 15 年 7 月 19 日出水実績浸水区域図.
Cameron, H. L. 1952. The measurement of water current velocities by parallax methods. *Photogrammetric Engineering* 18: 99-104.

Article 4

Analyses of a natural disaster based on micro-landforms in riverside and landside area

KUROKI Takahito

論説 5

微地形分布から考察する津波で消滅した砂嘴の再生過程 ——タイ南西部パカラン岬の事例——

小岩直人・髙橋未央・杉澤修平・伊藤晶文

2004年のインド洋大津波は，岬の先端を一瞬にして消滅させるなどの大きな地形変化を引き起こしました．その一方で，その後に新たな砂嘴が形成されるなど，速やかな地形回復もみられます．本稿は新たな砂嘴が形成されるプロセスを，微地形をもとにして明らかにします．

1 はじめに

　海岸部にみられる小地形の多くは，数百年～数千年のタイムスケールの海面変動や土砂供給の変化により形成されると考えられている．これらの地形の形成開始から完成までを一人の人間が観察することは不可能であることは言うまでもない．2004年スマトラ沖地震や2011年東北地方太平洋沖地震では，大津波が発生し，多くの地域で海浜地形が大きく侵食された．津波後の継続的な観察により，変化した地形は比較的速やかに回復することが明らかになってきた（例えばChoowong et al. 2009）．小規模であるものの，これらの地形の短期間の修復プロセスを観察することは，小地形スケールにおける地形形成過程の解明に貴重な資料を提供することになると思われる．

　著者らは，2004年のインド洋大津波時に消失した地形の再生過程について，タイ南西部のパカラン岬で2006年以降調査を継続している．ここでは，津波により岬の先端が消失した後，新たに砂嘴が形成されつつある．通常，砂嘴は，文字通り砂を主体としていることから，波などの作用で容易に変形するため，地形形成プロセスを解読することは困難であることが多い．しかし，パカラン岬に津波後に再生されていた砂嘴はサンゴ礫を主体としているため，比較的長い期間，陸上に微地形が残存している．さらにここでは，著者らの観察開始後も地形の変化が激しいことから，砂嘴の形成過程を数年オーダーで検討することが可能である．

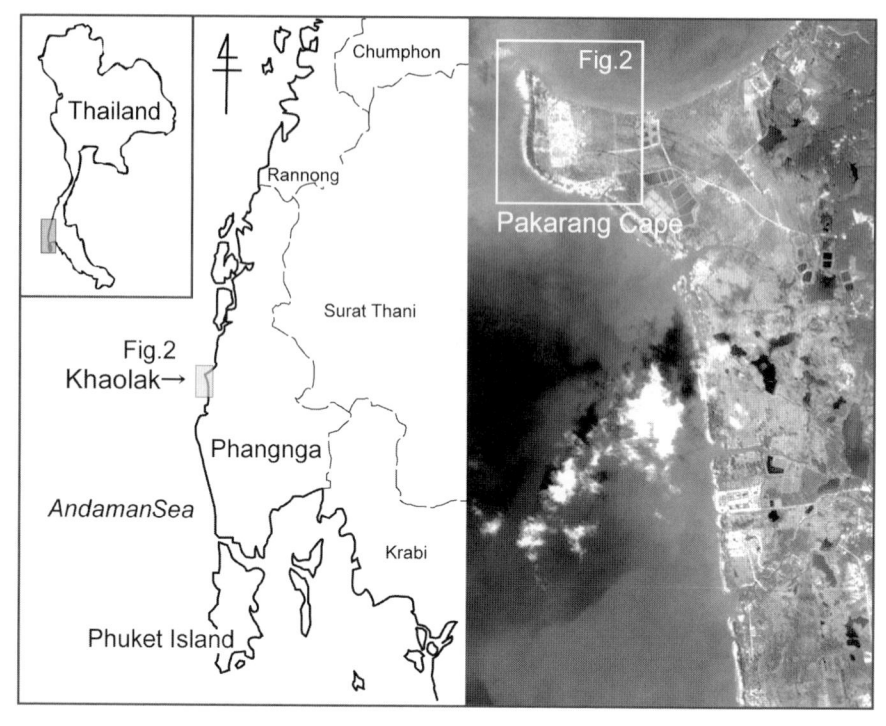

図 1. 調査地域の概観図
衛星画像は CRISP（2004）による．2004 年 12 月 29 日撮影．

2 調査地域の概観

調査地域周辺は，アンダマン海に面するタイ南西部パンガー県カオラックのパカラン岬である（図 1）．2004 年 12 月 26 日に発生したスマトラ沖地震（Mw9.1）では，パカラン岬は波源から 500km 以上離れているにもかかわらず，高さ最大 9m の津波が襲来し，その周辺では約 2.5km 以上も内陸まで遡上している（松冨ほか 2005）．この津波では北北西に伸びていた岬の先端は激しく侵食され，長さ 200m ほどの地形が消失している（高橋 2007；図 2）．

津波時に消失した岬の先端部には，少なくとも 2006 年 8 月（津波後 1 年 6 カ月後），2007 年 4 月（2 年 4 カ月後）には沖合に小規模なバリア島が形成されていることが現地での観察により確認できた．このバリア島は，干潮の際には岬と

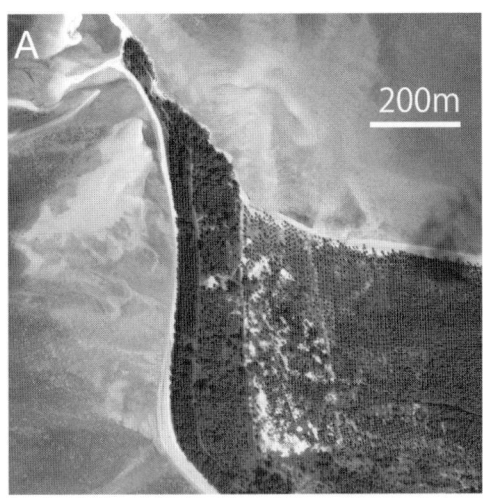

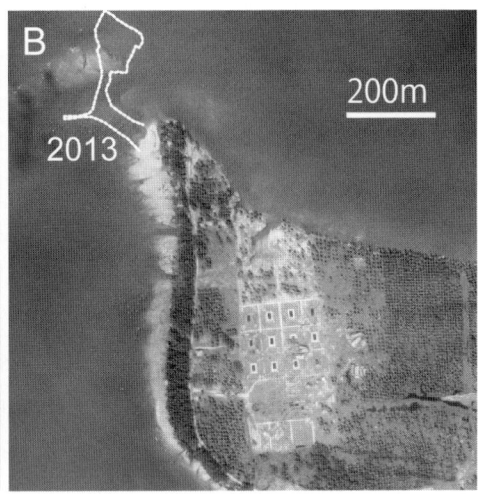

図2 パカラン岬周辺の衛星画像
A：2003年1月13日撮影（CRISP, 2004），B：2004年12月29日（CRISP, 2004）．2013年の砂嘴の輪郭は現地調査による．

陸続きとなるが，高潮位時には完全に切り離される．その後，2008年12月（約4年後）にはバリア島から南東方向に砂州が伸びて陸繋島となり，同時に陸地は北に拡大し砂嘴が形成されている．

パカラン岬西岸は珊瑚礁からなる遠浅海岸となっており，海岸線から礁縁までは約300〜600mの幅となっている（後藤ほか2007）．新たに形成された砂嘴は，これらのサンゴ礁から供給されたと思われるサンゴ礫を主体としている．パカラン岬の周辺には，最大直径4mの巨礫が多数分布しており，これらはインド洋大津波で礁縁付近において破壊されたマイクロアトール起源の津波石であることが明らかにされている（後藤ほか2007；Goto et al. 2007）．

調査地域周辺は12月〜2月には北東モンスーン，5月〜9月には南西モンスーンが卓越し，沿岸流は北流することが指摘されており（Feldens et al. 2012），砂嘴の発達方向もこれらと同調したものとなっている．

3 パカラン岬の砂嘴上にみられる微地形

調査地域の砂嘴は，中〜粗粒砂からなる砂層の上に中礫〜大礫サイズのサンゴ礫を主体とする砂礫層が被覆する構造となっている．砂嘴の主体はサンゴ礫からなる砂礫層であり，砂嘴上において2種類の微地形を確認することができる．

砂嘴の下部にはサンゴ礫，またはサンゴ起源の砂からなる舌状に伸びる幅約5〜8m，長さ5〜10m前後，高さ約0.5〜1mの地形がみられ（口絵図3A），この地形はウォッシュオーバーファン（以後 Washover fan = WOF とする）であると判断される．また，サンゴ礫からなる細長いリッジ（幅数m, 長さ約10〜200 m）が数m間隔で，直線または弧状に数列形成されている（図3B）．これらのリッジはその形態や，サンゴ礫を主体としているという特徴から判断して Yamano et al.(2007)のストームリッジ（以後 Storm ridge = SR とする）に相当すると思われる．ストームリッジは，砂嘴の基部をなすWOFを被覆することも多い．この地域における大潮の高潮位は，平均海面よりも約＋1.5mとなっている．SRの最高部は標高約2.5mであることから，荒天時には波浪がリッジの頂部の高さまで達したり，リッジの頂部を超えたりすることも頻繁に生じていると思われる．SRは，相互に切り合って分布しており，これをもとに地形の新旧を考察することができる．

砂嘴の汀線付近におけるサンゴ礫は一様に白色を呈しているが，砂嘴の中央部には灰色〜黒色を帯びたものが多い（図3C）．これは，海面下で付着した藻類が，陸上に打ち上げられた後に白色から灰色へ，さらに黒色へ変化することが継続的な観察の結果明らかになった．これも微地形の新旧の区別に役立つものと考えられる．

4 調査方法

現地調査は2006年以降2014年までおよそ1年ごとに計10回実施した．一回の調査期間は一週間程度である．現地調査では，2010年以前はハンディGPS（Garmin社製 etrex VISTA, 60CSx），レーザー距離測定器（Laser Technology 社製

図4 高精度 GPS 測量機器（ProMark3）および測量風景

TruPulse）による測量を行い，砂嘴の外縁，砂嘴上の微地形の分布を把握した．2011 年以降は，高精度 GPS 測量機器（マゼラン社製の ProMark3，ProMark120）を使用し，キネマッティック測量を行った．新たに形成された海浜地形は，植生の被覆も少ないことから，高精度 GPS 測量の実施には適した場所である．しかし，2013 年以降は砂嘴の中央部において木本類の成長が進み GPS 測量が困難であったため，この部分に関しては 2012 年の地形測量のポイントデータを使用した．

測量では基準局 1 台，移動局（ローバー）1〜3 台の受信機ユニットを使用し，測位インターバルを 1 秒に設定，ローバーはアンテナ高 2.0m としてポールの下先端が地表面にほぼ接するように保持しながら移動した（図4）．測量時には，SR などが標高分布図に表示されるように，SR の頂部，SR 間の底部，地形の変換点において計測するよう側線をとるように心がけた．基準局はベンチマークに定めた砂嘴上の津波石の近傍に設置した．座標値は，基準局のデータを用いて移動局の基線解析を行って算出した．なお，測定誤差は水平・垂直とも数cm程度である．2013 年において得られたポイントデータは約 5 万点となる．その値を ESRI 社の ArcGIS10.2 を使用し 2013 年の TIN（不規則三角形網）でサーフェス形状表現した標高分布図を作成した（図5）．本研究で示す標高は，過去 10 年間の潮位表から平均潮位を求め，そこからの高さを示したものである．

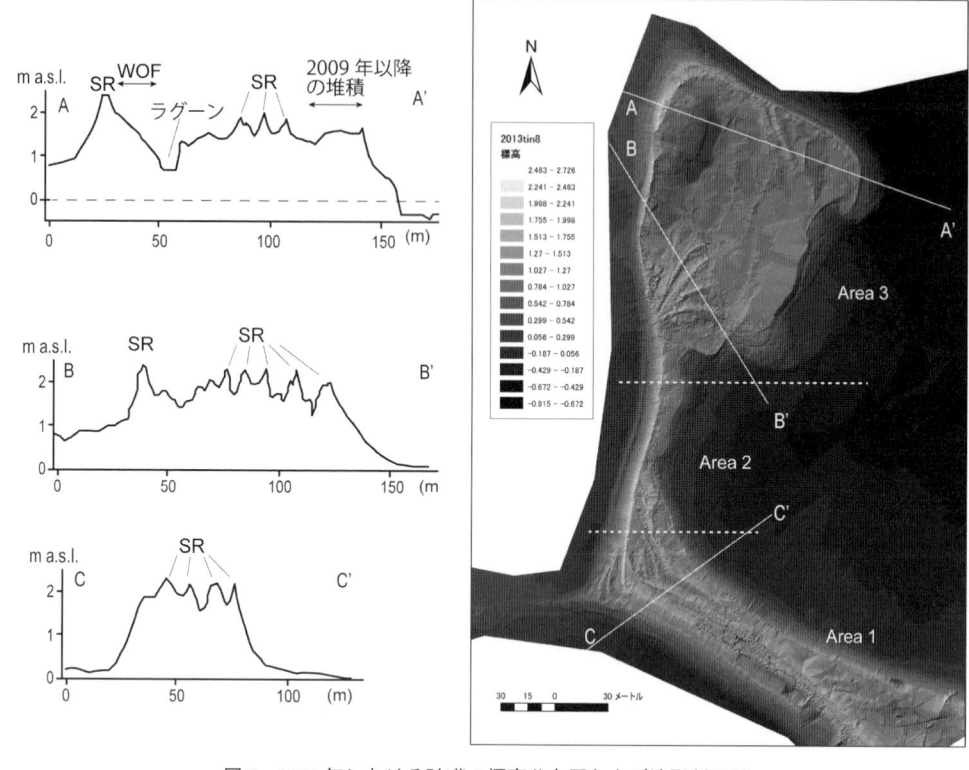

図5 2013年における砂嘴の標高分布図および地形断面図

5 砂嘴上の微地形の分布（2013年）

　津波後に新たに形成された砂嘴は，津波前の岬とは異なる方向に発達している．津波直後の衛星画像では，岬の沖合の海底に東南東－西北西方向のChannelが形成されている（図2B）．おそらく，津波時にはパカラン岬周辺の海底においても大きな地形変化が生じたと推定される．以前とは異なる方向に新たに形成された砂嘴は，おそらく津波時に海底の地形変化により生じた新たな平衡状態のもとで形成されている地形であると推定される．

　高精度GPS測量の結果から作成した2013年のパカラン岬の砂嘴の標高分布を図5に示す．2013年における砂嘴は，発達する方向や幅，SRおよびWOFの発達程

度をもとに南から北へArea 1, Area 2, Area 3に大別することが可能である（図5）．

　Area 1は砂嘴南部の付け根に位置し，ここでは岬の先端から幅50〜70m，長さ約170〜180mの砂州が北西－南東方向に分布する．Area 1では，不明瞭ながら東西方向に伸びるSRの存在が確認できるが，これらは北西－南東方向に伸びる明瞭なリッジ（標高2.3m前後）により切られている．

　Area 2は砂嘴の中部に位置する．幅が砂嘴の中でも最も狭く，その幅は約30mとなっている．Area 2では西端に明瞭な一列のSR（標高2.3m）が南北方向に発達している．また，砂を主体とする複数の東向きのWOFが発達する．

　Area 3は砂嘴の北端に位置し，面積が最も大きい．Area 3の西端には，Area 1, Area 2の西端から連続する標高約2mのSRが分布する．Area 3は標高分布と発達する微地形によってさらに北部と南部に細分することができる．北部では幅約150mを示しているが，南部は幅が約80mと狭くなっている．北部は南部に比べて標高が低く，西側では標高0.8m以下の小規模なラグーン（長さ30m，最大幅7m）が存在しており，SRからここに伸びるWOFがみられる（図5）．北部の東側は標高2m以下となっており，比較的平坦な地形となっている．また，最北部では北北西－南南東に伸びる複数のSRが，砂嘴の外縁をなす西北西－東南東に伸びるリッジにより切られている．砂嘴上には黒色を呈する長さ20〜50mの明瞭なSR（標高2.2m前後）が鳥趾状に分布している．これらはいずれも西側の白色のSRにより切られている．

6　考察
6.1　2008年および2013年の微地形分布に基づいた砂嘴の発達過程

　2006年以降の調査により，津波後にバリア島から砂嘴へと変化したのは2007年〜2008年であり，この間の地形変化が著しいと判断される．そこで，本稿では2007年の砂嘴の分布，ハンディGPSによって復元された2008年の砂嘴上の微地形分布（図6），高精度GPS測量機器を使用した2013年の砂嘴の標高分布（図5）を用いて，パカラン岬における砂嘴の発達過程を検討する．

　図6には，2007年のバリア島，および2008年における砂嘴上の微地形分布を示している．2007年には「く」の字型に発達したバリア島が認められる．2008年の砂嘴上に黒色のSRが分布しているのは2007年にバリア島であった場所に

246

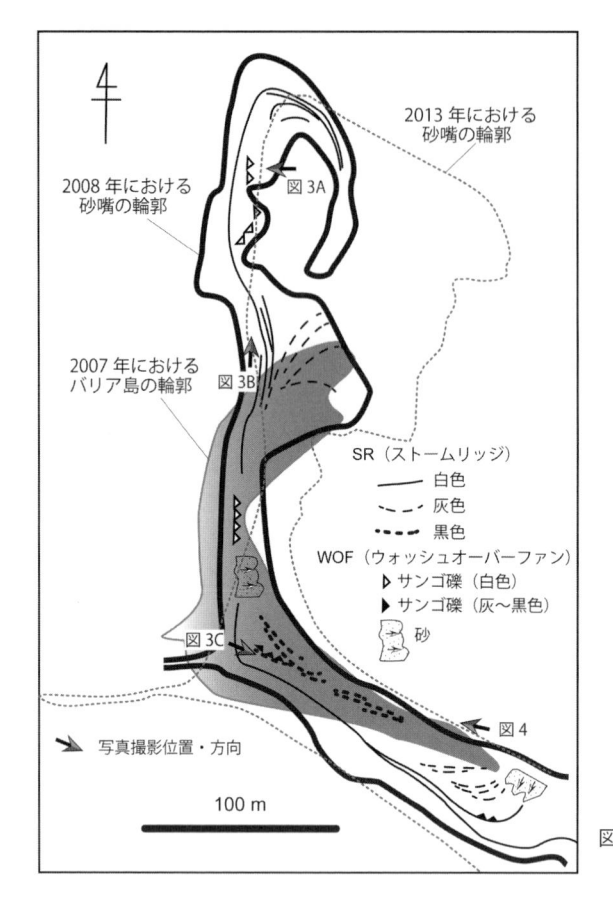

図6 2008年における砂嘴の輪郭と微地形分布

限定されることから，これらはバリア島の形成期〜砂嘴形成初期のものであると判断できるであろう．

　2008年における灰色のSRの分布域は，2007年のバリア島の北端，南東端となっている（図6）．バリア島北端付近に分布するSRは2013年に鳥趾状に分布しているもの（図5；Area 3）と一致しており，このSRは少なくとも5年間は残存していると判断できる．このSRは，北に隣接して分布するSRに順次切られて発達していることから，リッジ列は北にむかって反時計回りに海岸線を前進させながら発達したものと考えられる（図6）．また，このリッジ列は，北に伸びる白色のSRにより切られていることから，上記の鳥趾状に発達する灰色SRの形

成後，砂嘴は北へ伸長していると判断される．この白色 SR は北部へ伸び，さらに折り返して南へ伸長している．これらのリッジおよび砂層から構成される砂嘴の発達により，Area 3 の中央部にはラグーンが形成されている（図 3B）．2013年には Area 3 には外洋から切り離されたラグーンが形成されているが（図 5），これは 2008 年当時のラグーンが縮小する過程で埋積から取り残された水域であると判断できる．この埋積は 2008 年以降に東縁から西側へ進行したと思われ，同時に東側への砂嘴の拡大が行われている（図 6）．

2008 年における砂嘴の北部西縁には多数の WOF がみられ，これらの上位に白色の SR が発達する（図 4A）．これに対して 2013 年には WOF は Area 3 の西端の一部にしかみられず，堆積物もサンゴ礫ではなく砂を主体とするものに限定されている．おそらく西側に発達する SR は，砂粒子のみしか越波することができなかったと推定される．これらをふまえると，2008 年またはそれ以前には，バリア島や砂嘴の標高が現在よりは低かったため，サンゴ礫からなる WOF が高頻度で形成され，その成長によって砂嘴の基部の高まりを形成していたと推定される．砂嘴全体の高さが増した結果，WOF の構成物質がサンゴ礫から砂層へ変化したと判断できるであろう．

以上の微地形分布や観察結果から，津波後に形成されたパカラン岬における砂嘴の発達過程は次のように考えられる．

砂嘴は，沿岸流により運搬・堆積した砂礫が海底に高まりをつくり，その上に波により堆積物が打ち上げられて形成されることが指摘されている（鈴木 1998）．パカラン岬では，津波後，比較的早期にバリア島が形成されており，その縁辺には浅海底，または海面上に発達した凸部が存在していたと推定される．この凸部を基にして，サンゴ礫からなる WOF が堆積，海面上へ堆積物が打ち上げられたと思われる．Area 1 では，2008 年には北および南へ伸びる WOF の両者が存在し，Area 3 では東向きの WOF がみられることから（図 6），パカラン岬周辺では，南および北，西のいずれの方向からも，波浪による堆積物の打ち上げは行われていたと考えられる．これらの高まりの上に大潮時の海岸線を示す SR が形成され，海側へ前進しながら複数のリッジ列をなして砂嘴が成長する．SR の形成後，これらを越える WOF は細粒堆積物からなり，砂嘴上の凹凸を減少させ，結果として砂嘴の高さが増していく．標高が高くなると，ウォッシュオーバーが

生じにくくなり，地表面は安定し植生が進入する．植生の侵入は 2010 年頃から顕著になってきており，調査地域では，裸地の状態からヒルガオ科の草本類が砂嘴の表面を覆うようになり，その後，木本類が生育するという植生の遷移も観察される．

　津波後の海浜地形の修復はどのような波浪条件で生じるのであろうか．現在，詳細な資料は持ち合わせていないが，調査地域の沿岸周辺海域では，2004 年のインド洋大津波～ 2013 年では，2013 年に低気圧（最大風速 9 ～ 14km/s）の発生が認められたものの，とくに地形変化が激しかったと推定される 2012 年以前ではサイクロンや顕著な熱帯低気圧の発生は認められない（Feldens et al. 2012；Indian Meteorological Department Ministry of Earth Science, Government of India）．このような事実を考慮すると，パカラン岬の砂嘴の主要な形成は，サイクロン等のイベントが伴わなくても，南西モンスーンの襲来時の波浪条件といった通常の状態で進行していると判断できる．

6.2　津波時の侵食量とそれ以降の土砂堆積量

　海浜地形の形成には，土砂供給の増減も大きな影響を与えることから，津波時にどの程度の土砂が侵食され，その後，どのくらいの土砂が再堆積するのかを検討することも重要な課題であると思われる．高精度 GPS 測量器機を用いたキネマティック測量で得られたデータは，GIS を使用することで 3 次元的な復元も可能となり，インド洋大津波で消失した岬における新たな堆積土砂量も算出することができる．

　本研究では，津波前におけるパカラン岬の標高分布図は得られていない．しかし，津波前と津波後の衛星写真を GIS 上で重ね合わせ，津波時に侵食された面積を計測すると約 16,000m^2 と推定される．残存している岬の先端部の標高が約 2m であり，これを侵食された土地の平均標高として土砂量を算出すると約 32,000m^3 となる．2013 年 12 月の TIN サーフェスから標高 0m 以上の体積を算出すると約 64,000m^3 となり，侵食された土砂量の約 2 倍の堆積量となる．前述のようにパカラン岬では，インド洋大津波時に運搬された数多くの津波石が確認されている（後藤ほか 2007）．この津波石の起源は沖合のサンゴを破壊してもたらされたものであることから，この時には大量のサンゴ礫も生産されたと推定する

ことができるであろう．このように新たな土砂が生産されたことも，侵食量を上回る土砂が堆積し砂嘴を形成している要因の一つと考えられるであろう．

7 おわりに

本稿では，インド洋大津波時に激しく地形が侵食されたタイ西部のパカラン岬において，津波後に新たに形成された砂嘴の形成過程を検討した．新たな砂嘴上に残存する微地形の特徴を記載し，その分布，および空間的な変化をハンディGPSによる測量，高精度GPS測量器機を用いたキネマッティク測量によって復元し，砂嘴の発達過程を明らかにすることができた．今後，ハンディGPSを用いた2007年～2010年の調査結果，高精度GPS測量器機を用いた2011年～2014年の調査結果を検討し，砂嘴の形成過程をより詳細に明らかにしていきたい．

謝辞

本研究を進めるにあたり，東北大学災害科学国際研究所の今村文彦教授，後藤和久准教授，東北学院大学教養学部の松本秀明教授，元ソンクラ大学のCharchai Tanavud教授には，津波による地形変化に関する数々のご教示をいただいた．弘前大学教育学部自然地理学研究室所属学生（当時）の諸氏には現地調査においてご協力をいただいた．ここに記して感謝申し上げます．

本研究は，2006-2009年度科学研究費補助金基盤A「2004年インド洋大津波の被害実態を考慮した新しい津波工学の展開」（課題番号18201033，研究代表者：今村文彦），2010-2013年度科学研究費補助金 基盤A「ミレニアム津波ハザードの総合的リスクと被災後の回復過程の評価」（課題番号22241042，研究代表者：今村文彦）の一部を使用している．

文　献

後藤和久・Chavanich, S. A.・今村文彦・Kunthasap, P.・松井孝典・箕浦幸治・菅原大助・柳澤英明2007. 2004年インド洋大津波によって運搬された"津波石"の起源. 月刊地球 326: 553-557.

鈴木隆介1998.『建設技術者のための地形図読図入門　第2巻　低地』古今書院．

高橋智幸2007. 地形の浸食. 首藤伸夫・今村文彦・越村俊一・佐竹健治・松冨英夫編『津波の事典』150. 朝倉書店．

松冨英夫・高橋智幸・松山昌史・原田賢治・平石哲也・Supartid, S.・Naksuksakul, S.

2005. タイの Khao Lak と Phuket 島における 2004 年スマトラ島沖地震とその被害 (スマトラ沖地震・インド洋大津波関係) 2005. 津波工学研究報告 22: 119-125.

Choowong, M., Phantuwongraj, S., Charoentitirat, T., Chutakositkanon,V., Yumuang, S. and Charusiri, P. 2009. Beach recovery after 2004 Indian Ocean tsunami from Phangnga, Thailand. *Geomorphology* 104: 134-142.

CRISP 2004. http://www.crisp.nus.edu.sg/tsunami/tsunami.html

Feldens, p.,Schwarzer, K.,Sakuna, D., Szczucinski, W. and Sompongchaiyakul, P. 2012. Sediment distribution on the inner continental shelf off Khao Lak(Thailand) after the 2004 Indian Ocean tsunami. *Earth, planets and space* 64: 875-887.

Goto, K., Chavanich, S. A., Imamura, F., Kunthasap, P., Matsui, T., Minoura, K., Sugawara, D. and Yanagisawa, H. 2007. Distribution, origin and transport process of boulders transport by the 2004 Indian Ocean tsunami at Pakarang Cape, Thailand. *Sedimentary Geology* 202: 821-837.

Indian Meteorological Department Ministry of Earth Science, Government of India. http://www.rsmcnewdelhi.imd.gov.in/index.php?lang=en (last accessed 15 April 2015)

Yamano, H., Kayane, H., Yamaguchi, T., Kuwahara, Y., Yokoki, H., Shimazaki, H. and Chikamori, M. 2007. Atoll island vulnerability to flooding and inundation revealed by historical reconstruction: Fongafale Islet, Funafuti Atoll, Tuvalu. *Global and Planetary Change* 57: 407-416.

Article 5

Recovery processes of barrier spit eroded by the 2004 Indian Ocean Tsunami based on micro-landform distribution at Pkarang cape, southwestern Thailand

KOIWA Naoto, TAKAHASHI Mio, SUGISAWA Shuhei, and ITO Akifumi

論説 6
中米・エルサルバドル共和国南部海岸低地における砂州の形成時期と巨大噴火の影響

北村　繁

> 大規模な火山噴火は，火砕流などの被害が直接及ばない地域にも多大な環境変化をもたらし，人間生活にも重大な影響を及ぼします．本稿はエルサルバドルで3～6世紀に生じた大規模噴火が海岸低地の地形形成に及ぼした影響について，微地形スケールで明らかにします．

1　はじめに

　中米・エルサルバドル共和国の中部山岳地域には，イロパンゴカルデラとよばれる大型のカルデラ火山（8×11km）がみられる（図1）．この火山は，3～6世紀頃に大規模な噴火を生じ，当時の社会に大きな影響を与えたと考えられるが，噴火が社会に与えた影響を評価するためには，考古学的知見のみならず，地形学，堆積学，火山学からも検討を加え，総合的な評価を行う必要がある．

　一方，エルサルバドル共和国の南部海岸低地，レンパ川河口から東側の地域には，南側を沿岸砂州によりほぼ閉塞されたラグーンがみられ（図1），その沿岸には，先スペイン期の生活趾の分布が知られる．これらはラグーンやラグーン内に分布するマングローブ林などから得られる水産資源や森林資源を背景に成立していた可能性が指摘されるが，その多くが，先古典期（～AD250年頃）から古典期前期（AD250年頃～600年頃）のものとされ，古典期後期（AD600年頃～900年頃）以降まで継続したものは少ない．また，知られている先スペイン期の生活趾は，すべてラグーンの北岸とラグーン内の小島に限られ，南側の沿岸砂州上にはみられない．本地域は，イロパンゴ火山の3～6世紀噴火の際に，大規模火砕流は届いておらず，降下火山灰のほかは火山噴火の影響が直接及んだ地域ではないため，こうした遺跡の分布がみられることは，古典期前期に，当地域で火砕流以外の何らかの作用による環境の変化があった可能性を示唆する．

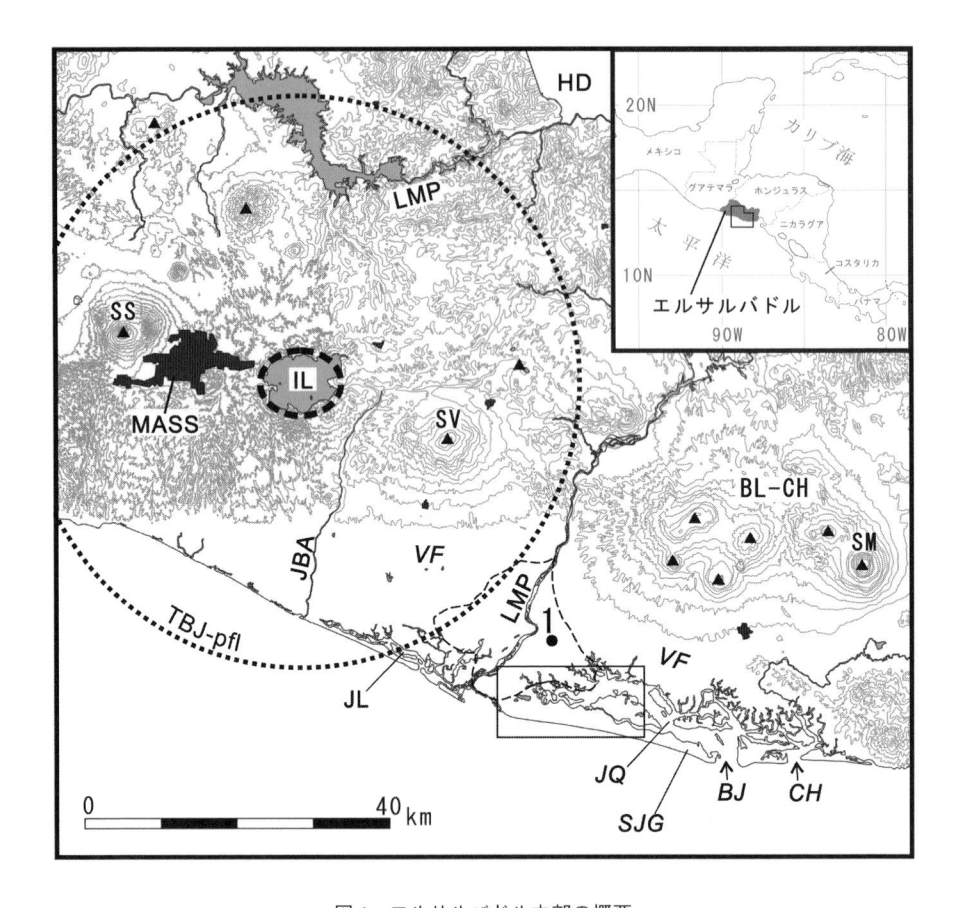

図1　エルサルバドル中部の概要
Fig. 1 General map of the central area of El Salvador, C. A.

図中の点線（TBJ-pfl）は，TBJ軽石流の到達範囲を示す．破線の範囲は，レンパ川デルタを，実線の矩形は図2の図示範囲を表す．黒丸で示した地点1は，図3の地点を示す．
MASS：サンサルバドル都市圏　HD：ホンジュラス　IL：イロパンゴカルデラ
SS：サン・サルバドル火山　SV：サン・ビセンテ火山　SM：サン・ミゲル火山
BL-CH：ベルリン－チナメカ火山山地　LMP：レンパ川　JBA：ヒボア川
BJ：エル・バホン水道　CH：ラ・チェポーナ水道　SJG：サン・フアン・デル・ゴソ半島
JQ：ヒキリスコ潟　JL：ハルテペケ入り江　VF：火山麓扇状地

Dotted line with 'TBJ-pfl' shows the reach of the TBJ pumice flow. Area enclosed by broken line and rectangular delimited by solid line indicate the delta of Rio Lempa River and the area shown in fig. 2, respectively. Solid circle with number indicates location of exposure shown in fig. 3.

MASS: metropolitan area of San Salvador, HD: Honduras, IL: Ilopango Caldera, BL-CH: Berlin-Chinameca Mountains, SJG: San Juan del Gozo Peninsula, JQ: Jiquilisco Bay, JL: Jaltepeque Estuary, Stratovolcano and shield: SS - San Salvador, SV - San Vicente, SM - San Miguel; Channel: BJ - El Bajon, CH - La Chepona

そこで，本研究では，当地域の環境変化とイロパンゴ火山3～6世紀噴火の影響を考察する上で重要となる，噴火前後の地形変化を明らかにすることを目的とする．そのため，低地の微地形分類を行う一方，これらとイロパンゴ起源の火山灰層との層位関係を検討する．

2 研究対象地域の概要
2.1 地域の概要

エルサルバドルは，中米北部にある日本の四国ほどの面積をもつ国であるが，隣国のグァテマラから太平洋岸に沿って続く火山山脈が，エルサルバドル中央部を東西に貫き，ニカラグア，コスタリカにまで続いている．エルサルバドルには，21の活火山が知られ（Global Volcanism Program 2014），そのうち2つは，今世紀に噴火を生じている．

イロパンゴ火山は，首都サンサルバドルの東に隣接する大規模カルデラ（8×11km）で，やや不規則なカルデラ縁をもち，内部に湖水をたたえている（Meyer-Abich 1958）．3～6世紀に巨大噴火を生じ（Sheet 1983；Dull et al. 2001；Kitamura 2010；Dull et al. 2010），半径約40kmの範囲に軽石流が流下した（TBJ軽石流堆積物：北村2009：図1）ほか，細粒火山灰（TBJ降下火山灰：北村2009）がエルサルバドル領域を越える範囲にまで降下堆積した（Kutterolf et al. 2008）．降下火山灰は，TBJテフラ（TBJは「若い白い土」を意味するスペイン語"Tierra Blanca Joven"に由来する）と呼ばれ，メソアメリカ考古学においては最も重要な指標層の一つである（Hart and McIntyre 1983）．

この噴火における火山性の堆積物は，下位よりA～Gの7つのユニットが知られている（Hernandez 2004）が，ユニットCとFが火砕流（TBJ軽石流堆積物），ほかは降下火山灰（TBJ降下火山灰，以下本論ではこれを指して「TBJテフラ」と呼ぶ）である．降下火山灰のうちユニットBはやや粗粒で軽石片が多く，ユニットEは火山砂である．ユニットA，D，Gは細粒火山灰で，ユニットD，Gは，火山豆石を含む．火砕流の大部分はユニットFが占め，遠方まで到達した降下火山灰の多くは最後のユニットGである．

含有する鉱物の組み合わせとしては，角閃石に富み，紫蘇輝石や不透明鉱物を含むことが報告されている（Hart and McIntyre 1983）．

一方，レンパ川は，グァテマラ，エルサルバドル，ホンジュラスに及ぶ，17,790 km^2 の流域面積をもつ中米北部最大の河川（Hernández 2005）で，グァテマラ東部に端を発し，エルサルバドルとホンジュラスの国境に沿って東流するが，エルサルバドル中部で流れを南西に変え，サン・ビセンテ火山とベルリン-チナメカ火山山地の間を抜けて，エルサルバドル南部海岸低地に達する．

2.2 研究対象地域

　研究対象地域となる南部海岸低地は，エルサルバドル中部太平洋沿岸に位置し，レンパ川デルタ，火山麓緩斜面，サン・フアン・デル・ゴソ半島，ヒキリスコ潟からなる．

　レンパ川デルタは，東西に連なる中部山脈の南から扇状にひろがる低平な平野で，レンパ川はそのほぼ中央を南西に向かって流下し，太平洋に注いでいる．

　火山麓緩斜面は，レンパ川デルタの東側，ベルリン-チナメカ火山山地の山麓部にみられる，緩やかに南方に下る緩斜面である．ヒキリスコ潟に注ぐ河川によってやや開析されている．

　サン・フアン・デル・ゴソ半島は，レンパ川河口から東南東にほぼ直線上に延びる砂州で，その長さはおよそ 34 km に及ぶ．幅は狭いところで 0.5km 程度，広いところで，4km 程度である．

　ヒキリスコ潟は，浅いラグーン（潟湖）で，サン・フアン・デル・ゴソ半島とこれに連続するサン・セバスティアン島，エル・アルコ島およびエル・エスピノ浜に閉塞され，エル・バホン（幅 2.5〜3.2 km）とラ・チェポーナ（幅 1.3 km）の 2 つの開口部で，太平洋と通じている（図1）．ラグーン内には，大小の島々が見られ，沿岸を中心にマングローブ林が形成されている．ラグーン内では，漁や貝類の養殖が行われ，マングローブでは甲殻類や木材の採取が行われているほか，近年，エビの養殖池の開発が進んでいる．ラグーン内をマングローブ林が占める面積割合は，東部で高く，西部で低い．

　ヒキリスコ潟内には，西岸付近から，ペリアーダ，ロス・パハリートス，エル・グアヤボ，などの点々と直線上に続く島の列があり，エスピリトゥ・サント島の南岸に至る（図2）が，さらにやや屈曲しながら，その東のマドレ・サル島に続く．

　イロパンゴ火山 3〜6 世紀の噴火では，火砕流（TBJ 軽石流堆積物）はレンパ

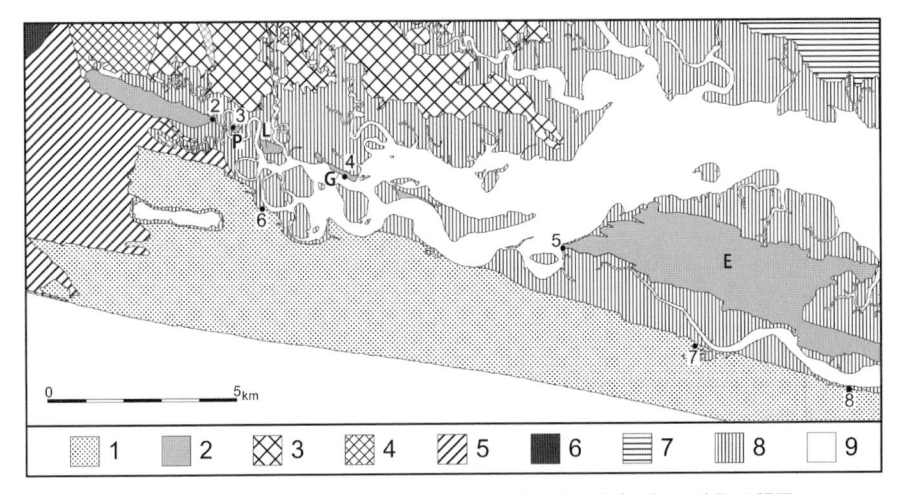

図2 ヒキリスコ潟西部〜レンパ川デルタ末端地域（左岸側）の地形分類図
Fig.2 Geomorphic classification map of the western area of Jiquilisco Bay and the end of the delta of Río Lempa River

図中の数字と黒丸は，図4の露頭柱状図の番号，ならびに，その地点を示す．
P：ペリアーダ島　L：ロス・パハリート島　G：エル・グアヤボ島　E：エスピリトゥ・サント島
凡例
1：現在の砂州（サン・フアン・デル・ゴソ半島）　2：島・微高地（旧砂州）
3：レンパ川デルタ（軽石質二次堆積物）微高地　4：レンパ川デルタ面（軽石質二次堆積物）平坦地
5：氾濫原および旧河道　6：現河床　7：火山麓扇状地　8：マングローブ林　9：水域
Solid circle with number in the map shows location of exposure and location number corresponding column in fig. 4.
Island; P: Peliada, L: Los Pajalitos, G:El Guayabo, E: Espíritu Santo
Legend
1: present sandbar (San Juan del Gozo Peninsula), 2: island and micro-highland, paleosandbar, 3: micro-highland of the delta of Río Lempa River underlain by pumiceous secondary deposit, 4: flatland of the delta of Río Lempa River underlain by pumiceous secondary deposit, 5: flood plain and paleochannel, 6: river channel, 7: volcanic fan, 8: mangrove forest, 9: water

川デルタの大部分には到達していない（図1）が，降下火山灰（TBJ テフラ）は，ほぼ全域にわたって 20 〜 30cm 程度堆積している．

2.3　既往の研究

　Weyl（1980）によると，エルサルバドルの南部海岸は，1950 年代に熱帯科学調査研究所（Instituto Tropical de Investigaciones Científicas, ITIC）の調査が行われ，報告書（Gierloff-Emden1959）がまとめられている．ハルテペケおよびヒキリス

コ入り江（本論のヒキリスコ潟）は，いずれも海側を沿岸砂州によって囲まれた東西に長いラグーンであるが，ハルテペケ入り江はレンパ川デルタの西側に位置しており，ヒキリスコ入り江と海岸線がおおむね連続する．Weyl(1980)によれば，上述の報告書の中で，これらの地域の沿岸砂州は，3,000年ほどかかって，海側に向かって段階的に前進し，現在の位置で安定していると推定されているという．しかしながら，こうした推定を裏づける実証的な研究は，その後，あまり行われていない．

3 研究方法

本研究では，まず，本地域の地形発達史を検討するため，空中写真を用いてレンパ川デルタの微地形分類を行う一方，地形を構成する堆積物について，現地調査を行った．同時に，露頭においてTBJテフラと微地形との層序関係を調査するとともに，テフラ試料を露頭より採取した．テフラ試料は，日本に持ち帰って，洗浄・篩別し，火山ガラスの形態および鉱物組み合わせを偏光顕微鏡下で観察したほか，弘前大学理工学部柴研究室において，X線マイクロアナライザー（JEOL JAX-8800RL）を用いて火山ガラスの化学組成を分析し，これらをイロバンゴ火山3〜6世紀噴火に由来する火山性堆積物（ユニットD，F，G）の分析値と比較検討した．

4 空中写真判読の結果
4.1 レンパ川デルタの微地形と堆積物

レンパ川デルタは，レンパ川が火山山地から南部海岸低地へ流出する地点付近を頂点とした扇形ないし楔型の広がりを示し，レンパ川がほぼその中央を南流している．このため，レンパ川デルタが左右に流路を変えながら堆積して形成されたと予想されるが，その一方で，微地形は，レンパ川の右岸と左岸では異なっている．蛇行帯の発達が顕著なのは右岸側（西側）で，河川争奪の痕跡を認めることができる．一方，左岸側（東側）は，河口付近を除くと，現在の河道から南（傾斜方向）に向かって，いくつかの筋状の微低地がみられるほかは，自然堤防や河道跡の地形はみられない．また，左岸側は，末端が鳥趾状の様相を呈しているの

に対し，右岸側の末端は，そうした特徴が明瞭でない．

4.2　ヒキリスコ潟内の小島列

　前述したように，ヒキリスコ潟内には，いくつかの小島がみられるが，空中写真ではマングローブ林の広がる潮間帯と島の陸域を判別することができるため，島の形状等を認識することができる．これらの小島の周囲は弧状を呈しているものもあり，潟内の水の流れにより侵食されている可能性が指摘される．島の形状は，方形に近いものと西北西－東南東方向に長い形状のものとが見られるが，他の方向に長く伸びたものはみられない．島は，おおむね西北西－東南東に配列し，西から，ペリアーダ，ロス・パハリートス，エル・グアヤボなどの島のおおむね延長上にエスピリトゥ・サント島が位置する（図2）．さらにその東の延長上には，マドレ・サルのように東西に延びた島が位置する．

　一方，ペリアーダ島より西は，レンパ川デルタ末端となるが，空中写真判読ではここに，西北西－東南東に伸びた微高地がみられる．この微高地は，長さ約3.6km，最大幅500mほどで，周辺のデルタの面に対する比高は1m以下である．この微高地の伸長方向と，ヒキリスコ潟内の島の配列方向は，ほぼ一致しており，微高地は，島の配列に連続して位置している（図2）．

5　現地調査の結果
5.1　レンパ川デルタ表層の堆積物

　ヌエバ・エスペランサ（図1の地点1）での考古学調査において，埋葬およびその副葬品を覆って，TBJテフラの堆積が見いだされたが，さらに，その直上に偽層の発達した軽石質の砂質堆積物（図3）が，地表のごく近くまで，約2mの厚さで見いだされた（Ichikawa 2009）．偽層の発達した砂質堆積物は，軽石質であることからTBJテフラやTBJ軽石堆積物に関連した二次堆積物であると考えられ，噴火後，レンパ川上流域に堆積した軽石流堆積物などが，レンパ川によって運搬され，レンパ川デルタに繰り返し流出したことにより堆積したものと推定される．

　現地調査において，こうした軽石質二次堆積物は，ヌエバ・エスペランサ村のみならず，レンパ川左岸側では広く見いだされた．浅い溝などで容易に観察でき

図3 TBJテフラと軽石質二次堆積物（エルサルバドル共和国ウスルタン県ヌエバ・エスペランサ村：図1中の地点1）
Fig.3 TBJ tephra and pumiceous secondary deposit in Nueva Esperanza, Usulutan, El Salvador, C. A.
堆積構造を示すため，写真は，ややコントラストを大きくしている．
BS：埋没土壌（旧地表）　TBJ：TBJテフラ（一次堆積）　PSD：軽石質二次堆積物
The contrast of the photograph are magnified to clarify the depositional structure.
BS: burried soil (original ground surface), TBJ: TBJ tephra (original deposition), PSD: pumiceous secondary deposit

るなど，地表のごく近くまで堆積しており，この堆積物の上位に厚い腐植質土壌が発達しているようなところは，見いだされなかった．

一方，右岸側では，地表に黒色ないし暗褐色のやや砂質な有機質土壌が，地表から 1m 以上の厚さで見いだされ，地表のごく近くまで軽石質の堆積物が見いだされることはなかった．

5.2 TBJ テフラの分布

レンパ川デルタ末端近くにみられる西北西－東南東に伸びる微高地の地表近くにおいて，褐色ないし暗褐色の比較的淘汰の良い中粒砂を覆って，白色火山灰が堆積していること見いだされた（図 2 および図 4 の地点 2）．さらにその上位には，35cm の厚さで黒〜暗褐色土壌が見られたが，軽石質の砂質堆積物は見いだされなかった．一方，ヒキリスコ潟内に西北西－東南東に配列する小島のうち，ペリアーダ島，グアヤボ島においても，中粒砂層の上位に，30cm 前後の白色火山灰の堆積が見いだされた（図 2 および図 4 の地点 3 および 4）．ここでも，白色火山灰層の上位には，厚さ 50cm 程度の黒〜暗褐色土壌が見られた．このほか，エスピリトゥ・サント島では，小島の配列する線上に位置するマカグィータ岬付近で，やや攪乱を受けて薄くなっているものの，他と同様の白色火山灰を見いだした（図 2 および図 4 の地点 5）．

これらの白色火山灰層は，比較的淘汰のよい細粒火山灰で，若干の攪乱を受けているものの，下部でやや粗粒になること，下部以外では火山豆石が見いだされることなど TBJ テフラと共通する特徴をもつ．

また，地点 2, 4, 5 で採取された火山灰試料①〜③（図 4）について，偏光顕微鏡下で含有鉱物を観察したところ，角閃石が多く，紫蘇輝石および磁鉄鉱を含み，TBJ テフラの鉱物組み合わせ（Hart & McIntyre 1983）と同様であることが見いだされた．

さらに，ユニット D, F, G および試料①〜③に含まれる火山ガラスの化学組成を分析したところ，表 1 のような結果を得た．ここでは，①，③およびユニット D の分析値の結果は良く一致するものの，他の試料は，標準偏差が大きく，必ずしも数値が一致していないようにみえる．そのため，分析した火山ガラス粒子それぞれの分析値をハーカー図にプロットした（図 5）．すると，ユニット F

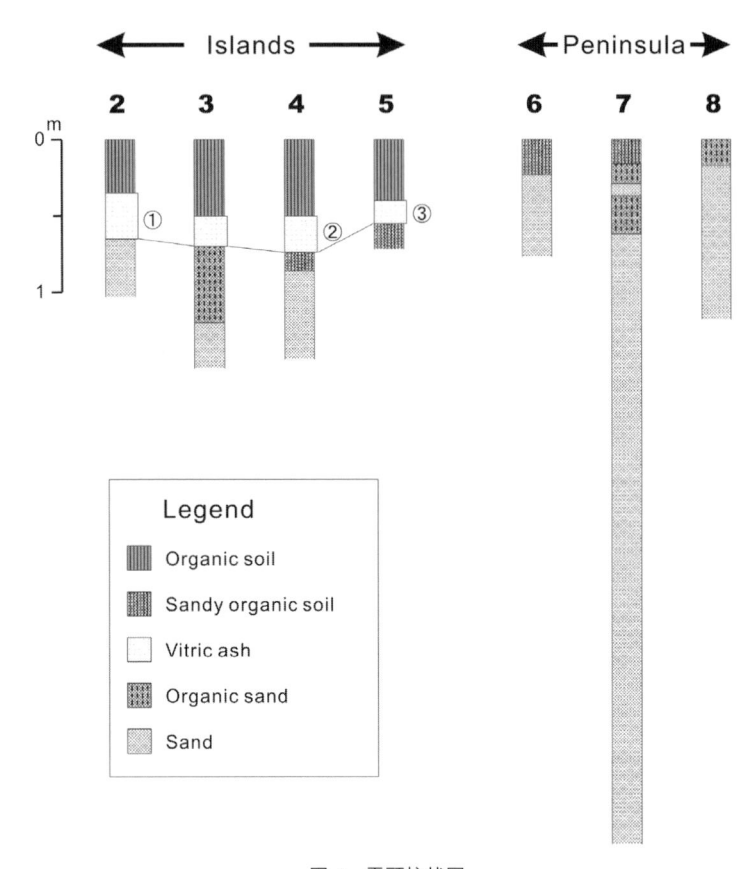

図4 露頭柱状図
Fig. 4 columnar section of exposed deposits.
柱状図の番号は，図2中の地点番号．①～③は，表1および図5中の試料番号と対応する．
Number above the column corresponds to location number in Fig. 2. Number with circle indicates sample number shown in table 1 and fig. 5

やユニットGの火山ガラスの分析値は，値が集中する領域の他に，数は少ないが，ある傾向をもって分析値が分散する領域が見いだされる．ユニットFやユニットGの火山ガラスの分析値が集中する領域は，ユニットDの火山ガラスの分析値とほぼ一致するだけでなく，①～③の試料でもほぼ一致している．一方で，試料②は分散する領域の分析値も現れているが，その値は，ユニットFやユニットGの分析値に表れた分散する領域の中にある．こうしたことからみて，今回見い

表1 採取された火山灰試料およびイロパンゴ火山3～6世紀噴火に由来する火山性堆積物中に含まれる火山ガラスの化学組成
Table 1. Chemical composition of volcanic glass containd in the volcanic ash sample and volcanic material from Ilopango Caldera in the 3rd to 6th eruption

Sample		\multicolumn{9}{c}{Chemical composition (%)}
		SiO_2	TiO_2	Al_2O_3	FeO	MnO	MgO	CaO	K_2O	Na_2O	Total
①	Average	77.5	0.2	12.4	1.3	0.0	0.2	1.1	3.2	4.2	100.0
	Std. dev.	0.4	0.1	0.2	0.2	0.0	0.1	0.1	0.2	0.3	(20)
②	Average	77.1	0.2	12.6	1.2	0.1	0.2	1.3	3.1	4.4	100.0
	Std. dev.	1.9	0.1	1.4	0.3	0.1	0.1	0.6	0.5	0.5	(19)
③	Average	77.5	0.2	12.2	1.2	0.1	0.2	1.2	3.1	4.4	100.0
	Std. dev.	0.4	0.1	0.2	0.2	0.1	0.0	0.1	0.2	0.2	(32)
TBJ (unit G)	Average	77.2	0.2	12.9	1.2	0.1	0.2	1.2	3.1	3.9	100.0
	Std. dev.	1.5	0.1	1.2	0.2	0.1	0.1	0.4	0.3	0.5	(29)
TBJ (unit F)	Average	75.9	0.2	13.8	1.1	0.1	0.1	1.5	2.8	4.5	100.0
	Std. dev.	3.0	0.1	2.3	0.2	0.1	0.1	0.8	0.6	0.8	(25)
TBJ (unit D)	Average	77.4	0.2	12.8	1.2	0.1	0.2	1.2	3.0	4.0	100.0
	Std. dev.	0.3	0.1	0.3	0.1	0.1	0.1	0.1	0.1	0.3	(27)

分析には，弘前大学理工学部地球環境学科柴研究室の波長分散型X線マイクロアナライザー（JEOLJAX-8800RL）を用いた．分析条件は，加速電圧15kV，試料電流3×10^{-9}A，ビーム径10μmである．また，分析結果は，酸化物の割合の合計が100％となるよう再計算してある．
Volcanic glass was analyzed quantitatively with a wave-length-dispersive electron microprobe (JEOLJAX-8800RL) in the Department of Earth and Environmental Science, Hirosaki University, using beam currents of 3 x 10^{-9} A and beam diameters of 10μm at an accelerating voltage of 15 kV. Oxide percentage were renormalized to 100% and averaged with calculating standard deviation, after removal of obvious anomalous results.

だされた細粒火山灰はTBJテフラとみて矛盾がない．

　一方で，サン・フアン・デル・ゴソ半島のラグーン側の露頭（図2および図4の地点6，7，8）では，明褐色の比較的淘汰のよい中粒砂がみられるが，白色火山灰は見いだされなかった．特に，地点7（図2および図4）では，海面から地表まで，約4mの砂の堆積層が観察できるが，堆積層中ならびに表層近くに白色火山灰は見いだされなかった．また半島側の砂層の表層近くはやや土壌化して暗褐色を呈するのみで，上記の小島の地表近くの黒～暗褐色土壌の様相とは異なっている．

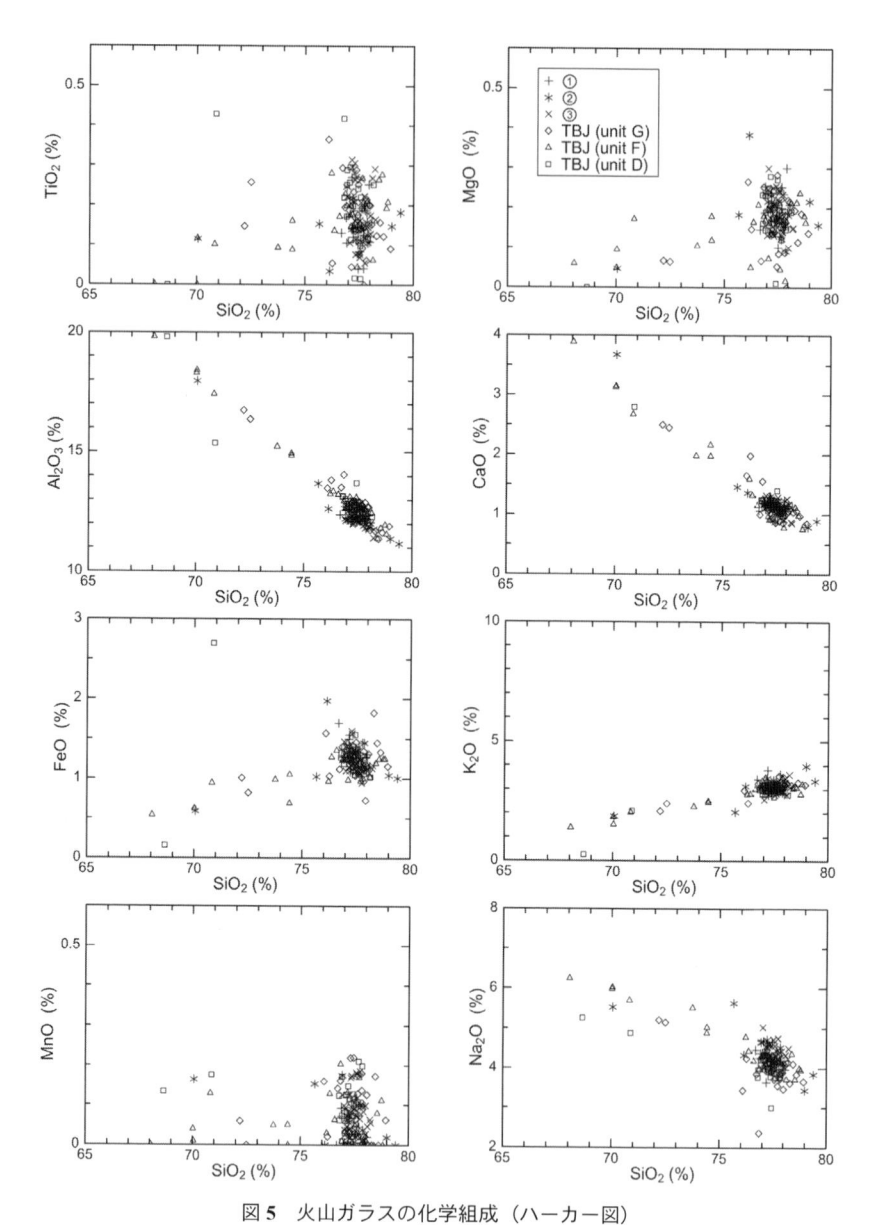

図 5 火山ガラスの化学組成 (ハーカー図)
Fig.5 Harker diagram showing chemical composition of volcanic glass.
図中の①〜③は，表1および図4中の①〜③にそれぞれ対応する．
Number with circle corresponds sample number in table 1 and fig. 4.

6 地形発達史

　現在のレンパ川デルタ左岸側に，旧河道跡などがみられないこと，また，地表近くまで軽石質二次堆積物がみられることからみて，レンパ川左岸側はTBJテフラ降下後に軽石質の砂がひろく堆積したものとみられる．また，さらにその後は，あまり河道が形成されなくなったが，これは軽石質二次堆積物の堆積により，右岸側に対して相対的に微高地となったためである可能性が指摘される．現在，デルタの左岸側の末端は鳥趾状を示すが，これは軽石質二次堆積物の堆積量が多く，ヒキリスコ潟にも軽石質の砂が流入したことを示唆する．

　一方，現在のレンパ川右岸側は，その微地形から見て，河川争奪が繰り返されたとみられること，また，地表近くにやや砂質な有機質堆積物が1mを超える厚さで堆積していることから，軽石質二次堆積物の堆積量が少なく，その後の時代にレンパ川が河道変遷を繰り返しながら氾濫原に砂泥を堆積させ，比較的厚い累積性の土壌が発達したと考えられる．

　レンパ川デルタ末端の微高地とヒキリスコ潟内の島々は，いずれも比較的淘汰の良い中粒砂の堆積により形成されているが，現在の沿岸砂州と平行する西北西－東南東方向にほぼ直線的に並び，微地形や島の伸長方向もほぼそれに一致していることからみて，以前砂州であったものが，侵食により縮小し，小島に分かれたものと考えられる．これらの地形を覆って，TBJテフラが堆積することから，旧砂州は，イロパンゴ火山3～6世紀噴火以前には形成されていたとみることができる．一方で，現在の砂州（サン・フアン・デル・ゴソ半島）は，TBJテフラに覆われないことから，噴火よりもあとの時代に形成された．

　旧砂州が，現在の沿岸砂州より陸寄りにあることからみて，噴火以前のレンパ川の河口の位置も現在より内陸にあったと推定される．噴火後，上述の軽石質の砂の堆積などにより，デルタが旧砂州を越えて海側へ延伸した結果，河口の位置もより海側に移動し，現在の砂州が形成されたと考えられる．その過程で，旧砂州が侵食されてできた小島のうち，最も西方にあったものは，周辺がレンパ川の氾濫原となって埋積を受け，デルタと地続きとなったと推定される．

　こうした地形変化を引き起こした土砂堆積の状況は，当時の人間をとりまく環

境を大きく変えた可能性がある．少なくとも，噴火以前には，旧砂州（現在の小島列）よりも海側のマングローブ林はなかったと推定されるが，一方で，当時のヒキリスコ潟には，軽石質の砂が流入・堆積し，当時のラグーン内のマングローブ林や海洋生物に大きな影響を与えた可能性が指摘できる．また，ヒキリスコ潟北岸および潟内の島々における生活趾は，多くが古典期前期以前のもので，古典期後期以降の生活趾はほとんどみられないということも，こうした土砂の堆積量の増加や地形変化が，直接的・間接的に人間の生活に大きな影響を与えた可能性を示唆する．

7 まとめにかえて

　小島の列となって残る旧砂州は，イロパンゴ火山3～6世紀噴火以前に形成されていた．現在の砂州は，イロパンゴ火山3～6世紀噴火後に，軽石質堆積物の二次堆積によって生じたレンパ川デルタの拡大に伴って，河口がより海側に移動することにより形成された．

　現在の砂州のより詳細な形成年代やヒキリスコ潟内のマングローブの消長とその年代を，マングローブ林下の有機質泥質堆積物の放射性炭素年代測定などにより明らかにすることができれば，ヒキリスコ潟内および周辺地域の環境変化を推定し，当時の社会への影響をより具体的に解明できると考えられる．

謝辞

　本研究は，エルサルバドル共和国大統領府文化庁遺産局考古課（Departamento de Arqueología, Secretaría de Cultura de la Presidencia）と名古屋大学が共同して行ったエルサルバドル考古学プロジェクトの一部を成す．本研究には，斎藤報恩会学術研究助成金（斎学申発2511-02および斎学申発26-114号）の一部を使用した．調査においては，名古屋大学大学院考古学教室の伊藤伸幸氏には，多くのメソアメリカ考古学に関する知見をご教示頂いたほか，現地調査に関わる様々な便宜を図って頂いた．また，エルサルバドル共和国大統領府文化庁遺産局考古課の柴田潮音氏には，多くのご助言を頂戴し，現地調査に関する様々な便宜を図って頂いたほか，当地での生活全般に至るまで様々なご支援を頂いた．名古屋大学高等研究院の市川彰氏には，調査地域の考古学調査成果に関する情報を提供して頂いた．エルサルバドル共和国環境資源省国土研究所（SNET, MARN）のWalter Hernández氏からは，地質・地形に関する多くの文献・空中写真なら

びに現地情報の供与を受けた．テフラの化学組成分析では，弘前大学大学院理工学研究科の柴正敏教授に，研究室のX線マイクロアナライザー（EPMA）の使用に関して便宜を図って頂いたほか，分析用プレパラートの作成や分析の方法のご指導を賜った．記して，心より感謝の意を表します．

また，本稿執筆の機会を与えてくださった田村俊和先生，ならびに，最後まで原稿執筆を激励して頂いた編集担当の皆様に，深く感謝申し上げます．

文　献

北村　繁 2009. イロパンゴ火山 4 世紀巨大噴火がメソアメリカ先古典期文明に与えた影響の再評価．2006 ～ 2008 年度科学研究費補助金（基盤研究 (C)：研究課題番号 18510159）研究成果報告書（研究代表者：北村　繁）．

Dull, R. A., Southon, J. R. and Sheets, P. 2001. Volcanism, ecology, and culture: A reassessment of the Volcan Ilopango TBJ eruption in the southern Maya realm. *Latin American Antiquity* 12: 25-44.

Dull, R., Southon, J., Kutterolf, S., Freundt, A., Wahl, D. and Sheets, P. 2010. Did the IlopangoTBJ eruption cause the AD 536 event? Poster presentation in Ame. Geophys. Union conference, San Francisco.

Gierloff-Emden, H. G. 1959. Die Kuste von El Salvador. *Acta Humboldtiana, Ser. Geogr. Ethnogr.* 2: 183.

Global Volcanism Program 2014. Volcanoes of the World (VOTW) Database 4.3.3. (http://www.volcano.si.edu). Department of Mineral Sciences, National Museum of Natural History, Smithsonian Institution.

Hart, W. H. E. and Steen-McIntyre, V. 1983. Tierra Blanca Joven tephra from the A.D. 260 eruption of Illopango Caldera. in *Archeology and Volcanism in Central America: The Zapotitan Valley of El Salvador*. 14-43. Austin: Univ. Texas Press.

Hernández, W. 2004. Características geomecánicas y vulcanológícas de las tefras de Tierra Blanca Joven,Caldera de Ilopango, El Salvador. Master's thesis in Tecnologías Geológicas. Universidad Politécnica de Madrid (in Spanish).

Hernández, W. 2005. Nacimiento y Desarrollo del río Lempa. San Salvador: MARN/SNET. Also at http://www.snet.gob.sv/Geologia/NacimientoEvolucionRLempa.pdf (in Spanish).

Ichikawa, A. 2009. Informe final-investigación arqueológica de Nueva Esperanza, Bajo Lempa, Departamento de Usulután, El Salvador. Departamento de Arqueología, Secreretaría de Cultura de la Presidencia de la República de El Salvador, Universidad Tecnológica de El Salvador (in Spanish).

Kitamura, S. 2010. Two AMS radiocarbon dates for the TBJ tephra from Ilopango Caldera, El Salvador, Central America. *Bull. Fac. Social Work, Hirosaki Gakuin Univ.*, 10: 24-28.

Kutterolf, S., Freundt, A., Prez, W. and Schmincke, H. –U. 2008. The Pacific offshore record of plinian arc volcanism in Central America: 2 Tephra volumes and erupted masses. *Geochem. Geophys. Geosyst.* 9(2). DOI: 10. 1029/2007GC001791.

Meyer-Abhich, H. 1958. Active volcanoes of Guatemala and El Salvador. *Catalogue of the active volcanoes of the world including solfatara fields. Part VI Central America* (International Volcanological Association), 37-105.

Sheets, P. D. 1983. Introduction. In *Archaeology and Volcanism in Central America: The Zapotitan Valley of El Salvador.* 1-13. Austin: Univ. Texas Press.

Weyl, R. 1980. *Geology of Central America,* 2nd ed. Berlin: Gebr. Borntraeger.

Article 6

Influence of Ilopango Caldera eruption to the formation of San Juan del Gozo barrier, El Salvador, C. A.

KITAMURA Shigeru

トピック3

防災・減災まち歩き
―微細な高低差を認識するために―

竹内裕希子

1 はじめに

　2004年にインドネシア西部スマトラ島北西沖を震源とした地震で発生した津波では，約23万人の人的被害が発生した．その中で，タイ・プーケット島を訪れていた当時10歳のイギリス人少女・ティリー・スミスが，地理の授業で学んだばかりの津波に関する知識を基に目の前の海辺の異変から危険を察知し，「津波が来る」と叫び多くの人の命を救ったという例は当時多くの国で報告された．2011年に発生した東日本大震災でも，「釜石の奇跡（出来事）」といわれる児童・生徒の防災教育の成果としての自主的な避難行動が国内外で紹介されている．
　2004年のイギリス人少女の事例は，授業で習った「海水が引き始めるのは津波の兆候」という津波のメカニズムに関する一般的な自然科学の知識を，生活環境の異なるリゾート地において行動に移したものである．東日本大震災による釜石市の事例は，「海岸で地震の揺れを感じたら津波を警戒して高いところに避難をする」という防災教育を実施する中で得た知識を，日常生活を営む生活環境の中で行動に移したものである．
　この二つの事例は，津波からの避難行動に地理的知識が用いられたという点において共通している．「釜石の奇跡」といわれる児童・生徒の行動の背景には，映像教材を用いた学習効果があったと釜石市教育委員会は報告をしている．しかし，釜石市の児童・生徒たちは，教材からだけでなく，まち歩きを通じて得た知識を地図にするという「地域防災マップ」の作成を経て得た知識も多く，これらの地域特性に関する情報が安全な場所の選定，的確な行動につながったと考えられる．少女ティリー・スミスが津波のメカニズム以外にどのような地理的学習を

していたのかは定かではない.しかし,「釜石の奇跡」同様に学んだ知識を行動に移すというその力を発揮した.安全な場所へ安全に逃げるために,地域の微細な情報を習得し理解する必要がある.防災・減災で求められる学習の成果は,行動を支える知識の取得である.

2 逃げる場所を確認するためのハザードマップ

1999年の広島豪雨災害を機に議論され,2001年に施行された「土砂災害警戒区域等における土砂災害防止対策の推進に関する法律(土砂災害防止法)」や2000年の東海豪雨後に改正された水防法などを背景として,現在,各市町村にはハザードマップの作成と住民への周知が求められている.ハザードマップは,防災・減災における自助・共助・公助の連携を助けるものとして,発行されており,災害に関する重要なリスク情報である.そのため,住民はハザードマップを活用して避難計画を策定することが必要である.しかし,ハザードマップはその多くが市町村を10地区程度に区分したスケールで示されており,生活を営む範囲や避難行動に使用する範囲の情報が十分に示されていない.ハザードマップから洪水や津波の浸水域や土砂災害の発生域を読み取ることができたとしても,避難場所や避難路の選定にはハザードマップのスケールでは表しきれない微細な高低差などを読みこなす必要がある.行政が作成するハザードマップには記載がされない地域の情報は,土砂や水の浸水を左右し,段階的に使用不可能な道路が発生することを理解することにつながる.

3 防災・減災まち歩き

微細な地域の状況を理解する取り組みとして防災・減災まち歩きがある.まち歩き(タウンウォッチング)は,住民がグループとして問題点を認識し,一緒に解決策を追求するための参加型手法である.タウンウォッチングは1970年代から日本の都市計画家によって開発され,まちづくりにおける参加型ツールとしてよく知られるようになった.

「まちづくり」の起源は1960年代の日本における公害に対する市民デモの運動

として帰着することができる．近年，主に都市計画に焦点をおいた日本の計画実践から，市民の関与を促す「まちづくり」運動が現れている．公共道路へのアクセス，広場，土地利用といったまちづくりにおける関心はまち歩きによって考慮される．まち歩きの利用は災害や安全などにも展開し，防災・減災まち歩きや，マイハザードマップづくりと呼ばれている．

愛媛県西条市では，2004年に台風21号と23号による被害が発生したのを機に，防災教育の強化を進めており，その一環として「防災タウンウォッチング」を実施している（タウンウォッチング実施手引き作成委員会, 2009）．防災タウンウォッチングは，自分の街で過去に発生した被災地を訪れて，当時の状況を地域の人から説明を受けたり，写真を撮ったりし，その後見聞きしてきた情報を基に地図を作成する活動である（図1）．西条市における小学生・中学生を対象として実施した防災タウンウォッチング前後のアンケート調査から，タウンウォッチングを行うことで，地域における災害時の状況を具体的に知ることに効果があることが検証されている（Yoshida, et al. 2010）．この「具体的な災害の状況」は，なぜここで浸水や土砂の堆積が発生したのかという疑問とその理解につながり，その多くは行政が発行するハザードマップでは読み解くことの難しい微細な高低差である．

写真1は2014年10月に熊本県阿蘇市立内牧小学校の5年生と実施した防災まち歩きの様子である．阿蘇市内牧地区は阿蘇温泉郷最大の温泉地である．内牧地区内には一級河川の黒川と花原川(かばる)が流れており，阿蘇市防災マップによると黒川を中心に1.0m～2.0mの浸水想定地域が広がっている（図2）．また外縁を阿蘇外輪山に囲まれており，急傾斜地崩壊危険区域や山腹崩壊危険区域，土石流危険区域が各所に存在している．

この地域では1953年，1982年，1990年に豪雨災害が発生しており，近年では2012年7月12日に九州北部豪雨災害を経験した．2012年の災害では阿蘇地方で死者22名，行方不明者1名，負傷者8名，全壊130棟，半壊40棟，一部損壊496棟，床上浸水1,090棟，床下浸水26棟の被害を出した（熊本県2012）．黒川に接して立地する内牧地区は黒川の外水氾濫により内牧中心部が広く浸水した．2012年の災害後，内牧地区をまち歩きしていると写真2のような浸水痕の表示を複数みかける．これは2012年の浸水被害を忘れないために自治会が作成したものであ

① (左上) 全体説明

② (右上) グループに分かれて説明

③ (左) 地域に出かける
　自治体の人や森林組合，住民の人から話を聞く．気がついたことはメモや写真を撮る．

④ (上) 気がついたことを模造紙や地図にまとめる

⑤ (左) 発表会を通じてみんなで情報を共有する

図1　西条市におけるタウンウオッチングの概要

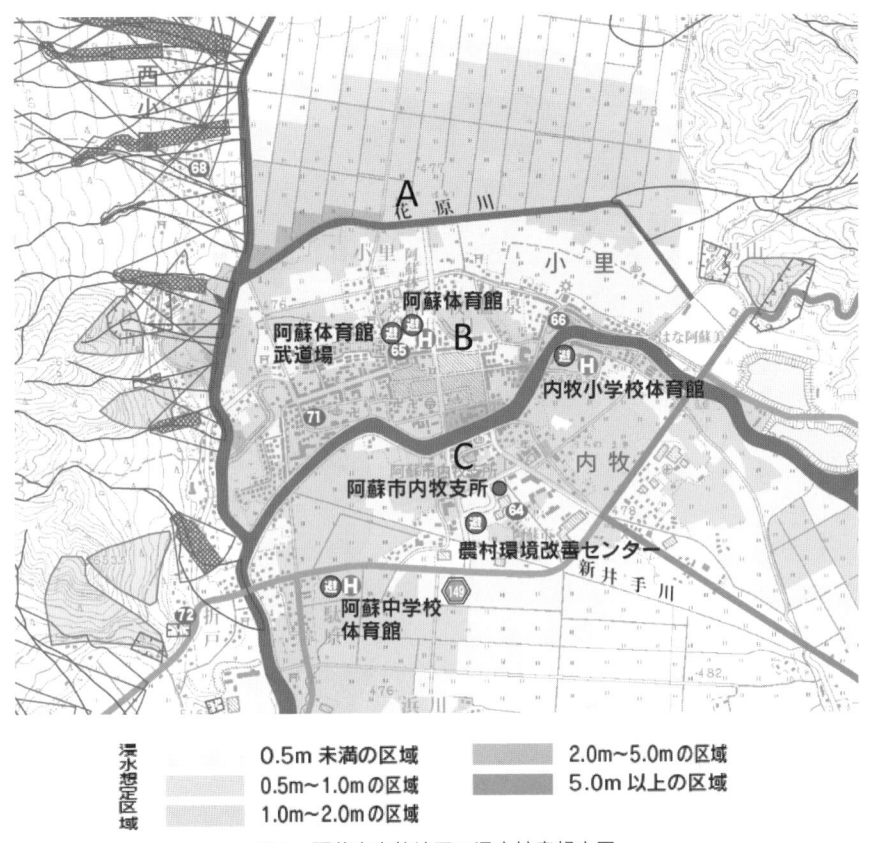

図2 阿蘇市内牧地区の浸水被害想定図
阿蘇市 (2014).

る．これにより実際に浸水をした場所と浸水深を確認することができる．

　阿蘇市のハザードマップ（図2）をみると黒川から北へ400mほどのところに市の体育館があり阿蘇市の指定避難所となっている．図3は図2中のA-B-C間の断面図であり，Aが花原川，Bは体育館，Cは黒川である．図3をみると黒川が天井川となっており，体育館へ向けて緩やかに2mほど下っていることがわかる．このような緩やかな地形変化は自動車で移動している際には気が付きにくい．まち歩きを行うことにより高低差（坂道）を実感することができ，さらに過去の浸水被害の表示に遭遇することで，なぜそこが浸水したのかを考えるきっかけとなる．このようなプロセスにより内牧が黒川より低いことが認識できる．ハンド

写真1　阿蘇市内牧におけるまち歩きの様子

写真2　阿蘇市内牧にある浸水痕の表示

レベルなどでその違いを計測するとより実感をもって認識することができる（写真3）．

　このような知識をもって改めてハザードマップをみると，阿蘇市の指定避難所である体育館自体はハザードマップ上では浸水が想定されていないが，体育館周辺が浸水することがわかる．黒川の外水氾濫が発生した際には，黒川から体育館へ向けて南側から浸水をしてくることが予測され，黒川に近いところから段階的

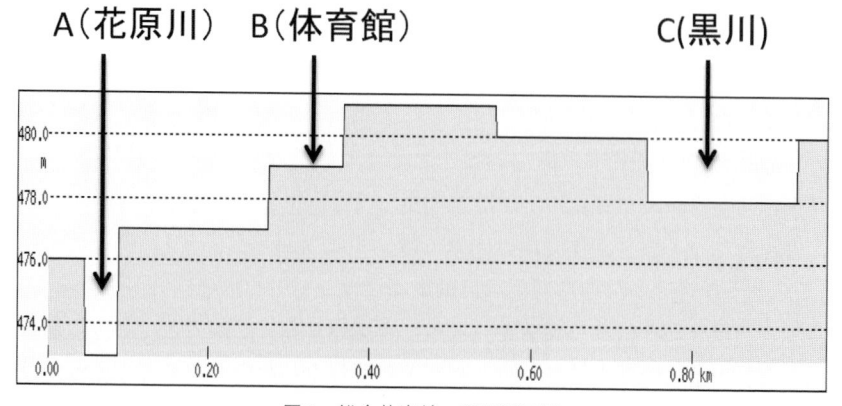

図3　総合体育館―黒川断面図

写真3　ハンドレベルで計測している様子

に道路が使用できなくなることが想定できる.

　黒川と花原川に囲まれた地域は双方の河川から氾濫し体育館のあたりが最後まで浸からないようにみえるが，微小な高低差を知ることで浸水には時間差があること，黒川から花原川へ向けて水が流れることを想定することができる.

　浸水中の避難は非常に危険である．浸水が発生してしまった際には，無理に避難所への避難を行わず2階以上の建物へ垂直避難を行うことも検討しなければならない．ハザードマップでどこが浸水するのかを知るだけでなく，避難に使用できる道路やタイミングを考えるためには，街中の微細な高低差を知る必要がある．そのために，防災・減災まち歩きは有用な方法である．

4　おわりに

　まち歩きで得られた情報を地図に整理をし，現在と過去を見比べることで，新たな発見につながる．「まち」には地名や石碑，言い伝えなど歴史理解につながる様々な情報が存在している．それらの情報は，地域住民にとっては当たり前で格段特別なものであるという認識が少ない．まち中に存在する微細な高低差も人々の生活の中に溶け込み，格段認識されていない情報である．このような情報を防災・減災という視点を持ったまち歩きでみつけ共有していくことは，地域の

災害履歴を理解するだけでなく，今後発生しうる災害へ備えるために重要な手順である．

文　献

阿蘇市：阿蘇市防災マップ．http://www.city.aso.kumamoto.jp/disaster/disaster/disaster_prevention_map/（最終閲覧日：2015 年 8 月 17 日）
熊本県 2012.『九州北部豪雨災害浸水状況』
タウンウオッチング実施手引き作成委員会 2009.『防災タウンウオッチング実施手引き』
Yoshida Y., Takeuchi Y., and Shaw R. 2010. Town watching as the useful tool of urban risk reduction in Saijo. In *Urban Risk Reduction: An Asian Perspective*, eds. R. Shaw, H. Srinivas and A. Sharma, 189-205. Emerald.

Topic 3

Town Watching for Community Based Disaster Risk Reduction

TAKEUCHI Yukiko

第Ⅲ部

微地形と人間活動

総説 7

世界の様々な気候帯における人間活動と微地形利用 ——狩猟,採集,農耕,家畜飼育からみた枠組み——

池谷和信

> 自然を利用した人間の生業活動の理解を深めるためには,微地形を中心として,植生,土地利用,地域社会を1つの地域システムとして総合的に捉えることが重要です.筆者による熱帯から寒帯に至る世界各地で行ってきたフィールドワークの成果に基づき,「人類にとっての微地形とは何か」を考えます.

1 微地形利用の地域性

1.1 人類にとっての微地形

　数年前の8月に,筆者は,バングラデシュのベンガルデルタに滞在していた.1年中この地域を遊動しているブタの群れを探して,ブタと人とのかかわり方を把握するためである.その時,ブラマプトラ(ジャムナ)川の支流の川の水位が高くなり,ちょうど川の水がおしよせ堤防を越えるところをみることができた(写真1).堤防の先の陸地には,ブタの群れが残されることになるが,地元の牧夫によるとブタは泳ぐことができるので心配はないという.別の牧夫は,牛の群れをひきつれて避難している光景が印象深かった(写真1参照).このときに,1mの標高の違いが人々の暮らしに大きく影響を与えていることを身近で知ることができた.

　さて,地理学は,地球上の全ての地表面を対象にした学問であるといわれ,地域における土地と人とのかかわり方を自然から人文まで総合的に把握することを研究の目的としてきた.このため,地球上の地形,気候,植生のような自然的基礎から,経済,政治,社会,文化のような人文現象までを地域のなかで総合的に把握することができるのが最大の強みである.例えば,冒頭のエピソードのように筆者はブタと人とのかかわり方から生まれる「遊牧」に研究の焦点を当ててはいるが,どのような自然資源をブタが利用しているのか,どのようにブタ肉は出荷されているのかという生産や流通面もまた研究課題としている (池谷 2014 ;

写真1 川の氾濫によって移動する牛の群れ（ベンガルデルタ）

Ikeya 2014). 最終的には, ある特定の地域の中で, 自然, 家畜, 地域経済という3つの要素間の相互関係を把握することが研究目的である.

その際に, 地理学では地域のスケールに応じて, 対象地域を把握することが重要な視角になっている. 具体的には, 大気候, 中気候, 小気候や, 大地形, 中地形, 微地形のような区分のことである. そこで, 本章では, まず, 地球全体の視角から気候帯の違いを区分のために重視した. それは, 緯度に応じて赤道から極地にかけての熱帯, 温帯, 冷寒帯という3区分である. この章では, それぞれの気候帯における微地形利用を紹介することから,「人類にとって微地形とは何か」という問題への答えを考えてみたい.

1.2 微地形利用研究の進展

これらのことをふまえて, 本書のテーマとなる人間の暮らしのなかでの微地形利用の状況を紹介することから, 微地形の意味を考えることにしたい. わが国の地理学では, 人類による微地形利用に関して多数の研究が蓄積されてきた. 例えば, 自然堤防や氾濫原などの日本の沖積平野における微地形環境変化の研究はよく知られている（井関 1983）. また, 日本の事例を中心として沖積低地の微地形と洪水や津波などの災害に言及する研究もまた数多い（海津編 2012）. さらに,

278

図1 本章の8つの調査地
各事例の詳細は表1参照.
1：ナイジェリア　2：バングラデシュ　3：ケニア　4：ボツワナ　5〜7：日本　8：ロシア

　日本と同じモンスーン気候下にある東南アジアや南アジアに対象が拡大されて，メコンやベンガルのような主要なデルタの土地利用の実際やその利用史の研究が行われてきた（春山 2004；宮本ほか 2010）．
　しかし，これらの研究では世界各地の主として平地における事例をミクロな地域研究として紹介することが多く，人類の微地形利用の全体像を把握したものではなかった．このため，地球という視野の中での個々の事例の位置づけは十分に明らかにはされていない．つまり，これまで地球の中での地域の特性を把握する枠組みを構築する試みはほとんどみられなかったといえる．そこで，本章は，人類による地球全体の微地形利用を把握するための枠組みを提示することによって，これまでの多くの事例研究を位置づける試みとなっている．
　本研究では，主に筆者が現地調査を進めてきた事例研究を比較することから，人類の微地形利用に関する地域的特性と一般的な傾向を把握することをねらいとする．まず，すでに言及したように気候帯によって，熱帯，温帯，冷寒帯という地球環境を3つに分類する．そして，以下に述べる事例1から事例8までのように，人類の微地形利用の詳細について各地の事例を報告する（図1参照）．

2 熱帯の平坦地の事例 —現在の人々の暮らしをささえる微地形

　世界の熱帯は，湿潤帯と乾燥帯に分かれる．湿潤帯では，ニジェール川流域（事例1）とバングラデシュのベンガルデルタ（事例2）をとりあげる．両者とも，氾濫原での微地形利用が特徴的である．水位の変化に伴う氾濫域の違いに応じて，地域の土地利用が異なっている．前者では牛の放牧や稲作の状況，後者では異なる稲の品種の選択やブタの遊牧などに微地形の条件が大きく関与する．以下，それぞれの事例の詳細を紹介する．

2.1 湿潤熱帯の世界

【事例1　湿潤アフリカの氾濫原をめぐる資源利用】　ニジェール川は，最近，エボラ熱の流行で知られるギニアからマリ，そしてニジェールをとおりナイジェリ

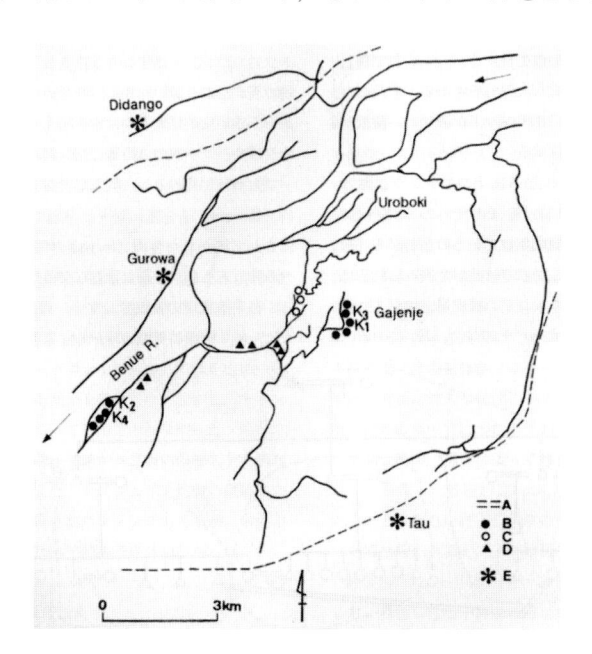

図2　乾季におけるベヌエ川の氾濫原におけるキャンプの分布
池谷 (2006).
A：氾濫原　B：ボロロキャンプ　C：ウダキャンプ　D：漁民キャンプ　E：村

写真2　ウシを放牧するフルベの若者（ナイジェリア）

アにて大西洋に流れる西アフリカの最大の大河である．ナイジェリアの中央部では，カメルーン高地から流れるベヌエ川と合流する．筆者は，1990年代前半にナイジェリア北部のベヌエ川の氾濫原で調査をした経験がある（池谷2006）．現在，この地域ではイスラームのテロリストといわれるボコ・ハラムの活動が活発化しており，現地調査は難しい．

　対象地域では，雨季と乾季とのあいだの川の水位が7～8mも異なり，雨季の川幅は10km近くにも広がる（図2参照）．このため，雨季には自然堤防上に暮らす漁民の生活が維持されているが，氾濫原での農民や牧畜民の生活は維持できない．しかしながら，乾季になるとこの地域の様相は異なってくる．氾濫原には，多様ななりわいの人々が移動してくる．まず，そこで自生しているヤシの葉を利用する人々である．彼らは，葉を組み合わせて販売用の品物を制作する．また，およそ100～200頭余りからなる牛の群れとともにやってくるフルベの人々（ボロロかウダの集団）である（図2および写真2参照）．乾季の氾濫原は草資源が豊かであり放牧地として適している．さらに，稲作を行うハウサの人々である．彼らは，国の北部から移住してきており，フルベの人々とのあいだで土地利用をめぐる紛争になりやすい（池谷2006）．なぜなら，フルベ所有の牛たちが収穫前のハウサが育てた収穫前の作物を食べにやってくることがあるからである．

【事例2　南アジアの巨大デルタとブタの遊牧】　バングラデシュのベンガルデルタでは，上述したニジェール川支流のベヌエ川の氾濫原の場合に比べて，様々な人間活動は，さらに微地形に密接に依存している．ベンガルデルタは，ガンジス川とブラマプトラ川が合流する大河の下流域から構成されており，大きくみると平坦な土地に稲作地がひろがっており，世界的にみても人口密度が高い土地である．この地域では，雨季での川の氾濫は災害にはなっておらず，むしろ豊かな土壌の供給に有用であるといわれてきた．筆者は，これまで数回以上にわたり，ベンガルデルタで展開されるブタの遊牧の実際を把握する調査・研究を行ってきた（写真3，写真4）．その詳細は，別稿を参照されたい（池谷2014，2015）．

図3は，ベンガルデルタの一般的な微地形の構成を示している．まず，主としてベンガル系のイスラーム教徒が暮らす集落が川岸の高台に立地する．そして，それに隣接する部分は氾濫原になっている．ここでは，雨季に水中を長く伸びる根からなる浮稲がつくられることが多い．浮稲は，雨季に成長し，水のひく乾季に収穫になる．さらに，その周囲にはベンガル語で「バール」と呼ばれる低地が

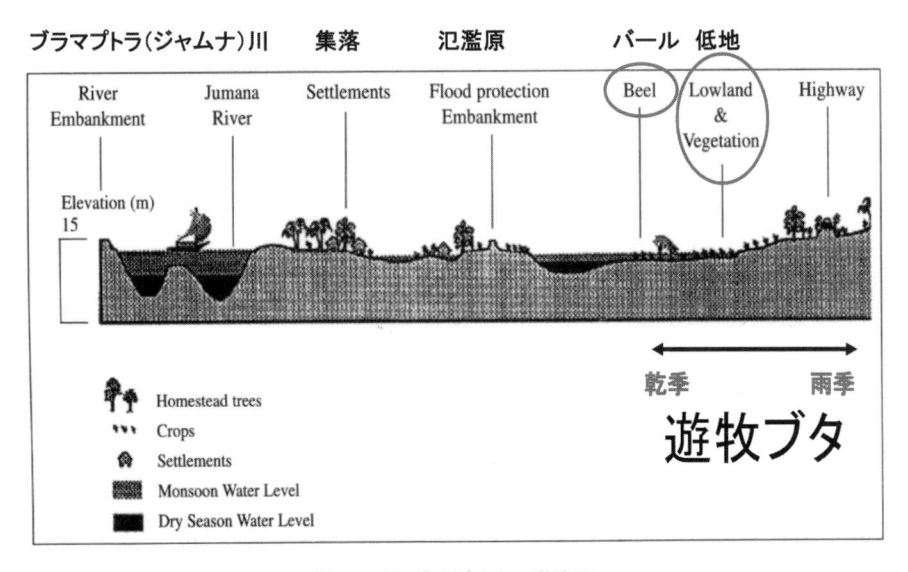

図3　ベンガルデルタの微地形
Ikeya（2014）．

写真3 乾季の豚の放牧地（バングラデシュ）
川沿いから微高地へ移動．

写真4 豚の放牧と田植えとが共存

広がっている．ここでもまた，稲作のみならず畑作も展開されている．
　筆者は，このデルタを実際に歩いてみて，さらに細かいスケールにおける微地形の重要性を確認することができた．例えば，同じバールのなかでも，およそ1m程度の標高差によって土地利用が異なっている点である．写真4をみると，

田植えを行っているのは，全体のなかの一部である．その周囲では，畑の収穫が終わった状況を示しており，またブタの遊牧が行われている．牧夫は，本拠地とするキャンプからここに移動してきて農地内に残された雑草をブタに食べさせている．上述したナイジェリア北部のベヌエ川沿いでは農耕民と牧畜民とのあいだに紛争が生じているが，ベンガルデルタでは農耕と牧畜が共存している点で興味深い．

2.2 乾燥熱帯の世界

熱帯の乾燥帯では，ソマリランド（事例3）[1]とカラハリ砂漠（事例4）をとりあげる．両者とも年間の降水量が500mm以内であり，その年変動が激しく，干ばつの多発地域である．ここでは，「パン」や人工的プールのような窪地が人々や家畜が利用する水を供給するために欠かせないものになっている．

【事例3 世界一のラクダ生産をささえる窪地の水（ソマリランド）】 ソマリランドは，アフリカの北東部に位置しておりアフリカの角と呼ばれる地域に対応している．この地域は，年間の降水量が500mm以下の乾燥地域が大部分を占めている．ここでは，ラクダを中心としてウシ，ヤギ，ヒツジなどの多様な家畜を飼養してきたが，ラクダの飼養頭数はソマリランドにて約500万頭を示し，それは世界一である．また，日本を含む国外からの灌漑水路をつくるという援助によって川の流域ではバナナなどを対象にした農耕が行われている所もある．しかしながら，近年では，イスラームのテロリストといわれるアルシャバーブ（ソマリア南部が中心）の活動などによってさらに地域の治安が悪くなっており，現地調査が難しい状態におかれている．

筆者は，これまでアジアやアフリカ地域における乾燥地域の暮らしをみる機会があったが，ソマリランドほど微地形が人の生存に影響しているところはなかった．それは，降雨があるならば一時的に水が貯められる窪地の存在である（写真5）．これは，深さが3〜5m程度のもので多くが道路沿いに分布していることから，自然に生まれた地形ではないことがわかる．これは，道路建設の際に盛り土をするために土が必要となり，それを供給するために掘ったものであるらしい．しかし，この窪地のおかげでこの地域に暮らす牧畜民ソマリやオルマにとっては「命

写真5　人工窪地に集まるラクダの群れ（ケニア北東州）

の水」になっている．とりわけ日中は，数多くのラクダやほかの家畜の水，および人の水の供給地となっている．このため，この貯水池の水位が下がってくるとその地域には民族間の緊張が走るのがわかる（写真6）．現に，1991年には，この場での放牧中の牧夫のいざこざが原因となって，ソマリとオルマとの民族間の争いに発展した点を指摘しておきたい（池谷2006参照）．なお，この他にもソマリ自身が人力で井戸を掘るという活動もみられた．この場合は，地域の皆がその井戸水を利用できるわけではなく，開発した者にのみ利用権が与えられるシステムになっている．

【事例4　カラハリ砂漠の微地形と地名】　カラハリ砂漠は，ボツワナ，ナミビア，南アフリカなどにまたがっており，アフリカ南部に広がっている．その面積は，日本のそれの1.5倍に当たる．筆者は，これまでボツワナの国土の3分の2を占めるカラハリ砂漠の村に長期にわたり滞在してきた．この経験をふまえて，現地における微地形利用について紹介する（池谷2002参照）．まず，カラハリ砂漠の

総説7 世界の様々な気候帯における人間活動と微地形利用 285

写真6 厳しい水事情（ケニア北東州）

　植生景観は，砂漠ではなくて大部分が灌木と草地でおおわれていて，むしろサバンナといってよい自然環境である（写真7）．しかも，起伏はほとんどなく見渡す限り地平線からなっているために，大海原のなかにいるような状況で自分の場所を認識するランドマークがないようにみえる．また，上述したソマリランドのように人工的につくられたような井戸がみられない．イギリスの保護領ベチュワナランド時代に，深さ100m以上の地下からくみ上げる，政府がつくった井戸があった程度である．

　しかしながら，カラハリ砂漠の暮らしの中で，高さにすると数十cmの深さの窪地が生存にとって不可欠である．それは，砂漠の人々（ここでは，主として狩猟採集民サン）の水源の供給地となるからである．この地域では，雨季にしかまとまった降雨がみられない．しかも，土壌はカラハリサンドにおおわれているために，ほとんどの水は地下に浸透してしまう．唯一，「パン」と呼ばれる地形に，降雨のあとに水がたまる．蒸発をおさえることはできないが，パンの存在は自然地理的にもユニークな存在である．パンは，フライパンのような形をしている大きな窪地であり，カラハリ砂漠内に広く分布をする．

　現地の人々は，ほとんど例外なくパンの場所にサン語（言語集団ガナやグウィ）の地名をつけている（図4）．この中には雨水が貯まる場所があるためと推察される．この地域に暮らす人々は，野生動物とわかちあいながら，ここの水を蒸発する前に利用する（写真8）．その結果，彼らは点在する水を利用するために移動生活を余儀なくされるのである．ちなみに，筆者はこの地域の地名を集めてき

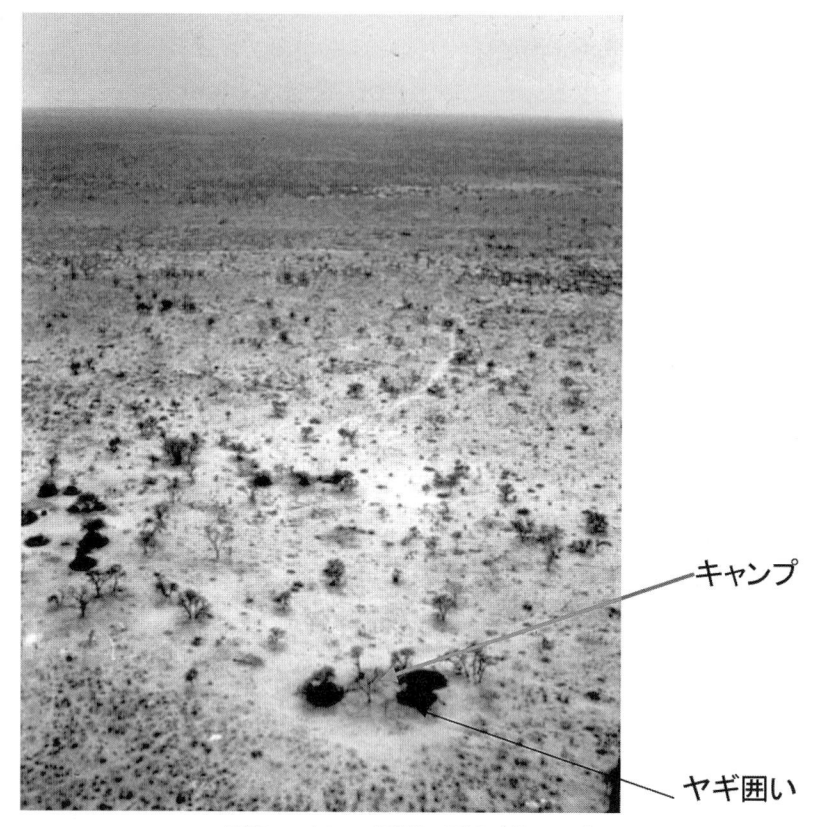

写真7 カラハリ砂漠の景観（ボツワナ）

た（池谷2002参照）．ンゴー（ngo）は場所一般を示し，タビ（//tabi）は小さな丘，コウシ（kousi）は窪地などの微地形を示す．

　以上のように，これまでアフリカや南アジアの熱帯に限定されてはいるが，4つの事例をみてきた．農耕や家畜飼育などのように，それぞれの地域におけるなりわいは異なるが，微地形の利用が広くみられた．ここで共通しているのは，大きくみると平坦地にみえるが，より細かくみると，高さでいうと1〜2mの違いの地形が地域住民にとっていかに重要であるのかということである．乾燥帯では，自然と人工との違いは認められるが，この微地形を基盤とした水の確保が人や家畜の生命の維持にいかに必要であるのかを示唆している．

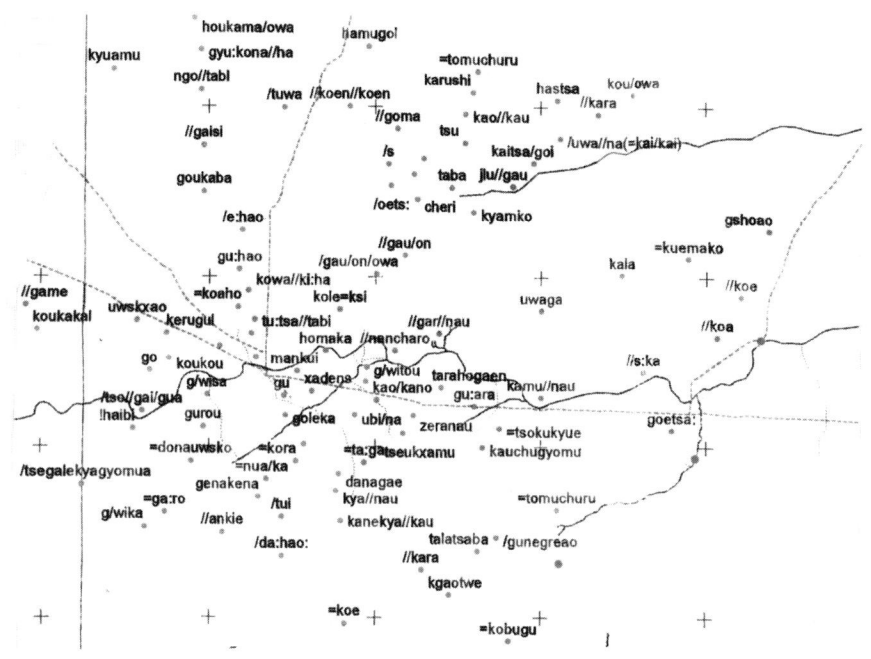

総説 7　世界の様々な気候帯における人間活動と微地形利用　　　287

図 4　カラハリ砂漠の地名の分布
　Ikeya (1994).

写真 8　雨水を集める人々（ボツワナ）
　パンのなかの窪地にて．

3 温帯の山地環境 —消えつつある微地形利用とその知識（在来知）

　温帯では，日本列島のなかで山地における狩猟，採集，焼畑，放牧のような伝統的生業をとりあげる（事例5）．これらは現在，国内において担い手の高齢化などを理由として衰退したり，あるいは消滅しつつある活動ではあるが，日本列島における山地の斜面や平坦部を利用する活動であった．なかでも，ゼンマイ採集活動は，日本の多雪地帯の急峻な地形を細やかに利用するものであり，世界的にみてもユニークな利用形態を示す．筆者は，東北地方の多雪地帯で，生業として行なわれてきたゼンマイ採集の実態を，山菜採りに弟子入りすることで詳細に観察・記録した（池谷2003）．

【事例5　日本列島と山地での採集】　上述したようにアフリカや南アジアの事例は，2つの大陸のなかの事例であって，一見すると平坦地にみえる地形のなかで微地形の存在が人々の暮らしに欠かせない事例であった．しかし，日本のような

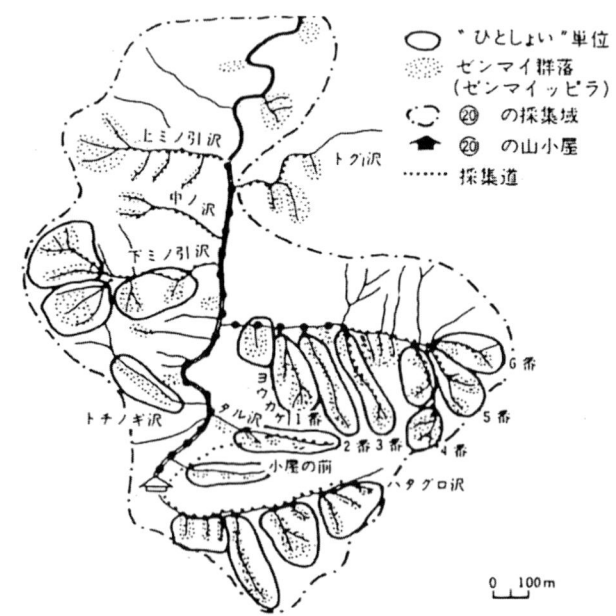

図5　ゼンマイ採集のメンタルマップ
池谷（2003）．

総説 7　世界の様々な気候帯における人間活動と微地形利用　　　　289

土地の起伏が大きい所では，大陸の微地形利用とは異なり，世界的にもユニークな微地形の利用が発達してきた．

　ゼンマイは，わが国では山菜の王様であるといわれる．日本各地の山野に自生するが，とりわけ東北地方の多雪地帯の山岳部では太いゼンマイが密生することで知られる．これは，雪崩植生にゼンマイ群落が高密度に自生するものであり，地域では1つの群落のことをゼンマイッピラと呼ぶ（図5）．筆者は，今から25年前に新潟県北部の奥地山村にてプロのゼンマイ採りに弟子入りをしたことがある．その際には，ゼンマイの長さを毎日，測定して，1日当たりに伸びる長さを調べた．その結果，1日に5cm伸びることがわかった．ゼンマイが食用にできるのは，せいぜい25cmまでであった．地面から顔をだし，その葉が開くまでの間しか食用にできないので，その採集の時期はおよそ5日間しかないことになる．

　このため，ゼンマイ採集では，山地の微地形に応じて雪解けの仕方が異なるので，そこでのゼンマイの盛りの時期のズレを巧みに利用した活動になっていた．筆者の調査によると採集者の微地形利用は，以下のような3つの段階に分けることができる（図6）．まず，「ヒラ折り」である．これは，沢のなかの雪崩のあっ

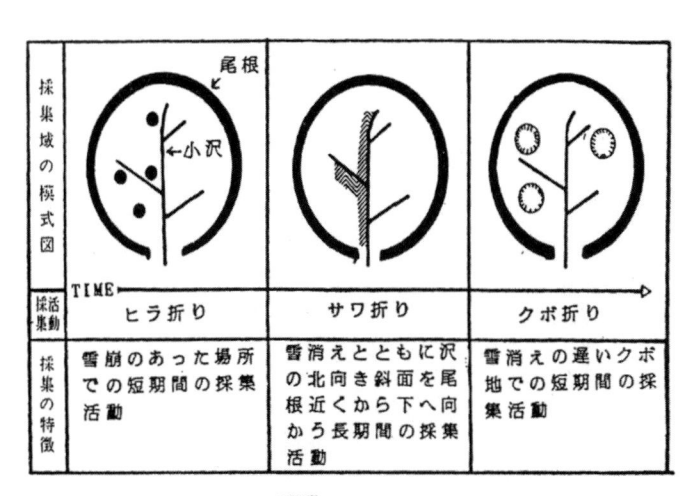

図6　3つのタイプのゼンマイ採集
池谷（2003）．

た場所での短期間の採集活動を示す．雪崩は部分的に生じているので，その場所を探すことになる．次は，「サワ折り」（写真9）である．これは，沢のなかの雪消えとともに，ゼンマイ群落の分布する沢の北向き斜面を尾根近くから下へ向かう長期間の採集活動である．最後に「クボ折り」（写真10）は，雪消えの遅いクボ地での短期間の採集活動である．

このような構成のために，雪の多寡による年変動も無視することができない．多雪の年の場合には，ある採集者の場合，採集地をめぐって世帯単位のナワバリ

写真9 「サワ折り」（日本）

写真10 「クボ折り」（日本）

をもっていて，ゼンマイ群落を認識してそれを利用しているとみることもできる．その採集期間は，全体で30日近いのが特徴である．その一方で，雪が少ない年の場合には，ある一定の範囲内において雪解けに時期的なズレがあまりなく，ゼンマイは一斉に伸びてしまうので，長期間にわたって採集が成立しない点を指摘しておきたい．

　以上のように日本のゼンマイ採集の場合，きめ細やかな自然認識を基盤とした山地での微地形利用であり，微地形と植生との組み合わせが重要な要素であった．世界的に採集活動をみてもここまで徹底して自然を利用することは少なく，日本文化のなかでのきめ細やかな自然認識を受け継いでいる活動になっている．しかしながら，現在，このような採集経済の村は全国的には消えつつある．その理由の一つは，全国的にみられる過疎化の現象である．ゼンマイが密に自生する村は奥地に位置することが多く，その後継者がいないのが現実である．もう一つは，四国においてゼンマイの栽培化に成功して以来，人工ゼンマイが市場に広くでまわっているためである．もちろん，地域の料亭などでは野生ゼンマイの人気は高いが，現代日本の若者の間ではその区別すら難しくなっている．

【事例6　日本列島と山地での狩猟】　採集と同様に狩猟もまた日本文化の中で衰退しつつある生業であるが，人々による微地形の利用がみられた．日本列島には，イノシシ，シカ，カモシカ，サル，そしてクマなどの中型・大型の哺乳類が生息していることはよく知られている．また，日本人は古来以来，これら野生動物の狩猟を行ってきた．しかしながら現在，狩猟者の高齢化により狩猟圧が減少した結果であるのか，各地で作物や樹木に対する獣害が広くみられる（池谷2011）．

　筆者は，ゼンマイ採集と同様にクマ狩りに参与したことがあるが，山中にてクマ（ツキノワグマ）を探す場所はほぼ決まっていた．それは，春先にクマが冬眠の穴から出て木の実などの餌を食べる場所である．その周囲の地形は急峻であり，その沢をはさんで対岸から双眼鏡を使ってクマを探すことになる．また，新潟県三面では1950（昭和25）年頃には衰退しているが，クマを対象にした罠猟が行われており，これも微地形利用の活動として注目してよいであろう（池谷1988）．この罠（オソとかオシとか呼ばれる）は，秋の時期にクマの通り道に設置されるものである（図7）．秋には，ブナやナラの実が落ちて，それがクマの

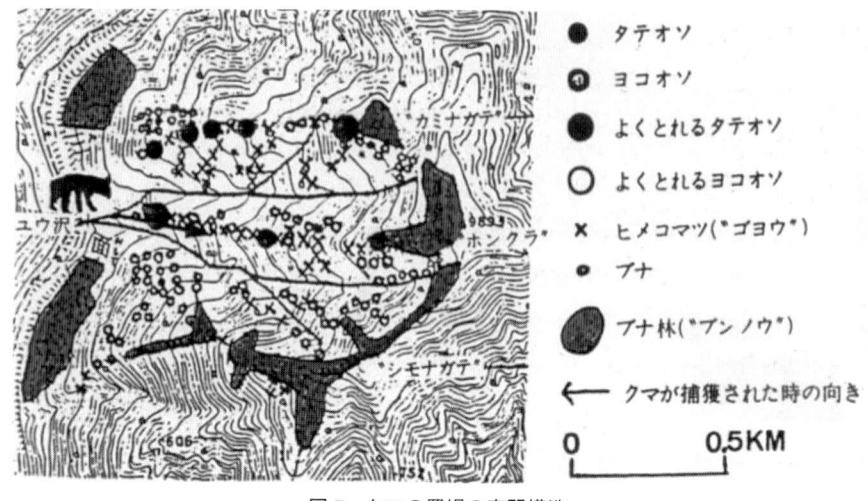

図7 クマの罠場の空間構造
池谷（1988）．

餌になることが知られている．それらは，川の段丘上や山の尾根に近い部分に生育するので，ハンターは，両者を結ぶ尾根に罠を設置することになる．当時，集落内において各世帯の山中の罠場が暗黙の了解によってきめられていたという点も，野生動物資源の維持管理を考える上で重要な点である．

【事例7　日本列島と山地での焼畑】　狩猟と採集以外に焼畑もまた，日本列島における基本的な生業であった．焼畑は，森の木を伐採してからそこで火入れを行ったあとに，アワ，ヒエ，ソバなどの雑穀やダイコンやカブなどを栽培する粗放的な農業である．そして，2〜3年間の耕作の後に土地は放棄される．その後，その土地は10年以上にわたり休閑地として利用される．また，この生業は，十分に実証されたわけではないが，その盛衰はあったものの縄文時代の晩期から現在までにわたって行われてきた．現在，山形県鶴岡市のカブ栽培であるとか，国内においても様々な意味合いを持って少なくとも10カ所において部分的に焼畑は行われている（図8）．

ここでは，四国の高知県・椿山集落の事例から，焼畑における微地形利用をみてみよう（写真11）．以下，そこで長期間調査をした福井勝義の本『焼畑の村』の内容を引用する（福井1974）．椿山は，四国の中央部を東西に走る山地の山麓

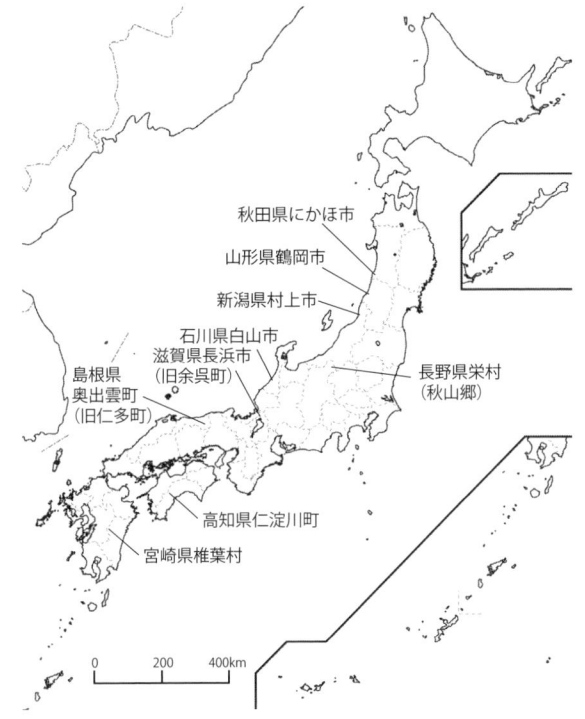

総説7 世界の様々な気候帯における人間活動と微地形利用　　　293

図8 現在の焼畑分布
池谷作成.

地図中のラベル:
- 秋田県にかほ市
- 山形県鶴岡市
- 新潟県村上市
- 石川県白山市
- 滋賀県長浜市（旧余呉町）
- 長野県栄村（秋山郷）
- 島根県奥出雲町（旧仁多町）
- 高知県仁淀川町
- 宮崎県椎葉村

写真11 焼畑斜面（右：高知県, 左：山形県）

に位置する．この村では，山を示す言葉の中で地形にかかわるものが半分を占めるという．ウネ，タニ，ヒラ（平らな場所），クラ，コエ，ゴーロなどである．これから，村人がいかに細かく地形を認識していることを知ることができる．また，日照時間の長短を基準として，「ヒノジ」と「カケジ」のように土地を大きく二分していた．さらに，近くにあって低い山を「チカヤマ（コーマエ）」，遠くて全体に高い山を「タカテ（ミオ）」と呼んでいた．こうしたことから，村人が高度によって山を大きく2つに分類していることもわかる．タカテでは春に火入れをして，まずはヒエをつくったという．これに対して，チカヤマでは，秋に火入れをしてからムギをまいたという．このように，これらの表現は焼畑の違いとも対応している．

　以上のように，焼畑の村の住民は，上述したゼンマイ採集の村における沢の認知とは異なるが，日射と地形を組み合わせて山地を分類していることがわかる．

4　冷寒帯のツンドラでの利用 —生存のために不可欠な微地形

　地球上には，北極海の周辺に広大な極地が拡がっている．ここでは，北極海からベーリング海にかけての地域に面しているロシア北東部チュコト自治管区をとりあげる（事例8）．ここでの生業の中心は，内陸部ではツンドラ植生を放牧地として利用するトナカイ牧畜であり，海岸部ではクジラ，セイウチ，アザラシなどの海獣類を対象にした狩猟である．なかでも牧畜では，冬季のあいだの降雪の状況が，微地形で異なるのに応じてトナカイの餌となる植生状況が異なっていて，トナカイ放牧に影響を与えている．

【事例8　ツンドラでのトナカイ牧畜】　ツンドラもまた，砂漠や海洋のように地平線まで平坦地にみえる自然である．しかし，それらと違うのは，ツンドラは湿地帯であるためにその内部での人の移動が難しいという点である．現在でも，冬は氷の世界となるのでスノーモービルが移動には便利ではあるが，夏にはキャンプと村や村と町の間を，キャタピラのついた戦車のようなヴェズジーホートやヘリコプターで移動することが多い．ここでは，極地の中でユーラシア大陸の北東端に位置するチュコトカ地方をとりあげる．ここには，チュクチと呼ばれる人々

総説 7　世界の様々な気候帯における人間活動と微地形利用　　　　　295

写真 12　トナカイ放牧地（ロシア）
手前に微高地あり．

写真 13　トナカイの群れの採食とその移動（ロシア）

が暮らしてきた．筆者は，これまでに 8 回にわたり，この地域でのトナカイ飼育や海獣狩猟の調査研究を行ってきたが，当時は地球温暖化による氷の融解は進んでいなかった．この地域では，1 つのトナカイの群れはおよそ 2000 頭から構成されており，トナカイ放牧は，トナカイキャンプに暮らす人々（とくに若者の男性）によって展開される（写真 12）（池谷 2007 参照）．また，年間の移動形態は，

ツンドラが積雪におおわれて，運搬用のそりを使える冬季と，それ以外の時期とで大きく異なっている．

トナカイ飼育の研究では，冬（10月下旬）にトナカイの放牧の状況を観察する機会があった．牧夫は，1名のみである．食事の際には，トナカイの群れから離れて村にもどることが多い．その際には，地表面は完全に氷でおおわれているので，わずかな灌木がある小高い場所が放牧のために重要であることがわかった．写真13をみてほしい．手前の方は凍った川の上であるために全くの平らであり，トナカイの群れはそこを移動路に使用している．しかし，後方の微高地は灌木がはえていることから餌資源が豊かで，トナカイが密にかたまっている．このようにわずかな標高差がトナカイの生存のために不可欠であることがわかるであろう．

5 地域間を比較する —微地形利用の環境史に向けて

これまで，筆者は熱帯，温帯，冷寒帯の3つの気候帯に地球を便宜的に分けて，本章では8つの事例に焦点を当てて人間による微地形利用の実際を紹介してきた．しかしながら，それを進める中で，おのおのの地域において微地形のみに焦点を当てるのではなくて「微地形，植生，土地利用，地域社会を1つのシステム」として把握することが重要であることがわかってきた．つまり4つの要素は地域の中で相互にかかわりをもっているのみならず，その相互関係が歴史的に変遷しているという環境史の視点である．

これまでの8つの事例の結果をまとめたのが，表1である．まず，この表から氾濫原，自然堤防，自然窪地（パン），人工窪地，沢斜面，近山など，多様な微地形のタイプにまとめることができる．また，各地域の植生をみると，サバンナ，半砂漠，森林（落葉樹林），ツンドラのように多様であることもわかる．そして，土地利用では狩猟，採集，農耕，放牧など各地域に応じての生業の特性を示している．その一方で，牛，豚，トナカイのように家畜種が異なるが，また熱帯と寒帯という気候帯は異なるけれども，地域で展開される放牧が共通して微地形利用にかかわっている点では興味深い．

さて，今回のまとめの表1は，冒頭で述べたように研究の枠組みを構築するた

表1 多様な気候帯における微地形利用の地域性

事例	気候帯	微地形	植生	土地利用	地域
1	熱帯	氾濫原，自然堤防	サバンナ	放牧（牛），採集	ナイジェリア
2	熱帯	氾濫原，自然堤防	不明	放牧（豚），農耕（稲作）	バングラデシュ
3	熱帯	自然窪地（パン）	半砂漠	居住地	ボツワナ
4	熱帯	人工窪地	半砂漠	放牧（ラクダ）	ケニア
5	温帯	窪地	森林	採集（ゼンマイ）	日本
6	温帯	沢斜面	森林	狩猟（罠）	日本
7	温帯	近山ほか	森林	農耕（焼畑）	日本
8	寒帯	微高地	ツンドラ	放牧（トナカイ）	ロシア

出所：池谷作成

めに，対象地域以外の地域でどのくらい一般化することができるのだろうか．つまり，以上のような8タイプをみれば気候帯で異なる世界の微地形利用を理解できるのであろうか[2]．この表は，日本の里山（論説8 西城論考）やアジアやアフリカの乾燥地域の微地形利用（論説7 大月論考）とは密接に関連をしている．しかしながら，現代都市の居住形態と微地形とのかかわりやマングローブ生態系の微地形利用（トピック4 藤本論考を参照）は含まれてはいない．とりわけ，都市化が急速に進行しているアジアやアフリカの都市の場合はどうなのだろうか．例えば，日本の都市の場合には盛り土と切り土によって，地震などの災害に対する住宅被害の地域的な違いが説明されている（村山 1980）．本章では，3つの気候帯ごとの農山村が研究の中心であったので都市域における微地形利用については言及していないが，今後の課題として考えている．

　現代の地球では，土地と人類とのかかわりが希薄になっているといわれる．このため，地表空間に対する人類のかかわり方の変化を歴史的に把握することが不可欠になっている（池谷編 2009）．まず，人類は，狩猟採集民から農耕や牧畜社会へ，そして都市の社会へと進化してきたとみられるが，農耕や牧畜の時代までは持続可能な微地形利用がみられたであろうか．筆者は，地球の辺境に人類が居住域や生産の場を拡大していくにつれて，微地形利用が生まれたと考えている．つまり，ゼンマイの商品化が進行しなければ奥山でのゼンマイ群落を徹底的に利用することはなかったのではないだろうか．しかしながら，現代の都市の土地利用では，微地形の利用が軽視されてきたことで，さまざまな問題が生じているといわれる．それは，地すべりや地震のような都市型の災害の問題である．

本章では，地球のさまざまな気候帯において，農耕，家畜飼育，水利用，採集，狩猟などによる微地形利用には共通性を指摘できることを示した．さらに，現在，ますます微地形利用研究が細かくなっているのでそれを止めることはできないが，その一方で，地理学では古今東西の微地形利用を地球環境史の視点から広く総合的にまとめることが重要になっていると考えている（池谷編 2009 参照）．

注
1) ソマリランドとは，ソマリア国内につくられた新しい国名を示す場合もあるが，ここでは北東アフリカにおけるソマリ人の居住地域の全体を意味する．
2) 世界の微地形利用を紹介するために，本章のような 8 つの事例では十分ではない．南米・アマゾンの氾濫原，アンデス高地やヒマラヤ山麓の放牧，海岸での微地形利用などは，本章の 8 事例とどのような関係をもつものであるのか，今後と課題として残されている．

文　献
池谷和信 1988. 朝日連峰の山村・三面におけるクマの罠猟の変遷．東北地理 40: 1-14.
池谷和信 2002.『国家のなかでの狩猟採集民―カラハリ・サンにおける生業活動の歴史民族誌―』国立民族学博物館研究叢書 4.
池谷和信 2003.『山菜採りの社会誌―資源利用とテリトリー―』東北大学出版会．
池谷和信 2006.『現代の牧畜民―乾燥地域の暮らし―』古今書院．
池谷和信 2007. ポスト社会主義時代におけるシベリアのトナカイ遊牧．小長谷有紀・中里亜夫・藤田佳久編『アジアの歴史地理 3　林野・草原・水域』170-180. 朝倉書店．
池谷和信 2011. 現代山村における資源利用と獣害．池谷和信・白水　智編『シリーズ 日本列島の三万五千年　第 5 巻 山と森の環境史』329-341. 文一総合出版．
池谷和信 2014. 世界の家畜飼養の起源―ブタ遊牧からの視点―. 池内　了編『はじまりを探る』105-126. 東京大学出版会．
池谷和信 2015. 人類による動物利用の諸相―モンスーン・アジアのブタ・人関係の事例―. 松井　章編『食の文化フォーラム 33 野生から家畜へ』88-111. ドメス出版．
池谷和信編 2009.『地球環境史からの問い―人と自然の共生とは何か―』岩波書店．
池谷和信編 2013.『生き物文化の地理学（ネイチャー・アンド・ソサエティ研究 第 2 巻）』海青社．
池谷和信・長谷川政美編 2005.『日本の狩猟採集文化―野生生物とともに生きる―』世界思想社．
井関弘太郎 1983.『沖積平野』東京大学出版会．
海津正倫編 2012.『沖積低地の地形環境学』古今書院．

春山成子 2004.『ベトナム北部の自然と農業―紅河デルタの自然災害とその対策―』古今書院.

福井勝義 1974.『焼畑の村』朝日新聞社.

宮本真二・内田晴夫・安藤和雄・セリム ムハマッド 2010. ベンガル・デルタの微地形発達と土地開発史の対応関係の解明. 地学雑誌 119: 852-859.

村山良之 1980. 宮城県沖地震による仙台周辺の住宅地における被害―住宅地の地震に対する土地条件―. 東北地理 32: 1-10.

Ikeya K. 1994. Hunting with Dogs among the San in the Central Kalahari. *African Study Monographs* 15(3): 119-134.

Ikeya K. 2014. Biodiversity, Native Domestic Animals, and Livelihood in Monsoon Asia: Pig Pastoralism in the Bengal Delta of Bangladesh. K. Okamoto and Y. Ishikawa eds. *Traditional Wisdom and Modern Knowledge for the Earth's Future*, International Perspectives in Geography 1, 51-77. Springer Japan.

Review 7

Human activities and micro-landform use in the diverse climate zones of the world: from the frameworks of hunting, gathering, farming, and animal husbandry

IKEYA Kazunobu

論説 7

乾燥－半乾燥地域の地形変化と農業的土地利用

大月義徳

土地環境資源の利用実態を，微地形－小地形スケールでの地形プロセスとの対比で捉える視点は，同資源利用の持続性を追究する上で重要です．本稿では，侵食プロセスが卓越する乾燥－半乾燥地域における地形変化と農業的土地利用の実態から，その持続性について考察します．

1 はじめに

　乾燥－半乾燥地域において侵食地形群が卓越する場合，それらは基盤岩石の風化物質生成と関連が深い（例えば野上 1985）．これらの地形の成因，地形発達の程度に対して，現在の気候条件，地質構造や岩石物性，および過去の気候変動・環境変遷など，それぞれがどの程度寄与しているかを識別することは一般に困難なことが多い（Chorley et al. 1984）．こうした地域において地形形成過程を明らかにするには，まず現在発現している地形プロセスにかかわる知見および事例の蓄積が必要と考えられ，その際，微地形－小地形スケールでの地形観察や地形変化観測等は不可欠といえる．

　他方，1994 年の国連砂漠化対処条約（UNCCD）に基づく，「乾燥，半乾燥，ならびに乾性半湿潤地域における種々の要素（気候変動および人間活動を含む）に起因する土地の劣化」との砂漠化（沙漠化）の定義でも明らかなように，乾燥－半乾燥地域において土地環境資源へのインパクトは，自然環境条件，人為的条件両面から著しく，土地荒廃を招いた場合，その後の土地条件の回復は一般に容易ではない．このような地域における土地環境資源の利用実態を，前述した微地形－小地形スケールでの地形プロセスを認識した上で捉える視点も，同資源利用の持続性を追究する上で重要であろう．

　そこで本報文では，乾燥－半乾燥地域およびその周辺地域における地形変化の

実態と当該地域の農業的土地利用の事例として，東アフリカケニア中央高地，および中国内モンゴル西部の2例を紹介する．乾燥－半乾燥地域および乾燥半湿潤地には世界人口のほぼ1/3が居住するとされるが（例えば門村・篠田2010；山下2010），これらはそうした地域の事例の一端をなすとともに，そのような地域において人々の生計維持にかかわる農業が，どの程度の地形変化速度あるいは強度を内在する土地条件のもとで成立しているかについて，焦点を当てることを意図している．

2 中央ケニアの半乾燥地域，熱帯高地域の地形変化と土地利用

東アフリカ，ケニアでは中央高地のAberdare（Nyandarua）山地とケニア山に挟まれる半乾燥－亜湿潤地域，Laikipia平原を事例として取り上げるとともに，これに隣接するAberdare（Nyandarua）山地東部の熱帯高地域の例も対照する（図1）．いずれも首都ナイロビから北方150～180 kmに位置している．この2つの地域における代表的な地形分布状況は図2，図3に示され，また個別地形単位の地形変化とその時間スケールは，^{14}C年代測定結果等にも基づき（主として佐々木・大月 2009：大月・佐々木 2009），表1のようにまとめられる．

Laikipia平原は標高1,850～2,000 m，年降水量が700 mm前後であり，調査地域においては熱帯高地から流下する唯一の恒常河川，Ngobit川沿岸の河成段丘面（河成段丘2面：1.4～1.6 ka，δ ^{13}C較正），および隣接する基盤岩緩斜面が農地利用されている．当該農地においてはNgobit川からの取水した灌漑水路も敷設され，本川と灌漑水路からのポンプ揚水等により，農地への配水が実施されている．当農地では，上田（2013）が詳述しているように，2000年代前半には欧州市場向けのサヤインゲン契約栽培を中心に，トマト，タマネギ，ニンニク，サヤエンドウ，キャベツ等の蔬菜栽培が実施されていた．その後，欧州向け上記契約栽培は定着するに至らなかったが，国内市場向けの集団的契約栽培も視野に入れた蔬菜生産が継続し（上田 2013），現在に至っている．

当地域の基盤岩緩斜面では2.0～2.5 ka以降，シートウォッシュによる斜面更新が卓越したとみられるが（佐々木・大月 2009），シートウォッシュそのものによっても，またウォッシュ収束に伴い発生するチャネルによっても，斜面削剥量

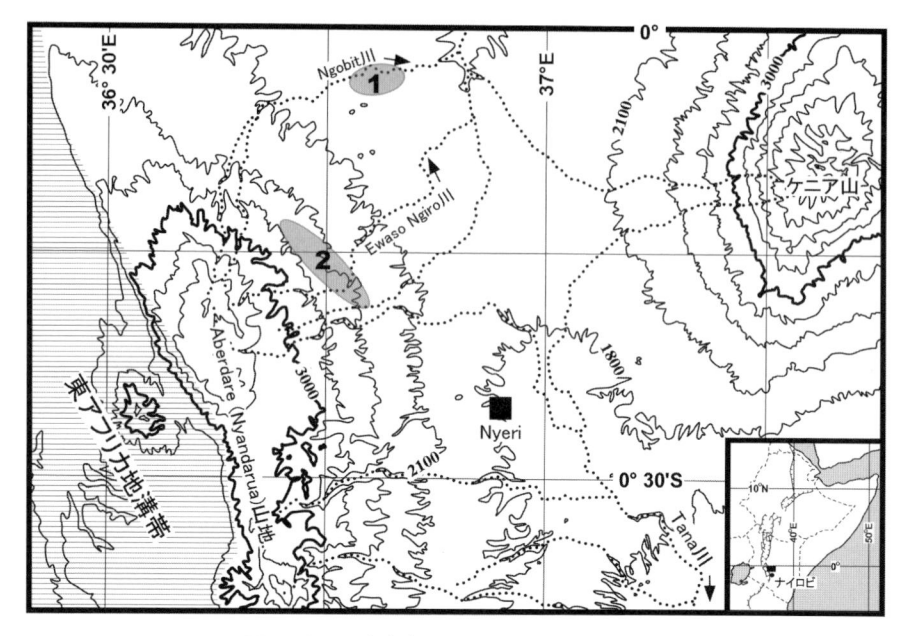

図1 ケニア中央高地における対象地域位置図
1：半乾燥－亜湿潤 Laikipia 平原　2：Aberdare 山地東部（熱帯高地）

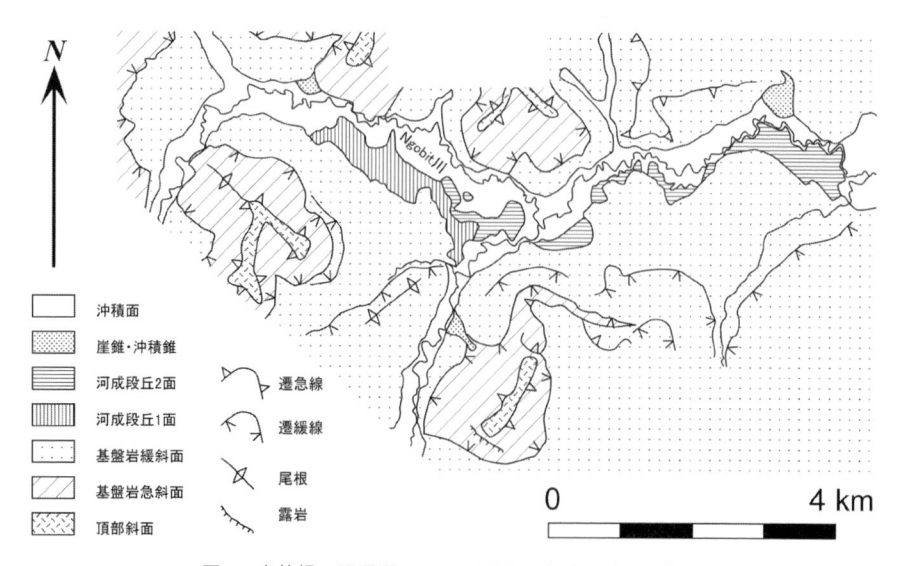

図2 半乾燥－亜湿潤 Laikipia 平原における地形分類図

論説 7 乾燥−半乾燥地域の地形変化と農業的土地利用　　　303

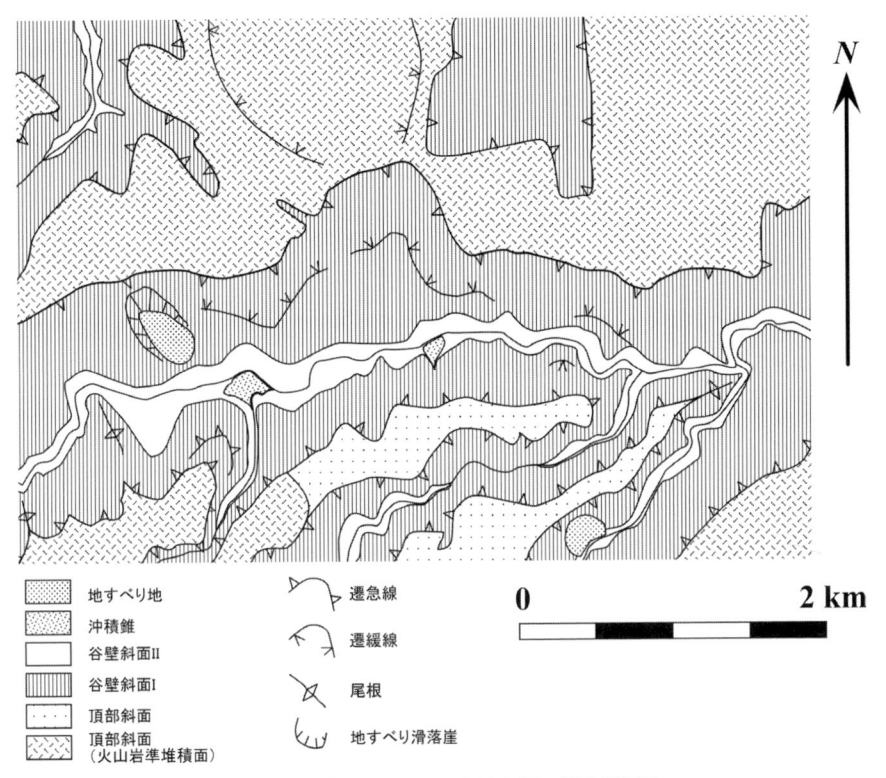

凡例:
- 地すべり地
- 沖積錐
- 谷壁斜面II
- 谷壁斜面I
- 頂部斜面
- 頂部斜面（火山岩準堆積面）
- 遷急線
- 遷緩線
- 尾根
- 地すべり滑落崖

図3　熱帯高地 Aberdare 山地東部の地形分類図

表1　中央ケニアにおける斜面プロセスとその強度

	斜面プロセス（面的・線的）	タイムスケール	・斜面削剝深度 ・主な地形単位
熱帯高地 (Aberdare)	表層崩壊 (崩壊性地すべり含む)	10^2年	・1〜数m（各回） ・頂部斜面直下の 　谷壁斜面I・II
	（大規模）ガリー	10^1〜 10^2年	・数m〜10m内外（総量） ・頂部斜面、谷壁斜面I
半乾燥- 亜湿潤地域 (Laikipia)	シートウォッシュ	10^3年	・数〜数十cm（総量）、 　ごく薄い堆積もみられる ・基盤岩緩斜面（頂部斜面、 　段丘面）
	ウォッシュ収束・ ガリー	10^2年	・（ところにより最大で） 　1m内外〜2m程度（総量） ・基盤岩緩斜面

大月ほか(2010)による

写真 1　基盤岩緩斜面最下部の農地における作付状況
現地農耕者はシートウォッシュ収束による出水を意識し，チャネル（収束流路）を畑地境界に合わせるよう農地を配している（左：2004 年 2 月，右：2007 年 3 月）．

写真 2　基盤岩緩斜面上の小丘形成
約 700 年前の斜面表層（破線）が，その後のシートウォッシュ収束による削剥作用を受け，現在までに約 2 m 高度低下した．当初の斜面は木本根系（主としてカキノキ科）に保護された箇所のみ小丘として残存したと考えられる．

は多くの場合小さいとみられる．そのため，基盤岩緩斜面下方から河成段丘面との遷緩線付近に農地を有する農家は，間欠的な上記出水を意識し，畑の縁辺および境界にチャネルを沿わせるように耕地を配置している（写真1）．ただし基盤岩緩斜面全体を通してみると，非農耕地ではあるが，ところによりチャネルまたはガリーによる線的侵食が比較的顕著に発現している箇所もあり，そこでは 1〜2 m に及ぶ侵食量が観察される場合もある（写真2）．

　隣接する Aberdare 山地農業地域は，標高 2,300〜2,800 m，年降水量 1,000 mm

論説 7　乾燥-半乾燥地域の地形変化と農業的土地利用　　305

写真 3　谷壁斜面 I における表層崩壊跡地
滑落崖で観察される土壌露出状況により，約 500 年前の崩壊跡地（点線）が 50 〜 100 年前発生の崩壊地（破線）に切られていることが判明した．

以上の気候条件下にある．ここでは，半乾燥-亜湿潤地域と比較し相対的に地形変化速度が大きく，むしろ日本などの湿潤温帯と近い頻度での斜面更新がみられる（写真 3）．谷壁斜面上の浅層斜面崩壊は，崩壊地斜面長 100 m 程度を超えるものも含め，すべり面深度は 1 〜 2 m 程度のものが多く，よって崩壊により形成される滑落崖などの小崖地形の比高は同程度の規模となる．このため，崩壊発生から時間を経た後の農地利用などにより，崩壊地形が不明瞭化する場合が少なくない（写真 4）．多重スランプやブロックスライドなど，表層崩壊の先駆的斜面変位を示す階段状斜面等においても，比高 1.5 m 程度以下の滑落崖・小崖は，農地拡大等で極めて容易に消滅する．

　上記の 2 事例を含む地域には，地形変化や地形プロセスを指示する微細な地形起伏が人為等によりやや広域にわたり消失している状況が，少なからず存在する．そのような場所での土地条件評価に際しては，地形情報に加えて表層地質，土壌層位にかかわる調査資料もより注意深く収集する必要があろう．

写真 4　表層崩壊跡地周辺の土地利用変化（熱帯高地）
上：2004 年 2 月，下：2012 年 3 月，写真中，A, B は同一地点を示す．
当表層崩壊地は，1960 年代以前の表層崩壊地で，2004 年時点の写真に示されるように，比較的長期間崩壊地形（崩壊跡地）が残存していた（AB 間から A 下方にかけて滑落崖～側方崖が存在する）．しかし，2009 年の土地所有者による草地から畑地への農地拡大により，現在，崩壊地形は著しく不明瞭化した．

3 内モンゴル自治区乾燥地域の地形変化と土地利用

　中国内モンゴル自治区の事例においては，自治区西部，烏蘭布和沙漠最東縁の黄河流路に近接した左岸地域を取り上げる（図 4, 5）．調査対象地域は自治区中心都市，呼和浩特から 400 km 余り西方に位置する．調査地の東方約 10 km，黄河右岸に広がる烏海市街地の気候条件は，年平均気温 9.3℃，年平均降水量 162 mm とされている（内蒙古自治区地図制印院 2006）．当地域の地形状況は図 5 に示したとおりであり，主として左岸側には砂砂漠地帯（砂丘）が広がる．集落背後には，砂丘地氾濫原境界があり，また砂丘間には断続的に河成段丘面が露出する．これまでの調査によれば（大月・西城 2015；大月ほか 2016 など），当集落付近では過去数十年の時間スケールにおいて見かけ上 1 ～ 10 m/yr 程度の，また完新世前期以降というやや長期的な時間スケールにおいても，10^{-1} ～ 1m/yr オーダーの平均的速度での砂漠の移動・前進が生じている．そのため，黄河河床と比高 14 m 程度の左岸河成段丘面（7.2 ～ 8.7 ka）は，広い範囲にわたりほぼ全面的に砂丘下に埋没している．上記集落は段丘崖下の氾濫原上に立地しているのは上述のとおりであり，住民は集落近傍から黄河河道にかけての氾濫原上に展開する農地において，近年はヒマワリの集中的作付を継続させるなど，環境負荷の大きい土地利用を実施している（関根ほか 2016）．

　年間 160 mm 程度の本地域の降水条件下において，地下水位の極めて浅い氾濫原は地表からの地中水蒸発が活発であり，そのため黄河河道に隣接する農地は，土壌表層の塩類集積による塩性化を招いている．本地域では土壌塩性化への対応のひとつとして，河川水の導入による堤間農地等の冬季湛水が実施されている．これは，黄河特有の懸濁物質に富んだ河川水を農閑期に農地に引き込むことにより，塩類集積を含む農地の地力低下を，ある程度抑制・緩和することを意図するものである．こうした河川水による冬季湛水は，黄河河道沿いの多くの農地で確認されるが，特にここでの事例のように 1 カ所の水門で取排水を行うには，河川本流の冬季凍結が必要条件となる（口絵写真 5）．すなわち，河川凍結開始から完全凍結に至るまで本流の水位が約 1 m 上昇し，完全凍結直前に水門を開門し，農地に河川水を引き込み，その後閉門する．一方，春季の解氷時には黄河の水位

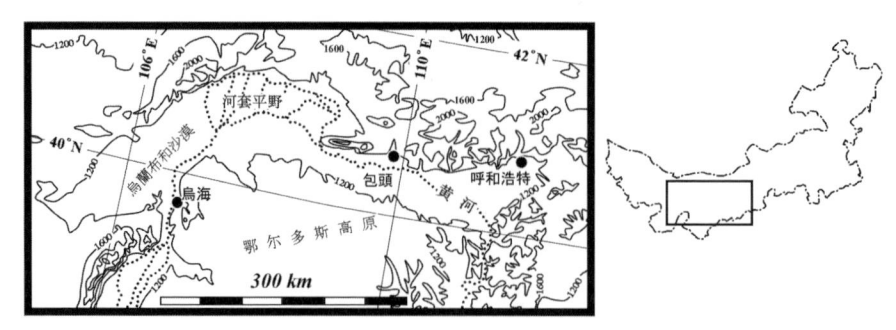

図4 内モンゴル西部，烏蘭布和沙漠位置図

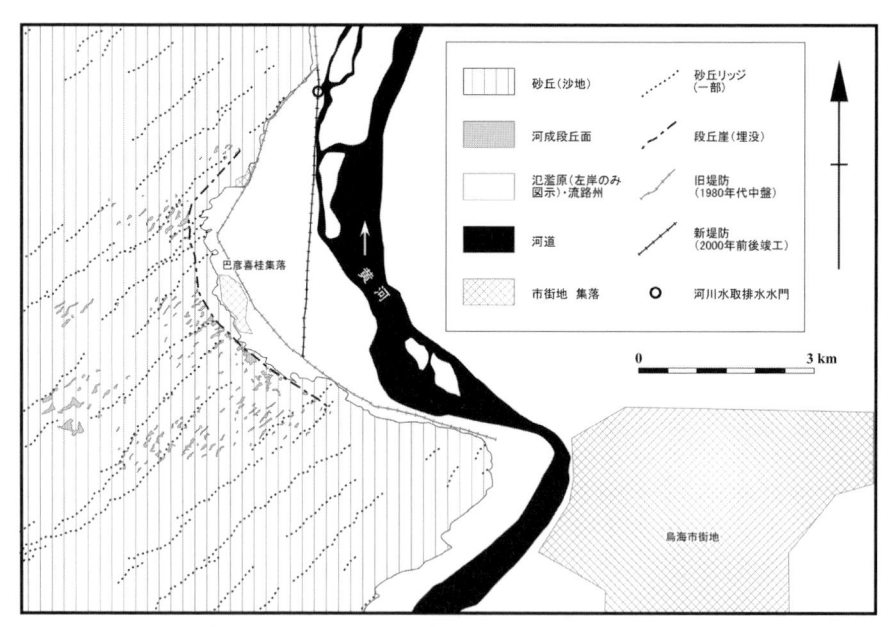

図5 烏海市街地西方，阿拉善左旗巴彦喜桂集落付近の地形分類図
大月・西城（2015）など．主として黄河左岸を図示．

が低下し，再び水門を開けることにより農地に湛水されていた河川水は，黄河本流に排水される（口絵写真6，7，8）．

　以上のように，冬季から春季にかけての農地維持期を介在させることにより，黄河沿岸における農業的土地利用が，ある程度長期にわたり成立してきたと捉えることができる．しかしながら今後，本地域における近年の状況がより進行した

場合，すなわち過重な連作と化学肥料の多用等に伴い，地力や作物収量の低下が慢性化するようであれば，本来の土地条件の受容度を超えた環境負荷が顕在化したと言わざるを得ないであろう．現時点においても耕作放棄地が目立ち始めており，今後の環境利用のあり方やその持続性が注目される．

4 まとめにかえて

　乾燥－半乾燥地農業地域における土地条件と，そこに内在する地形変化強度との関係について，2地域の事例を概観した．必ずしも当該気候環境下での事例に限られるものではないが，営農を含む人為による地形改変により，土地条件や地形変化の強度の評価指標となる微地形が喪失する場合の少なくないことは，ケニアの事例からみることができる．また，現在の地形・気候・水文環境にある程度即した土地利用であっても，特に乾燥－半乾燥気候環境下において土地環境資源は極めて脆弱であるのに対して，それらの均衡を破る土地利用に移行しつつある現状も，内モンゴルの事例から指摘される．

　いずれにせよ，乾燥－半乾燥地域における土地条件あるいは土地利用の適正評価において，微地形－小地形スケールでの地形プロセスに着目することが有効であり，それらは土地環境資源利用の持続性を計る上で必要であると考えられる．

付記

　本報文は，上田元（一橋大），佐々木明彦（信州大），Kauti, M. K.（South Eastern Kenya Univ.），関根良平（東北大），佐々木達（札幌学院大），蘇徳斯琴（中国・内蒙古大），西城潔（宮城教育大）各氏らと実施した共同研究の一部である．

文　献

上田　元 2013. 水資源管理と輸出蔬菜生産―ケニア中央部の小農による欧州向け契約栽培. 横山　智編『資源と生業の地理学』245-269. 海青社.
内蒙古自治区地図制印院編 2006. 内蒙古自治区地図帳. 中国地図出版社, 北京.
大月義徳・佐々木明彦 2009. 中央ケニア，亜熱帯性高地の地形変化. 日本アフリカ学会第46回学術大会研究発表要旨集 22.
大月義徳・上田　元・佐々木明彦・Kauti, M. K. 2010. 中央ケニア農業地域の斜面プロセスと農耕民の土地条件認識. 季刊地理学 62: 152-153.
大月義徳・西城　潔 2015. 内モンゴルにおける沙漠化および土地条件劣化に関する地形

プロセス.『現代中国・内モンゴルにおける地域環境変動のダイナミズム（札幌学院大学総合研究所 BOOKLET 7）』76-84. 札幌学院大学総合研究所.

大月義徳・関根良平・佐々木達・西城潔・蘇徳斯琴 2016. 中国・内モンゴル自治区西部における地形形成環境と土地利用―阿拉善左旗烏兰布和沙漠東縁の事例 その1―. 季刊地理学 68: 31-43.

門村　浩・篠田雅人 2010. 乾燥地の資源とその利用・保全―その世界的概観. 篠田雅人・門村　浩・山下博樹編『乾燥地の資源とその利用・保全（乾燥地科学シリーズ4）』1-28. 古今書院.

佐々木明彦・大月義徳 2009. 中央ケニア，Laikipia 平原における斜面地形と地表環境の変化. 日本アフリカ学会第46回学術大会研究発表要旨集 21.

関根良平・大月義徳・佐々木達・西城潔・蘇徳斯琴 2016. 中国・内モンゴル自治区西部における地形形成環境と土地利用―阿拉善左旗烏兰布和沙漠東縁の事例 その2―. 季刊地理学 68: 44-54.

野上道男 1985. 乾燥〜半乾燥地形 解説. 貝塚爽平・太田陽子・小疇　尚・小池一之・野上道男・町田　洋・米倉伸之編『写真と図でみる地形学』90-91. 東京大学出版会.

山下博樹 2010. 乾燥地における都市開発とその課題. 篠田雅人・門村　浩・山下博樹編『乾燥地の資源とその利用・保全（乾燥地科学シリーズ4）』161-180. 古今書院.

Chorley, R. J., Schumm, S. A. and Sugden, D. E. 1984. *Geomorphology*. Muthen & Co. Ltd. チョーレー，R. J.・シャム，S. A.・サグデン，D. E. 著，大内俊二訳 1995.『現代地形学』古今書院.

Article 7

Landform changes and agricultural land use in arid and semi-arid areas

OTSUKI Yoshinori

論説 8
微地形と里山利用
―伝統的炭焼きを例に―

西城　潔

> 日本の里山では，かつて広く炭焼きが行われていました．炭窯は，作業の利便性を考慮して，傾斜が緩やかになる微地形境界に作られていたようです．炭窯が放棄されると天井部分が崩落して特徴的な「微地形」を形成します．その微地形の存在は，過去の炭焼きが植生などの周辺環境に与えた影響を見積もるための有効な指標ともなるのです．

1　はじめに

　燃料革命以前の日本の里山では，炭焼きが広く行われていた．動力が発達・普及していなかった時代，樹木の伐採や運搬を伴う炭焼きは容易な作業ではなかったはずであり，そこには人力作業を合理的に進めるための知恵または工夫があったであろうことは想像に難くない．里山の多くが地形的には丘陵地・低山地に相当するという点を考慮すると，斜面（傾斜地）という不利な条件にいかに対処するか，特に微地形をどのように利用するかが，伝統的炭焼きにとっての課題であったと推測される．また後述するように，炭焼きにかかわる種々の作業の中には地形改変を伴うものがあり，里山での炭焼き自体が，極めて小規模ながら独特の微地形を生み出してもいた．
　本論説では，いくつかの地域における現地調査および文献中の記述をもとに，微地形の観点から伝統的炭焼きへの理解を深めてみたい．

2　伝統的炭焼きにみる微地形利用

　過去に里山で行われてきた伝統的な炭焼きでは，現場に炭窯（写真1）を作って炭を焼く方法が一般的であった．この方法では，まずその場で調達可能な土石（粘土や礫）を材料に炭窯が作られる（築窯：写真2a）．炭窯完成後は，炭材確

312

写真1　炭窯の例（長崎県対馬市厳原町）

写真2　炭焼きにかかわる作業
　a：築窯のための採寸（仙台市泉区）　　b：炭材の伐採（仙台市泉区）
　c：炭化中の炭窯（対馬市上県町）　　　d：窯出し（対馬市厳原町）

保のための樹木伐採（写真 2b），炭材を炭窯へと集める作業（集材），炭材を炭窯に詰め込む作業，火入れおよび炭化（写真 2c），焼き上がった炭を炭窯から出す作業（窯出し）（写真 2d）が繰り返される．このように，炭焼きにかかわる一連の作業は，炭窯を中心に展開されていた．炭窯は一度きりの使い捨てではなく，繰り返し使用されたが，何らかの理由で利用放棄されると，次第に原形が失われて炭窯跡となる．

本章では，宮城県北西部に位置する旧花山村（現栗原市）の丘陵地帯に設定した2つの調査地を例に，伝統的炭焼きにみる微地形利用の特徴について述べる．旧花山村では昭和 40 年代初頭まで炭焼きが主要産業のひとつであり，村の大部分を占める標高 300 〜 500m 前後の丘陵地帯には，現在も多数の炭窯跡が残っている．以下，2つの調査地それぞれにおいて，西城（2007；2014）をもとに，炭窯跡の分布と微地形との関係を検討した結果について紹介する．

2.1 丘陵地の炭焼きにおける微地形利用

図1には，旧花山村の御嶽山西側斜面における微地形単位と炭窯跡の分布を示

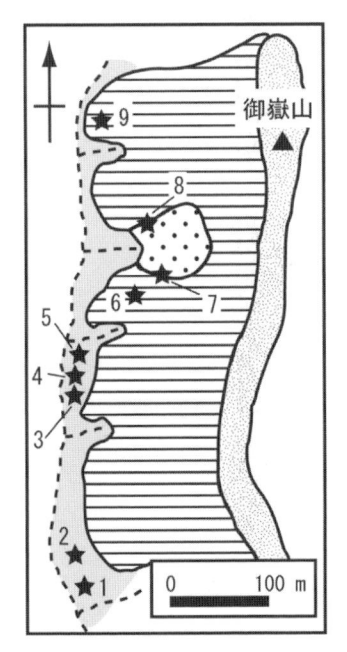

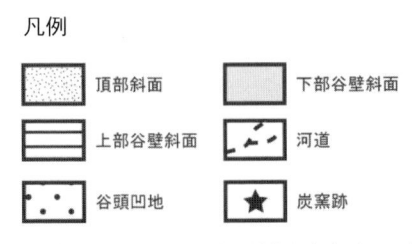

図1 御嶽山西側斜面の地形単位と炭窯跡の分布
西城（2014）．
地形単位は田村（1990）の区分に基づく．谷底面は下部谷壁斜面に含めて表示した．数字は炭窯跡に付した番号を示す．

す．ここでは，尾根から谷底に向かって頂部斜面・上部谷壁斜面・下部谷壁斜面・谷底面（段丘面を含む）および谷頭凹地の5種類の微地形単位が認められる（田村1990）．また炭窯跡の分布をみると，その多くが下部谷壁斜面内または上部谷壁斜面の下部に集中している．微地形単位との対応関係をより詳細にみると，下部谷壁斜面／谷底面（段丘した部分）の境界（図2）や上部谷壁斜面／谷頭凹地の境界といった，遷緩線をなす部分に炭窯跡がみられる場合が多い．ここでの調査結果をもとに田村（1987）による丘陵地の微地形単位の模式図を一部改変し，炭窯跡のみられやすい地形的位置を示したのが図3である．

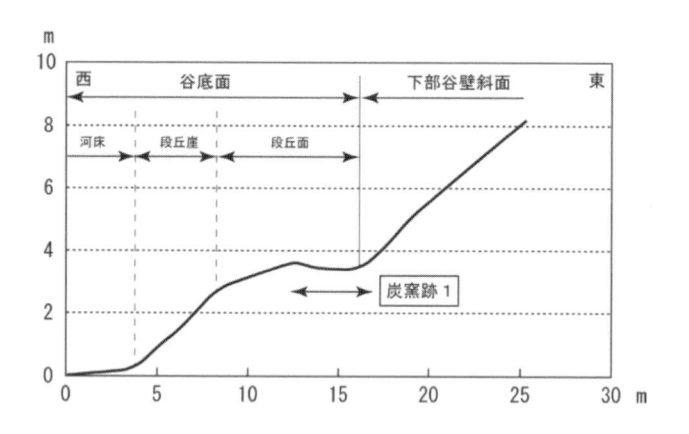

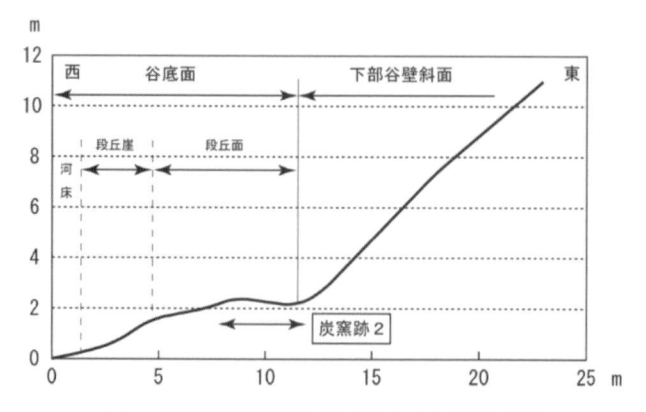

図2　御嶽山西側斜面の炭窯跡を通る地形断面図
西城（2014）．

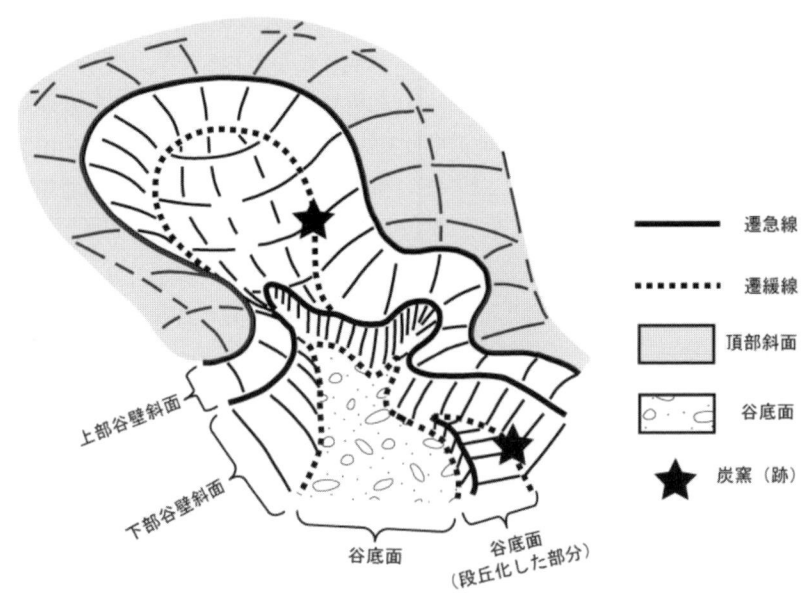

図3 丘陵地を構成する微地形単位・傾斜変換線と炭窯の位置
（模式図）
西城（2014）．田村（1987）の図を改変．

2.2 地すべり地の炭焼きにおける微地形利用

図4は，旧花山村の大沼湿原周辺における地すべり地形と炭窯跡の分布を示したものである．ここでは滑落崖直下や，移動土塊が作る小丘の基部に多くの炭窯跡が認められる．滑落崖や小丘の下方は平坦または緩傾斜となっており，地すべり地形の場合も炭窯跡は遷緩線上に位置していることがわかる．

2.3 炭窯跡の分布からみる炭焼きにおける微地形利用

以上の宮城県旧花山村の丘陵地における調査結果から，炭窯跡は隣り合う2つの微地形単位がなす境界線のうち，遷緩線付近に多く認められることがわかった．同様の傾向は，同じ宮城県内の泉ヶ岳周辺，さらに山形県や紀州（和歌山県）でも確認されている（西城2014）．炭窯跡の分布にこうした傾向が認められる理由は，以下のようなものと考えられる．

表1は，複数の文献（恩方一村逸品研究所1998；岸本1984；阪本・かくま

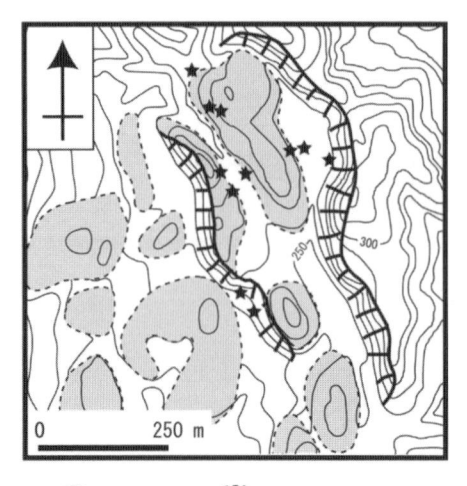

2007；滝沢 2007）の記述をもとに，炭焼きにかかわる作業と適地の地形条件との対応関係をまとめたものである（西城 2014）．まず炭窯は，山腹の斜面を掘り込む形で築かれることが多かったため，窯場（炭窯の位置）として好まれたのは，斜面上方への掘り込みが可能な場所であった．傾斜地の卓越する丘陵地・山地では斜面を掘り込むように炭窯を作るしかなかったとみることもできようが，「山の斜面を背にするように築くと窯が安定してトラブルも少ない」という指摘もあり（阪本・かくま 2007），斜面を掘り込んでの築窯には，むしろ積極的な意味合いがあったと理解すべきかもしれない．いずれにせよ，窯場は一定の傾斜をもった斜面が上方に位置する場所であることが望ましかった．一方，炭材置場としての利用や，炭材詰め・炭焼き・窯出しといった炭窯完成後の諸作業にとっては，窯の前面（窯庭）は平坦地である方がよい．したがって築窯に際しては，斜面上方への掘り込みが可能かつ窯庭側に平坦地が確保できる場所が適地であったに違いない．さらに炭窯完成後の作業のうち伐採・集材にとっては，炭窯上方に急斜面が存在する方が好都合であった．宇江（2008）の昭和30年頃の炭焼き作業に関する記述には，「窯が谷間近くに多いのは，原木を運搬するときの都合にもよる．つまり重い木を下から上へと担ぐよりも，上から落としてくるほうが手間がかからないし，身体もらくだからである」とあり，急斜面上では，切り出した炭材を落としながら移動させることにより，集材にかかる労力を大幅に軽減することができたであろうことがうかがわれる．以上のような，炭焼きにかかわる各作業にとって望ましい条件をすべて満たすのが，急斜面の下に平坦な地形が位置する遷緩線なのである．

しかしながら遷緩線上が窯場適地であるのは，以上に挙げた理由だけにはとど

図4 大沼湿原の地すべり地形と炭窯跡の分布 西城（2007）．

まらない．水や炭材の確保という面でも，遷緩線付近は有利な条件を備えていたと推測される．尾根から谷底までの範囲でみれば，遷緩線はそもそも谷底付近に出現することが多い．したがって遷緩線上に炭窯を築くことにより，結果的に水の調達も容易になったと考えられる．また上記の通り，炭材は炭窯の上方に広がる急斜面から集められる．したがって炭窯が谷底近くに位置するほど，炭窯と尾根との間にはより広い斜面（炭材供給源）が確保できることになり，大量の炭材を得るという意味でも有利であったといえよう．

以上，遷緩線付近が窯場として適している理由について考察を進めてきたが，一方で，遷緩線のすべてが炭窯設置の適地とは限らないことにも注意が必要である．表1に示した通り，水はけがよい（乾燥している）ことも炭窯適地の重要な条件である．旧花山村の御嶽山西側斜面では下部谷壁斜面／谷底面境界の遷緩線上に炭窯跡が多数認められたが，ここでいう「谷底面」とは段丘化した部分であり，流路とほぼ同じ高さの河床ではない．河床は湿潤で水はけが悪く窯場には不向きなため，河床より一段高い位置にある段丘面（の背後の遷緩線上）が好まれたのであろう．つまり遷緩線のうち，下方の平坦地が水はけのよい微地形単位であるような場所が，窯場としてはより適していたことになる．

表1 炭焼きにかかわる作業・目的と適地の地形条件

作業・目的	適地の地形的条件
築窯	斜面上方への掘り込み可能 斜面下方の整地（平坦化）可能 水はけがよい
炭材置場 炭材詰め 炭焼き 窯出し	平坦（窯庭側）
伐採・集材	急斜面（窯の背後）
築窯 炭窯の維持管理 消火 生活	水が得やすい

西城（2014）を改変．

以上のように，過去に丘陵地や山地で行われてきた炭焼きでは，水はけのよい遷緩線付近を窯場とすることは，諸作業の利便性の点から，極めて理に適う選択であった．炭焼き業従事者は，微地形やそれにかかわる環境条件の微細な違いをよく認識し，それを合理的に利用していたといえる．

3 微地形としての炭窯跡と野外での認定

前章では，過去の炭焼きに関する「物的証拠」としての炭窯跡の分布を微地形との関係において検討し，炭焼きにおける微地形利用について考察してきた．しかし前章では，そもそも炭窯跡が野外でどのように認定されるのかという点については触れなかった．本章では，炭窯跡自体を一種の微地形とみなし，炭窯の形態や構成物質（窯の材料）を整理した上で，炭窯跡の微地形としての特徴を明らかにし，野外で炭窯跡を認定するための基準について試案を提示したい．また人間による里山利用の指標としての炭窯跡の意味についても予察的ながら言及する．

いうまでもなく，炭窯跡は利用放棄される前の炭窯の形態や材料の特徴を反映している．炭窯には多様な型があるため，その形態的特徴も一様ではないものの，日本各地の50種類の炭窯の形や寸法を標準化して設計した黒炭窯である「三浦式標準窯」を例にとると，平面的には楕円（卵）形でドーム型の天井をもち，長軸方向の一端（窯の奥）には煙道が，その反対側には焚口（窯口）がある．窯壁の厚さや煙道部分も含めると，この炭窯の大きさは，長軸（奥行き）方向に4m弱，短軸（幅）方向に3m前後，高さ2m弱であったとみられる．窯の材料という点でみると，黒炭窯は主に土（粘土）で，白炭窯は石（礫）で窯壁が作られる（木質炭化学会2007）．

次に，こうした特徴をもつ炭窯が利用放棄された場合，その後，どのような変化・変形が起こるかを想定してみる．炭窯づくりにかかわる労働について記述した岸本（1984）には，「(炭窯は) 天井が土でつくられているために，こわれ易い」，「天井は落ち易い」などの記述がある．したがって放棄後には，まず天井部分が崩落し窯壁下部のみが残存することが予想される．その結果，楕円形を呈した窪みができるであろう．ただし焚口跡の部分では窯壁が途切れるため（焚口跡），窯庭

側は開いているはずである．その後は，窯壁部の開析，周囲（特に遷緩線上方の急斜面）からの斜面物質移動による埋積，植物の侵入その他さまざまなプロセスにより，以上の形態的特徴は徐々に不明瞭になっていくであろう．物質（窯の材料）の点からみると，窪みを囲む窯壁は土（焼土）または石（石組み）で作られている．また天井部分の崩落により，窯底は焼土で覆われ，窯底に残っていた炭片が焼土の下に埋もれることになる．

図5には，前章で述べた宮城県旧花山村の丘陵地で実際に観察された炭窯跡の等高線図の例を示す．この図より，炭窯跡は，斜面下方側に向かって開いた楕円形状を呈する窪みで，長径約4m，短径約3mの大きさをもつことがわかる．窪みの底と窪みを囲む高

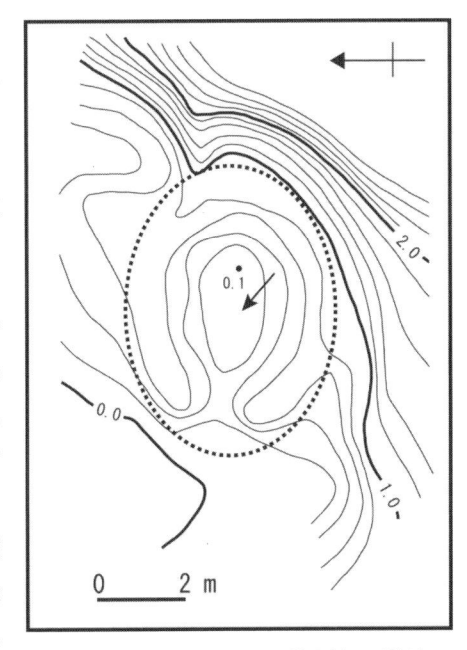

図5 等高線図で表現した旧花山村の丘陵地にみられる炭窯跡の例
西城（2007）．
等高線の単位はm，等高線間隔は0.2m．破線で囲まれた範囲が炭窯跡に相当する．

まり（窯壁下部）との比高は60〜70cmほどであった．この高まりは粘土質の土で構成されていた．また窪みの底で土層断面を観察したところ，約20cmの深さに炭片が含まれていた．こうした特徴は，炭窯の形態・材料から予想される炭窯跡の特徴とよく合致する．

以上のことから，西城（2014）では，野外での炭窯跡の認定基準を次のように定めた（一部改変）．

A 高さ数10cm〜1m程度の壁（窯壁）で囲まれた，径数mの楕円形または円形上の窪み
B 壁の一部に焚口または煙道の跡がみられる
C 壁に石組み構造が残っている

D　窪みの底（土中を含む）に焼土や木炭が確認できる

　これらの基準に則り，野外で炭窯跡を認定する手順は次の通りである．まずAの特徴を備えた微地形が見出された場合，それは炭窯跡である可能性が考えられる．次にその可能性について，B・C・Dの特徴が認められるか否かという点から検討する．B・C・Dはいずれも炭窯跡に特有なものであり，Aに付随してそのいずれかひとつでも確認できれば，当該微地形は確実に炭窯跡と判断できる．すなわちAを満たし，かつB・C・Dのいずれかを備えている微地形が炭窯跡と認定できることになる．

　ただし以上の考え方で炭窯跡を認定しようとすれば，Aの特徴を有しながら，B・C・Dのいずれの特徴も伴わない微地形は，炭窯跡とは認定されないことになる．しかし周囲の状況によっては，Aの特徴はとどめながらも，破損・変形が激しく，B・C・Dのいずれも認めがたいという炭窯跡も存在し得るであろう．またAにしても，どの程度の明瞭度のものを「窪み」と認定するかといった点に，調査者の主観的判断が入り込む余地がある．実際の調査においては，本稿の炭窯跡の認定基準はひとつの目安と捉え，さらに地域ごとの条件（たとえば，当該地域における炭焼きの歴史，地域特有の炭窯の型，聞き取りの結果など）なども勘案しながら炭窯跡の認定を行うことが現実的であろう．

　このようにして認定された炭窯跡は，たとえば前節で論じたように，炭焼きにおける環境利用の指標となる．また炭窯跡の周辺，特に遷緩線上方に広がる急斜面は炭材供給源であったことが明らかであるから，炭焼きが行われていた当時は伐採圧を受けていたはずである．炭窯跡は，そうした過去の伐採範囲を推定する指標とみなすこともできよう．炭焼きは里山の地形・地質・植生・水といった環境要素を総合的に利用する営みであり，その利用を具現化するための生産手段が炭窯であった．したがって微地形としての炭窯跡は，人間の里山利用やそれに伴う環境変化の指標であり，今後さらにその意味を読み解いていくことで，多くの知見が得られることが期待される．

4 おわりに

　本稿では，微地形利用の観点から里山での伝統的炭焼きの特徴について述べてきた．特に炭窯に着目し，斜面の卓越する丘陵地・山地において，どのような場所が窯場（炭窯を設置する位置）として選ばれるのかを検討した．宮城県の旧花山村の丘陵地において炭窯跡（利用放棄された炭窯）の分布を調査したところ，隣り合う2つの微地形単位の境界線（傾斜変換線）のうち，遷緩線をなす部分が窯場として選ばれやすい傾向があったことがわかった．具体的には，丘陵にみられる開析谷内では下部谷壁斜面／谷底面や上部谷壁斜面／谷頭凹地の境界部，地すべり地であれば滑落崖または小丘（移動土塊）の基部といった場所である．ただし遷緩線付近であっても，その下方にみられる平坦部（緩斜面）が湿っていたり水はけが悪かったりする場所は炭窯の適地とはいえないため，避けられがちであった．遷緩線付近を窯場とすることは，築窯・伐採・集材・炭材詰め・炭焼き・窯出しなどの諸作業を合理的に進める上で，極めて有効であった．炭焼き業従事者は，丘陵地・山地の微地形やそれにかかわる微細な環境の差異をよく認識し，適切な地形の使い分けをしていたといえる．本稿冒頭では「斜面（傾斜地）という不利な条件」という表現をしたが，本稿の考察内容に照らせば，斜面が卓越する丘陵地や山地は，炭焼きにとって，むしろ「有利な条件」を備えた地形であるとみなすべきかもしれない．

　また炭窯跡は，それ自体，一種の微地形とみなすことができる．その地形としての特徴は炭窯の形態や材料を反映している．野外で炭窯跡を認定する際には，その点をふまえて形態や構成物質の特徴を調べることが必要になる．また野外で見出された炭窯跡は，炭焼きにおける地形利用を論じる場合だけではなく，過去の炭焼きが植生などの周辺環境に与えた影響を見積もる上でも，有効な指標となることであろう．今後，炭窯跡という微地形を指標として，炭焼きと里山の環境との関係についてさらに多くの知見が得られることを期待したい．

文　献
宇江敏勝 2008.『森とわたしの歳月―熊野に生きて七十年』新宿書房．

恩方一村逸品研究所 1998.『炭焼き教本 簡単窯から本格窯まで』創森社.
岸本定吉 1984.『木炭の博物誌』総合科学出版.
西城　潔 2007. 炭窯跡からみた丘陵地における過去の木炭生産─宮城県北西部大沼湿原周辺を例に. 季刊地理学 59: 193-204.
西城　潔 2014. 伝統的炭焼きにみる地形利用─地理学の視点から. 木質炭化学会誌 11: 2-11.
阪本保喜・かくまつとむ 2007.『聞き書き 紀州備長炭に生きる─ウバメガシの森から』農山漁村文化協会.
滝沢真喜子 2007. 七ヶ宿 炭焼きの記憶. 仙台学 5: 154-160.
田村俊和 1987. 湿潤温帯丘陵地の地形と土壌. ペドロジスト 31: 135-146.
田村俊和 1990. 御嶽山県自然環境保全地域の地形・地質.『国指定天然記念物「花山村のアズマシャクナゲ自生北限地帯」調査報告書』4-14.
木質炭化学会編 2007.『炭・木竹酢液の用語辞典』創森社.

Article 8

Traditional charcoal production in terms of micro-landforms

SAIJO Kiyoshi

論説 9

岩手県久慈地域にみられる近世の砂鉄鉱層採掘に伴う人工改変地形

吉木岳哉

久慈を中心とする三陸沿岸北部では，近世に製鉄が盛んに行われました．この地域には，当時の砂鉄鉱層の採掘跡が微地形としていまも残っています．その特徴を読み解くことで，採掘・運搬方法といった，労働の様子をうかがい知ることができます．

1 たたら製鉄と砂鉄鉱層「ドバ」

　明治期以前の日本における製鉄法は，原料に砂鉄を用いるたたら製鉄であった．当時の製鉄の中心地であった中国地方では，大量の砂鉄を得るために鉄穴流しが活発に行われた．鉄穴流しとは，花崗岩風化層であるマサを人工水路に崩し入れ，流水を利用した比重選鉱によって砂鉄（磁鉄鉱）を濃集させて採取する方法である．鉄穴流しによって採取できる砂鉄量はマサ重量の 0.3〜0.4％程度に過ぎず，再度たたら場で精選するとさらに 20％以上減る（赤木 1982a）．その砂鉄を炉に投入しても，生産される鉄は砂鉄投入量の約 20％である（野原 1994）．つまり，掘り崩したマサの 99.9％が廃棄物になる．大量の鉄生産によって，上流域には鉄穴流しによって削られた跡地が残り，その下流域には排出された土砂が河道から溢れて堆積し，鉄山（たたら場）周辺には鉄滓が積み上がることになった．中国地方での製鉄に起因する一連の地形変化については，鉄穴場での地形改変（例えば，赤木 1960, 1982b, 1989；貞方 1982；貞方・赤木 1985），平野域での土砂の堆積（藤原 1980，貞方 1985），海岸線変化（貞方 1991）など，地形変化の種類や地形変化量が詳しく研究されている[1]．

　近世後期に東北地方は中国地方に次ぐ鉄生産地であり，特に久慈を中心とする三陸沿岸北部地域で盛んであった．久慈周辺には広範囲に花崗岩が分布し，なだらかな丘陵地・小起伏山地の地形であるため，厚いマサが存在する．実際に，各

地に鉄穴流しの痕跡が残されている（佐々木2014）．森林資源も豊富であり，久慈周辺は製鉄にとって好適な条件を備えている．

また，三陸沿岸北部には，水無面と呼ばれる約80万年前の海成段丘が分布する（小池ほか2005：58-61）．久慈市から北隣の洋野町にかけての水無面は厚さ10m前後の礫質層を伴い（水無層；米倉1966），そのうちの水無面西縁部の上部〜表層部には「ドバ」と呼ばれる厚さ数mの砂鉄鉱層が挟まる．ドバは砂浜に堆積した砂鉄濃集部が固結したもので，砂鉄（磁鉄鉱）が風化して褐鉄鉱化していることが多い．黒板のチョーク程度の硬さで比重も小さく，磁性もかなり弱まっているが，30〜40％前後の鉄含有量がある（田村1987：179-200）．深い場所から掘り上げたドバの場合，砂鉄が未風化で青黒い光沢があり，磁性も強く，硬くて比重も大きいことがある．このようなドバは「シキ」と呼ばれ，鉄含有量は50％を超える（田村1987：30）．ドバの鉄含有量30〜40％は，精選後のマサ砂鉄の鉄含有量約58％[2]に比べると低い．しかし，ドバは地下浅所にあり，山を削るだけで容易に採取できる．それに加え，褐鉄鉱は磁鉄鉱に比べて融点が低いため，炉内温度を高温に保つ高度な温度管理技術が必要ない．1967（昭和42）年まで操業していた川崎製鉄久慈工場でも，それ以前の大正期まで遡る別の製鉄所でも，ドバは製鉄原料として直接炉に投入されていた（田村1987）．

これらの状況を考え合わせると，近世以降の久慈地域における製鉄原料は，次のように変化していった可能性が考えられる．まず中国地方から伝わった鉄穴流しによる砂鉄採取・たたら製鉄の方法の導入に始まり，マサの代わりにドバを使うと効率的に選鉱できることに気づき，次にドバを直接炉に投入するようになり，大正期に鉄鉱石用の大型炉を改良して使用する，という展開である．しかし，ドバをどのように採掘し，原料としてどのように使用したのか，溪（1928a, b, c），田村（1987），渡辺（2006）がドバ採掘跡地の観察や古文書の記録に基づいて推測しているが，それらの記述にはドバの性質や地形条件と矛盾する部分がある．そこで，現在まで残るドバ採掘跡地の微地形の特徴をあらためて確認し，そこから当時の採掘方法や運搬方法を推測してみる．

2 ドバ採掘跡に残る微地形
2.1 上高森跡地

　図1は，洋野町大野（旧大野村）の上高森にあるドバ採掘跡である．上高森付近の丘頂高度は標高 300 ～ 320 m 前後にあり，水無面は 300 m から 260 m 付近にかけて段丘面としては急傾斜で東に傾く．水無面を開析する斜面は氷期の周氷河作用によって平滑化され，水無面の境界は曖昧である．尾根部を占める水無面を覆うテフラ層は薄く，表層を 30 ～ 50 cm も剥げば水無層が現れる．

　上高森跡地では，ドバ採掘による改変地形として，①スリバチ状凹地，②ガリーのような深い溝，③斜面を掘り崩した崖，④尾根を切る切り通し，がみられる．①スリバチ状凹地は，1926（大正 15）年に大野村を訪れた溪（1928a）が，「石灰岩地方に在る『ドリーネ』の様な格好をした淺い摺鉢状の凹地」と表現した微地形にあたる．同じく，「溝状の特獨の地形」と表現した地形が②に，「大きな山を切り割って澤と澤とを聯結」とした地形が④に相当する．大野付近でこれらの微地形がはっきりとわかるのは上高森跡地であることから，溪（1928a）も上高森跡地を観察したと推測される．ただし，「數里の遠い上流から地形圖の等高線の様に山又山を蜒々として廻る疏水溝を設けて砂鐡鑛の『切流し』に資したりした跡」と表現した水路の痕跡はみつけられなかった．上高森跡地はほぼ丘頂部に位置するため，水源となる山はない．

　上高森跡地ではスリバチ状凹地を合計 57 個確認でき，最大で直径 12 m，深さ 6 m，平均では直径 5.7 m，深さ 2.8 m であった．凹地の縁は 20 ～ 30 cm 程度盛り上がるだけなので，掘り上げた土砂の大半は外に運び出されたようである．図1の南部にスリバチ状凹地が集中する場所があり，その東側の斜面には 2 本の深い直線状の溝が刻まれている．側壁や源頭部が急傾斜で新しい地形であることを示すが，水流はみられない．この状況から，自然の谷ではなく，人工的に刻まれた溝状の微地形と判断される．

　図1中央部では，ドバが露出する 2 つの崖が向かい合い，東に延びる尾根を切断する切り通しになっている．切り通しの地形を図2に模式的に示す．この地域の河谷上流域は最終氷期末の谷底を現河谷がわずかに掘り込むだけで，かつての幅広い谷底は低位段丘状緩斜面となって離水している（吉木 1993）．切り通しは，

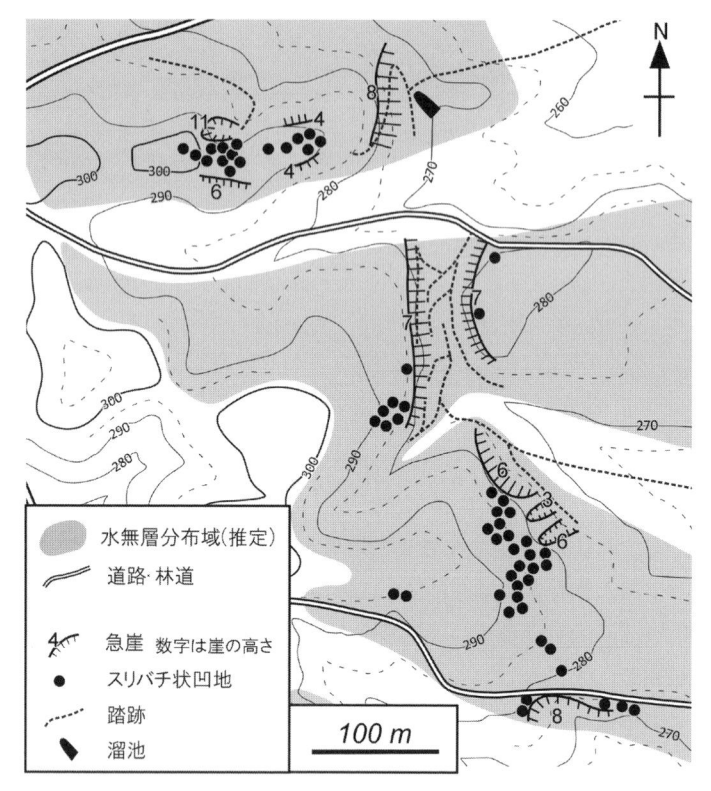

図1 上高森のドバ採掘跡地の微地形分布
等高線は1/5000森林基本図による.

南北2つの谷の低位段丘状緩斜面とほぼ同じ高さまで掘られている. 切り通しの東北端では, 踏跡が水流でえぐられた谷が刻まれ, 底には部分的に基盤岩が露出する (図2). この切り通しのおかげで, 採掘したドバは南北どちらにも運び出せるようになっている.

切り通しからは, 南東に向かう長い踏跡が残されている. そのまま谷沿いを約1 km進むと, 鉄山が多く分布する下水沢地区 (後述) がある. 踏跡は右岸側の低位段丘状緩斜面の上につけられ, 途中で高さ6 mの崖の直下を通る. その崖の下部には中生界の基盤岩が露出する. この場所は右岸側の低位段丘状緩斜面が連続しておらず, 一度谷底に降りなくては通れない. しかし, 斜面を切って高さ6 mの崖をつくったことで, 谷に降りずに通れるようになっている. つまり, 重

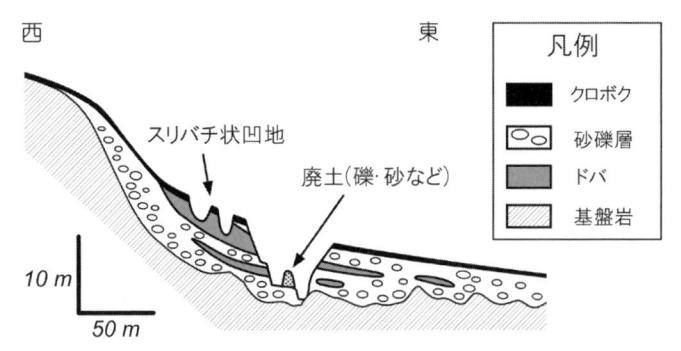

図2 上高森跡地の切り通し付近の模式地形断面
中生界基盤岩と水無層の境界，水無層の上方への分布範囲は推定である．

いドバを運びやすくするために，岩盤を削って運搬路を確保したと考えられる．一方，切り通しから北にも，溜池の脇を通って東北東に延びる踏跡がある．この先には，既知の鉄山としては高森鉄山跡が約 2 km 先にある（岩手県教育委員会 2006）．踏跡が通る溜池の脇は，斜面を削って高さ 8 m の崖をつくったことで生まれた平坦地である．この崖も，ドバ採掘目的だけでなく，運搬路確保を意図してつくられたと推測される．

切り通しで向かい合う崖は，西側の方がやや急で新しく見えることから，西へ向かって切り通しを広げていったと考えられる．西側の崖には斜上する踏跡や，崖の中段を横切る犬走り状の踏跡も確認できる．崖の基部にも踏跡があり，その踏跡を挟んで崖の反対側には，混在した礫やドバからなる高さ 2 m 弱の不規則な高まりが連なる（図2）．高まりの位置や構成物からみて，崩した崖から良質なドバだけを選別し，不要な礫や低質なドバを運搬の邪魔にならない場所に積み上げたものと考えられる．

2.2 下水沢跡地

図3は，上高森跡地の南南東約 1.8 km に位置する，洋野町大野の下水沢のドバ採掘跡地である．標高 370 m 前後の山地の東麓に，標高 300 m から 250 m にかけて水無面が広がる．下水沢跡地は上高森跡地に比べて地形改変の規模が大きく，特に南部の跡地では元の地形の復元が困難なほど大規模に水無層を削り取っている．

下水沢跡地の南部には，一見自然の地形にみえるほどの大きさの，鉄滓からな

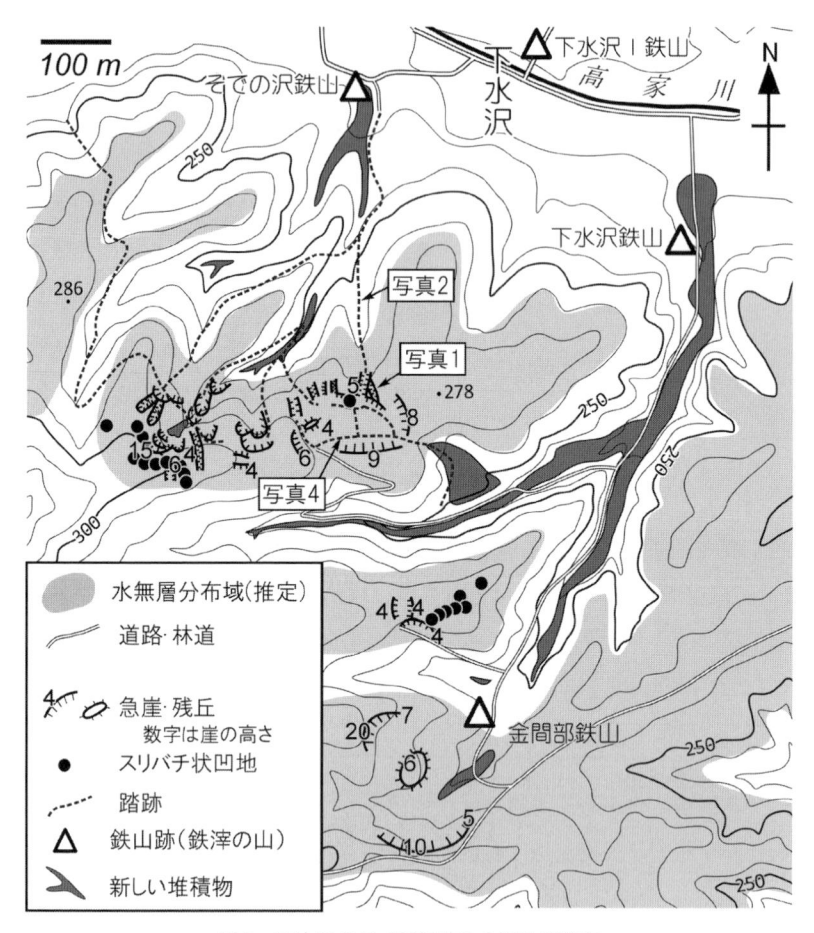

図3 下水沢のドバ採掘跡地の微地形分布
等高線は1/5000森林基本図による.

る山がある．これは金間部鉄山跡で，前述の溪（1928b）は，「其採掘跡は非常に大きいが，更に驚く可き事は，鐚の堆積の大きい事である．金間部部落（三戸しかないが）の東側に，高さ五，六十尺，直徑一町以上に達する小山があり亭々たる松林に蓋はれて居る．此小山は全部鐚の堆積で，現今の人家の下に迄及んで居るが此多大な鐚の堆積から當時如何に盛に稼行されたかは想像に餘りある．鐚の上に生ひ茂って居る松の太さが一抱もあらうかと思はれるが，其樹齢からして百年以前の仕事である事は想像に難くない」と記述している．現在は人家はないが，

鉄滓の山の南西側に建物の痕跡がある．下水沢跡地付近には金間部鉄山以外にも鉄滓の山が確認され，下水沢鉄山，そでの沢鉄山などと命名されている（岩手県教育委員会 2006）．金間部鉄山と水沢鉄山は八戸藩の代表的な鉄山として史料に記録があり，御手山十三ヶ村に数えられている（溪 1928c）．

　下水沢跡地の北部には，大規模にドバを切り崩した崖やスリバチ状凹地が残されている．北側の谷が深く，斜面が急なことを利用して，北向きに階段状に崖が切られていたり，大規模な採掘跡地と谷をつなぐ切り通しが刻まれていたりする（写真 1）．切り通しには硬い岩盤が露出しており，尾根を越えなくても北側の谷に行けるように，かなりの労力をかけて掘られたようである．北側の谷に向かう切り通しは写真 1 以外にもみられる．

　切り通しから下る踏跡は谷底を通らず，谷壁斜面を斜めに横切るようにつけられている（写真 2）．踏跡は段ではなく，溝になっていることが多い．ただし，ときどき逆傾斜になること（下ったり登ったりすること），上端がドバ採掘跡地で水源がないこと，最終的に谷出口に向かうことから，離れた場所から水を引いた水路とは考えられない．また，踏跡に沿ってドバが散在している．斜面上方から軟らかいドバが塊のまま転がり落ちてきたとは考えられない．ドバ運搬の際に落ちたものであろう．つまり，この踏跡がドバ運搬のために使われたことは間違いない．

写真 1　ドバ採掘跡地と谷をつなぐ切り通し
写真奥がドバ採掘跡地，手前が谷につながる．写真中央下に基盤岩（頁岩）が露出していることから，硬い岩盤を削って切り通しをつくったことがわかる．切り通しは深い谷状であるが，平時は谷底も乾いている．

写真2　ドバを運んだとみられる踏跡
ヤブでわかりにくいが，谷壁斜面を横断する踏跡が残る．凹んでいて，段と言うよりも溝である．谷側の高まりにはしばしば水無層起源の円礫やドバが含まれることから，自然にできた踏跡ではなく，意図的につくられた運搬路であると考えられる．

　写真3は，写真1近くのスリバチ状凹地の底部である．半分土砂に埋まっているが，凹地底のドバの壁から横穴が延びている．下水沢採掘跡地では，写真3以外でも，崖の基部に掘られた横穴を確認できる地点がいくつかある．品位の高いドバを採掘するために坑道を掘った，通称「タヌキ掘り」の痕跡である．写真3のスリバチ状凹地は単独で存在し，大規模に削られたドバ採掘跡地の中をさらに掘り下げた珍しい例である．通常は，スリバチ状凹地は密集していたり，線状に連続していることが多い．

　写真3のスリバチ状凹地のある大規模な採掘跡地には，細い踏跡が縦横に走る．一方，採掘跡地の外側に延びる踏跡は，数は少ないが規模が大きくて明瞭である．その接合部には，しばしば大きさの揃ったドバが山積みされている（写真4）．その位置と形態からみて，ドバを掘る人と運ぶ人が区別されていて，掘る人はとりあえずドバを積み上げておき，そこから牛馬に積んで鉄山まで運んだことを示すと考えられる．

　下水沢跡地の南部，金間部鉄山の近くには，採掘から取り残された残丘がある．その周辺には，磁性が強く残った，硬くて重いシキ型のドバの塊が散在している．金間部鉄山付近では崖の高さも大きいことから，他の跡地に比べて深く掘削して未風化のシキ型のドバを採掘していたようである．金間部鉄山は他のドバ採掘跡

写真3 スリバチ状凹地の底に残る横穴

スリバチ状凹地の多くは斜面の傾斜が非対称で，片側が急斜面になっている．すべてのスリバチ状凹地の底に横穴があるか確認していないが，横穴が残る場合は急斜面側の底に見られる．

写真4 積み上げられたドバ

ほぼ同じ大きさのドバが積み上げられている．このような山は，ドバ採掘跡地内の細い踏跡と外に延びる太い踏跡が合流する場所に見られることが多い．掘り上げたドバを積み上げておき，ここから牛馬に乗せて運んだと考えられる．

と異なり，下流では新しい時期の谷底堆積物が低位段丘状緩斜面を覆い，幅広い谷底面が形成されている．多くの土砂が谷を流下したことを示唆するが，その堆積物も谷口の沖積錐で止まり，高家川までは達していない．新しい時期の谷底堆積物が多いことから，金間部鉄山ではシキ型のドバを用いて流水選鉱をしていた可能性がある．褐鉄鉱型のドバは流水選鉱できないが，磁鉄鉱からなるシキ型のドバならば流水選鉱によってマサ砂鉄並みに品位を上げられる．金間部鉄山周辺

のドバ採掘深度が大きいことと谷底堆積物が多いことは，シキ型のドバを採掘して流水選鉱していたと考えると辻褄が合う．

3 微地形からみたドバの採掘・運搬方法
3.1 溝状の微地形の用途

　溪（1928c）は，おもに久慈市南部の元山付近での観察に基づいて，ドバの採掘・利用方法を記述している．それによると，「露天掘は表土の淺い地形の所を撰んで，先づ表土を除去し，然る後に切流(キリナガシ)に依って砂鐵の採集撰別をする．切流の爲めには，數里の間導水溝を設けて居るのを見る．切流には幅三尺，長さ二間位の木製の枠を普通三段にして斜に置き，此の中へ採掘した砂鐵を入れて，水を流しつゝ，丁字形の棒で，攪拌して，土砂を流す．重い砂鐵は木製枠の中に殘って採集され，輕い土砂は流失する」とある．記述されている原理は鉄穴流しと同じであるが，木製の枠三段程度で選鉱可能とあることから，マサ砂鉄の場合のたたら場での精選に相当する．つまり，これは，鉄含有量が50％ほどのシキ型のドバを流水選鉱している様子を記述したものと考えられる．

　上記の元山など，久慈市南部の水無層分布域は，鉄穴流し跡が多く残る花崗岩分布域に隣接し，鉄穴流しできるほどの水を背後の山地から引ける場所である．また，この付近では例外的に磁鉄鉱の比率が高いドバが産出し，近世でも昭和期でも多くの坑内掘りが行われた（田村1987：246-247）．そのため，鉄穴流しの技術を応用してドバを流水選鉱したことは，この地域であれば自然の流れであろう．

　これに対して，上高森跡地や下水沢跡地など，洋野町大野のドバ採掘跡地では，隣接する山地がないため水は得にくい．また，大野付近のドバは褐鉄鉱を主とするため，流水選鉱しても泥水になって流出してしまい，未風化の磁鉄鉱がわずかに得られるだけである．それでもマサの流水選鉱よりは残留率が高いが，砂礫層中に存在するドバを掘り出して運搬し，水路または木枠に投入することを考えると効率が悪すぎる．流水選鉱する価値があるのは，磁鉄鉱を主とするシキ型のドバを精選するときだけであり，これならば大量の水も必要ない．田村(1987:20)は，ドバ分布域である大野の天間の沢から，大野グラウンド（大野高校），高森鉄山までセキシロ（水路）が残されている，と記述している．私もこの区間を踏査して水路状の地形を確認したが，田村の記述のように水を流すことは標高からみて

不可能である．中国地方の鉄穴流し研究の影響を受けて，ドバ分布域や鉄山付近に残る溝状の人工地形を水路とみなしてしまった可能性がある．ドバは流水選鉱せずに炉に投入できる長所があるが，採掘場所が山中にあり，重量も大きいため，鉄山まで運搬する労力が大きいという短所がある．ドバ採掘跡地と鉄山の間に残る溝状の微地形は，運搬路の痕跡と見なす方が自然である．

3.2 スリバチ状凹地の意味

層状に産出するドバを大量に採取するとき，スリバチ状凹地のように地表から穴を掘って採掘することは効率が悪いように思える．ドバ採掘跡地に多く残るスリバチ状凹地の意味について考えてみる．

地表に近い未固結層に坑道を掘れば，落盤する危険性が大きい．掘るにしても極力小さな横穴しか掘れないため，坑内で掘削して運び出すことは困難なはずである．そもそも良質なドバは層状に産出するので，その点でも穴の高さは低い方が効率的である．こうした状況を総合的に考えると，比較的浅層部のドバを採掘する場合，地表からスリバチ状に縦穴を掘って高品位部分まで達したら，そこから横方向に腹ばいで潜れる程度の距離まで坑道を掘って高品位のドバだけを採掘し，狭さや暗さで作業が大変になったり，落盤の恐れが出てきたところで，また隣に新しいスリバチを掘って同じ作業をした，という手順が考えられる．この作業方法はまったくの仮説であるが，スリバチ状凹地が見つかる場合には密集していたり，線状に分布したりしていることも説明しやすい．また，上高森跡地のガリー状の採掘跡も，落盤を恐れつつ特定の層準を狙って掘り進んだ痕跡とみなすことも可能であろう．

4 まとめ

基本的に褐鉄鉱を主とするというドバの特徴，そして，ドバ採掘跡地に残る微地形の解釈から，ドバの採掘方法や運搬方法を推測した．もう一度，それらを整理してみる．

洋野町大野のドバ採掘跡地の大半は，表層部を剥いだり凹地を掘ったりする程度であり，比較的容易に採掘できる表層部の褐鉄鉱型のドバを利用していたよう

である．褐鉄鉱は融点が低いため，小規模な業者でも扱いやすい．一般にたたら製鉄では，「砂鉄七里に木炭三里」といわれるほど，砂鉄よりも木炭の方が重量的に大きく，原料としても重要である．品位が低いドバは，そのぶん木炭の無駄になる．そこで，少しでも品位の高いドバを得るために，高品位部分を選んで採掘・運搬する必要があった．そのために，高品位部分を狙ってスリバチ状凹地や横穴が掘られたり，溝状に掘り進んだり，ドバの選別で廃棄された土砂が山のように積み上げられたりしたと考えられる．

丘陵地とはいえ山中から重いドバを運び下ろす労力を減らすために，少しでも平坦になるように運搬路を整備した．起伏が小さくなるように切り通しをつくったり，谷に降りずに乾いた場所を通れるように斜面を削ったりした形跡があちこちに残されている．

久慈地域では，ある時期からは，たたら製鉄の原料としてマサ砂鉄（磁鉄鉱）とドバを選べることになった．ドバも，流水選鉱した高品位の磁鉄鉱か，採掘したまま使える褐鉄鉱かを選べた．しかし，地域内のそれぞれの鉄山でどのような原料を使ったのか，立地場所によって異なったのか，時代によって変化したのか，詳しいことは何もわかっていない．八戸藩直営の鉄山については多少の文書記録があるが，民間業者が行っていた野だたらや，廃藩置県後のたたら製鉄については記録がない．これまでは，わずかな古文書の記録から原料採掘方法が推測されてきた．今回の研究では，微地形の形状や配置を地形学的に検討することで，原料採掘方法や運搬方法に新たな仮説を提示できた．この仮説を支持あるいは否定する痕跡を探すことで，この地域特有の資源であるドバを使った製鉄について，その方法や地域に及ぼした影響に関する新たな知見が得られると期待される．

謝辞

この研究には，岩手県立大学総合政策学部の卒業論文（平成23年度卒業生：常田修平，平成26年度卒業生：佐々木正義）の成果の一部が使用されている．吉木研究室の2人の卒業生の協力に感謝を申し上げる．

注

1) 地理学的視点での鉄穴流しに関する研究史については，徳安（1999）が詳しく紹介している．
2) 精選したマサ砂鉄の磁鉄鉱比率80％に，磁鉄鉱(Fe_3O_4)のFe重量比(72％)を乗じた値．

文 献

赤木祥彦 1960. 中國山地における砂鐵産地―地形的立地と地形變形. 史学研究 75：47-65.
赤木祥彦 1982a. 中国山地における鈩製鉄による地形改変土量と鉄生産量（上）. 地理科学 37：1-24.
赤木祥彦 1982b. 中国山地における鈩製鉄による地形改変土量と鉄生産量（下）. 地理科学 37：85-102.
赤木祥彦 1989. 中国山地における鉄穴流しによる地形改変. 金属 59：84-91.
岩手県教育委員会 2006. 岩手の製鉄遺跡. 岩手県文化財調査報告書第 122 集.
溪　友一 1928a. 南部鐵鑛業秘録. 地学雑誌 40：133-142.
溪　友一 1928b. 南部鐵鑛業秘録（其二）. 地学雑誌 40：215-223.
溪　友一 1928c. 南部鐵鑛業秘録（其三）. 地学雑誌 40：269-278.
小池一之・田村俊和・鎮西清高・宮城豊彦 2005.『日本の地形 3 東北』東京大学出版会.
佐々木清文 2014. 北上山地の砂鉄採取の痕跡. 岩手県文化振興事業団埋蔵文化財センター紀要 33：57-65.
貞方　昇 1982. 斐伊川流域における鉄穴流しによる地形改変. 地理学評論 55：690-706.
貞方　昇 1985. 山陰地方における鉄穴流しによる地形改変と平野形成. 第四紀研究 24：167-176.
貞方　昇 1991. 弓ヶ浜半島「外浜」浜堤群の形成における鉄穴流しの影響. 地理学評論 64：759-778.
貞方　昇・赤木祥彦 1985. 鳥取県日野川流域の鉄穴流しによる地形改変. たたら研究 27：1-13.
田村栄一郎 1987.『みちのくの砂鉄いまいずこ』久慈郷土史刊行会.
徳安浩明 1999. 地理学における鉄穴流し研究の視点. 立命館地理学 11：75-97.
野原建一 1994. 近世〜近代期のたたら製鉄業の展開. 化学史研究 21：38-46.
藤原健蔵 1980. 鉄穴流しによる土砂生産―斐伊川流域の土砂収支（一）. 広島史学研究会編『史学研究五十周年記念論叢』509-538. 福武書店.
吉木岳哉 1993. 北上山地北縁の丘陵地における斜面の形態と発達過程. 季刊地理学 45：238-253.
米倉伸之 1966. 陸中北部沿岸地域の地形発達史. 地理学評論 39：311-323.
渡辺ともみ 2006.『たたら製鉄の近代史』吉川弘文館.

Article 9

Methods of mining and transportation of iron sand ore during the Edo period estimated from the artificial micro-landforms remained in mined lands in Kuji region, Iwate Prefecture, Northeast Japan

YOSHIKI Takeya

トピック4

マングローブ生態系における人間活動と微地形利用 ——ベトナム南部カンザー地区の事例——

藤本　潔

　「海の里山」とも呼ばれるマングローブ生態系は，そこで暮らす人々に様々な恵みをもたらしてきた．ここでは，筆者が20年近く様々な調査や植林活動を行ってきた，ベトナム南部ホーチミン市郊外のカンザー地区を事例に，そこで暮らす人々が，生業活動の中で，マングローブ生態系内に見られる微地形環境をどのように利用しているかを紹介する．

　ホーチミン市南東部に位置するカンザー地区は，ドンナイ川河口部のデルタ地帯にあり（図1），総面積71,360haのうち38,750haがマングローブ林に覆われている（Hong 2004）．ここのマングローブ林は，総説3でも述べたように，ベトナム戦争時に米軍による枯葉剤散布によって壊滅的被害を被ったが，その後の植林によって，いくつかの問題点はあるものの，そのほとんどの地域が緑で覆われるまでに再生された森である．この森は，2000年にユネスコの生物圏保全地域に指定され（UNESCO 2002），カンザー地区人民委員会の下部組織であるカンザーマングローブ保護林管理署（Can Gio Mangrove Protection Forest Management Board）によって管理されている．生物圏保全地域は，マングローブ林の伐採が禁止された生態系保存区域である「中核地域」（Core area），持続可能なレベルでの森林環境利用区域である「緩衝地帯」（Buffer zone），既に開発され居住地域や生産地域となっている「移行地帯」（Transition zone）に3区分されている（図1）．現在は，中核地域のみならず，緩衝地帯においてもマングローブ林の伐採は一切禁止されているため，住民による利用形態は水産資源獲得の場としての利用がほとんどである．その詳細については井上・藤本（2014）で報告されているので参照されたい．

　カンザー地区はデルタ上にあるため，大小様々な自然水路が分岐・合流し，水路間に島状にマングローブ立地が形成されている（図1）．すなわち典型的なデ

トピック4　マングローブ生態系における人間活動と微地形利用　　337

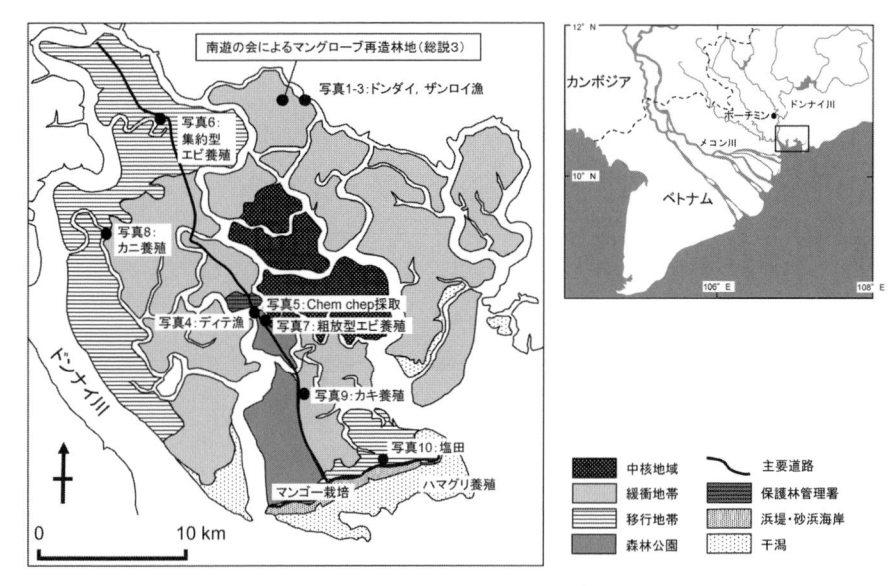

図1　カンザー地区マングローブ生物圏保全地域のゾーニングと写真撮影位置

ルタ型立地であるため，河川による堆積作用によって地盤高は平均高潮位以上（高位干潟上部）に達している場所がほとんどである．外洋に面する海岸線には浜堤列が形成されており，現在は塩田等として土地利用されている堤間湿地や後背湿地も元々はマングローブ立地であった．

表1にカンザー地区のマングローブ域で暮らす人々の主要な生業活動と地形環境との関係をとりまとめた．

河川では主として，ドンダイ（Dong Day），ザンロイ（Giang Luoi），ディテ（Di Te）の3形態に分類される漁業が営まれている．ドンダイは幅の広い河川の定められた場所に住居兼用の船を停泊させて，潮の満ち引きに合わせて網を流して行う漁法で，大潮前後に10日間連続で行われる（口絵写真1，2）．ザンロイは小舟を使って円を描くように網を仕掛ける刺網漁のことで，ドンダイ漁に従事する漁民が行う場合が多い（口絵写真3）．ディテは船前方に設置した2本の棒の間に網を仕掛け，前進して魚を獲る漁法である（口絵写真4）．

マングローブ林内の干潟やクリーク内では貝類の採取が行われる．ホーチミン市内のレストランでもよくみかけるベトナム名 Chem chep と呼ばれる二枚貝（和

表1 ベトナム南部カンザー地区のマングローブ域で暮らす人々の生業活動と地形環境との関係

利用形態	詳細分類	概要	利用する地形環境
漁労	ドンダイ（Dong Day）	停泊させた船（住居兼用）から網を流して魚を獲る．定められた場所でのみ操業可．	幅の広い河道
	ザンロイ（Giang Luoi）	刺網漁．ドンダイ漁に従事する漁民が小舟を使い行うことが多い．	同上
	ディテ（Di Te）	船前方に設置した2本の棒の間に網を仕掛け，前進して魚を獲る．	河道（詳細は不明）
貝類の採取	オオハナグモリ（Chem Chep）採取	干潮時に細いクリーク内で手作業で行う．	細い澪道（タイダルクリーク）
養殖業	集約型エビ養殖	面的に造成した養殖池にポンプで取水・排水し，購入した稚エビと配合飼料を投入し，高密度で飼養する．酸素供給用の小型水車を設置するのが特徴．	高位干潟上部から淡水湿地下部．マングローブ林背後の既開発地域（水田跡地）に造成
	粗放型エビ養殖	マングローブ林内の幅の狭い水路に人工水門を設け，天然の稚エビを大潮時に取り込み，餌を与えずに天然の栄養分のみで育てる．	マングローブ林内の幅の狭い自然水路や人工水路
	結合型エビ養殖	養殖池の形態は粗放的と同じであるが，購入した稚エビを加え，餌を与えて育てる．	同上
	カキ養殖	天然稚貝を付着させるスレートを浮きに吊るして河川に設置．	中・小規模河道
	カニ養殖	面的に造成した養殖池に購入した稚ガニを放して育てる．	浜堤の後背湿地や堤間湿地，あるいはマングローブ林背後の高位干潟上部（既開発地域）
	ハマグリ養殖	外洋に面した遠浅の海岸に購入した稚貝を撒き育てる．	前浜下部（低位干潟）
製塩業	天日塩田	乾季の大潮時に海水を導入し，徐々に狭い塩田に移しながら濃縮する．	浜堤の後背湿地や堤間湿地，および海側マングローブ林内の高位干潟上部
果樹園	マンゴー栽培	海岸線の浜堤上に広く分布．乾季の終わり（3月前後）が最盛期．	浜堤上

名；オオハナグモリ）は，干潮時に幅の狭いクリーク内で手作業で採取される（口絵写真5）．

　カンザー地区では，様々な養殖業も営まれている．エビ養殖は，集約型（口絵写真6），粗放型（口絵写真7），結合型の3形態が確認された．集約型エビ養殖は，水田として利用されていたが土壌酸性化のため耕作放棄された土地に2000年代に入り急速に造成された．そこの地形条件は高位干潟上部から淡水湿地下部にあたる．このエビ養殖は，購入した稚エビと配合飼料を投入し，過密化させた状態で飼養する形態で，一般に数年で病気が発生し養殖池を放棄せざるを得なくなることが知られている．しかし，短期間に高収入が得られることから世界各地に広がり，マングローブ林破壊の主要因となっている．カンザー地区でも御多分に漏れずエビの病気が発生し，まだ完全に放棄された養殖池は少ないものの，常時稼働している養殖池は徐々に減少しつつある（鬼頭 2012）．粗放型と結合型はマングローブ林内の自然水路や人工水路で営まれる点では共通しているが，粗放型が天然の稚エビのみで餌を与えずに行うのに対し，結合型は購入した稚エビも加え，餌を与えて育てる点が異なる．粗放型は，収穫量は多くないが，水質が汚染されることはないので，持続的経営が可能となる．結合型も過度に稚エビや餌を投入しない限り，持続的に経営できる．

　マングローブクラブ（ノコギリガザミ）を養殖するカニ養殖は，堤間湿地やマングローブ林背後の高位干潟上部に造成されている場合が多い（口絵写真8）．カキ養殖はマングローブ林内を流れる中・小規模河川で行われている（口絵写真9）．マングローブ生態系外ではあるが，外洋に面した遠浅の海岸の前浜下部（低位干潟）ではハマグリ養殖が行われている．

　カンザー地区は天日塩田による製塩業も盛んである（口絵写真10）．海岸付近の浜堤の堤間湿地や後背湿地，あるいは海寄りのマングローブ林内の高位干潟上部には塩田が造成されており，乾季末の3月頃には真っ白い塩の山をあちらこちらにみることができる．これらの塩田はマングローブ林を伐採して造成されたものであるが，近年では放棄される塩田も目立つようになり，筆者が代表を務めるNGO南遊の会では，2010年から放棄塩田でのマングローブ試験植林に取り組んでいる．

　その他にも海岸近くの浜堤上ではマンゴー栽培が行われており，水産物や塩と

並ぶ，カンザー地区の特産品の一つとなっている．このように，ここで暮らす人々の生業活動は，様々な地形環境に対応した多様な生態系を，実にうまく利用して成り立っているのである．

　しかし，近年魚介類の収穫量が減少しつつあると認識している漁民も少なからず存在し，粗放型エビ養殖業を営む世帯でも稚エビの減少によって収穫量が減少しつつあると認識している（井上・藤本 2012）．すなわち，カンザー地区における現在の漁獲量は，持続的経営を可能とする上限値を既に上回っている可能性も指摘できる．集約型エビ養殖池で収穫されたエビを除き，カンザー地区で水揚げされた水産物のほとんどは国内消費に回されているが，主要な出荷先であるホーチミン市の人口増加や所得向上に伴い，魚介需要は今後益々高まるものと考えられる．水産資源の枯渇という，取り返しのつかない事態に陥る前に，早急にその現存量と生産量に関するデータ整備を行い，それらに基づいた適切な水産資源管理政策を構築することが求められる．これはマングローブ生態系を守ると同時に，ここでその生態系を利用しながら暮らす人々の生活を守ることにもつながるのである．

文　献

井上理咲子・藤本　潔 2014. ベトナム南部カンザー地区のマングローブ域に暮らす人々の生業活動の現状と持続可能性. アカデミア（人文・自然科学編）7：151-169.

鬼頭千秋 2012. ベトナム・ホーチミン市カンザー地区における養殖池分布の経年変化とエビ養殖の現状. 南山大学総合政策学部卒業論文.

Hong, P. N. 2004. Effects of mangrove restoration and conservation on the biodiversity and environment in Can Gio District. In *Mangrove management & conservation: Present & future*, ed. M. Vannucci, 111-137. Tokyo: United Nations University Press.

UNESCO 2002. *UNESCO-MAB biosphere reserve directory: Can Gio Mangrove*.
　http://www.unesco.org/mabdb/br/brdir/directory/biores.asp?mode=all&code=VIE+01

Topic 4

Livelihoods of local people living in mangrove ecosystem and micro-landforms in the Can Gio District, southern Vietnam

FUJIMOTO Kiyoshi

おわりに
——微地形を見る目の重要性——

藤本　潔・宮城豊彦・西城　潔・竹内裕希子

1　本書で何が示されたのか？

　本書をここまでお読みくださった方には，「微地形」を見る目は様々な場面に役に立ち，さらには応用可能であるということをご理解いただけたのではないだろうか．

　第Ⅰ部では，植生や土壌などの自然環境の多様性は，微地形との関係からかなりの部分を説明できることが示された．ここでいう「微地形」は，単なる地形の凹凸ではなく，例えば丘陵地では田村によって示された遷急線や遷緩線によって区切られる微地形単位，マングローブ林などの湿地植生が成立する低地では，河川プロセスや海岸プロセスによって形成された自然堤防，後背湿地，浜堤列や堤間湿地，時には生物プロセスによって形成された泥炭堆積地形やアナジャコの塚などの微地形単位である．

　第Ⅱ部では，地すべりは，そこにみられる微地形から再活動リスクを評価することが可能であること，低地では，洪水や津波，高潮などの様々な「災害」に伴って地形が変化し，あるいは作られているにもかかわらず，近年はそのような「災害」が多発する場所に無秩序に人間活動の場が拡大していることなどが示された．

　第Ⅲ部では，人は自然環境（生態系）を利用する際に，意識的に，場合によっては無意識的に微地形を認識してそれらの自然環境を実に合理的に利用してきたことが示された．

　すなわち，「微地形」を見る目は，自然環境の空間分布を合理的に理解するために，また災害から身を守るために，さらには自然環境を持続的に利用するために必要不可欠なのである．

2 「微地形」の応用と普及への課題
2.1 防災・減災への応用

　これまでにも様々な目的で微地形スケールでの地形分類手法を取り入れた主題図が作成されてきた．例えば，土地分類基本調査の「5万分の1地形分類図」や「治水地形分類図」は，空中写真判読による地形分類を基礎として作成された地図である．前者は旧国土庁（1974年までは経済企画庁，2001年からは国交省国土情報課）の管轄の下，「国土の開発，保全及び利用」といった広範な用途のために各都道府県が作成したものである．ただし，縮尺が5万分の1のため，平野部を除くと必ずしも微地形単位での地形分類とはなっていない．後者は国土地理院が主要河川の主として平野部を対象に作成したものである．縮尺が2.5万分の1のため，前者より詳細な情報を判読できる．

　また，近年の自然災害の多発と土地の安全性への関心の高まりを受け，国交省国土情報課では分散した災害履歴情報の集約と提供を目的に「土地履歴調査」を開始し，その中で前述の「地形分類図」の改定版ともいえる「自然地形分類図」を整備しつつある．一方で，治水地形分類図の更新作業も進行している．

　しかし，これらの地図は作っただけでは何の役にも立たない．これらをいかにして一般の人たちに利用してもらうかが重要である．そのためには，まずはそれらの存在を周知すること，それらを誰でも簡単に入手できること，そして誰もが簡単に読み取れるものになっていることが重要である．

　とはいえ，微地形を読み取るためにはある程度の基礎知識は必要となる．今後はそのための具体策を検討することが求められる．

2.2 隣接諸分野との連携と応用

　「微地形」は生物多様性保全や地球環境保全においても重要な切り口となり得る．植生分布は微地形と密接な関係があり，人はその植生を利用して生活してきた．地理学の強みは様々な事象を空間的に体系化して捉えることができる点にある．これに加え，微地形と植生を繋ぐメカニズムについて，例えば生理生態学や土壌学などの隣接諸科学の視点や分析手法を取り入れることで，生物多様性保全や生物資源の持続的利用，さらには地球環境保全上重要な炭素固定機能評価など

にも貢献し得る，新たな研究展開を切り開くことも可能となるのである．

　若手研究者の皆さんには，伝統的な地理学的なテーマ設定や研究手法に留まることなく，積極的に隣接諸分野の研究者と交流し，役に立つ研究手法は積極的に取り入れてもらいたい．これまでの地理学は，どちらかといえば「記載」の科学であり，「分析」には必ずしも強みを発揮してこなかった．これに対し，例えば生態学では様々な統計学的な分析手法が駆使され，土壌学では詳細な理化学的な分析がなされることが一般的である．しかし，彼らはそこで見出された現象の空間分布を合理的かつ体系的に捉えることを必ずしも得意としていない．そこで役に立つのが地理学的な「微地形」を見る目なのである．

2.3 「微地形」を見る目を養うために

　高校の「地理」は選択科目であるため，現状では「微地形」を見る目を養う主要な場とはなり得ない（将来的には変わる可能性はある）．となると中学校社会科（地理的分野）に期待せざるを得ない．そのためには，まずは微地形を見る目をもった教員の養成が重要な鍵となる．教員養成系の大学のみならず，社会科教員免許を取得できる大学の地理学を専門とする教員には，必ずしも地形学の専門的な講義を行う必要はなく，少なくとも「微地形」を見る目の重要性を，具体的な事例を挙げて伝えてほしい．本書がそのための一助となれば幸いである

　その一方で，微地形分類の技術は，様々な防災にかかわる主題図の作成等において今後も欠くことのできないものとなろう．近年では詳細な DEM などのデジタルデータの利用も可能となってきているが，空中写真判読や地形測量などの基礎的技術は欠くことができないものである．研究者養成の大学院大学における地理学教育では，これらの専門技術を身に付けた専門家の育成に期待したい．

　本書が「微地形」の重要性の再確認と，様々な分野への応用，さらには新たな研究展開のきっかけとなれば幸いである．

追　悼

　本書の分担執筆者の一人，松林武氏は，編集作業も佳境を迎えつつあった 2016 年 1 月 3 日，享年 43 歳にて急逝されました．研究・教育を通じ，本書で提起された「微地形を見る目の重要性」を社会に発信する有力な担い手として，期待されていた研究者でした．ここに故人のご冥福を心よりお祈り申し上げます．

索　引

A層　15, 18, 51, 67
A₀層　15, 51
AB層　15, 18, 67
AHP　170, 172
ALOS/PRISM　143
ArcGIS　109
Aso-4　199
ASTER　143
AT　198
BC層　15, 18, 67
B層　15, 67
C層　15
DEM（数値標高モデル）　142, 233
DSM（数値表層モデル）　143
EC（電気伝導度）　85, 88
GIS（地理情報システム）　91, 92, 142, 233, 248
GPS測量　242
HA層　67
IPCC　97
Kruskal-Wallis検定　116
morphological mapping　11
overland flow　13
O層　→A₀層
pH　85, 88
SfM　93
Smirnov-Grubbs検定　116
SR　→ストームリッジ
SRTM　143
Steel-Dwass検定　118

Streamflow　13
TBJテフラ　253, 257
Throughflow　13
TWINSPAN　37
UAV　93
Welch-t検定　116
WOF　→ウォッシュオーバーファン

あ行

アオハダ　37
青葉山丘陵　123
アカシデ　37
アカショウマ　43
アカマツ　37, 109
亜高木層　126
アセビ　109
圧力水頭　15
アデク　37
後浜　151, 193
アブラチャン　41
アベマキ　107
荒砥沢地すべり　173
アルミニウム遊離酸化物　76
アワブキ　37
イイギリ　37
石巻平野　215
伊豆大島近海地震　9
イスノキ　37
伊勢湾台風　187, 217
イタヤカエデ　37

索 引

移動体　166, 172, 173
イヌシデ　37
イヌブナ　37
犬吠層群　150
イヌマキ　37
今市軽石層　56
イロパンゴ火山　253
イロパンゴカルデラ　251
岩手宮城内陸地震　173
インド洋大津波　214, 239
ウォッシュオーバーファン　242
浮稲　281
エイザンスミレ　43
栄養塩　33
エーヤワディー川デルタ　218
液状化　218
エクメネ　198
エコトーン　35
エスチュアリー（エスチュアリ）　81, 97, 212, 217
エビ養殖池　80, 339
沿岸海域土地条件図　5
沿岸砂州　251
沿岸州　210
沿岸生態系　80
円弧すべり　175
塩性湿地　193
塩田　339
塩類集積　307
黄色土　66, 67
大井川扇状地　189
狼沢地すべり　172, 174
オオモミジ　37
オキナワアナジャコ　92
オキナワジイ　37
尾根型斜面　51
尾根線　143
オヒルギ（*Bruguiera gymnorrhiza*）　85, 98
オルマ　283

尾張丘陵　106

か行
加圧板法　60
海岸侵食　98
海岸州　213
海岸平野　208, 209
階状土　132
海食崖　149, 211
海上の森　105
崖錐　152
海水準変動　84, 209
外水氾濫　269
海成堆積物　208
海成段丘　149, 209, 324
階段状構造土 →階状土
階段土 →階状土
海面上昇　96, 97, 195
攪乱規制経路　33, 36
花崗岩　323
火砕流　199, 251, 254
火山　163
火山ガラス　256, 259
火山岩　11
火山灰　76
火山灰性土壌　76
火山噴火　251
カシノナガキクイムシ　105
カスプ　194, 211
カスリーン台風　5
河成段丘　151, 301, 307
褐色森林土　8, 54
滑落崖　166, 172, 173, 175, 305, 315
カテナ（catena）　8, 12, 50
カトリーナ（ハリケーン）　218
カメバヒキオコシ　45
下部谷壁凹斜面　53
下部谷壁斜面（Lower sideslope）　13, 14, 36, 38, 53, 63, 75, 143, 314

カメロン効果　230
カラハリ砂漠　284
ガリー　304
軽石流　253
カルデラ火山　251
簡易貫入試験　69, 73
環境教育　148
環境考古学　188
緩勾配扇状地　7
カンザー地区　91, 95
ガンジス川　217, 281
完新世　8, 195
完新世前期　307
冠水頻度　81, 84, 86
乾性褐色森林土　52, 71
乾性赤色土　64
岩石海岸　209
乾燥－半乾燥地域　300
関東ローム層　52, 150
鉄穴流し　323
貫入抵抗値　69, 73
岩盤クリープ　17
キタゴヨウ林　144
起伏指数　51
起伏量　6
キブシ　108
キャスリン台風　187
旧河道　5, 184, 190, 224
九州豪雨　223, 226
九州北部豪雨　269
旧石器時代　182
丘頂部　11
丘陵地　2, 105, 311, 323
ギンバイソウ　45
空中写真（航空写真）　5, 162, 230, 256
空中写真判読　150, 163, 166, 170, 257
クサソテツ　146
九十九里浜平野　208
国頭礫層　63

クマ狩り　291
クリーク　85, 97, 337
クリープ　→匍行
クレバススプレー　190
群集　34
群団　34
傾斜変換線　3, 8, 12, 42, 53, 123, 143
形態的規制経路　33
渓畔林　144
減災　160, 268
検土杖　91
現場含水率　57
高位遷急線（Upper convex break of slope）　13
高位干潟　81, 337
豪雨　223
黄河　307
降下火山灰　251, 255
後期旧石器時代　182
後期更新世　2, 149
航空写真　→空中写真
航空レーザ測量　144
孔隙組成　85
孔隙率　51
考古遺跡　184
考古学調査　257
考古地理学　188
高山植物群落　46
更新世　8, 150
洪水　182
洪水災害　197
洪水堆積物　227, 229
洪水地形分類図　5
高精度ヘリレーザ測量　93
高層湿原　46
高地移転　196
後背湿地　5, 184, 190, 226, 337
後氷期　17, 36, 195, 209
後氷期開析前線（侵食前線）　8, 13, 17, 36
高木性樹木　41

索　引

高木層　116, 126
コガネネコノメソウ　45
谷頭斜面（Headmost slope）　13
谷底平野　214
谷底面（Bottomland）　13, 14, 53, 63
谷頭凹地（Head hollow）　13, 14, 18, 36, 53, 63, 69, 75, 109, 314
谷頭急斜面（Headmost wall）　13, 53
谷頭斜面　53
谷頭部　12, 14, 36, 160
コナラ　37, 105, 107, 108, 123
コヒルギ（*Ceriops tagal*）　96, 98
古墳時代　196
御霊櫃峠　132
混交林　86, 88

さ行

サイクロン　217
最終氷期　17
最終氷期最盛期　185, 195
最大容水量　57
サカキ　109
砂丘　189, 193, 209, 210, 226, 307
ササ草地　144
砂嘴　193, 209, 210, 241
砂州　81, 189, 209, 241, 254
砂柱法　60
砂堤列　208
里山　311, 336
里山植生　105, 122
砂漠　307
砂漠化　300
猿投山北断層　107
サン　285
サン・フアン・デル・ゴソ半島　254
三角州 →デルタ
サンゴ礁　81, 97, 241
残積　54
残積性土壌　76

シーケンス層序学　189
シートウォッシュ　301
ジェリフラクション　140
ジオアーケノロジー　188
ジオスライサー　91
地すべり　9, 17, 33, 160
地すべり移動体　10
地すべり災害　168
地すべり地形　162, 171, 315
地すべり地形分布図　10, 167, 173
自然堤防　5, 85, 92, 184, 190, 213, 224, 226, 280
湿原　46
湿潤変動帯　51
実体視（立体視）170, 230
地盤沈下　215
霜柱クリープ　137
弱湿性褐色森林土　52, 71
斜面災害　8
斜面測量器　124
斜面地形学　162
斜面プロセス　14, 129
斜面変動　161
斜面崩壊　8, 162, 305
斜面防災　162
シュートバー　190
周氷河環境　140
周氷河作用　162, 325
集約型エビ養殖　339
主滑落崖　10, 174, 175
樹冠層　94
種の多様性　43
準高木層　116
小起伏山地　323
小孔隙　67
小孔隙率　60
小段丘面　53
小地形　2
小地形区　2

上部谷壁凹斜面　53
上部谷壁斜面（Upper sideslope）　13, 14, 36, 53, 63, 109, 126, 143, 314
上部谷壁凸斜面　53
縄文時代晩期　182, 195
常緑広葉樹林　105
昭和三陸津波　214
植生連続説　35
植被階状礫縞　132, 134
植被率　43
植物群集　35
植物群落　35
植物社会学　34
白川扇状地　196
シラキ　37
シルト　86
侵食前線　→後氷期開析前線
侵食地形　300
深成岩　11
新第三紀　11
浸透水　13
森林土壌　51
森林土壌学　77
水害地形分類図　5
水田稲作　182
水分張力　60
水分特性曲線　67
水文地形学　14
水流プロセス　14
水路（Channelway）　13
水路頭　42
数値地図　8
数値標高モデル（DEM）　142, 233
スズタケ　43
スダジイ　109
ストームリッジ　242
砂沙漠　307
砂浜海岸　209
スベリ面　172, 173, 175, 178

スマトラ沖地震　239
炭焼き　311
スラブ　174
潟湖　→ラグーン
赤色土　64
0次谷　13, 52
全イオウ濃度　76
遷緩線　3, 16, 143, 304, 315
前期更新世　11
遷急線　3, 8, 16, 36, 42, 53, 122, 143
全孔隙率　57
扇状地　6, 185, 189, 195
鮮新世　150
仙台平野　208
ゼンマイ　146
ゼンマイ採集　288
ソイルクリープ　14, 15, 129, 162
草本層　126
側方浸透流　15, 18
粗孔隙　87
粗放型エビ養殖業　340
ソマリ　283
ソマリランド　283
ソヨゴ　108
ソリフラクション　8

た行
大規模崩壊　163
大径パイプ　15
大孔隙　67
大孔隙率　60
帯状構造　83
堆積岩　11
体積含水率　60
台地　2, 185
大地形　2
タイミンタチバナ　37
高潮　80, 217
高舘丘陵　123

索引

タケ 109
蛇行 197
蛇行帯 190
たたら製鉄 323
谷型斜面 51
谷線 143
谷密度 6
段丘 185
段丘崖 2
段丘面 2, 38, 317
断層 107
炭素蓄積 80, 98
地域防災マップ 267
チェニアー 211
地下部炭素蓄積量 98, 100
置換酸度 51
地球温暖化 96, 295
地形界線 143
地形区 2
地形形成営力 33
地形発達史 185, 187
地形プロセス 300
地形分類図 5, 164
チゴユリ 43
チシマザサ－ブナ群集 35
稚樹 37
治水地形分類図 5
池塘 46
チドリノキ 41
地表攪乱 40
チャミズゴケ群落 46
中越地震 173
中間流出 50
中期更新世 11
中孔隙 67
中孔隙率 60
中国・九州北部豪雨 223
中新統 15
沖積層 182, 185

沖積低地 4, 214
沖積平野 209
中地形 2
中木層 116
潮間帯 80, 193
鳥趾状デルタ 213
潮汐環境 84
潮汐平底 193
潮汐流路 193
頂部斜面（Crest slope） 13, 53, 63, 109, 126, 143, 314
頂部平坦面 63, 75
地理情報システム → GIS
沈水海岸 210
ツツジ群落 137
津波 208, 214, 240, 267
津波石 241, 248
津波災害 208
ツルコケモモ－ホロムイスゲ群落 46
ツンドラ 294
ツンドラ植生 294
堤間湿地 337
低位遷急線（Lower convex break of slope） 13, 14, 16
堤外 233
堤外地 196
堤間凹地 211
堤間湿地 184
堤間低地 212
泥炭 46
汀段（バーム） 193, 211
低地 185
堤内 233
低木層 116, 126
適潤性褐色森林土 52, 71
テフラ 19, 55, 253
テフロクロノロジー 17
デルタ（三角州） 6, 81, 185, 189, 212, 254, 281, 336

転流　190, 197
天竜川扇状地　189
透水性　15, 57
凍土　137
東北地方太平洋沖地震　208
十勝沖地震　12
土壌攪乱　38
土壌型　50, 54, 70
土壌カテナ　51
土壌図　5
土壌水塩分濃度　84
土壌水分　33
土壌水分特性曲線　60
土壌層位　305
土壌断面　123
土壌断面形態　12
土壌断面図　55
土壌断面調査　55
土壌物理特性　52
土壌匍行　→ソイルクリープ
土壌保水性　60
土壌水吸引圧　87
土石流　7, 162, 195
土石流扇状地　7
土石流堆積物　195
土石流ローブ　7
土層厚　17, 70, 73, 75
土地条件図　5
土地分類基本調査　5
トナカイ放牧　294
ドバ　324
トレンチ　194
ドンナイ川　95, 336
トンボロ　→陸繋砂州

な行
中州　190
長野県西部地震　9
ナガバノスミレサイシン　43

流れ盤層すべり　174
雪崩植生　144, 289
七本桜軽石層　56
ナラ枯れ　105
新潟県中越地震　173
ニジェール川　279
西小沢層　174
ニッパヤシ　85, 95
根返り　41
濃尾平野　196, 217
ノッチ　140, 151

は行
バーム（汀段）　193, 211
パイプ　15
ハウサ　280
ハザードマップ　225, 268
波食棚　151, 211
発掘調査　194
浜　210
バリア島　240, 245
ハリケーン　218
パン　285
半固結堆積岩類　11
ハンショウヅル　43
ハンドレベル　272
氾濫原　185, 189, 190, 224, 279, 307
氾濫平野　6
ヒーラー型ピートサンプラー　91
東日本大震災　214, 267
干潟　81, 193, 337
光環境　32, 41
光条件　83
ヒサカキ　108
微地形スケール　2, 8
微地形単位　12, 35, 109, 313
微地形分類　35
被度　43
表層グライ系赤黄色土　64, 66, 67

表層侵食　97, 98
表層地質　305
表層地質図　5
表層土層　69, 72, 75
表層土層厚　69, 75
表層崩壊　7, 14, 17, 36
屏風ヶ浦　148
ヒルギダマシ（Avicennia marina）　85
ヒルギモドキ（Lumnitzera racemosa）　85, 96
浜堤　81, 92, 193, 209-212, 226, 337
ファンデフカプレート　217
ファンデルタ　213
風化層　69, 70, 72
風化層厚　69, 70, 75
風衝砂礫地　134
風衝斜面　137
風食ノッチ　140
風成砂　150
風成堆積物　210
風背斜面　137
フェイチシャ　64
フエニックスパルドサ（Pheonix paludosa）　91
福岡豪雨　223
福岡平野　223
副滑落崖　174, 176
フサザクラ　38, 48
フタバナヒルギ（Rhizophora apiculata）　91, 95
ブナ林　144
ブラマプトラ川　276, 281
フルベ　280
フロストクリープ　140
平野　182
ベルトトランセクト法　124
ベンガルデルタ　281
ベンガル湾　218
ポイントバー　184, 190, 196

萌芽　40
崩壊性地形　163
崩壊地形　305
萌芽幹　40
防災　268
崩積　54
崩積性土壌　76
崩積成土層　16
飽和透水係数　57, 60
匍行　33, 54
保科川扇状地　195
ホロムイソウ–ミカヅキグサ群落　46
盆地　182
ポンペイ島　97
埋土種子　32
埋没溝状小凹地（Subhollow）　18

ま行
前浜　151, 193
マサ　323
マスムーブメント　162
マヤプシキ　85, 99
マングローブ　80
マングローブ生態系　80, 336
マングローブ泥炭　84, 89, 97
マングローブ立地　81
マングローブ林　80, 251, 254, 336
澪　213
ミカヅキグサ–ウツクシミズゴケ群落　46
ミカヅキグサ–サンカクミズゴケ群落　46
三日月湖　190
ミシシッピデルタ　218
未熟土　64
実生　37
水際線　143
ミズナラ　123
御勅使川扇状地　190
御手洗川扇状地　190
ミツバツツジ　109

宮城内陸地震　173
ミヤマタニソバ　45
ミヤマハシカンボク　37
ムカゴイラクサ　45
明治三陸津波　214
メグスリノキ　37
メコンデルタ　95
メヒルギ（*Kandelia obovata*）　85, 99
メルトウォーター・パルス　195
モクタチバナ　37
モミ　123

や行
ヤエヤマヒルギ（*Rhizophora stylosa*）　85, 99
ヤエヤマヒルギ属　89, 98
焼畑　292
谷地地すべり　173
ヤチスゲ群落　46
矢作川下流低地　196
ヤブツバキ　109
ヤマタイミンガサ　43
ヤマツツジ　134
八溝山地　52
弥生時代　196
ユーカリ　95
有機炭素　76
有効孔隙率　63
遊牧　276
容積重　51, 57

ら行
ラグーン（潟湖）　81, 209, 210, 245, 251, 254
落葉広葉樹　105
ラハール　198
ランドスライド地形　163
ランドスライド崩壊性地形　163
陸繋砂州（トンボロ）　210, 212, 215

陸繋島　212, 215, 241
立地環境　81, 84
リップルマーク　211
粒径組成　85, 86
リョウブ　108
林野土壌　8
レーザデータ　93
レキ量　57
レス　63
レンパ川デルタ　254, 256
麓部斜面（Colluvial footslope）　13, 38, 53, 126, 143

わ行
ワラビ　146
湾口砂州　210

編者紹介

藤本　潔　　ふじもと きよし　　第Ⅰ部 総説 3, 論説 1, 第Ⅲ部 トピック 4　執筆

1961 年生まれ, 宮崎県出身. 東北大学大学院理学研究科博士後期課程修了, 理学博士. 農林水産省森林総合研究所を経て, 南山大学総合政策学部教授. 専門は地形学, 地生態学, 環境地理学. 主な著書は『マングローブ—なりたち・人びと・みらい—』(古今書院, 2003 年, 共著),『Mangrove Management & Conservation: Present & Future』(United Nations University Press, 2004 年, 分担執筆),『River Deltas: Types, Structures and Ecology』(Nova Science Publishers, 2011 年, 分担執筆).

宮城豊彦　　みやぎ とよひこ　　第Ⅰ部 総説 3, 第Ⅱ部 総説 4　執筆

1951 年生まれ, 宮城県出身. 東北大学大学院理学研究科博士後期課程修了, 理学博士. 東北学院大学教養学部地域構想学科教授. 専門は自然地理学, 地形学, 地生態学. 主な著書は『東北の地すべり・地すべり地形』(地すべり学会東北支部, 2001 年, 分担執筆),『サンゴとマングローブ』(岩波書店, 2002 年, 共著),『マングローブ—なりたち・人びと・みらい—』(古今書院, 2003 年, 共著).

西城　潔　　さいじょう きよし　　第Ⅲ部 論説 8　執筆

1962 年生まれ, 宮城県出身. 東北大学大学院理学研究科博士後期課程退学, 博士 (理学). 東北大学理学部助手を経て, 宮城教育大学教育学部教授. 専門は地形学, 環境地理学, 環境教育. 主な著書は『日本からみた世界の諸地域』(大明堂, 2000 年, 分担執筆),『景観の分析と保護のための地生態学入門』(古今書院, 2002 年, 分担執筆),『地理教育の今日的課題』(ナカニシヤ出版, 2007 年, 分担執筆).

竹内裕希子　　たけうち ゆきこ　　第Ⅱ部 トピック 3　執筆

1974 年生まれ, 東京都出身. 立正大学大学院地球環境科学研究科博士後期課程単位修了, 博士 (理学). 独立行政法人防災科学技術研究所研究員, 京都大学防災研究所研究員, 京都大学大学院地球環境学堂特定助教, 京都大学学際融合教育研究推進センター特定准教授等を経て, 熊本大学大学院先端科学研究部准教授. 専門は防災科学, 地域防災学, 防災・減災教育. 主な著書は『Disaster Risk Reduction Education』(Emerald publishers, 2011, 共著),『Indigenous Knowledge and Disaster Risk Reduction』(Nova Science Publishers, 2009, 共編著).

分担執筆者紹介 （執筆順）

田村俊和　　たむら としかず　　序章　執筆

1943 年生まれ，東京都出身．東北大学大学院理学研究科博士課程中退，理学博士．東京都立大学理学部助手，東北大学教養部助教授，同理学部・大学院理学研究科教授，立正大学地球環境科学部教授を歴任．東北大学名誉教授．専門は地形学，環境変遷．主な著書は『丘陵地の自然環境―その特性と保全―』（古今書院，1990 年，共編著），『日本の地形 3　東北』（東京大学出版会，2005 年，共編著），『Ecology of riparian forests in Japan: Disturbance, life history, and regeneration』（Springer, 2008 年，共編著），『デジタルブック最新第四紀学』（日本第四紀学会，2009 年，分担執筆）．

若松伸彦　　わかまつ のぶひこ　　第 I 部 総説 1　執筆

1977 年生まれ，東京都出身．横浜国立大学環境情報学府博士課程後期修了，博士（環境学）．横浜国立大学環境情報研究院産官学研究員，東京農業大学地域環境科学部客員研究員，山梨県南アルプス市ユネスコエコパーク専門員．専門は植物生態学，植生学，植生地理学．主な著書は『新版　森林総合科学用語辞典』（東京農大出版会，2015 年，分担執筆）．

大貫靖浩　　おおぬき やすひろ　　第 I 部 総説 2　執筆

1961 年生まれ，栃木県出身．筑波大学大学院地球科学研究科博士課程単位取得退学，博士（理学）．農林水産省森林総合研究所を経て，国立研究開発法人森林総合研究所立地環境研究領域土壌特性研究室長．専門は森林土壌学，地形学．主な著書は『土の環境 100 不思議』（日本林業技術協会，1999 年，分担執筆），『森林大百科事典』（朝倉書店，2009 年，分担執筆），『改訂版森林立地調査法』（博友社，2010 年，分担執筆）．

小南陽亮　　こみなみ ようすけ　　第 I 部 論説 1　執筆

1961 年生まれ，和歌山県出身．東北大学大学院理学研究科博士後期課程修了，理学博士．農林水産省森林総合研究所九州支所を経て，静岡大学学術院教育学領域教授．専門は植物生態学，森林生態学．主な著書は『種子散布　助けあいの進化論 1―鳥が運ぶ種子』（築地書館，1999 年，分担執筆），『Diversity and interaction in a temperate forest community Ogawa Forest Reserve of Japan』（Springer-Verlag Tokyo, 2002 年，分担執筆），『森林の生態学―長期大規模研究からみえるもの』（文一総合出版，2006 年，分担執筆）．

松林　武　　まつばやし たけし　　第Ⅰ部 論説 2　執筆

1972 年生まれ，千葉県出身．東北大学大学院理学研究科博士課程後期修了，博士（理学）．東北福祉大学准教授．専門は自然地理学，地生態学．主な論文は「仙台南方，高舘丘陵の小流域における植生パッチと地形との対応関係」（季刊地理学，1997 年），「土壌層位別にみたソイルクリープ様式—その観測方法の検討と丘陵斜面での継続観測結果—」（地学雑誌，2005 年，共著）．本書制作中の 2016 年 1 月 3 日に急逝．

瀬戸真之　　せと まさゆき　　第Ⅰ部 論説 3　執筆

1976 年生まれ，埼玉県出身．立正大学大学院地球環境科学研究科博士後期課程修了，博士（理学）．立正大学，埼玉大学を経て，福島大学うつくしまふくしま未来支援センター研究員．専門は地形学，環境地理学，防災・災害復興論．主な著書は『Weathering: Types, Processes and Effects』（Nova Science Publishers，2011 年，分担執筆）．

松浦俊也　　まつうら としや　　第Ⅰ部 トピック 1　執筆

1975 年生まれ，大阪府出身．筑波大学大学院生命環境科学研究科博士課程修了，博士（理学）．国立研究開発法人森林総合研究所森林管理研究領域環境計画研究室主任研究員．専門は地理情報科学，景観生態学．主な論文は『Automated segmentation of hillslope profiles across ridges andvalleys using a digital elevation model』（Geomorphology，2012 年），『森林からの供給・文化サービスの評価—山菜・キノコ採りを例に—』（環境情報科学，2014 年）．

八木令子　　やぎ れいこ　　第Ⅰ部 トピック 2　執筆

1958 年生まれ，東京都出身．東北大学大学院理学研究科博士前期課程修了，博士（理学）．千葉県教育庁文化課博物館準備室を経て，千葉県立中央博物館地学研究科主任上席研究員．専門は地形学，博物館学．主な研究業績・著書は『ステレオ写真を使って山を描く—五百澤智也氏の鳥瞰図の描き方と作品の主題—』（地図情報 Vol.34, No.2, 2014 年，吉村と共著），『防災科学技術研究所研究資料第 248 号地すべり地形分布図　第 19 集「関東周辺部」』（2004 年，分担執筆），『はじめてのリモートセンシング』（古今書院，2004 年，共同監修）など．

吉村光敏　　よしむら みつとし　　第Ⅰ部 トピック 2　執筆

1944 年生まれ，東京都出身．東京都立大学理学部地理学科卒業．千葉県立安房博物館，千葉県立上総博物館，千葉県教育庁文化課博物館準備室，千葉県立中央博物館地学研究科長を経て，千葉県立中央博物館館友．専門は地形学，歴史地理学．主な著書は『房総災害史—元禄の大地震と津波を中心に—』（千秋社，1984 年，共著），『土地のすがたとそのなりたち』（袖ヶ浦町史通史編上巻，1985 年，分担執筆）など．

小田島高之　　おだじま たかゆき　　第Ⅰ部 トピック2　執筆

1964年生まれ，千葉県柏市出身．早稲田大学大学院理工学研究科後期博士課程中退，博士（工学）．千葉県立中央博物館生態学・環境研究科主任上席研究員．専門は地質リモートセンシング，地理情報システム．主な著書・研究業績は『素掘りのトンネル マブ・二五穴 人間サイズの土の空間』(2015年，分担執筆)，『房総の二五穴』(2014年，共著)，『はじめてのリモートセンシング』(古今書院，2004年，共同監訳)，「インドネシア西ジャワ州チアンジュール地域におけるGISとリモートセンシングによる地すべり危険度解析」(ITIT報告書，2000年) など．

濱崎 英作　　はまさき えいさく　　第Ⅱ部 総説4　執筆

1956年生まれ，熊本県出身．京都大学大学院工学研究科博士後期課程修了，博士（工学）．技術士（総合技術監理，応用理学）．日本工営株式会社を経て，株式会社三協技術 専門役，株式会社アドバンテクノロジー 代表取締役．専門は応用地質学，地すべり工学．主な著書は『東北の地すべり・地すべり地形』(地すべり学会東北支部，2001年，分担執筆)

小野映介　　おの えいすけ　　第Ⅱ部 総説5　執筆

1976年生まれ，静岡県出身．名古屋大学大学院文学研究科博士後期課程修了，博士（地理学）．名古屋大学環境学研究科助教を経て，新潟大学教育学部准教授．専門は自然地理学，第四紀学．主な著書は『沖積低地の地形環境学』(古今書院，2012年，分担執筆)，『自然と人間の環境史（ネイチャー・アンド・ソサエティ研究 第1巻）』(海青社，2014年，分担執筆)．

海津正倫　　うみつ まさとも　　第Ⅱ部 総説6　執筆

1947年生まれ，東京都出身．東京大学大学院理学系研究科博士課程満期退学，理学博士．愛媛大学助手・講師・助教授，名古屋大学助教授・教授を経て，奈良大学文学部教授．専門は地形学，第四紀学，地形環境変動研究．主な著書は『沖積低地の地形環境学』(古今書院，2012年，編著)，『環境の日本史Ⅰ』(吉川弘文館，2012年，分担執筆)，『20世紀環境史』(名古屋大学出版会，2011年，監訳)，『The Indian Ocean Tsunami』(Kentucky University Press，2010年，分担執筆)．

黒木貴一　　くろき たかひと　　第Ⅱ部 論説4　執筆

1965年生まれ，宮崎県都城市出身．東北大学大学院理学研究科博士前期課程修了，博士（理学）．技術士（応用理学）．建設省国土地理院および土木研究所を経て，福岡教育大学教育学部教授．専門は地形学，応用地質学．主な著書は『海面上昇とアジアの海岸』(古今書院，2001年，分担執筆)，『新修「福岡市史」特別編』(福岡市，2013年，分担執筆)，『日本地方地質誌8「九州・沖縄地方」』(朝倉書店，2010年，分担執筆)．

小岩直人　こいわ なおと　第Ⅱ部 論説 5　執筆

1965 年生まれ，岩手県出身．東北大学大学院理学研究科博士後期課程修了，博士（理学）．富士大学経済学部を経て，弘前大学教育学部教授．専門は自然地理学，地形学．主な著書は『実践　地理教育の課題』（ナカニシヤ出版，2007 年，分担執筆），『日本のすがた 8 自然・防災・都市・産業』（帝国書院，2013 年，分担執筆）．

髙橋（葛西）未央　たかはし みお　第Ⅱ部 論説 5　執筆

1982 年生まれ，青森県出身．弘前大学大学院地域社会研究科修了，博士（学術）．弘前大学地域社会研究科客員研究員．専門は自然地理学，古環境学．主な著書は『モンスーンアジアのフードと風土』（明石書店，2012 年，分担執筆）．

杉澤修平　すぎさわ しゅうへい　第Ⅱ部 論説 5　執筆

1987 年生まれ，青森県出身．弘前大学教育学部卒業，教育学士．日本郵便勤務．関心のある分野は自然地理学．

伊藤晶文　いとう あきふみ　第Ⅱ部 論説 5　執筆

1971 年生まれ，宮城県出身．東北大学大学院理学研究科博士後期課程修了，博士（理学）．鹿児島大学教育学部を経て，山形大学人文学部准教授．専門は地形学．主な論文は「北上川下流低地における浜堤列の形成時期と完新世後期の海水準変動」（地理学評論，2003 年）．

北村　繁　きたむら しげる　第Ⅱ部 論説 6　執筆

1964 年生まれ，京都市出身．東北大学大学院理学研究科博士後期課程修了，博士（理学）．東北大学農学部土壌立地学教室を経て，弘前学院大学社会福祉学部教授．専門は地形学，第四紀学，火山灰編年学．1992 年以降，考古学調査とかかわりながら，中米のテフラ，古環境研究に従事．主な著作は『Casa Blanca, Chalchuapa, El Salvador』（Publ. Universidad Tecnológica de El Salvador, 2010 年，分担執筆），論文に「男鹿半島目潟の形成年代」（東北地理，1990 年），「Tephra stratigraphic approach to the eruptive history of Pacaya volcano, Guatemala」（Science Reports–Tohoku University, 1995 年，共著）など．

池谷和信　　いけや かずのぶ　　　第Ⅲ部 総説 7　執筆

1958 年生まれ，静岡県出身．東北大学大学院理学研究科博士後期課程退学，博士（理学）．北海道大学文学部助手を経て，国立民族学博物館教授，総合研究大学院大学教授．専門は地理学，人類学，生き物文化誌学．主な著書は『人間にとってスイカとは何か—カラハリ狩猟民と考える—』（臨川書店，2014 年，単著），『地球環境史からの問い—人と自然の共生とは何か—』（岩波書店，2009 年，編著），『生き物文化の地理学（ネイチャー・アンド・ソサエティ研究　第 2 巻）』（海青社，2013 年，編著）．

大月義徳　　おおつき よしのり　　　第Ⅲ部 論説 7　執筆

1962 年生まれ，千葉県出身．東北大学大学院理学研究科博士後期課程修了，博士（理学）．東北大学大学院理学研究科助教．専門は地形学，環境地理学．主な著書は『仙台市史　特別編 自然』（仙台市，1994 年，分担執筆），『日本の地形レッドデータブック　第 1 集新装版』（古今書院，2000 年，分担執筆），『日本の地形 3　東北』（東京大学出版会，2005 年，分担執筆）．

吉木岳哉　　よしき たけや　　　第Ⅲ部 論説 9　執筆

1968 年生まれ，茨城県出身．東北大学大学院理学研究科博士後期課程修了，博士（理学）．京都大学東南アジア研究センター研究員を経て，岩手県立大学総合政策学部教授．専門は自然地理学，地形学．主な論文は「北上山地北縁の丘陵地における斜面の形態と発達過程」（季刊地理学，1993 年），「栃木県喜連川丘陵における遷急線に基づく谷壁斜面の分類と編年」（地理学評論，2000 年）．

編著者（詳細は著者紹介参照）

藤本　潔	ふじもときよし	南山大学総合政策学部教授
宮城豊彦	みやぎとよひこ	東北学院大学教養学部教授
西城　潔	さいじょうきよし	宮城教育大学教育学部教授
竹内裕希子	たけうちゆきこ	熊本大学大学院先端科学研究部准教授

＊本書は公益社団法人日本地理学会出版助成を受けて刊行されたものである．

書　名	微地形学 ―人と自然をつなぐ鍵―
コード	ISBN978-4-7722-7141-7
発行日	2016（平成28）年3月31日　初版第1刷発行
	2016（平成28）年12月5日　初版第2刷発行
編著者	藤本　潔・宮城豊彦・西城　潔・竹内裕希子
	Copyright ©2016　Kiyoshi FUJIMOTO, Toyohiko MIYAGI,
	Kiyoshi SAIJO, Yukiko TAKEUCHI
発行者	株式会社 古今書院　橋本寿資
印刷所	株式会社 太平印刷社
製本所	渡邉製本株式会社
発行所	古今書院　〒101-0062　東京都千代田区神田駿河台2-10
TEL/FAX	03-3291-2757　/　03-3233-0303
振　替	00100-8-35340
ホームページ	http://www.kokon.co.jp/　検印省略・Printed in Japan

いろんな本をご覧ください
古今書院のホームページ

http://www.kokon.co.jp/

★ 700点以上の**新刊・既刊書**の内容・目次を写真入りでくわしく紹介
★ 地球科学やGIS，教育など**ジャンル別**のおすすめ本をリストアップ
★ **月刊『地理』**最新号・バックナンバーの特集概要と目次を掲載
★ 書名・著者・目次・内容紹介などあらゆる語句に対応した**検索機能**

古 今 書 院
〒101-0062　東京都千代田区神田駿河台 2-10
TEL 03-3291-2757　FAX 03-3233-0303
☆メールでのご注文は　order@kokon.co.jp　へ